河南科技大学教材出版基金资助

普通高等教育“十三五”规划教材

SHIPIN LIHUA JIANYAN

食品理化检验

李道敏 主编　　高红丽 王 耀 副主编

化学工业出版社
·北京·

内 容 提 要

本书介绍了食品理化检验的基本概念，样品的采集、保存、制备与预处理，食品中营养成分分析，食品中微量元素的检验，农药和兽药残留的检测，食品中化学致癌物质和添加剂的检测，一些常见食品的检验，如肉、蛋、乳和水产品等动物性食品的检验，油脂、调味品和酒类等食品的检验等。阐明了食品理化检验方法的原理和分析步骤，以提高学生的理论水平和实际操作技能。适当介绍了本学科的新理论和新技术，以拓宽学生的知识面，了解学科的发展前沿。

本书适合作为高等学校食品质量与安全、食品科学与工程、动植物检疫等相关专业的教材与参考书，也可以作为从事食品质量监督、检验与检疫、管理工作及食品企业等专业技术人员及相关专业研究生的参考书。

图书在版编目（CIP）数据

食品理化检验/李道敏主编. —北京：化学工业出版社，2020.5（2023.11重印）

普通高等教育“十三五”规划教材

ISBN 978-7-122-36241-4

Ⅰ.①食… Ⅱ.①李… Ⅲ.①食品检验-高等学校-教材 Ⅳ.①TS207.3

中国版本图书馆 CIP 数据核字（2020）第 030146 号

责任编辑：廉 静 孙凤英　　装帧设计：王晓宇

责任校对：赵懿桐

出版发行：化学工业出版社（北京市东城区青年湖南街 13 号 邮政编码 100011）

印 装：北京科印技术咨询服务有限公司数码印刷分部

787mm×1092mm 1/16 印张 19 字数 492 千字 2023 年 11月北京第 1 版第 5 次印刷

购书咨询：010-64518888　　售后服务：010-64518899

网 址：http://www.cip.com.cn

凡购买本书，如有缺损质量问题，本社销售中心负责调换。

定 价：68.00 元

前言

食品是人类赖以生存的物质基础。食品安全不仅关系到人民的健康，还关系到社会的稳定。食品理化检验为食品质量与安全提供技术保障，是食品安全与管理工作中极为重要的方面，是贯彻执行《中华人民共和国食品安全法》必不可少的重要手段。为了保障广大人民的饮食安全，防止化学物质通过添加和污染的途径进入食品危害人体健康；为了适应新时期对食品监督检验专业人才的需要，由河南科技大学组织有关专家及具有实践经验的教学、科研人员共同编写了本书。

本书主要依据最新的中华人民共和国食品安全国家标准的检验方法，在总结编者从事食品质量与检验教学、科研工作三十余年实践经验的基础上编写而成。本书内容共八章：包括绪论、食品理化检验的基本程序、食品中营养成分的测定、食品中微量元素的检验、食品中农药残留的检验、食品中兽药残留的检验、食品中化学致癌物质的检验、食品中添加剂的检验和常见食品的检验。其中绪论、第一、三、七章由河南科技大学李道敏编写，第二章由河南科技大学高红丽编写，第四章由河南科技大学裴亚峰编写，第五、六章由河南科技大学王耀编写，第八章由王耀、新乡学院李少觐编写，全书最后由主编统稿。本书力求全面、系统阐明检验方法的原理和关键步骤，注重基本理论、基本知识、基本技能和实践能力；关注食品安全热点问题，并具有先进性、实用性和时代感。可作为高等学校食品质量与安全、食品科学与工程、动植物检疫等相关专业的教材与参考书，亦可作为在食品及相关行业从事食品质量监督、检验与检疫、管理工作及各类食品企业等专业技术人员及相关专业研究生的参考书。

本书在编写出版过程中，得到了河南科技大学教材出版基金和河南科技大学食品与生物工程学院学科建设经费的大力资助，得到了兄弟院校和化学工业出版社的大力协助，在此致以诚挚的谢意!

本书编写过程中参考了国内外出版的一些相关论文、著作等，还引用了一些图表和数据，在此向有关作者表示诚挚的谢意!

限于编者的水平，书中难免有不足和疏漏之处，恳请读者批评指正!

编者

2019 年 12 月

目录

绪　论

一、食品理化检验的任务和作用

食品理化检验是研究和评定食品品质及其变化的一门技术性和实践性很强的应用性科学，它是食品科学的一个重要分支。食品理化检验是在食品营养学、食品卫生学和食品毒理学的理论指导下，在分析化学、有机化学、仪器分析等课程的基础上，运用现代科学技术和检测分析手段，监测和检验食品中与营养及安全有关的化学物质，具体指出这些物质的种类和含量，说明是否合乎国家食品安全标准和质量要求，是否存在危害人体健康的因素，从而决定其有无食用价值及应用价值的科学。

食品理化检验是食品生产和食品科学研究的“眼睛”和“参谋”，对食品资源的开发利用、食品加工工艺的改进和革新、食品营养价值的强化提高、保证食品安全、保障人类的生命健康都具有重要作用和意义。

食品理化检验的任务是对食品进行卫生监督和质量监督，使之符合营养需要和安全标准，保证食品的质量，防止食物中毒和食源性疾病，确保食品的食用安全；研究食品化学性污染的来源、途径、控制化学性污染的措施及食品的安全标准，提高食品的卫生质量，减少食品资源的浪费。

二、食品理化检验的内容

食品种类繁多，不同种类的食品及同类食品因产地、季节和生产厂家的不同，其中所含营养成分的种类及含量亦不相同。由于食品种类多、组成复杂，再加上产地和加工方法不同，与食品安全有关的检测项目所涉及的检验方法也是多种多样的。因此，食品理化检验的内容非常丰富，主要研究各种食品的营养成分及化学性污染等问题。食品理化检验的内容主要包括以下几个方面。

（一）食品感官检查

各种食品都有各自的外观特征。人们在长期的生活实践中，对各类食品的特征形成了固有的概念，并用来判断食品的优劣、决定食品的取舍。食品的感官性状包括外观、品质和风味等，是食品质量的重要组成部分。

感官检查都是以人的感觉为依据，以文字叙述为表达方式的检验方法，着重描述食品的外部特征，以及这些特征作用于人的感受器官的反应。

（二）食品营养成分的检验

食品营养成分的种类和含量决定着食品营养价值的高低，因而是食品检验的重要内容。通过对食品中营养成分的检验，可以了解各种食品中所含营养成分的种类和含量，合理膳食，均衡营养，维持机体正常的生理功能，防止营养缺乏病的发生。

（三）食品中有毒有害成分的检验

食品在生产、加工、储藏、运输和销售等各个环节，可能产生或引入一些对人体有毒有害的物质。

1. 有害元素

工业三废的排放、食品生产和加工过程中使用的金属机械设备、管道、容器或包装材料等，以及某些地区自然环境中高本底的重金属都会引起食品中有害元素的污染。因此，检测食品中有害元素是食品理化检验的重要检验内容之一。

2. 农药和兽药残留

合理使用农药，是现代农业生产的需要，是防治病虫害，提高农业产量的重要措施。但是，如果滥用农药，会造成农作物污染和食品中农药残留超标。

兽药用于防治畜禽疾病，促进了畜牧业的发展，如在动物饲料中添加抗生素、激素等，用于防病治病，如果使用不当或长期用药，会造成肉、蛋、乳等动物性食品的污染，从而危害人体健康。因此，必须对食品中农药和兽药残留进行检验。

3. 真菌毒素

真菌产生的毒素如黄曲霉毒素、赭曲霉毒素和玉米赤霉烯酮等对动物或人类具有致癌作用。黄曲霉毒素是目前发现的毒性和致癌性最强的天然污染物，较低剂量长期持续摄入或较大剂量地短期摄入，均可能诱发大多数动物的原发性肝癌，还可能造成人类的急性中毒。

4. 食品加工过程中产生的有害物质

在食品加工过程中可能产生亚硝胺、苯并芘等有害物质。这些有害物质对人类健康具有潜在的危害，因此，我国食品安全国家标准规定了这些有害物质的限量指标和相应的检测方法，以确保食品安全。

（四）食品添加剂的检验

食品添加剂是为改善食品品质和色、香、味，以及为防腐、保鲜和加工工艺的需要而加入食品中的人工合成或者天然物质。由于目前所使用的食品添加剂多为化学合成的物质，如果滥用，会严重危害人体健康。我国食品安全国家标准对其使用范围及用量均做了严格的规定。为了保证食品添加剂的安全使用和监管，必须对食品添加剂进行检测。

三、食品理化检验的常用方法

进行食品理化检验时，要综合考虑食品样品的性质，检验目的，检验方法的特点，检验方法的灵敏度、准确度和精密度，检验成本，实验室的条件等。食品理化检验的主要方法有感官检查、物理检验法、化学分析法、仪器分析法和生物化学分析法。

（一）感官检查

食品的感官状况是食品的重要质量指标之一，是食品检验必须首先进行的重要环节。食品的感官指标，如色泽、组织状态、风味、香味和有无杂质等，古今中外，都是食品的重要技术标准。通过感官检查，可以初步判断食品的质量，对食品进行质量分级，决定食品有无食用价值。在食品理化检验进行之前，必须首先进行感官检查。如果某食品感官检查不合格，或已经明显腐败变质，或在外观上不被人们接受，就没有必要再进行理化检验，直接判断为不合格食品。感官检查简便易行、直观实用，具有理化检验和微生物检验方法不可替代的功能。因此，感官检查合格与否，是进行食品理化检验的先决条件。某些感官检查项目（如嗅觉检查）具有很高的灵敏度，当已经能够感觉和辨别出一些微量气味时，理化分析不一定能获得阳性结果。

感官检查具有一定的局限性。当发现感官恶化时，可以否定食品的食用价值；但若感官正常的食品，不一定符合食品安全的要求，不能得出其绝对可以食用的结论，因为有些有害物质不一定表现出食品的感官变化。感官检查也有一定的主观性，易受检验者本人的喜恶影响，应集中大多数人的意见或采用群检式。对某些要求很高的感官检查，如食品的风味、口感等，必须由训练有素的专业人员进行。目前还不能使感官检查的结果数据化，尚不能用量的概念来精确表示某些感官指标的等级。

1. 视觉检查

以肉眼观察为主或借助放大镜观察。

（1）包装：有无包装；包装材料或容器的质料有无破损；标签、商标是否与内容物相符；重量、批号等。

（2）外观：观察食品的外观、大小、形状、表面有无缺损破溃，有无霉斑花纹、虫蛀腐蚀，食品的新鲜程度等。

（3）颜色：是食品的固有颜色还是异样颜色，是天然色彩还是人工着色。

（4）异物：有无异物，异物的种类、性质等，是否沾污、清洁状况等。

（5）透光检查：对液体食品或蛋类进行透光检查，或用紫外灯照射检查食品的荧光情况。

2. 嗅觉检查

检查时距离试样要由远而近，由少增多，防止强烈气味的突然刺激，对过于清淡的食品应适当加热，然后掰开或趁热插入新削的竹签，嗅其内部的气味。液体食品可加盖加热或经剧烈振摇后，嗅其气味，加热温度一般不超过60℃。首先辨气味的性质和强度，如香、臭、腥、膻、浓、淡、刺激性大小等；有无污染物质吸附的气味，这些气味与日常所接触的何种气味类似等等。一般嗅觉的敏感度远高于味觉。

3. 味觉检查

在视觉检查和嗅觉检查属于正常的情况下进行，取少量食品放于口中，并缓慢咀嚼，记录味道的种类（酸、甜、苦、麻、辣、咸、淡、鲜、涩、单一还是复合）和强度；同时记录食品在口腔中的触觉，如松脆、坚硬、绵软、粗糙等。过热或过冷的食品会影响感觉器官的灵敏度，应保持食品的温度为20～40℃为宜。

4. 触觉检查

通过手接触食品，用触、摸、捏、揉、按等动作，检查食品的组织状态、新鲜程度等，对食品的轻重、软硬、弹性、黏稠、滑腻等性质和程度予以描述。

5. 听觉检查

适用于罐头食品的检验。用特制的敲检棍对罐头进行敲检，听其声音的虚、实、清、浊，从而判断罐头是否胖听。

一般食品的感官检查指标，在国家食品安全标准中都有明确的规定，有统一的检查方法，并按感官检查将食品品质进行分级，可按照有关规定进行检查。

（二）物理检验法

物理检验法是食品理化检验的重要组成部分，是根据食品的一些物理常数，如相对密度、折射率和旋光度等与食品的组成成分及其含量之间的关系进行检测，进而判断食品的纯度和组成的方法。物理检验法具有操作简单、方便快捷等特点，适用于现场检测。本书主要介绍相对密度的测定。

相对密度（relative density）是物质重要的物理常数之一，是指在一定温度下物质的质量与同体积纯水的质量之比，以 d 表示。我国规定液态食品密度测定时的标准温度为 20℃，因此，食品理化检验中相对密度通常是指 20℃时，某物质的质量与同体积 20℃纯水质量的比值。测定食品相对密度的方法有密度瓶法、天平法和密度计法。

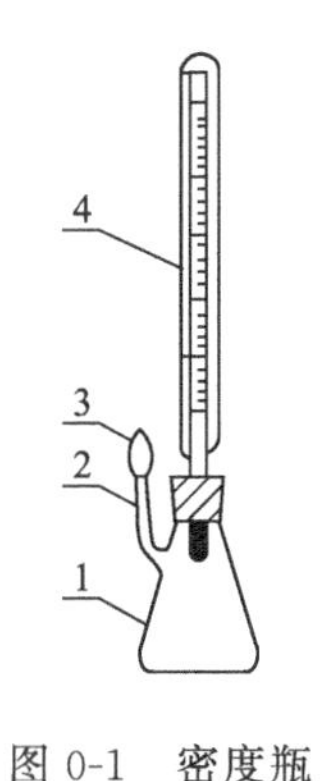

图 0-1　密度瓶
1—密度瓶；
2—支管标线；
3—支管上小帽；
4—附温度计的瓶盖

1. 密度瓶法

（1）原理　在 20℃时分别测定充满同一密度瓶的水及试样的质量，由水的质量可确定密度瓶的容积即试样的体积，根据试样的质量及体积可计算试样的密度，试样密度与水密度比值为试样相对密度。

（2）仪器　密度瓶：精密密度瓶，如图 0-1 所示。

（3）分析步骤　取洁净、干燥、恒重、准确称量的密度瓶，装满试样后，置 20℃水浴中浸 0.5h，使内容物的温度达到 20℃，盖上瓶盖，并用细滤纸条吸去支管标线上的试样，盖好小帽后取出，用滤纸将密度瓶外擦干，置天平室内 0.5h，称量。再将试样倾出，洗净密度瓶，装满水，以下按上述自“置 20℃水浴中浸 0.5h……置天平室内 0.5h，称量。”依试样的分析步骤进行操作。密度瓶内不应有气泡，天平室内温度保持 20℃恒温条件，否则不应使用此方法。

（4）计算　试样在 20℃时的相对密度按下式进行计算：

$$d=\frac{m_2-m_0}{m_1-m_0}$$

式中　d——试样在 20℃时的相对密度；

m_0——密度瓶的质量，g；

m_1——密度瓶加水的质量，g；

m_2——密度瓶加液体试样的质量，g。

（5）说明

① 本法适用于样品量较少的液体食品，对挥发性食品也适用，结果较准确。

② 水及样品液必须完全装满密度瓶，且不得有气泡。

③ 取出密度瓶时，不得用手直接接触密度瓶的球部，最好戴隔热手套拿密度瓶的颈部或用工具夹取。

④ 水浴中的水必须保持清洁无油污，防止污染密度瓶外壁。

2. 天平法

（1）原理　20℃时，分别测定玻锤在水及试样中的浮力，由于玻锤所排开水的体积与排开试样的体积相同，由玻锤在水中与试样中的浮力可计算试样的密度，试样密度与水密度比值为试样的相对密度。

（2）仪器　韦氏相对密度天平：如图 0-2 所示。

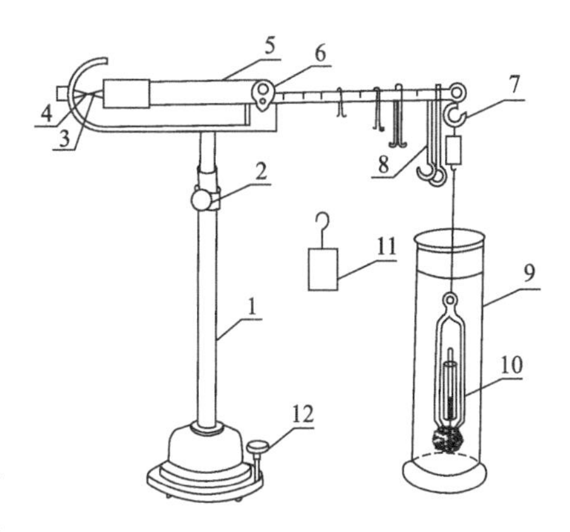

图 0-2　韦氏相对密度天平

1—支架；2—升降调节旋钮；3，4—指针；5—横梁；6—刀口；7—挂钩；8—游码；9—玻璃圆筒；10—玻锤；11—砝码；12—调零旋钮

（3）分析步骤　测定时将支架置于平面桌上，横梁架于刀口处，挂钩处挂上砝码，调节升降旋钮至适宜高度，旋转调零旋钮，使两指针吻合。然后取下砝码，挂上玻锤，将玻璃圆筒内加水至 4/5 处，使玻锤沉于玻璃圆筒内，调节水温至 20℃（即玻锤内温度计指示温度），试放四种游码，主横梁上两指针吻合，读数为 P_1，然后将玻锤取出擦干，加欲测试样于干净圆筒中，使玻锤浸入至以前相同的深度，保持试样温度在 20℃，试放四种游码，至横梁上两指针吻合，记录读数为 P_2。玻锤放入圆筒内时，勿使碰及圆筒四周及底部。

（4）计算　试样的相对密度按下式计算：

$$d=\frac{P_2}{P_1}$$

式中　d——试样的相对密度；

P_1——玻锤浸入水中时游码的读数，g；

P_2——玻锤浸入试样中时游码的读数，g。

3. 密度计法

（1）原理　密度计利用阿基米德原理，将待测液体倒入一个较高的容器中，再将密度计放入液体中。密度计下沉到一定高度后呈漂浮状态。此时液面的位置与玻璃管上所对应的刻度就是该液体的密度。测得试样和水的密度的比值即为相对密度。

（2）仪器　密度计：上部细管中有刻度标签，表示密度读数。

（3）分析步骤　将密度计洗净擦干，缓缓放入盛有待测液体试样的适当量筒中，勿使其碰及容器四周及底部，保持试样温度在 20℃，待其静置后，再轻轻按下少许，然后待其自然上升，静置至无气泡冒出后，从水平位置观察与液面相交处的刻度，即为试样的密度。分别测试试样和水的密度，两者比值即为试样的相对密度。

（4）说明

① 本法操作简便迅速，但准确性较差。不适用于极易挥发的样品。

② 取样品时，须将样品充分混匀后，沿量筒壁注入量筒中，避免产生气泡。

③ 要求液体温度 20℃，若不是 20℃，可根据液体的温度进行校正。

（三）化学分析法

化学分析法是以物质的化学反应为基础的分析方法，包括定性和定量分析两部分，定性分析是确定试样中某种成分是否存在，定量分析是确定试样中某种成分的准确含量。化学分析法适用于食品的常量分析，是食品理化检验最基本、最重要的分析方法。

（四）仪器分析法

仪器分析法是根据物质的物理和物理化学性质，如物质的光学、电学和化学等性质，通过精密的分析仪器对试样的化学组成、组分含量或化学结构进行检验的方法。在食品理化检验中，仪器分析法主要应用于食品中微量成分或低浓度的有毒有害物质的检验。具有快速、灵敏、准确和可以同时测定多种成分的特点，在微量成分测定方面具有物理检验法和化学检验法无法比拟的优势，是食品理化检验的重要方法。

（五）生物化学分析法

在食品理化检验中应用较多的生物化学分析法主要是酶分析法和免疫学分析法。酶分析法是利用酶作为生物催化剂，进行定性和定量分析的方法，具有高效和专一的特征。用于基质复杂的食品样品检验具有抗干扰能力强、简便、快速、灵敏等优点。免疫学分析法是抗原与抗体之间的特异性结合进行检测的一种分析方法，在食品理化检验中，可制备免疫亲和柱和试剂盒，用于食品中霉菌毒素等的快速检测。

随着食品工业的发展和科学技术的进步，食品理化检验技术将不断地完善和更新，在保证检测结果的精密度和准确度的前提下，正向着灵敏、简便、微量、快速、自动化和对环境友好的方向发展。

上述食品理化检验的方法各有其优点和局限性，在实际工作中，需要根据食品试样和检验要求以及实验室的条件等选择合适的检验的方法。

四、国内外食品安全标准简介

食品安全标准是指为了保证食品安全，对食品生产经营过程中影响食品安全的各种要素以及各关键环节所规定的统一技术要求，是保障公众身体健康的重要技术支撑。内容主要涉及：食品、食品添加剂和食品相关产品中危害人体健康物质的限量规定；食品添加剂的品种、使用范围及用量；专供婴幼儿的主辅食品的营养成分要求；对与食品卫生、营养有关的标签、标识、说明书的要求；食品生产经营过程中的卫生要求；与食品安全有关的质量要求、食品检验方法与规程等。其中有很多是食品理化检验方法的标准操作规程和检验结果的判定依据。

近年来，随着世界范围内一系列重大食品安全事件的发生，食品安全已成为全球化的焦点问题，从不发达国家到发展中国家，甚至一些发达国家和地区的食品安全工作都面临极大的困难和挑战。另外，新食品原料、新食品添加剂、新食品加工技术的广泛应用以及消费者对食品质量、食品营养的要求逐渐提高，使得食品安全标准面临着巨大的挑战。食品安全标准体系的完善逐渐成为衡量一个国家或地区社会管理水平和人民生活质量的重要标尺。随着经济全球化和国际食品贸易的增加，世界各国（组织）都十分重视标准的研究与制定工作，均把基于健康保护为目的的食品安全标准作为标准化战略的重点领域，制定和修订了严格的食品安全标准（表 0-1），以推进全球食品安全进程，从源头上解决食品安全问题。

表 0-1 部分国家（组织）食品安全标准

国家(组织)	标准名称(内容)	标准(法规)编号
中国	食品添加剂使用标准	GB 2760—2014
	食品中污染物限量	GB 2762—2017
	预包装食品标签通则	GB 7718—2011
	食品生产通用卫生规范	GB 14881—2013

续表

国家(组织)	标准名称(内容)	标准(法规)编号
国际食品法典委员会	食品污染物和毒素法典通用标准	CODEX STAN 193—1995
	食品添加剂通用标准	CODEX STAN 192—1995
	预包装食品标签通用标准	CODEX STAN 1—1985
	农药残留分析良好实验室操作准则	CAC/GL 40—1993
	食品卫生总则	CAC/RCP1—1969
国际标准化组织	食品安全管理体系-食品供应链中各类组织的要求	ISO 22000:2018
美国	污染物在食品中的限量	21 CFR 165
	食品添加剂的标准、适用范围及限量	21 CFR 172
	食品中农药的允许残留量	40 CFR 180
	食品生产、包装和储存良好生产规范	21 CFR 110
欧盟	食品中微生物限量标准	EC 2073/2005
	食品污染物的限量	EC 1881/2006
	食品中的农药残留限量	EC 396/2005
	食品中维生素、矿物质及其他物质的添加	EC 1925/2006

（一）我国食品安全标准

中华人民共和国成立初期，我国的食品类标准较少，20 世纪 70 年代之后相关标准开始日益丰富，陆续颁布食品产品标准和卫生标准，2009 年《中华人民共和国食品安全法》实施以后，明确建立统一的食品安全国家标准，食品安全标准管理制度因此逐步完善，国家组建了食品安全国家标准评审委员会负责标准审查工作，完善食品安全国家标准工作程序，进一步提高了我国食品安全标准的科学性、实用性，食品安全标准逐步与国际接轨。从 2012 年开始，国家卫生和计划生育委员会对近 5000 项食用农产品质量安全标准、食品卫生标准、食品质量标准以及行业标准中强制执行内容的食品标准进行清理，梳理标准间矛盾、交叉、重复等问题，提出标准或指标废止、修订以及继续有效的清理意见，制定了食品标准整合工作方案。目前我国的标准已形成了基础通用标准、食品安全限量标准、方法标准、产品标准、管理技术标准及标识标签标准等门类齐全、相互配套、基本适应我国食品工业发展的标准体系。建立了以国家标准为主体的食品安全标准体系，截至 2019 年 8 月，食品安全国家标准数量达到 1263 项。

根据《中华人民共和国标准化法》的规定，我国的食品标准按效力或标准的权限，可分为国家标准、行业标准、地方标准、团体标准和企业标准；从标准的属性划分，食品标准可分为强制性食品标准、推荐性食品标准和指导性技术文件。食品安全标准均为强制执行的标准。食品安全国家标准由国务院卫生行政部门会同国务院食品安全监督管理部门制定公布，国务院标准化行政部门提供国家标准编号；地方标准仅针对没有国家标准的地方特色食品，由省级人民政府卫生行政部门制定并报国务院卫生行政部门备案；企业标准则是国家鼓励食品生产企业自行制定并报省级卫生行政部门备案的仅在本企业适用的标准，而且要严于国家标准或地方标准。

（二）国际食品安全标准

国际食品安全标准主要由国际食品法典委员会（Codex Alimentarius Commission，CAC）和国际标准化组织（International Organization for Standardization，ISO）制定。CAC 是由联合国粮食和农业组织（Food and Agriculture Organization，FAO）和世界卫生组织（World Health Organization，WHO）于 1963 年成立的协调食品标准的国际政府间组织，其工作宗旨是通过建立国际协调一致的食品标准体系，保护消费者健康，确保食品贸易的公平进行。标准体系包括所有向消费者销售的加工、半加工食品或食品原料标准，已成为全球消费者、食品生产者和加工者、各国食品管理机构和国际食品贸易的重要参照标准。

ISO是国际标准化领域中十分重要的非政府组织，也是国际权威的标准化机构，其工作宗旨是在国际范围内促进标准化工作的发展，以利于国际资源的交流和合理配置，扩大各国科技和经济领域的合作。除食品安全管理体系（ISO 22000）外，ISO也制定质量管理体系（ISO 9001）、环境管理体系（ISO 14001：2004）等食品相关标准。

（三）国外食品安全标准

1. 美国食品安全标准

美国有关食品安全的法律法规、标准繁多，几乎覆盖所有食品，体现了对食品安全的重视程度。美国负责食品安全标准制定的食品安全管理机构比较多，其中主要有卫生与人类服务部、食品药品监督管理局、疾病预防控制中心、农业部、食品安全检验局和联邦环境保护署。美国食品安全技术协调体系由技术法规和标准两部分组成，技术法规由政府相关机构制定，主要规定产品特性、生产加工方法，以及适用的行政性规定，属于强制遵守的文件；标准可以由行业协会、民间团体制定，规定食品加工和生产方法的规则、指南或者特征，需要美国国家标准学会认可。由于涉及食品安全的标准大多被技术法规引用，被赋予了强制执行的法律属性，所以美国的食品安全标准严格意义上来说应该称为“法规”，由联邦政府的行政部门根据具体“标准”归入“联邦法规”（code of federal regulations，CFR），CFR共50卷，食品法规集中在第9卷（动物和动物产品）、第21卷（食品和药品）和第40卷（环境保护）当中。这些法规涵盖了所有食品和相关产品，而且为食品安全制定了非常具体的标准以及监管程序。

2. 欧盟食品安全标准

欧盟具有较为完善的食品安全法律体系，该体系以食品生产全过程的法律法规为主，与美国一样，欧盟的食品安全标准也归入了欧盟法规当中，欧盟食品安全管理的法规中既包括原则性的要求、程序性的规定等管理内容，也包括了具体的指标要求、限量等技术内容。欧盟负责食品安全的管理机构包括欧盟食品安全局及欧盟食品和兽医办公室，分别负责在欧盟范围内制定科学的食品法规和监督第三国输欧食品安全情况。欧盟关于食品安全的法规有20多部，具体包括《通用食品法》《食品卫生法》《添加剂、调料、包装和放射性食物法规》等，另外还有一些欧盟批准的官方公告中的EC、EEC指令，并且在2000年，欧盟委员会正式发表了《欧盟食品安全白皮书》，对食品安全问题进行详细阐述，制定了一套连贯和透明的法规。涉及食品安全一般原则、动物卫生、植物卫生检查、食品链的污染和环境因素、食品卫生、有关国际间食品安全的规定等。

在进行食品理化检验时，应首选国家标准分析方法，根据实验室的条件，尽量采用灵敏、准确和快速的检验方法。

第一章
食品理化检验的基本程序

食品的种类繁多，成分复杂，来源不一，食品理化检验的目的、项目和要求也不尽相同，尽管如此，不论哪种食品的理化检验，都要按照一个共同的程序进行。食品理化检验的基本程序为：样品的采集和保存，样品的制备和预处理，选择适当的检验方法进行分析检验，检验结果的数据处理和报告检验报告。

第一节　食品样品的采集和保存

食品样品的采集和保存（collection and preservation of food sample）是食品理化检验成败的关键步骤。如果所采集的食品样品不具有代表性或保存不当，造成待测成分损失或污染，会使检验结果不可靠，甚至可能导致错误的结论。

食品样品的特点：①食品样品大多具有不均匀性，同种食品由于成熟程度、生长、加工和保存条件、外界环境的影响而不同，食品中营养成分和含量以及污染程度有较大的差异；同一分析对象，不同部位的组成和含量亦会有差别。②食品样品具有较大的易变性，多数食品来自动植物组织，本身就是生物活性细胞，食品又是微生物的天然培养基。在采样、保存、运输、销售过程中食品的营养成分和污染状况都有可能发生变化。

因此，在食品样品的采集、保存和预处理过程中都应考虑到食品样品的特点。

一、食品样品的采集

1. 样品采集的原则

样品的采集是食品理化检验中的重要环节，又是一项困难的工作，需要非常谨慎地操作。采样部位、采样数量、新鲜度等都会影响分析结果。食品样品的采集与保存，是理化检验工作成败的前提和关键，必须按照规定的要求、科学的方法照章操作。对于食品理化检验，通常是从一批食品中抽取其中的一部分来进行检验，将检验结果作为这一批食品的检验结论。被检验的“一批食品”称为总体（population）；从总体中抽取的一部分，作为总体的代表，称为样品（sample）。样品来自总体，代表总体进行检验。

正确的采样必须遵循两个原则：一是所采集的样品对总体应该有充分的代表性。即所采集的食品样品应该反映总体的组成、质量和卫生状况。二是采样过程中要设法保持原有的理化性质，防止待测成分的损失和污染。

2. 样品的分类

按照采样的顺序依次得到检样、原始样品和平均样品。

（1）检样　从分析对象的各个部分采集的少量物料。检样的多少，按该产品标准中检验规则所规定的抽样方法和数量执行。

（2）原始样品　将许多份检样综合在一起称为原始样品。原始样品的数量是根据受检物品的特点、数量和满足检验的要求而定。

（3）平均样品　将原始样品按照规定方法进行处理，再抽取其中的一部分供分析检验的样品称为平均样品。

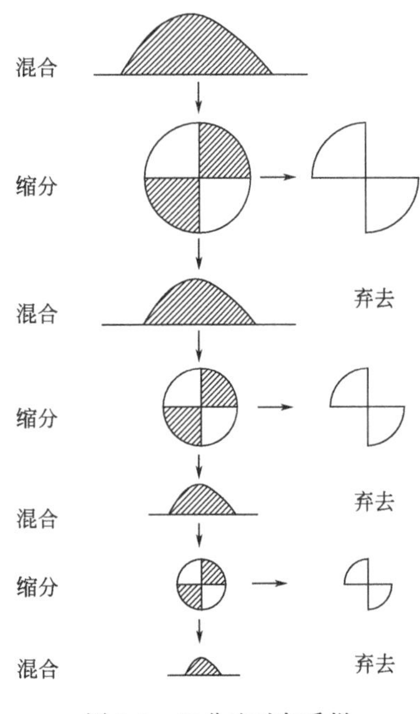

图 1-1　四分法对角采样

3. 采样要求

（1）采样应注意样品的生产日期、批号、代表性和均匀性（掺伪食品和食物中毒样品除外）。采集的数量应能反映该食品的卫生质量和满足检验项目对样品量的需要，一式三份，供检验、复验与备查或仲裁，一般散装样品每份不少于 0.5kg。

（2）采样容器根据检验项目，选用硬质玻璃瓶或聚乙烯制品。

（3）液体、半流体饮食品如植物油、乳、酒或其他饮料，如用大桶或大罐盛装者，应先充分混匀后再采样。样品应分别盛放在三个干净的容器中。

（4）粮食及固体食品应自每批食品上、中、下三层中的不同部位分别采取部分样品，混合后按四分法对角采样（如图 1-1 所示），再进行几次混合，最后取有代表性样品。采样件数按下式进行：

$$S=\sqrt{N/2}$$

式中　N——被检物质的总件数；

S——采样件数。

（5）肉类、水产等食品应按分析项目要求分别采取不同部位的样品或混合后采样。

（6）罐头、瓶装食品或其他小包装食品，应根据批号随机取样。同一批号取样件数，250g 以上的包装不得少于 6 个，250g 以下的包装不得少于 10 个。

（7）掺伪食品和食物中毒的样品采集，要具有典型性，尽可能采取含毒物或掺伪最多的部位，不能简单混匀后取样。

（8）感官不合格产品不必进行理化检验，直接判为不合格产品。

4. 采样的方法

食品样品的采集方法有随机采样和代表性采样两种。随机采样是按照随机采样原则从大批食品中抽取部分样品，抽样时使总体中每份样品被抽取的概率都相等的采样方法。适用于对被测样品不大了解时以及检验食品合格率及其他类似情况。

代表性采样是根据食品样品的空间位置和时间变化的规律进行采样，使采集的样品能代表其相应部分的组成和质量。如分层采样、随生产过程的各环节采样、定期抽测货架陈列样品的采样等。一般采用随机采样和代表性采样相结合的方式，具体的采样方法则随分析对象的性质而异。

二、食品样品的保存

由于食品中含有丰富的营养物质，在合适的温度、湿度条件下，微生物能迅速生长繁殖，使其组成和性质发生变化。为了保证食品检验结果的正确性，食品样品采集后，在运输、贮存过程中应该避免待测成分损失和污染，保持原有的性状和组成，尽量减少保存时间，尽快进行检验，把离开总体后的变化减少到最低限度。

能够使食品样品发生变化的主要因素有：①水分或挥发性成分的挥发或吸收；②空气氧化；③样品中酶的作用；④微生物的分解。因此，在样品保存过程中应防止污染、防止腐败变质、稳定水分、固定待测成分。为此，必须做到：①操作者的双手和使用的工具器皿要清洁无菌；②密封低温冷藏，温度以 0～5℃为宜；③加入适宜的溶剂或稳定剂。样品的保存原则如下：

1. 固定待测成分

首先应该使食品样品中的待测成分在运输和保存过程中稳定不变。食品样品中某些待测成分极不稳定或容易挥发损失，应结合分析方法，采样后立即加入某些试剂或采取适当的措施，以稳定这些待测成分，避免损失，以免影响测定结果。如β-胡萝卜素等见光容易分解，必须避光保存。对于含氰化物的食品样品，采样后应加入氢氧化钠，避免在酸性条件下生成氢氰酸而挥发损失。

2. 防止污染

凡是接触样品的手、工具和容器，必须清洁无污染。根据分析的目的物不同，清洁的标准亦不相同，通常以不带入新的污染物质、不使食品成分增加或减少为依据。

3. 防止腐败变质

食品样品极易腐败变质，必须采取预防措施。样品放在密封洁净的容器内，并根据食品种类选择适宜的温度保存，尽量使其理化性质不发生变化。低温冷藏是防止腐败变质的常规方法，这样可以抑制微生物的生长速度，减缓食品样品可能发生的化学反应，防止食品样品的腐败变质。尽量避免在样品中加入防腐剂；尽快进行分析前的样品制备和处理也是常用的方法。

4. 稳定水分

食品中的水分含量是食品成分的重要指标之一。水分含量影响到食品中营养成分和有害物质的浓度和比例，直接影响测定结果。保持食品样品中原有水分的含量，防止蒸发损失和干食品吸湿，密闭加封可防止样品中水分的变化。若食品样品含水量高，且分析项目多，可先测定其水分含量，而后烘干水分，只保存干燥样品，可通过水分含量而折算出鲜样品中待测物质的分析结果。

总之，食品样品保存应做到净、密、冷、快。所谓“净”是指采集和保存样品的容器和工具必须清洁干燥，不得含有待测成分和其他可能污染样品的成分。“密”是指所采集食品样品的包装应密闭，使水分稳定，防止挥发性成分损失，避免样品在运输、保存过程中受到污染。“冷”是指将样品在低温下运输、保存，以抑制酶活性和微生物的生长繁殖。“快”是指采样后尽快分析，避免食品样品变质。

一般样品在检验结束后，应保留一个月，以备需要时复检。易变质样品不予保留。

第二节 食品样品的制备和预处理

一、食品样品的制备

食品样品的制备（preparation of sample）是指对采集的样品进行分取、粉碎、混匀等处理工作。由于许多食品各部位的组成差异很大，而且送检的样品量通常较分析所需的样品量多，所以样品在检验之前，必须经过样品制备的过程。制备的目的在于保证样品十分均匀，并具有代表性，以获得正确的分析结果。样品制备时必须先去除不可食部分和机械性杂质。

根据检验分析样品的性质和检验的要求，可以采取粉碎、研磨、混匀、干燥脱水等方法进行样品制备。

1. 粉碎

对于水分少的固体食品，可用粉碎的方法混匀。粉碎时应先将大块试样捣碎成粗粒，再粉碎到所需的粒度，每次尽量少粉碎一点，重复操作直到将全部试样粉碎到一定大小。常用的处理工具有研钵、磨粉机、球磨机、万能微型粉碎机等。为控制粒度大小，可采用标准筛过筛。一般应通过 20～40 目分样筛，或根据分析方法的要求过筛。过筛时要求全部样品均应过筛，未通过者要继续粉碎再过筛，直到全部通过为止。不能将未过筛部分随意丢弃，否则将造成食品样品中成分构成的改变。过筛后的样品进一步充分混匀。

2. 预干燥

当样品含水分较多而较难粉碎时，特别是待测成分不会因干燥而发生变化时，需进行预干燥。一般将已初步粉碎的样品铺于 60℃烘箱中烘 1～2h，称取干燥前后的质量，对水分进行校正。干燥后的样品也常用于样品的保存上。分析维生素类等易挥发性的样品时通常不能进行预干燥。

3. 研磨、绞碎

含水分多的样品（肉类、水产品等）用研磨绞碎的方法混匀。当待测成分会因干燥而分解时，只能将原样进行研磨、绞碎或加适量溶液研磨，使其成为均匀的分析试样。可使用研钵、均化器等研磨；也可用绞肉机或高速组织捣碎机绞碎。

4. 脱脂

通常脂肪含量高的样品很难磨成粉末，必须进行脱脂处理（分析脂溶性成分除外）。先将试样用研钵研碎，加入乙醚浸泡。弃去醚层，再用少量乙醚洗涤，弃去醚层，挥干乙醚，于 60℃烘箱中干燥。分析时进行换算。

5. 液体样品的处理

液态食品样品或半流体样品，测定前充分搅拌均匀即可。常用的搅拌工具是玻璃棒，或特制的搅拌工具，还有电动搅拌器等。

互不混溶的液体，如油和水的混合物，应分离后分别采样。固体油脂应加热熔化后进行混匀。

特殊情况下，对样品的制备另有规定者，应按规定进行处理。

二、食品样品的预处理

食品样品的预处理（pretreatment of sample）是指食品样品在测定前消除干扰成分，浓缩待测组分，使样品能满足分析方法要求的操作过程。由于食品的组成复杂，待测成分的含量差异很大，有时含量甚微，其中各成分之间在分析过程中常常产生干扰。为了保证检测的顺利进行，得到可靠的分析结果，必须在分析前加以处理，以消除干扰成分。对于食品中含量极低的待测组分，必须在测定前对其进行富集浓缩，满足分析方法的检出限和灵敏度要求。

样品的预处理是食品理化检验十分重要的环节，直接关系着分析工作的成败。常用的样品预处理方法较多，应根据食品的种类、分析对象、待测组分的理化性质及所选用的分析方法来确定样品的预处理方法。不同类型、特点的食品样品，其预处理的方法不同；即使是同一种食品，其预处理方法也随待测物质的性质不同或分析方法的不同而不相同。应用时，根据需要也可几种方法配合使用，以达到目的。

1. 无机化处理

在测定食品中金属或非金属等无机成分时，食品中含有的大量有机质将干扰实验进行，需先破坏有机质，使金属或非金属元素呈游离状态。破坏有机质的操作称为样品的无机化处理。无机化处理的方法很多，应根据食品的基本性质、被检测的金属或非金属元素的种类和性质、所用的测定方法加以选择。常用的方法有：干法灰化、湿法消化，还有紫外光分解法等。无机化处理方法的选择原则是：①方法简便，使用试剂越少越好；②方法消耗时间短，有机物破坏越彻底越好；③破坏后的溶液容易处理，不影响以后的测定步骤，被测元素不因破坏而损失。

无机化处理方法通常是指采用高温或高温下加强氧化条件，使食品样品中的有机物分解并呈气体逸出，而待测成分则被保留下来用于检测的一种样品预处理方法。这种处理方法主要用于食品中无机元素的测定。

（1）干法灰化（dry ashing）　是用高温灼烧的方式破坏样品中的有机物质，因而也称灼烧法。将样品置于坩埚中，先在电炉上加热，使有机物质脱水炭化分解氧化，再在高温炉中灼烧成灰。这样使样品中的有机物氧化分解成二氧化碳、水和其他气体而挥发，留下的无机物供测定用。干法灰化是破坏食品样品中有机物质的常规方法之一。

① 方法特点是操作简便，有机物破坏彻底，使用试剂少，空白值低。灰化过程中不需要一直看守，省时省力。干法灰化可加大称样量，在检验方法灵敏度相同的情况下，能够提高检出率。适用范围广，可用于多种元素的分析。但是灰化时间长、温度高，容易造成待测成分的挥发损失，特别是易使某些低沸点元素散失。其次是高温灼烧时，可能使坩埚材料的结构改变形成微小空穴，对待测组分有吸留作用而难于溶出，致使回收率降低。

② 提高干法灰化回收率的措施：首先采用适宜的灰化温度。灰化温度视样品和待测成分而定，一般为500～600℃，过高会造成某些成分的散失，过低会延长灰化时间。因此，在尽可能低的温度下进行样品灰化，否则，导致分析结果的误差。另外，加入助灰化剂以加速灰化，防止某些组分的挥发损失和坩埚的吸留作用。如测定食品中总砷含量时，加入氧化镁和硝酸镁，能使砷转变成不挥发的焦砷酸镁（$Mg_2As_2O_7$），减少砷的挥发损失，同时氧化镁还能起到衬垫坩埚的作用，减少坩埚的吸留。如果在规定的灰化温度和时间内，样品仍不能完全灰化，可以将坩埚冷却，加入适量水或酸，帮助灰分溶解或改变盐的组成，解除对炭粒的包裹。

③ 灰化的时间，以灰化完全为度，一般为4～6h。灰化条件需根据具体情况加以选择和控制。

（2）湿法消化（wet digestion）　湿法消化是利用强氧化剂加热消煮，破坏样品中有机物的方法。在适量的食品样品中加入氧化性强酸，加热破坏样品中的有机物，使样品中的有机物氧化分解呈气体逸出，而待测成分转化为无机状态留于消化液中。是常用的食品样品无机化处理方法之一。

① 方法特点是分解速度快，时间短；加热温度较干法灰化低，可减少待测成分的挥发损失。但是消化过程中产生大量有害气体，操作必须在通风橱中进行；试剂用量较大，空白值较高。消化初期，消化液反应剧烈产生大量泡沫，可能外溢，需随时照看；消化过程中也可能出现炭化现象，所以需要小心操作。

② 常用消化方法　常用的强氧化剂有浓硝酸、浓硫酸、高氯酸、高锰酸钾、过氧化氢等。在实际工作中，除单独用浓硫酸消化外，经常采取两种不同的氧化性酸配合使用，以达到快速消化、完全破坏有机物的目的。常用的消化方法如下：

a. 硫酸-硝酸法　硝酸和硫酸是对有机物质具有强烈氧化作用、破坏力很强的试剂。在食品样品中加入硝酸和硫酸的混合液，或先加入硫酸，加热使有机物分解、炭化，在消化过程中不断补加硝酸至消化完全。此法对有机物质破坏彻底，所需时间较短，并适用于样品中多种金属的检测，但不宜作碱土金属的分析。此法反应速度适中，对于较难消化的样品，如含有较多脂肪和蛋白质的样品，可在消化后期加入少量高氯酸或过氧化氢，加快消化速度。

b. 硝酸-高氯酸法　高氯酸和硝酸对有机物质的氧化能力都比硫酸强，而所需的消化温度都比硫酸低。在食品样品中加入硝酸和高氯酸混合液浸泡过夜，再加热消化，直至消化完全为止。也可以先加入硝酸进行消化，待大量有机物分解后，再加入高氯酸。该法氧化能力强，消化速度快，炭化过程不明显；消化温度较低、挥发损失小。值得注意的是，这两种酸的沸点不高，当温度过高、消化时间过长时，硝酸可能被耗尽，残余的高氯酸与未消化的有机物剧烈反应，有可能引起爆炸。因此，也可加入少量硫酸，以防烧干，同时也可以提高消化温度，充分发挥硝酸和高氯酸的氧化作用。如果样品中含有还原性组分如酒精、甘油和油脂等较多时，容易引起爆炸，不宜采用。

c. 硫酸法　样品消化时仅加入硫酸一种氧化剂，加热时依靠硫酸强烈的脱水炭化作用使有机物破坏。由于硫酸的氧化能力较硝酸和高氯酸弱，沸点又高，因此需要较高的加热温度。消化液炭化变黑后耗时长。为了缩短消化时间通常加入一些催化剂，如硫酸铜、硫酸汞等；加入硫酸钾或硫酸钠以提高沸点。如凯氏定氮法测定食品中蛋白质的含量就是采用这种方法，使蛋白质中的氮元素转变为硫酸铵留在消化液中，而不会进一步氧化成氮氧化物而损失掉。分析某些含有机质较少的样品（如饮料）时，也可单独使用硫酸。

上述几种消化方法各有其优缺点，根据国家标准检验方法的要求、检验项目的不同和待测食品样品的不同进行选择，并应同时做试剂空白试验，以消除试剂及操作条件不同所带来的误差。

③ 湿法消化的分类　根据湿法消化法的具体操作不同，可分为敞口消化法、回流消化法、冷消化法、密封罐消化法和微波消解法等。

a. 敞口消化法（digestion in open container）　通常在凯氏烧瓶或硬质锥形瓶中进行，是最常用的消化方法。

凯氏烧瓶底部为梨形具有长颈的硬质烧瓶。其长颈可以起到回流的作用，减少酸的挥发损失。消化前，在凯氏烧瓶中加入样品和消化试剂，在电炉或电热板上加热，直到消化完全为止。

b. 回流消化法（reflux digestion）　测定含有挥发性成分的食品样品时，应在回流消化装置中进行。装置上端连接冷凝器，可使挥发性成分随酸雾冷凝流回反应瓶内，避免被测成分的挥发损失，同时也可防止烧干。

c. 冷消化法（digestion at low temperature）　又称低温消化法，将食品样品和消化液混合后，置于室温或37～40℃烘箱内，放置过夜。在低温下消化，可避免易挥发元素的挥发损失，但仅适用于含有机物较少的食品样品。

d. 密封罐消化法（digestion in closed container） 采用压力密封消化罐和少量的消化试剂，在一定的压力下对样品进行消化。在聚四氟乙烯内罐中加入样品和少量的消化试剂，盖好内盖，旋紧不锈钢外套，置于120～150℃恒温干燥箱中保温数小时。由于罐内压力增大提高了消化试剂分解试样的效率，消化时间短。此法克服了常压湿法消化的一些缺点，省时省力；样品处于密闭状态无挥发损失，因此回收率高；试剂用量少，空白值较低。但不能处理大量样品，不能观察到试样的分解过程，要求密封程度高，高压消解罐的使用寿命有限。

e. 微波消解法（microwave-assisted digestion）在2450MHz的微波电磁场作用下，微波穿透容器直接辐射到样品和试剂的混合液中，吸收微波能量后，使消化介质的分子相互摩擦，产生高热。同时，交变的电磁场使介质分子极化，高频辐射使极化分子快速转动，产生猛烈摩擦、碰撞和震动，使样品与试剂接触界面不断更新。微波加热是由内及外，因而加快了消化速度。

微波消解装置由微波炉、消化容器、排气部件等组成。微波消解与常规湿法消化相比具有消解快、消化试剂用量少、空白值低等优点。由于使用密闭容器，样品交叉污染少，也减少了常规消解产生大量酸雾对环境的污染。

（3）紫外光分解法（ultraviolet decomposition method） 是一种用于消解复杂样品基体中的有机物，以测定其中无机离子的方法。

紫外光源由高压汞灯提供，在80～90℃的温度下对样品进行光解。通常在光解过程中加入过氧化氢以加速有机物的降解，时间根据样品的类型和有机物含量而定。具有试剂用量小、污染小、空白值低、回收率高等优点。用于Cu、Zn、Cd、磷酸根和硫酸根等的测定。

2. 溶剂提取法（solvent extraction）

根据相似相溶的原理，用适当的溶剂将某种待测成分从固体样品或样品浸提液中提取出来，而与其他基体成分分离，是食品理化检验中最常用的提取分离方法之一。可分为萃取法和浸提法。

（1）萃取法（extraction） 利用被测组分在互不相溶的两种溶剂中分配系数的不同，将待测物质从一种溶剂转移到另一种溶剂中，而与其他共存成分分离的方法，称为萃取法。是一种常用的分离方法。该法一般在分液漏斗中进行，采取少量多次的方式来达到最佳的分离目的。根据检测的目的，需要改变待测组分的极性，以利于萃取分离。例如，鱼肉中的组胺以盐的形式存在于样品中，需加碱使之生成组胺，才能用戊醇萃取，然后加盐酸，组胺以盐酸盐的形式存在，易溶于水，被反萃取至水相，而与样品中其他组分分离。

（2）浸提法 利用样品各组分在某一溶剂中溶解度的不同，用适当的溶剂将食品样品中的待测成分浸提出来，与样品基体分离，称为浸提法，也称浸泡法。该法所使用的提取剂必须能够大量地溶解被测成分，而又不破坏其性质和组成。

① 索氏抽提法（Soxhlett extraction） 将适量试样置于索氏抽提器的提取筒中，加入合适的溶剂加热回流一定时间，将待测成分提取出来。其优点是提取效率高。但操作较为烦琐，耗时较长。

② 加速溶剂提取法（accelerated solvent extraction，ASE） 是将适量的试样置于密闭萃取室中，在较高的温度（50～200℃）和压力（10.3～20.6MPa）下，用合适的溶剂将待测组分从试样中萃取出来。适用于固态和半固态试样中有机成分的提取。它的突出优点是有机溶剂用量少（1g样品仅需1.5mL溶剂）、快速（约15min）和回收率高，已广泛用于环境、药物、食品和高聚物等样品的前处理，特别是残留农药的分析。

③ 超声波提取法（ultrasonic extraction）是将试样粉碎、混匀后，加入适当的溶剂，

在超声波提取器中提取一定时间。由于超声波的作用使样品中的待测成分能够迅速溶入提取溶剂中，因此，所需的时间较短，一般 15～30min。该法具有快速简便、提取效率高等优点，是目前较为常用的方法之一。

④ 微波辅助萃取法（microwave assisted extraction，MAE）将食品试样和一定量的溶剂装入萃取容器中，密闭后置于微波系统中，利用微波能量辅助强化溶剂萃取速度和萃取效率的一种萃取方法。此法是一种萃取速度快、试剂用量少、回收率高、灵敏以及易于自动控制的新的样品制备技术，可用于色谱分析的样品制备。特别是从一些固态样品，如蔬菜、粮食、水果、茶叶、土壤以及生物样品中萃取六六六、DDT 等残留农药。

⑤ 振荡浸渍法　将样品切碎，放在合适的溶剂系统中浸渍，振荡一定时间，从样品中提取待测成分的方法。该法简单易行，但回收率较低。

3. 挥发法和蒸馏法（volatilization and distillation process）

利用待测成分的挥发性或通过化学反应将其转变成具有挥发性的气体，而与样品基体分离，经吸收液或吸附剂收集后用于测定，也可直接导入检测仪测定的方法称为挥发法。这种分离富集方法，可以排除大量非挥发性基体成分对测定的干扰。

（1）扩散法（diffusion）　加入某种试剂使待测物生成气体而被测定，通常在扩散皿中进行。例如肉或蛋制品中挥发性盐基氮的测定，在扩散皿内样品中挥发性含氮组分在 37℃碱性溶液中释出，挥发后被吸收液吸收，用标准酸溶液滴定。

（2）顶空法（head space analysis）　顶空分离法常与气相色谱法联用，分为静态和动态顶空分析法。静态顶空分析法是将样品置于密闭系统中，恒温加热一段时间达到平衡后，取出蒸气相用气相色谱法测定样品中待测成分的含量。动态顶空分析法是在样品顶空分离装置中不断通入氮气，使其中的挥发性成分随氮气流逸出，收集于吸附柱中，经热解吸或溶剂解吸后进行分析。动态法操作较复杂，但灵敏度较高，可检测痕量低沸点化合物。顶空分析法的突出优点在于能使复杂的样品提取、净化过程一次完成，简化了样品的前处理操作。用于分离测定液体、固体、半固体样品中痕量易挥发组分。

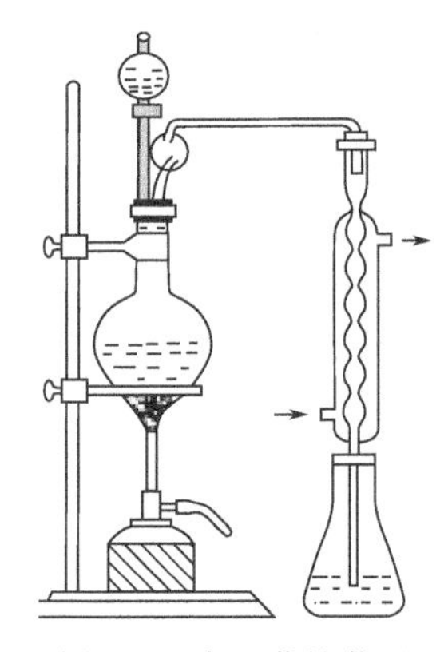

图 1-2　常压蒸馏装置

（3）蒸馏法（distillation）　利用液体混合物各组分沸点的不同而将样品中有关成分进行分离或净化的方法称为蒸馏法。根据样品中有关成分性质的不同，可采取常压蒸馏、减压蒸馏、水蒸气蒸馏等方式以达到分离净化的目的。

① 常压蒸馏　当样品组分受热不分解或沸点不太高时，可进行常压蒸馏。如图 1-2 所示。加热方式可根据被蒸馏样品的沸点和性质确定：如果沸点不高于 90℃，可用水浴；如果超过 90℃，则可改用油浴；如果被蒸馏物不易爆炸或燃烧，可用电炉或酒精灯直接加热，最好垫以石棉网；如果是有机溶剂则要用水浴，并注意防火。

② 减压蒸馏　如果样品待蒸馏组分易分解或沸点太高时，可采取减压蒸馏。该装置较复杂，如图 1-3 所示。

③ 水蒸气蒸馏　水蒸气蒸馏是用水蒸气加热混合液体装置，如图 1-4 所示。操作初期，蒸气发生瓶和蒸馏瓶不连接，分别加热至沸腾，用三通管将蒸气发生瓶连接好开始蒸气蒸馏。这样不至于因为蒸气发生瓶产生的蒸气遇到蒸馏瓶中的冷溶液，凝结出大量的水，增加蒸馏液体积，从而延长蒸馏时间。蒸馏结束后应先将蒸气发生瓶与蒸馏瓶连接处拆开，再撤掉热源。否则会发生回吸现象而将接受瓶中蒸馏出的液体全部抽回去，甚至回吸到蒸气发生瓶中。

（4）吹蒸法（sweep co-distillation）　吹蒸法是美国公职分析化学家协会（Association of

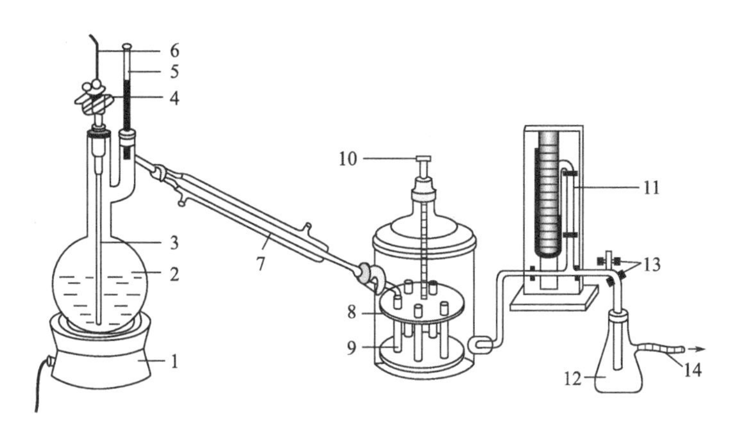

图 1-3 减压蒸馏装置

1—电炉；2—克莱森瓶；3—毛细管；4—螺旋止水夹；5—温度计；6—细铜丝；7—冷凝管；
8—接受瓶；9—接受管；10—转动把；11—压力计；12—安全瓶；13—三通管阀门；14—接抽气机

Official Analytical Chemists，AOAC）农药分析手册中用于挥发性有机磷农药的分离、净化的方法。用乙酸乙酯提取样品中的农药残留，取一定量样品提取液注入填有玻璃棉、砂子的 Storherr 管中，将该管加热到 180～185℃，用氮气将农药吹出，经聚四氟乙烯螺旋管冷却后，收集到玻璃管中。样品中的脂肪、蜡质、色素等高沸点杂质仍留在 Storherr 管中，从而达到分离、净化和浓缩的目的。用此法净化只需 30～40min，速度快且节省溶剂。见图 1-5。

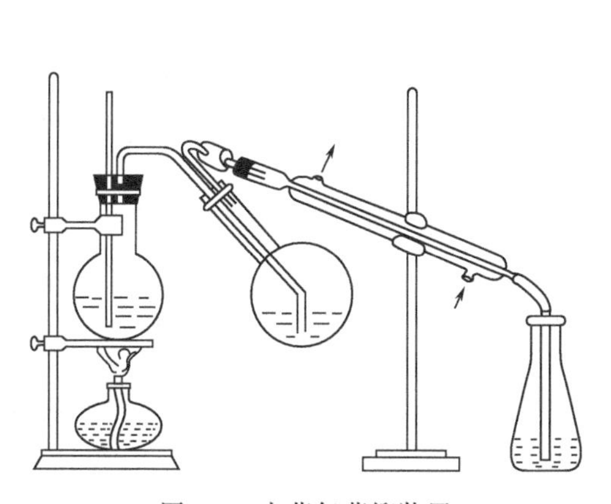

图 1-4 水蒸气蒸馏装置

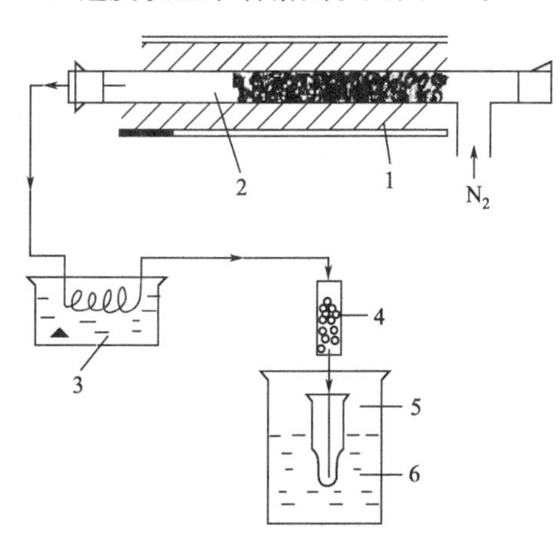

图 1-5 吹蒸法装置

1—加热管；2—Storherr 管；3—冰水浴；
4—吸附管；5—离心管；6—盛水烧杯

4. 色谱分离法（chromatographic separation）

经典的色谱分离法又称层析法，是一种物理化学分离方法。利用物质在流动相与固定相两相间的分配系数差异，当两相作相对运动时，在两相间进行多次分配，分配系数大的组分迁移速度慢，反之，则迁移速度快，从而实现各组分的分离。这种分离方法的最大特点是分离效率高，能使多种性质相似的组分彼此分离，而且分离过程往往也就是鉴定的过程。是食品理化检验中一类重要的分离方法。根据操作方式不同，可以分为柱色谱、纸色谱和薄层色谱等。

（1）柱色谱法（column chromatography，CC） 将吸附剂（固定相）填装于柱管内制成色谱分离柱，然后在柱的顶部倾入待分离的样品溶液，在柱内分离。该法装置简单，操作容易，柱容量大，适用于微量成分的分离和纯化。

（2）纸色谱法（paper chromatography，PC） 以层析滤纸作为载体，滤纸上吸附的水作为固定相进行色谱分离。将样品溶液点在层析滤纸的一端，然后用展开剂展开，达到分离目的。该法设备简单，易于操作，应用范围广。

（3）薄层色谱法（thin layer chromatography，TLC） 是一种将柱色谱和纸色谱相结合发展起来的色谱方法。将固定相均匀地涂铺于玻璃、塑料或金属板上形成薄层，将样液点在薄层板的一端，使有样液的一端浸入展开剂中，在薄层板上展开，使待测组分与样品中的其他组分进行分离。该法快速，分离效率高，灵敏度高，是一种高效、简便的分离方法。随着薄层层析胶片等的使用，以及自动进样技术、光谱扫描技术等的发展，薄层色谱法的应用会更加广泛。

5. 固相萃取法（sold phase extraction， SPE）

利用固体吸附剂将液体样品中的目标化合物吸附，与样品的基体和干扰化合物分离，然后再用洗脱液洗脱或加热解吸，达到分离、净化和富集目标化合物的目的。与液-液萃取相比，固相萃取不需要大量的溶剂，处理过程不会产生乳化现象，采用高效、高选择性的吸附剂，具有快速、简便、重现性好、易于实现自动化等优点，在痕量分离中应用广泛。

6. 超临界流体萃取法（supercritical fluid extraction， SFE）

物质处于其临界温度和临界压力以上的状态时，既非气体，也非液体，而是以超临界流体状态存在。超临界流体具有似气体的高扩散性，几乎没有表面张力且低黏度使之便于流动，能穿透固体物质；具有液体的溶解特性，似液体的密度使其能将固体基质中的分析物溶解。这些特性使超临界流体具有极好的萃取效力和速度。CO_2 是最常用的超临界流体，它的临界温度和临界压力低，可用于萃取热不稳定的目标物，无毒且具有惰性，易得到纯品；又因沸点低，易于除去，没有废物处理的问题。与传统萃取技术相比，SFE 具有其优越性，已成为食品样品分析前处理有发展前途的技术。但 CO_2 的极性太小，因而只适用于非极性和弱极性化合物的提取。

7. 化学分离法

（1）磺化法和皂化法 磺化法和皂化法是处理油脂和含脂肪样品经常使用的分离方法。油脂经浓硫酸磺化或强碱皂化，由憎水性转变为亲水性，而使样品中待测的非极性成分被非极性或弱极性溶剂提取出来。可用于食品中农药残留的分析。

① 磺化法（sulfonation） 磺化法是以硫酸处理样品提取液，硫酸使其中的脂肪磺化，并与脂肪和色素中的不饱和键起加成作用，生成溶于硫酸和水的强极性化合物，从有机溶剂中分离出来。使用该法进行农药分析时只适用强酸介质中稳定的农药。如有机氯农药中的六六六、DDT 回收率在 80％以上。

② 皂化法（saponification） 皂化法是以热碱氢氧化钾-乙醇溶液与脂肪及其杂质发生皂化反应，而将其除去。本法只适用于对碱稳定的农药提取液的净化。

（2）沉淀分离法（precipitation separation） 利用沉淀反应进行分离的方法。向样液中加入沉淀剂，利用沉淀反应使被测组分或干扰组分沉淀下来，经过滤或离心达到分离的目的，是常用的样品净化方法。如饮料中糖精钠的测定，可加碱性硫酸铜将蛋白质等杂质沉淀后，过滤除去。

（3）掩蔽法 向样液中加入掩蔽剂，使干扰组分改变其存在状态（被掩蔽状态），以消除其对被测组分的干扰。掩蔽法的最大好处，就是可以免去分离操作，使分析步骤大大简化，因此在食品理化检验中广泛用于样品的净化。特别是测定食品中的金属元素时，常加入配位掩蔽剂消除共存干扰离子的影响。

8. 浓缩法

样品提取、净化后，往往因样液体积过大、被测组分的浓度太低影响其分析检测，此时则需对样液进行浓缩，以提高被测成分的浓度。浓缩（concentration）是指减少样液的体积，使待测成分浓度增加的处理过程，以提高分析的灵敏度。常用的浓缩方法有常压浓缩和减压浓缩。

① 常压浓缩 常压浓缩只能用于待测组分为非挥发性的样品试液的浓缩，否则会造成待测组分的损失。操作可采用蒸发皿直接挥发，若溶剂需回收，则可用一般蒸馏装置或旋转蒸发器。操作简便、快速。

② 减压浓缩 若待测组分为热不稳定或易挥发的物质，其样品净化液的浓缩需采用K-D浓缩器。采取水浴加热并抽气减压，以便浓缩在较低的温度下进行，且速度快，可减少被测组分的损失。食品中有机磷农药的测定（如甲胺磷、乙酰甲胺磷含量的测定）多采用此法浓缩样品净化液。

9. 透析法（dialysis）

利用高分子物质不能透过半透膜，小分子或离子能通过半透膜的性质，实现大分子与小分子物质的分离。如测定食品中的糖精钠含量时，将样品装入玻璃纸的透析膜袋中，放在水中进行透析。糖精钠通过半透膜而进入水中，食品中的蛋白质、鞣质、树脂等高分子杂质不能通过半透膜，从而达到分离的目的。

样品的预处理方法很多，需根据样品的种类和具体的测定项目等，选择合适的样品预处理方法，以保证样品的检验获得可靠的结果。

第三节 分析检验

食品理化检验在于根据测得的分析数据对被检食品的质量做出正确客观的判断和评定。因此，分析检验过程中必须采取相应的措施，以获得准确可靠的检验结果。

一、食品理化检验方法的选择

食品理化检验的目的是为生产部门和市场管理监督部门提供准确、可靠的分析数据，以便生产部门根据这些数据对原料、成品和半成品的质量进行控制，制定合理的工艺条件，保证生产正常进行，以较低的成本生产出符合质量标准和卫生标准的产品；市场管理和监督部门则依此对被检食品的品质做出正确客观的判断，防止质量低劣食品危害消费者的健康。为了达到上述目的，选择正确的检验方法是保证分析结果准确的关键环节。

食品理化检验中经常性的工作主要是进行定性和定量分析，几乎所有的化学分析和现代仪器分析方法都可以用于食品理化检验，但是各种分析方法都有各自的优缺点。检验方法的选择主要取决于检验目的、要求、样品性质和具体的检验方法特点，还应考虑检验方法的有效性、适用性和权威性。选择食品理化检验方法应当首选中华人民共和国国家标准-食品安全国家标准的检验方法。标准方法中如有两种以上的检验方法时，可根据具体的情况选择使用，以第一法为仲裁法，未指明第一法的标准方法，与其他方法属于并列关系。进行国际贸易时，采用国际公认的标准则更具有有效性。在实际工作中，要根据实验室的条件尽量选择灵敏度高、选择性和重复性好、准确可靠、经济实用、省时省力的分析方法。

二、食品检测仪器的选择及校正

检验过程中为了得到准确可靠的数据，所使用的检测仪器必须经过标准化校正，操作步骤合理。掌握仪器的性能和使用方法，经常维护，保证仪器的正常使用，同时还要了解仪器的检测限。仪器的规格必须慎重选择，因为食品中有些成分含量甚微，如某些微量元素、农药残留、黄曲霉毒素等的含量一般为百万分级或十亿分级。因此，检测仪器的灵敏度必须达到同步档次，否则将难以保证检测质量。故在购置、使用有关检测仪器时切勿主观盲目。

三、试剂、标准品、器皿和水质的选择

1. 试剂和标准品的选择

化学试剂主要分为三级：优级纯（GR）、分析纯（AR）和化学纯（CP）。此外，还有光谱纯试剂（SP）、色谱试剂（CR）、生物试剂（BR）、生物染色剂（BS）及实验试剂（LR）等，如表 1-1。试剂的分级基本上是根据所含杂质的多少来划分的，其杂质的含量在化学试剂标签上都予以说明，并有国家统一质量标准。因此，我们选择试剂的主要依据是该试剂所含杂质对分析要求无影响，否则，则应对试剂进行纯化处理。食品理化检验所需要的试剂和标准品以优级纯（GR）或分析纯（AR）为主，必须保证纯度和质量。

表 1-1 化学试剂的等级标志和用途

名 称	英文缩写	瓶签颜色	纯度和用途
优级纯	GR	绿色	纯度高,杂质含量低,适用于科学研究和配制标准溶液
分析纯	AR	红色	纯度较高,杂质含量较低,适用定性、定量分析
化学纯	CP	蓝色	质量略低于分析纯,适用定性、定量分析
试验试剂	LR	棕色或其他色	质量较低,用于一般定性分析
生物试剂	BR	黄色或其他色	用于生化研究和分析试验
生物染色剂	BS	黄色或其他色	用于生物组织学、细胞学和微生物染色
光谱纯试剂	SP	绿色、红色、蓝色	纯度比优级纯高,用于光谱分析和标准液配制

2. 器皿的要求

食品理化检验所用的量器（滴定管、移液管、刻度吸管、容量瓶等）必须标准，容器和其他器皿必须洁净，符合质量要求，必须正确使用和清洗。

3. 水质标准

国家标准 GB/T 6682 中规定了分析实验室用水规格和试验方法。分析实验室用水目视外观应为无色透明液体。制备实验室用水的原水应为饮用水或适当纯度的水。分析实验室用水共分为三个级别：一级水、二级水和三级水。见表 1-2。

表 1-2 分析实验室用水的技术指标

水质指标	一级水	二级水	三级水
pH 范围(25℃)	—	—	5.0～7.5
电导率(25℃)/(mS/m)	≤0.01	≤0.10	≤0.50
可氧化物质(以氧计)/(mg/L)	—	≤0.08	≤0.4
吸光度(254nm,1cm)	≤0.001	≤0.01	—
蒸发残渣(105℃±2℃)/(mg/L)	—	≤1.0	≤2.0
可溶性硅(以 SiO_2 计)/(mg/L)	≤0.01	≤0.02	—

注：1. 由于在一级水、二级水的纯度下，难以测定其真实的 pH，因此，对一级水、二级水的 pH 范围不做规定。

2. 由于在一级水的纯度下，难以测定可氧化物质和蒸发残渣，对其限量不做规定。可用其他条件和制备方法保证一级水的质量。

（1）一级水　用于有严格要求的分析试验，包括对颗粒有要求的试验。如高效液相色谱分析用水。可用二级水经过石英设备蒸馏或交换混合床处理后，再经 0.2μm 微孔滤膜过滤制取。

（2）二级水　用于无机痕量分析等试验，如原子吸收光谱分析用水。可用多次蒸馏或离子交换等方法制取。

（3）三级水　用于一般化学分析试验。可用蒸馏或离子交换等方法制取。

理化检验用水在没有注明其他要求时，是指纯度能够满足分析要求的蒸馏水或无离子水。

四、食品理化检验方法的评价

在研究一个分析方法时，通常用精密度、准确度和灵敏度这三项指标评价。

1. 精密度

精密度（precision）是多次平行测定结果相互接近的程度。这些测试结果的差异是由偶然误差造成的。它代表着测定方法的稳定性和重现性。

精密度的高低可用偏差来衡量。偏差是指个别测定结果与几次测定结果的平均值之间的差别。偏差有绝对偏差和相对偏差之分。测定结果与测定平均值之差为绝对偏差，绝对偏差占平均值的百分比为相对偏差。

分析结果的精密度，可以用单次测定结果的平均偏差表示。

单次测定结果的相对标准偏差称为变异系数。

标准偏差（均方根偏差）较平均偏差有更多的统计意义，因为单次测定的偏差平方后，较大的偏差更显著地反映出来，能更好地说明数据的分散程度，因此，在考虑一种分析方法的精密度时。常用标准偏差和变异系数来表示。

2. 准确度

准确度（accuracy）是指单个测量值与真实值的接近程度。测定值与真实值越接近则准确度越高。准确度主要是由系统误差决定的，它反映测定结果的可靠性。准确度高的方法精密度必然高，而精密度高的方法准确度不一定高。

准确度高低可用误差来表示。误差越小，准确度越高。选择分析方法时，为了便于比较，通常用相对误差表示准确度。

某一分析方法的准确度，可通过测定标准试样的误差，或作回收试验计算回收率，以误差或回收率来判断。

在某一稳定样品中，加入不同水平已知量的标准物质，称加标样品。在相同条件下用同种方法测定样品和加标样品，以计算出加入标准物质的回收率。

$$p=\frac{x_1-x_0}{m}\times 100\%$$

式中　p——加入标准物质的回收率，%；

m——加入标准物质的量；

x_1——加标样品的测定值；

x_0——样品的测定值。

3. 灵敏度

灵敏度（sensitivity）是指分析仪器、方法所能检测到的单位响应量。不同的分析方法有不同的灵敏度，一般仪器分析法具有较高的灵敏度，而化学分析法（重量分析和容量分析）灵敏度相对较低。在选择分析方法时，要根据待测成分的含量范围选择适宜的方法。一般地说，待测成分含量低时，须选用灵敏度高的方法；含量高时，宜选用灵敏度低的方法，以减少由于稀释倍数太大所引起的误差。由此可见灵敏度的高低并不是评价分析方法好坏的绝对标准，一味追求选用高灵敏度的方法是不合理的。如重量分析和容量分析法，灵敏度虽然不高，但是对于高含量的组分（如食品的含糖量）的测定能获得满意的结果，相对误差一般为千分之几；相反，对于低含量组分（如黄曲霉毒素）的测定，重量分析法和容量分析法的灵敏度一般不能达到要求，这时应采用灵敏度较高的仪器分析法。而灵敏度较高的方法相对误差较大，对低含量组分允许有较大的相对误差。一个方法的灵敏度可因实验条件的变化而变化，在一定的实验条件下，灵敏度具有相对的稳定性。

表 1-3 列出了一般食品分析中允许的相对误差范围，以供选择分析方法时参考。

表 1-3 一般食品分析的允许相对误差范围

质量(体积)分数/%	允许相对误差/%	质量(体积)分数/%	允许相对误差/%
80～90	0.4～0.1		
40～80	0.6～0.4	1～5	5.0～1.6
20～40	1.0～0.6	0.1～1	20～5.0
10～20	1.2～1.0	0.01～0.1	50～20
5～10	1.6～1.2	0.001～0.01	100～50

第四节 实验误差与数据处理

整个理化检验过程比较复杂，在实际测定过程中，由于受检验方法、仪器、周围环境和检验者自身条件等因素的限制，测量值与真实值之间存在差异，这种差异称为误差（error）。误差是客观存在的，存在于一切实验中，并存在于实验的全过程。如果掌握了它产生的基本规律，对测定数据进行必要的、科学的处理和评价，完全可以将误差减小到允许的范围内。为此，每个检验工作者都必须了解误差可能产生的原因，对整个分析过程进行质量监控，才能使分析结果准确、可靠。

一、食品分析误差和控制

食品检验的结果是经过一系列操作步骤得到的，其中每一步骤都可能引入误差。

1. 食品分析误差

根据误差的性质和来源可分为：系统误差，随机误差和过失误差。

（1）系统误差　系统误差（systematic error）也称为可测量误差，它是由测定过程中某些确定的、经常的原因造成的。常导致实验结果向某一确定方向偏离期望值。对实验结果影响比较恒定，误差的正负具有单向性，大小具有规律性。在同一条件下重复测定时会重复出现。例如，用未经校正的砝码称量时，在几次称量中用同一个砝码，误差会重复出现，而且误差的大小不变。此外，系统误差中也有对分析结果的影响并不恒定，甚至在实验条件变化时误差的正负值也有改变。例如，标准溶液因温度变化而影响溶液的体积，从而使其浓度变化，这种影响即属于不恒定的影响。但如果掌握了溶液体积因温度变化而变化的规律，就可以对分析结果作适当的校正。但这类误差大小、正负可以测定，可以设法减免或校正。系统误差按其来源可分为方法误差、仪器误差和试剂误差及操作误差等。

① 方法误差　由分析方法本身不够完善而引入的误差，它取决于分析体系的化学或物

理化学性质。例如，质量分析中由于沉淀物在溶液中和洗涤过程中溶解或产生“共沉淀反应”等引入的误差；在滴定分析中指示剂不能准确地指示反应的终点而造成的误差等都属于方法误差。无论操作者的检验技术如何高超，操作过程如何细心，这类误差总是存在，但可以减少。

② 仪器、试剂误差　由仪器本身的缺陷、试剂不合格造成的误差，如天平两臂不相等，砝码、滴定管、容量瓶等未经校正；试剂不纯；所用的纯水受到污染等都会造成误差。

③ 操作误差　由于检验人员掌握操作条件与正确的操作规程稍有出入而造成的误差。例如，操作人员生理上的最小分辨力、感觉器官的生理变化及反应速度和固有习惯造成的误差等。对终点颜色的判别不同，有人偏深，有人偏浅；用吸管取样进行平行滴定时，有人总是想使第二份滴定结果与前一份滴定结果相吻合，在接近终点时，就不自觉地受这种“先入为主”的影响，从而产生主观误差。

系统误差产生的原因有时并非由一种误差来源引起，往往是由数种误差的综合作用造成的。但是只要了解产生的原因，均可校正消除。

(2) 随机误差　随机误差（random error）也叫偶然误差，在相同的条件下多次测定同一量的样品时，误差的绝对值和正负没有一定的方向，时大时小，时正时负，不可预定，是具有补偿性的误差。大小相等的正误差和负误差再现的机会相等，符合正态分布曲线。这类误差是由某些偶然原因引起的。例如，测定时室温、气压、湿度等的偶然波动引起的。这类误差在操作中不能完全避免。

(3) 过失误差　过失误差（mistake error）是指由于在操作中犯了某种不应犯的错误而引起的误差，不属于误差范围，而是一种过失。如加错试剂、看错标度、记错读数、溶液溅出、器皿不洁净、记录及计算错误等。在实际工作中，当出现很大误差时，应该认真寻找原因，如果是过失造成的错误，应立即舍弃该次结果重新测定。因此，必须严格遵守操作规程，加强责任心，耐心细致地做实验，养成良好的实验习惯和科学的工作态度，过失误差是完全可以避免的。

2. 误差的控制

食品理化检验过程是由许多具体的操作步骤组成的，每一步骤都会引入误差。误差具有加和性，操作步骤越多越复杂，检验过程引入的误差累积可能越大，误差的大小直接关系到分析结果的精密度和准确度。因此，要想获得正确的分析结果，必须采取相应的措施减少系统误差和随机误差。

(1) 对照试验　对照实验是检验系统误差的有效方法。进行对照试验时，常用已知准确含量的标准试样（或标准溶液）与被测试样按同样方法进行分析测定，或由不同单位、不同人员进行测定，最后将结果进行比较。这样可以消除许多不明因素引起的误差。

在生产中，常常在分析试样的同时，用同样的方法做标样分析，以检查操作是否正确、仪器是否正常，若分析标样的结果符合“公差”规定，说明操作与仪器均符合要求，试样的分析结果是可靠的。

(2) 空白试验　在不加试样的情况下，按照试样的分析步骤和条件进行的测定叫做空白试验，得到的结果称为“空白值”。从试样的分析结果中扣除空白值，就可以消除试剂中的杂质干扰等因素引起的系统误差，而接近于真实含量的分析结果。空白值也可以用于计算检验方法的检出限。

由试剂、蒸馏水、实验器皿和环境带入的杂质所引起的系统误差，可以通过空白试验来消除。空白值不应过大，否则，要精制试剂、蒸馏水，并反复处理所用器皿等措施以减小空白值。

（3）校准仪器和标定溶液　在日常分析工作中，因仪器出厂时已进行过校正，只要仪器保管妥善，一般可不必进行校准。在准确度要求较高的分析中，对所用的仪器如滴定管、移液管、容量瓶、天平砝码等，必须事先进行校准，并在计算结果时采用校正值，以消除由仪器带来的误差。

各种标准溶液应按规定定期标定，以保证标准溶液的浓度和质量。

（4）方法校正　某些分析方法的系统误差可用其他方法直接校正。例如，在质量分析中，使被测组分沉淀完全是绝对不可能的，必须采用其他方法对溶解损失进行校正。

（5）进行多次平行测定　该方法是减小随机误差的有效方法。在消除系统误差的情况下，平行测定的次数越多，测定结果的算术平均值越接近真实值。因此，适当增加平行测定次数可以减小偶然误差。理化检验中，一般做3～5次平行测定即可。在准确度要求较高的情况下，可增加至10次。

偶然误差的大小可由精密度表现出来，一般来说，测定结果的精密度越高，说明其偶然误差越小；反之，精密度越差，说明测定中的偶然误差越大。

由于存在着偶然误差和系统误差，所以在分析和计算过程中，如未消除系统误差，则分析结果虽然有很高的精密度，也并不能说明结果准确。只有在消除了系统误差之后，精密度高的分析结果才是既准确又精密的。

对于教学实验来说，首先要重视数据的精密度，因为教材中所选的实验，一般都是较为成熟的实验，方法的误差可以不考虑，组分的含量都是预先用相同的试剂和类似的仪器测定过的，实验结果如不准确，其主要原因往往是操作上的过失（操作错误），这多数可从精密度不合格反映出来，因此对初学者来说，要做到精密度达到规定的标准。

二、分析数据的处理

1. 检验结果的表示

检验结果的表示方法应与国家食品安全标准的表示方法一致。常用的是被测组分的相对量，如质量分数（W_B）、体积分数（φ_B）和质量浓度（ρ_B）。质量单位可以用克（g），也可以用毫克（mg）、微克（μg）；体积单位可以用升（L），也可以用毫升（mL）、微升（μL）；浓度应表示为毫克每千克（mg/kg）或毫克每升（mg/L）以及微克每千克（μg/kg）或微克每升（μg/L）。

2. 有效数字

食品理化检验中直接或间接测定的量，一般都用数字表示，但它与数学中的“数”不同，仅仅表示量度的近似值。在测定值中只保留一位可疑数字。可疑数字以后是无意义数。报告结果时只能报告到可疑位数，不能列入无意义数。报告的位数，只能在方法的灵敏度以内，不应任意增加位数。

在理化检验工作中实际能测量到的数字称为有效数字。它表示了数字的有效意义及准确程度。因此，在处理数据时要遵从下列基本法则。

（1）运算规则　除有特殊规定外，一般可疑数表示末位1个单位；复杂运算时，其中间过程多保留一位有效数字，最后结果须取应有的位数。方法测定中按其仪器准确度确定了有效数字的位数后，先进行运算，运算后的数值再修约。

当几个数字相加或相减时，小数点后数字的保留位数应以各数中小数点后位数最少者为准，例如2.03＋1.1＋1.034的答数不应多于小数点位数最少的1.1，所以答数是4.1，而不是4.164。当几个数值相乘除时，应以有效数字位数最少的那个数值，即相对误差最大的数据为准，弃去其余各数值中的过多位数，然后进行乘、除。有时也可以暂时多保留一位数，得到最后结果后，再弃去多余的数字。例如将 0.0121，25.64，1.05783 三个数值相乘，因第一个数 0.0121 仅三位有效数字，故应以此数为准，确定其余两个数值的位数，然后相乘，即 0.0121×25.6×1.06=0.328，不应写成 0.328182308。

对于高含量组分（>10%）的测定，一般要求分析结果为四位有效数字，对于中含量组分（1%～10%）的测定，一般要求分析结果为三位有效数字；对于低含量组分（<1%）的测定，一般只要求分析结果为两位有效数字。通常以此报出分析结果。

（2）数字修约规则　在拟舍弃的数字中，若左边第一个数字小于 5（不包括 5）时，则舍去，若左边第一个数字大于 5（不包括 5）时，则进 1，若左边第一个数字等于 5 时，又需根据 5 右边的数字而定。若 5 右边的数字并非全部为零，则进 1；若 5 右边的数字全部为零，舍或入需根据 5 左边的数字为奇数或偶数而定。5 的左边为奇数时进 1，5 的左边为偶数时则舍去。例如某数为 14.65，应报告为 14.6。又如 0.35 可修约为 0.4，1.0501 可修约为 1.1。

3. 置信区间

对于无限次测定，单次测定值出现在 $u \pm 2\sigma$（σ 为标准差，也用 s 表示）之间的概率（这一概率也称为置信度，$u \pm 2\sigma$ 称为置信区间），也就是说偏差>2σ 的出现概率为 5%（也称为显著概率或显著水平）；而偏差>3σ 的概率更小，只有 0.3%。

在实际分析工作中，不可能对一个试样做无限多次测定，而且也没有必要做无限多次测定，u 和 σ 是不知道的。进行有限次测定，只能知道 $\overline{x}$ 和 s。由统计学可以推导出有限次数测定的平均值 $\overline{x}$ 和总体平均值（真值）u 的关系：

$$u = \overline{x} \pm \frac{ts}{\sqrt{n}}$$

式中　s——标准偏差；

n——测定次数；

t——在选定的某一置信度下的概率系数，可根据测定次数从表 1-4 中查得。

由表可知，t 值随测定次数的增加而减小，也随置信度的提高而增大。

根据上式可以估算出在选定的置信度下，总体平均值在以测定平均值 $\overline{x}$ 为中心的多大范围内出现，这个范围就是平均值的置信区间。

表 1-4　对于不同测定次数及不同置信度的 t 值

测定次数	置信度/%				
	50	90	95	99	99.5
2	1.000	6.314	12.706	63.657	127.32
3	0.816	2.920	4.303	9.925	14.089
4	0.765	2.353	3.182	5.841	7.453
5	0.741	2.132	2.776	4.604	5.598
6	0.727	2.015	2.571	4.032	4.773
7	0.718	1.943	2.447	3.707	4.317
8	0.711	1.895	2.365	3.500	4.029
9	0.706	1.860	2.306	3.355	3.832
10	0.703	1.833	2.262	3.250	3.690
11	0.700	1.812	2.228	3.169	3.581
21	0.687	1.725	2.086	2.845	3.153
∞	0.674	1.645	1.960	2.576	2.807

4. 可疑数据的取舍

在理化检验工作中，经常需要对试样多次重复地测定，然后求出平均值。然而并非每个数据都参加平均值的计算。由于随机误差的存在使得多次重复测定的数据不可能完全一致，而存在一定的离散性，并且常有个别测定值比其他测定值明显地偏大或偏小，这样的测定值称为可疑值。可疑值可能是测定值随机流动的极度表现。它虽然明显偏离其余测定值，但仍处于统计学上所允许的合理误差之内，与其余测定值属于同一总体，称为极值，极值是一个好值，必须保留，然而也有可能可疑值与其余测定值并不属于同一总体，称其为界外值、异常值、坏值，应淘汰。

对于可疑值，必须从技术上设法弄清楚其出现的原因。如果查明是由实验技术上的失误引起的，不管这样的测定值是否为异常值都应舍弃。但有时由于各种原因未必能从技术上找出出现过失的原因，在这种情况下，既不能轻易地保留，也不能随意地舍弃，应对它进行统计检验，以便从统计上判明可疑值是否为异常值。

不知原因的可疑值，应按 Q 检验法和 $4\bar{d}$ 检验法进行判断，决定取舍。

（1）Q 检验法　当测定次数 $3\leqslant n\leqslant 10$ 时，根据所要求的置信度，按照下列步骤，检验可疑数据是否应弃去。

① 首先一组测定值按从小到大的顺序排列：x_1，x_2，…，x_n；

② 求出最大值与最小值之差 x_n-x_1，可疑数据与其最邻近数据之间的差 x_n-x_{n-1} 或 x_2-x_1；

③ 求出 $Q=\dfrac{x_n-x_{n-1}}{x_n-x_1}$ 或 $Q=\dfrac{x_2-x_1}{x_n-x_1}$；

④ 根据测定次数 n 和要求的置信度，查表 1-5，得 $Q_{表}$；

⑤ 将 Q 与 $Q_{表}$ 相比，若 $Q>Q_{表}$，则舍去可疑值，否则应予保留。

表 1-5　舍弃可疑数据的 Q 值（置信度 90%和 95%）

测定次数	3	4	5	6	7	8	9	10
$Q_{0.90}$	0.94	0.76	0.64	0.56	0.51	0.47	0.44	0.41
$Q_{0.95}$	1.53	1.05	0.86	0.76	0.69	0.64	0.60	0.58

注：在 3 个以上数据中，需要对 1 个以上的数据用 Q 检验法决定取舍时，首先检查相差较大的数。

【例 1】 标定 NaOH 标准溶液得到四个数据是 0.1014、0.1012、0.1019、0.1016，用 Q 检验法确定 0.1019 是否应舍去（置信度为 90%）？

解：（1）首先将各数按递增顺序排列：

0.1012、0.1014、0.1016、0.1019

（2）求出最大值与最小值之差：

$$x_n-x_1=0.1019-0.1012=0.0007$$

（3）求出可疑数据与最邻近数据之差：

$$x_n-x_{n-1}=0.1019-0.1016=0.0003$$

（4）计算 Q 值：

$$Q=\frac{x_n-x_{n-1}}{x_n-x_1}=\frac{0.0003}{0.0007}=0.43$$

（5）查表，$n=4$ 时 $Q_{0.90}=0.76$，$Q<Q_{表}$，所以 0.1019 不能弃去。

（2）$4\bar{d}$ 检验法　对于一些实验数据也可用 $4\bar{d}$ 法判断可疑值的取舍。首先求出可疑值除外的其余数据的平均值 $\overline{x}$ 和平均偏差 $\overline{d}$，然后将可疑值与平均值进行比较，如绝对差值大于 $4\overline{d}$，则可疑值舍去；否则保留。

【例 2】 用 EDTA 标准溶液滴定某试液中的 Zn，进行四次平行测定，消耗 EDTA 标准溶液的体积（mL）分别为：26.32，26.40，26.44，26.42，试问 26.32 这个数据是否保留？

首先不计可疑值 26.32，求得其余数据的平均值 $\overline{x}$ 和平均偏差 $\overline{d}$ 为：

$$\overline{x}=26.42;\overline{d}=0.01$$

可疑值与平均值的绝对差值为：

$$|26.32-26.42|=0.10>4\overline{d}(0.04)$$

故 26.32 这一数据应舍去。

用 $4\overline{d}$ 法比较简单，不必查表，但数据统计处理不够严密，常用于一些要求不高的分析数据。当 $4\overline{d}$ 法与其他检验法矛盾时，以其他法则为准。

5. 标准曲线的绘制

用比色法、原子吸收光谱法、荧光法、化学发光法、色谱法等方法进行食品分析时，常需配制一个待测物质的标准系列进行测定，并绘制响应信号与浓度之间的关系曲线，称为标准曲线。在正常情况下，标准曲线应该是一条过原点的直线。但在实际测定中，常出现偏离直线的情况，此时可用回归法求出该线的方程，就能最合理地代表此标准曲线。

用最小二乘法计算直线回归方程的公式如下：

$$y=mx+b$$

$$m=\frac{n\sum xy-\sum x\sum y}{n\sum x^2-(\sum x)^2}$$

$$b=\frac{\sum x^2\sum y-\sum x\sum xy}{n\sum x^2-(\sum x)^2}$$

式中　x——自变量，为横坐标上的值（例如被测物质的浓度）；

y——应变量，为纵坐标上的值（例如吸光度）；

m——直线斜率；

b——直线在 y 轴上的截距；

n——测定次数。

利用回归法不仅可以求出平均的直线方程，还可以检验结果的可靠性。实际上可以应用回归方程进行测定结果的计算，而不必绘制标准曲线。

6. 测定结果的校正

在食品分析中常常因为系统误差，使测定结果高于或低于检测结果的实际含量，即回收率不是 100%，所以需要在样品测定的同时用加入回收法测定回收率，再用回收率对样品的测定结果加以校正。

三、检验报告及结论

1. 检验报告

食品理化检验的最后一项工作是写出检验报告。检验报告，是产品质量的凭证，也是产品质量是否合格的技术根据，因此其反映的信息和数据必须客观公正、准确可靠、书写清晰完整。根据检验的样品、对象、目的和具体内容的不同，检验报告的格式、参数也有所不同。检验报告的内容一般有样品名称、送检单位、生产日期及批号、取样时间、检验日期、检验项目、检验结果、报告日期、检验员签字、主管负责人签字和检验单位盖章等。

2. 检验结论

检验结论是整个检验工作结束后对所检验产品质量的评价，是生产企业产品能否出厂、经营企业能否接收产品的依据，也是质量技术监督部门、法院或其他执法部门执法的依据，又是消费者保护其权益的依据，因此，检验结论要慎重而且必须做到：准确完整、科学严谨、依据充分、简明扼要。

检验结论必须准确。当被检产品依据多个标准进行多项指标检验时，其检验结论必须体现多个标准的检验结果，应仔细对照相关标准和国家规定，具体问题具体分析后再做出结论。委托检验的样品是由企业送达的，可能是企业特殊加工的，也可能是企业经反复检验合格后送达的。样品的代表性通常较差，不具备公正性。因此，一般情况下，对委托检验不做合格与否的结论，只报告分析结果，报告上还必须加盖“仅对来样负责”的字样。

第二章 食品中营养成分的测定

第一节　水分和水分活度的测定

一、概述

水通常占人体重的70%～80%，是体内化学作用的介质，大多数生化反应只有在水溶液中才能进行。对于生命来说，水不仅是体温的重要调节剂、营养成分和废物的载体，还是一种反应剂、反应介质、润滑剂、增塑剂和生物大分子构象的稳定剂。

水分不仅是食品的重要组成成分，其含量、分布和状态对食品的结构、外观、质地、风味、新鲜度及加工性能等均产生极大的影响，是决定食品品质的关键成分之一。而且食品中的水分质量分数也影响着食品的感官性状、结构组成比例及贮藏的稳定性。某些食品中的水增减到一定程度时将引起水分和食品中其他组分平衡关系的破坏，产生蛋白质的变性、糖和盐的结晶，从而降低食品的复水性、保藏性以及组织形态等。总之食品中的水分是引起食品化学性及微生物性变质的重要原因之一。

高分子物质也会分散在水中形成凝胶而赋予食品一定的形态；即使不溶于水的物质如脂肪和某些蛋白质，也能在适当的条件下分散于水中成为乳浊液或胶体溶液。由于各种食品都有其特定的水分质量分数，因而显示出各自的色、香、味、形。

检测水分含量对于计算生产中的物料平衡、实行工艺监督以及保证产品质量、进行成本核算、提高经济效益等方面具有重要意义。测定食品的含水质量分数即间接测定了固形物。固形物是指食品中去除水分后剩下的干基，也叫干物质，其组分有蛋白质、脂肪、粗纤维、无氮抽出物和灰分等。因此，测定食品水分的质量分数，能掌握食品的基础数据，增加与其他检测项目的可比性。所以水分的测定是食品分析的一个重要检测项目。

二、水分的测定

食品分析中测定水分含量的方法有直接测定法和间接测定法。利用水分本身的理化性质除去样品中的水分，再对其进行定量的方法称作直接测定法，如干燥法、蒸馏法和卡尔·费休法等。利用食品的密度、折射率、电导率、介电常数等物理性质测定水分含量的方法称作间接测定法。直接测定法精确度高、重复性好，但费时较多。间接法测定速度快，能自动连续测量，可用于食品生产过程中水分含量的自动控制，但准确度比直接法低，且常要进行校正。水分含量测定的方法应根据食品性质和测定目的进行选择。

（一）直接干燥法

在一定温度和压力下，通过加热将样品中的水分蒸发完全，根据样品加热前后的质量差来计算水分含量的方法称为干燥法。根据加热方式和设备不同又分为直接干燥法和减压干燥法。由于干燥法是以样品在干燥前后的失重来计算水分含量，因此也叫重量法。

1. 原理

利用食品中水分的物理性质，在101.3kPa（一个大气压）、温度101～105℃下采用挥发方法测定样品中干燥减失的重量，包括吸湿水、部分结晶水和该条件下能挥发的物质，再通过干燥前后的称量数值计算出水分的含量。

直接干燥法适用于在101～105℃下，蔬菜、谷物及其制品、水产品、豆制品、乳制品、肉制品、卤菜制品、粮食（水分含量低于18%）、油料（水分含量低于13%）、淀粉及茶叶类等食品中水分的测定，不适用于水分含量小于0.5g/100g的样品。

2. 仪器

电热恒温干燥箱。

3. 分析步骤

（1）固体试样　取洁净铝制或玻璃制的扁形称量瓶，置于101～105℃干燥箱中，瓶盖斜支于瓶边，加热1.0h，取出盖好，置干燥器内冷却0.5h，称量，并重复干燥至前后两次质量差不超过2mg，即为恒重。将混合均匀的试样迅速磨细至颗粒小于2mm，不易研磨的样品应尽可能切碎，称取2～10g试样（精确至0.0001g），放入此称量瓶中，试样厚度不超过5mm，如为疏松试样，厚度不超过10mm，加盖，精密称量后，置于101～105℃干燥箱中，瓶盖斜支于瓶边，干燥2～4h后，盖好取出，放入干燥器内冷却0.5h后称量。然后再放入101～105℃干燥箱中干燥1h左右，取出，放入干燥器内冷却0.5h后再称量。并重复以上操作至前后两次质量差不超过2mg，即为恒重。

注：两次恒重值在最后计算中，取质量较小的一次称量值。

（2）半固体或液体试样　取洁净的称量瓶，内加10g海砂（实验过程中可根据需要适当增加海砂的质量）及一根小玻棒，置于101～105℃干燥箱中，干燥1.0h后取出，放入干燥器内冷却0.5h后称量，并重复干燥至恒重。然后称取5～10g试样（精确至0.0001g），置于称量瓶中，用小玻棒搅匀放在沸水浴上蒸干，并随时搅拌，擦去瓶底的水滴，置于101～105℃干燥箱中干燥4h后盖好取出，放入干燥器内冷却0.5h后称量。然后再放入101～105℃干燥箱中干燥1h左右，取出，放入干燥器内冷却0.5h后再称量。并重复以上操作至前后两次质量差不超过2mg，即为恒重。

4. 计算

$$X=\frac{m_1-m_2}{m_1-m_3}\times 100$$

式中　X——样品中水分的含量，g/100g；

m_1——称量瓶（或蒸发皿加海砂、玻棒）和样品的质量，g；

m_2——称量瓶（或蒸发皿加海砂、玻棒）和样品干燥后的质量，g；

m_3——称量瓶（或蒸发皿加海砂、玻棒）的质量，g。

5.测定条件的选择

（1）对样品的要求　水分是唯一的挥发物质；水分容易排除完全；在加热过程中食品中的其他组分的理化性质稳定。

（2）称样量　测定时称样量一般控制在其干燥后的残留物质量在 2～4g 为宜。对于水分含量较低的固态、浓稠态食品，将称样量控制在 3～5g，而对于果汁、牛乳等液态食品，通常每份样量控制在 15～20g 为宜。

（3）称量皿及规格　称量皿分为玻璃称量瓶和铝质称量盒两种。前者能耐酸碱，不受样品性质的限制，故常用于直接干燥法。铝质称量盒质量轻，导热性强，但对酸性食品不适宜，常用于减压干燥法。称量皿规格的选择要以样品置于其中平铺开后厚度不超过皿高的 1/3 为宜。对于组织疏松体积较大的试样，可自制铝箔杯，作干燥器皿。

（4）干燥设备　使用强力循环通风式电热烘箱，其风量较大，烘干大量试样时效率高，但质轻的试样有时会飞散。若仅作测定水分质量分数用，最好采用风量可调节的烘箱。当风量减小时，烘箱上隔板 1/2～1/3 面积的温度能保持在规定温度±1℃的范围内，即符合测定要求。温度计通常处于离上隔板 3cm 的中心处，为保证测定温度较恒定，并减少取出过程中因吸湿而产生的误差，一批测定的称量皿最好为 8～12 个，并排列在隔板的较中心部位。

（5）干燥条件　烘箱干燥法所选用的温度及干燥时间，因被测样品的不同而改变。对热稳定的谷物等，可提高到 120～130℃范围内进行干燥，这样可以大大缩短干燥时间。

（6）产生误差的原因及防止措施　烘干过程中，由于水分扩散不平衡，特别是当外扩散大于内扩散时，妨碍水分从食品内部扩散到它的表层，样品容易出现物理栅。例如，在干燥糖浆、富含糖分的果蔬及淀粉等样品中，样品表层可以结成硬膜，为此，应将样品加以稀释，或加入干燥助剂，如海砂、河砂等，一般每 3g 样品加入 20～30g 的海砂就可以使其充分地分散。

面包、馒头等水分质量分数在 16%以上的谷类食品，可采用两步干燥法测定。先将样品称出总质量后，切成厚为 2～3mm 的薄片，在自然条件下风干 15～20h，使其与大气湿度大致平衡，然后再次称量并将样品粉碎、过筛、混匀，放于洁净干燥的称量瓶中，测量时按上述固体样品的操作程序进行。结果计算见下式：

$$W=\frac{m_1-m_2+m_2\left(\frac{m_3-m_4}{m_3-m_5}\right)}{m_1}\times 100\%$$

式中　W——样品中水分的质量分数；

m_1——新鲜样品总质量，g；

m_2——风干后样品总质量，g；

m_3——干燥前适量样品与称量瓶质量，g；

m_4——干燥后适量样品与称量瓶质量，g；

m_5——称量瓶质量，g。

样品水分质量分数较高，干燥温度也较高时，有些样品可能发生化学反应，如糊精化、水解作用等，这些变化使水分无形损失。为了避免这种现象，可先在低温条件下加热，其后在某一指定温度下继续完成干燥。对含还原糖较多的食品应先用低温（50～60℃）干燥0.5h，然后再用95～105℃干燥，或采用逐步升温的方式进行干燥。

果糖含量较高的样品，如水果制品、蜂蜜等，在温度大于70℃时长时间加热，其果糖会发生氧化分解作用而导致明显误差。

含有较多氨基酸、蛋白质及羰基化合物的样品，长时间加热会发生羰氨反应析出水分。因此，对于此类样品，不宜采用直接干燥法测定水分。

（二）减压干燥法

1. 原理

食品中的水分指在一定的温度及压力的情况下失去物质的总量。利用降低压力，水的沸点亦降低的原理，将样品置于真空干燥箱内，在选定的真空度与加热温度下干燥到恒重，干燥后样品所失去的质量即为水分。

减压干燥法适用于高温易分解的样品及水分较多的样品（如糖、味精等食品）中水分的测定，不适用于添加了其他原料的糖果（如奶糖、软糖等食品）中水分的测定，不适用于水分含量小于0.5g/100g的样品（糖和味精除外）。

2. 仪器

真空干燥箱（带真空泵、干燥瓶、安全瓶）。

3. 测定

（1）试样的制备　粉末和结晶试样直接称取；较大块硬糖经研钵粉碎，混匀备用。

（2）测定　取已恒重的称量瓶称取约2～10g（精确至0.0001g）试样，放入真空干燥箱内，将真空干燥箱连接真空泵，抽出真空干燥箱内空气（所需压力一般为40～53kPa），并同时加热至所需温度60℃±5℃。关闭真空泵上的活塞，停止抽气，使真空干燥箱内保持一定的温度和压力，经4h后，打开活塞，使空气经干燥装置缓缓通入至真空干燥箱内，待压力恢复正常后再打开。取出称量瓶，放入干燥器中0.5h后称量，并重复以上操作至前后两次质量差不超过2mg，即为恒重。

4. 计算

同本节直接干燥法。

5. 说明

（1）减压干燥法选择的压力一般为40～53kPa，温度为50～60℃。但实际应用时可根据样品性质及干燥箱耐压能力不同而调整压力和温度，如AOAC法中的干燥条件为，咖啡：3.3kPa和98～100℃；乳粉：3.3kPa和100℃；干果：3.3kPa和70℃；坚果和坚果制品：3.3kPa和95～100℃；糖和蜂蜜：6.7kPa和60℃等。

（2）减压干燥时，自干燥箱内部压力降至规定真空度时起计算干燥时间，一般每次烘干时间为2h，但有的样品需5h，恒重一般以减量不超过0.5mg时为标准，但对受热后易分解的样品，则以不超过1～3mg的减量为恒重标准。

（3）真空条件下热量传导不好，称量瓶应直接放在金属架上以确保良好的热传导；蒸发是一个吸热过程，要注意由于多个样品放在同一烘箱中使箱内温度降低的现象，冷却会影响蒸发。但不能通过升温来弥补冷却效应，否则样品在最后干燥阶段可能会产生过热现象；干燥时间取决于样品的水分含量、样品的性质、单位质量的表面积、是否使用海砂以及是否含有较强持水能力和易分解的糖类等因素。

（三）蒸馏法

蒸馏法主要有以下两种方式：①把试样放在沸点比水高的矿物油里直接加热，使水分蒸发，冷凝后收集，测定其容积。这种方法早就被用作测定谷物水分的公定法，称 BROWN-DUVEL 法，现在已不使用。②把试样与不溶于水的有机溶剂一同加热，以共沸混合蒸气的形式将水蒸馏出，冷凝后测定分离出来的水的容积。

1. 原理

利用食品中水分的物理化学性质，使用水分测定器将食品中的水分与甲苯或二甲苯共同蒸出，根据接收的水的体积计算出试样中水分的含量。本方法适用于含较多其他挥发性物质的食品，如香辛料等。

蒸馏法适用于含水较多又有较多挥发性成分的水果、香辛料及调味品、肉与肉制品等食品中水分的测定，不适用于水分含量小于 1g/100g 的样品。

2. 仪器与试剂

水分蒸馏装置。

甲苯或二甲苯：取甲苯或二甲苯，以水饱和后分去水层进行蒸馏，收集馏出液备用。

3. 测定

准确称取适量试样（应使最终蒸出的水在 2～5mL，但最多取样量不得超过蒸馏瓶的 2/3），放入 250mL 蒸馏瓶中，加入新蒸馏的甲苯（或二甲苯）75mL，连接冷凝管与水分接收管，从冷凝管顶端注入甲苯，装满水分接收管。同时做甲苯（或二甲苯）的试剂空白。

加热慢慢蒸馏，使每秒钟的馏出液为 2 滴，待大部分水分蒸出后，加速蒸馏约每秒钟 4 滴，当水分全部蒸出后，接收管内的水分体积不再增加时，从冷凝管顶端加入甲苯冲洗。如冷凝管壁附有水滴，可用附有小橡皮头的铜丝擦下，再蒸馏片刻至接收管上部及冷凝管壁无水滴附着，接收管水平面保持 10min 不变为蒸馏终点，读取接收管水层的容积。

4. 计算

结果计算见下式。

$$X=\frac{V-V_0}{m}\times 100$$

式中　X——试样中水分的含量，mL/100g（或按水在 20℃的密度 0.99820g/mL 计算质量）；

V——接收管内水的体积，mL；

V_0——做试剂空白时，接收管内水的体积，mL；

m——试样的质量，g；

100——单位换算系数。

5. 说明

（1）溶剂的选择　可用于水分测定的有机溶剂，最常用的是苯、甲苯和二甲苯。样品的性质是选择溶剂的重要依据，使用时要根据样品的性质和要求选用，同时还应考虑有机溶剂的物理化学特性，如湿润性、热传导性、化学惰性、可燃性等因素。对热不稳定的食品，一般不采用二甲苯，因为它的沸点高，常选用低沸点的，如苯、甲苯或甲苯-二甲苯的混合液；对于一些含有糖分、可分解析出水分的样品，如脱水洋葱和脱水大蒜，宜选用苯作为溶剂；测定奶酪可以用正戊醇＋二甲苯（1＋1）混合液。

（2）水分接收管的选择　使用比水重的有机溶剂，其特点是样品会浮在上面，不易过热及炭化，又安全防火，但应注意选择相应的水分接收管。

（3）误差产生的原因及防止　蒸馏法测量水分产生误差的原因很多，如样品中水分没有完全蒸发出来；水分附集在冷凝器和连接管内壁；水分溶解在有机溶剂中；比水重的溶剂被馏出冷凝后，会穿过水面进入接收管下方，生成了乳浊液；馏出了水溶性的成分等等。

直接加热时应使用石棉网，最初蒸馏速度应缓慢，以每秒钟从冷凝管滴下2～3滴为宜，待刻度管内的水增加不显著时加速蒸馏，每秒钟滴下4～5滴。没有水分馏出时，设法使附着在冷凝管和接收管上部的水落入接收管中，再继续蒸馏片刻。蒸馏结束，取下接收管，冷却到25℃，读取接收管水层的容积。如果样品含糖量高，用油浴加热较好。

样品为粉状或半流体时，将瓶底铺满干净的海砂，再加样品及无水甲苯。将甲苯经过氯化钙或无水硫酸钠吸水，过滤蒸馏，弃去最初馏液，收集澄清透明溶液即为无水甲苯。

为改善水分的馏出，对富含糖分或蛋白质的黏性试样，宜把它分散涂布于硅藻土上或将样品放在蜡纸上，上面再覆盖一层蜡纸，卷起来后用剪刀剪成宽6mm、厚8mm的小块；对热不稳定性的食品，除选用低沸点的溶剂外，也可分散涂布于硅藻土上。

为防止水分附集于蒸馏器内壁，需充分清洗仪器。蒸馏结束后，如有水滴附集在管壁，用绕有橡皮线并蘸满溶剂的铜丝将水滴回收。为防止出现乳浊液，可添加少量戊醇、异丁醇。

（四）卡尔·费休法

卡尔·费休法是1935年由卡尔·费休（Karl-Fischer）提出的一种快速、准确测定水分的容量分析方法。

1. 原理

根据碘能与水和二氧化硫发生化学反应，在有吡啶和甲醇共存时，1mol碘只与1mol水作用，反应式如下：

$$C_5H_5N \cdot I_2 + C_5H_5N \cdot SO_2 + C_5H_5N + H_2O + CH_3OH \longrightarrow 2C_5H_5N \cdot HI + C_5H_6N[SO_4CH_3]$$

卡尔·费休水分测定法又分为库仑法和容量法。其中容量法测定的碘是作为滴定剂加入的，滴定剂中碘的浓度是已知的，根据消耗滴定剂的体积，计算消耗碘的量，从而计量出被测物质中水的含量。

2. 试剂

卡尔·费休试剂。

3. 仪器

卡尔·费休水分测定仪。

4. 分析步骤

（1）卡尔·费休试剂的标定（容量法）　在反应瓶中加一定体积（浸没铂电极）的甲醇，在搅拌下用卡尔·费休试剂滴定至终点。加入10mg水（精确至0.0001g），滴定至终点并记录卡尔·费休试剂的用量（V）。卡尔·费休试剂的滴定度按下式计算：

$$T=\frac{m}{V}$$

式中　T——卡尔·费休试剂的滴定度，mg/mL；

m——水的质量，mg；

V——滴定水消耗的卡尔·费休试剂的用量，mL。

（2）试样前处理　可粉碎的固体试样要尽量粉碎，使之均匀。不易粉碎的试样可切碎。

（3）试样中水分的测定　于反应瓶中加一定体积的甲醇或卡尔·费休测定仪中规定的溶

剂浸没铂电极，在搅拌下用卡尔·费休试剂滴定至终点。迅速将易溶于甲醇或卡尔·费休测定仪中规定的溶剂的试样直接加入滴定杯中；对于不易溶解的试样，应采用对滴定杯进行加热或加入已测定水分的其他溶剂辅助溶解后用卡尔·费休试剂滴定至终点。建议采用容量法测定试样中的含水量应大于100μg。对于滴定时，平衡时间较长且引起漂移的试样，需要扣除其漂移量。

(4) 漂移量的测定　在滴定杯中加入与测定样品一致的溶剂，并滴定至终点，放置不少于10min后再滴定至终点，两次滴定之间的单位时间内的体积变化即为漂移量（D）。

5. 计算

固体试样中水分的含量按下式计算：

$$X=\frac{(V_1-D\times t)\times T}{m}\times 100$$

液体试样中水分的含量按下式计算：

$$X=\frac{(V_1-D\times t)\times T}{V_2\rho}\times 100$$

式中　X——试样中水分的含量，g/100g；

V_1——滴定样品时卡尔·费休试剂体积，mL；

D——漂移量，mL/min；

t——滴定时所消耗的时间，min；

T——卡尔·费休试剂的滴定度，g/mL；

m——样品质量，g；

100——单位换算系数；

V_2——液体样品体积，mL；

ρ——液体样品的密度，g/mL。

三、水分活度的测定

（一）测定水分活度的意义

在研究水分质量分数与食品保藏性的关系时，提出了水分活度的概念。水分活度定义为：在同一条件下（温度、湿度和压力等），溶液中的逸度与纯水逸度之比。用溶液或食品中的水蒸气分压（p）与纯水的蒸气压（p_0）之比近似表示，见下式：

$$A_w=\frac{p}{p_0}=\frac{\text{ERH}}{100}$$

式中　A_w——水分活度；

p——溶液或食品中的水蒸气分压；

p_0——纯水的蒸气压；

ERH——平衡相对湿度。

水分质量分数与水分活度是两个不同的概念。水分质量分数是指食品中水的总质量分数，常以质量分数表示；而水分活度则表示食品中水分存在的状态，反映了食品与水的亲和能力程度，它表示食品中所含的水分作为微生物化学反应和微生物生长的可用价值，即反映水分与食品的结合程度或游离程度，其值越小，说明结合程度越高，其值越大，则说明结合程度越低。同种食品，水分质量分数越高其A_w值越大，但不同种食品即使水分质量分数相同其A_w值也往往不同。因此，食品的水分活度是不能按其水分质量分数考虑的，例如金黄色葡萄球菌生长要求的最低水分活度为0.86，而与这个水分活度相当的水分质量分数则随不同的食品而异，如干牛肉为23%，乳粉为16%，干燥肉汁为63%。所以，按水分质量分数多少难以判断食品的保存性，测定和控制水分活度，对于掌握食品品质的稳定与保藏具有重要意义。

（1）水分活度影响着食品的色、香、味和组织结构等品质。食品中的各种化学、生物化学变化对水分活度都有一定的要求。例如，酶促褐变反应对于食品的质量有着重要影响，它是由于酚氧化酶催化酚类物质形成黑色素所引起的。随着水分活度的减少，酚氧化酶的活性逐步降低；同样，食品内的绝大多数酶，如淀粉酶、过氧化物酶等，在水分活度低于0.85的环境中，催化活性便明显地减弱，但脂酶除外，它在A_w为0.3甚至0.1时还可保留活性；非酶促褐变反应——美拉德反应也与水分活度有着密切的关系，当水分活度在0.6～0.7之间时，反应达到最大值；维生素B_1的降解在中高水分活度条件下也表现出了最高的反应速度。另外，水分活度对脂肪的非酶氧化反应也有较复杂的影响。

（2）水分活度影响着食品的保藏稳定性。微生物的生长繁殖是导致食品腐败变质的重要因素，而它们的生长繁殖与水分活度有密不可分的关系。在各类微生物中，酵母菌生长繁殖的A_w阈值是0.87；耐盐细菌是0.75；耐干燥霉菌是0.65；大多数微生物当$A_w>0.60$时就能生长繁殖。在食品中，微生物赖以生存的水分主要是自由水，食品内自由水质量分数越高，水分活度越大，食品越容易受微生物的污染，保藏稳定性也就越差。

利用食品的水分活度原理，控制其中的水分活度，就可提高生产质量，延长食品的保藏期。所以，食品中水分活度的测定已成为食品分析的重要检测项目。

（二）扩散法

1. 原理

在密封、恒温的康威氏微量扩散皿中，试样中的自由水与水分活度（A_w）较高和较低的标准饱和溶液相互扩散，达到平衡后，根据试样质量的变化量，求得样品的水分活度。

2. 仪器与试剂

康威氏微量扩散皿。

所有试剂均使用分析纯试剂；分析用水应符合GB/T 6682规定的三级水规格。

3. 试样的制备

（1）粉末状固体、颗粒状固体及糊状样品　取有代表性样品至少200g，混匀，置于封闭的玻璃容器中。

（2）块状固体　取可食部分的代表性样品至少200g。在室温18～25℃、湿度50%～80%的条件下迅速切成约小于3mm×3mm×3mm的小块，不得使用组织捣碎机，混匀后置于密闭的玻璃容器内。

（3）瓶装固体、液体混合样品　取液体部分。

（4）质量多样混合样品　取有代表性的混合均匀样品。

（5）液体或流动酱汁样品　直接采取均匀样品进行称重。

4. 分析步骤

（1）预处理　将盛有试样的密闭容器、康威氏微量扩散皿及称量皿置于恒温培养箱中，于25℃±1℃条件下，恒温30min。取出后立即使用及测定。

（2）预测定　分别取12.0mL溴化锂饱和溶液、氯化镁饱和溶液、氯化钴饱和溶液、硫酸钾饱和溶液于4只康威氏扩散皿的外室，用经恒温的称量皿，在预先干燥并称量的称量皿中（精确至0.0001g），迅速称取与标准饱和盐溶液相等份数的同一试样约1.5g（精确至0.0001g），放入盛有标准饱和盐溶液的康威氏皿的内室。沿康威氏扩散皿上口平行移动盖好涂有凡士林的磨砂玻璃片，放入25℃±1℃的恒温培养箱内，恒温24h。取出盛有试样的称量皿，立即称量（精确至0.0001g）。

（3）预测定结果计算　试样质量的增减量按下式计算：

$$X=\frac{m_1-m}{m-m_0}$$

式中　X——试样质量的增减量，g/g；

m_1——25℃扩散平衡后，试样和称量皿的质量，g；

m——25℃扩散平衡前，试样和称量皿的质量，g；

m_0——称量皿的质量，g。

绘制二维直线图：以所选饱和盐溶液（25℃）的水分活度（A_w）数值为横坐标，对应标准饱和盐溶液的试样的质量增减为纵坐标，绘制二维直线图。取横坐标截距值，即为该样品的水分活度预测值。

5. 试样的测定

根据4.（3）的预测定结果，分别选用水分活度数值大于和小于试样预测结果数值的饱和盐溶液各3种，各取12.0mL，注入康威氏扩散皿的外室，用经恒温的称量皿，按4.（2）中“在预先干燥并称量的称量皿中，……，取出盛有试样的称量皿，立即称量（精确至0.0001g）”操作。

6. 计算

同上述预测定结果计算公式。

取横坐标截距，即为该样品的水分活度值，当符合允许差所规定的要求时，取三次平行测定的算术平均值作为结果。适用食品水分活度的范围为0～0.98。

（三）水分活度仪扩散法

1. 原理

在密闭、恒温的水分活度仪测量舱内，试样中的水分扩散平衡。此时水分活度仪测量舱内的传感器或数字化探头显示出的响应值（相对湿度对应的数值）即为样品的水分活度（A_w）。

2. 试剂

同康威氏扩散法。

3. 仪器

水分活度测定仪。

4. 试样的制备

同康威氏扩散法。

5. 分析步骤

（1）在室温18～25℃、湿度50%～80%的条件下，用饱和盐溶液校正水分活度仪。

（2）称取约1g（精确至0.01g）试样，迅速放入样品皿中，封闭测量舱，在温度20～25℃、相对湿度50%～80%的条件下测定。每隔5min记录水分活度仪的响应值。当临近两次响应值之差小于$0.005A_w$时，即为测定值。仪器充分平衡后，同一样品重复测定三次。

第二节 灰分的测定

食品的组成十分复杂，除含有大量的水分及有机物质外，还含有丰富的无机成分，当这些组分经500～600℃灼烧时，食品中有机物质和无机成分发生一系列的物理和化学变化，水分及挥发性物质以气态逸出，有机物质中的碳、氢、氮等元素与有机物质本身的氧生成二氧化碳、碳的氧化物及水分而丧失；有机酸的金属盐转变为碳酸盐或金属氧化物；有些组分转变成氧化物、磷酸盐、硫酸盐或卤化物，灼烧后的残留物称为灰分。实际上食品灰化时，某些易挥发元素，如氯、碘、铅等，会挥发散失，磷、硫等也能以含氧酸的形式挥发，使这些无机成分减少，而某些金属氧化物会吸收有机物分解产生的二氧化碳形成碳酸盐，又使无机成分增多，因此，通常把食品经高温灼烧后的残留物称为粗灰分。

食品的灰分按其溶解性还可分为水溶性灰分、水不溶性灰分和酸不溶性灰分。其中水溶性灰分反映的是可溶性的钾、钠、钙、镁等的氧化物和盐类的含量；水不溶性灰分反映的是污染的泥沙和铁、铝等的氧化物及碱金属的碱式磷酸盐的含量。酸不溶性灰分，是一些来自原料本身的，或在加工过程中混入的泥沙等机械物及食品中原来存在的微量的氧化硅。因此，酸不溶性灰分反映的是污染的泥沙和食品中原来存在的微量氧化硅的含量。

一、概述

（一）灰分测定的意义

灰分是标示食品中无机成分总量的一项指标。无机盐是人类生命活动不可缺少的物质，无机盐含量是正确评价某食品营养价值的一个指标。例如，黄豆是营养价值较高的食物，除富含蛋白质外，它的灰分含量高达5.0%。故测定灰分总含量，在评价食品品质方面有其重要意义。

当食品加工所用原料、加工方法及测定条件等因素确定后，某种食品的灰分常在一定范围内。如果灰分含量超过了正常范围，食品生产中可能使用了不符合食品安全标准要求的原料或食品添加剂，或食品在加工、储运过程中受到了污染。因此，通过测定食品中灰分含量可以初步判断食品质量。

此外，灰分还可以评价食品的加工精度和食品的品质。例如，在面粉加工中，常以总灰分含量评价面粉等级，富强粉的总灰分为0.3%～0.5%，标准粉为0.6%～0.9%。

总灰分含量可以说明果胶、明胶等胶质品的胶冻性能，水溶性灰分含量可反映果酱、果冻等制品中果汁的含量。果胶分为HM和LM两种，HM只要有糖、酸存在即能形成凝胶，而LM除糖、酸以外，还需要有金属离子，如：Ca^{2+}、Al^{3+}。

总之，灰分是食品重要的质量控制指标之一，是食品成分分析的项目之一。

（二）影响灰分测定的因素

测定灰分通常以坩埚作为灰化容器。坩埚的种类较多，应根据食品的性质和坩埚特点来选择合适的坩埚。最常用的是素烧瓷坩埚，它具有耐高温、耐酸、价格低廉等优点，但耐碱性差，当灰化碱性食品（如水果、蔬菜、豆类等）时，瓷坩埚内壁的釉层会部分溶解，反复多次使用后，往往难以达到恒量。铂坩埚具有耐高温、耐酸、导热性好、吸湿性小等优点，但价格昂贵，故使用时应特别注意其性能和使用规则。灰化容器的大小要根据试样的性状选用，需要前处理的液态样品，加热易膨胀的样品及灰分含量低、取样量较大的样品，需选用稍大些的坩埚，或选用蒸发皿，但灰化容器过大会使称量误差增大。

测定灰分时，取样量的多少应根据试样的种类和性状来决定，取样量还应考虑称量误差，通常以灼烧后得到的灰分量为10～100mg决定取样量。奶粉、麦乳精、大豆粉、调味料、鱼类及海产品等食品一般取1～2g；谷物及其制品、肉及其制品、糕点等取3～5g；蔬菜及其制品、砂糖及其制品、淀粉及其制品、蜂蜜、奶油等取5～10g；水果及其制品取20g；油脂取50g。

灰化温度的高低对灰分测定结果的影响很大。灰化温度过高，将引起钾、钠、氯等元素的挥发损失，而且磷酸盐、硅酸盐类也会熔融，将炭粒包藏起来，使炭粒无法氧化；灰化温度过低，则灰化速度慢、时间长，不易灰化完全，也不利于去除过剩的碱（碱性食品）吸收的二氧化碳。此外，加热的速度也不可太快，以防急剧干馏时灼热物的局部产生大量气体而使颗粒飞散或引起爆燃。因此，必须根据食品的种类和性状等因素，选择合适的灰化温度。食品的灰化温度一般为500～550℃。

一般将食品灼烧至灰分呈白色或浅灰色，无炭粒存在并达到恒量为止。在实际操作中，可根据经验灰化一定时间后，观察一次残灰的颜色，以确定第一次取出的时间，但对有些样品，即使灰化完全，残灰也不一定呈白色或浅灰色。例如，铁含量高的食品，残灰呈褐色；锰、铜含量高的食品，残灰呈蓝绿色。有时即使灰的表面呈白色，内部仍残留有炭块。所以应根据样品的组成、性状注意观察残灰的颜色，正确判断灰化的程度。

有些样品（如含磷较多的谷物及其制品）磷酸过剩于阳离子，随灰化的进行，磷酸将以磷酸二氢钾、磷酸二氢钠等形式存在，在较低的温度下会熔融包住炭粒，难以完全灰化。对于这类难灰化的样品，可以采用下列方法加速灰化。

样品经初步灼烧后，取出冷却，从灰化容器边缘慢慢加入（不可直接洒在残灰上，以防残灰飞扬）少量无离子水，使水溶性盐类溶解，被包住的炭粒暴露出来，在水浴上蒸发至干涸，置于120～130℃烘箱中充分干燥（充分去除水分，以防再灰化时，因加热使残灰飞散），再灼烧至恒量。

经初步灼烧后，放冷，加入几滴硝酸和双氧水，蒸干后再灼烧至恒量，利用氧化作用加速炭粒的灰化。也可以加入10%碳酸铵等疏松剂，这类物质灼烧完全后，不增加残灰的质量。还可加入乙酸镁、硝酸镁等助灰化剂，镁盐分解，与过剩的磷酸结合，残灰呈松散状态，避免炭粒被包裹，可大大缩短灰化时间。此法应做空白实验，以校正加入的镁盐灼烧后分解产生MgO的量。

二、灰分的测定

（一）食品中总灰分的测定

1. 原理

食品经灼烧后所残留的无机物质称为灰分。灰分数值系用灼烧、称重后计算得出。

2. 仪器

（1）高温炉：最高使用温度≥950℃。

（2）石英坩埚或瓷坩埚。

3. 分析步骤

（1）坩埚预处理

① 含磷量较高的食品和其他食品　取大小适宜的石英坩埚或瓷坩埚置高温炉中，在550℃±25℃下灼烧30min，冷却至200℃左右，取出，放入干燥器中冷却30min，准确称量。重复灼烧至前后两次称量相差不超过0.5mg为恒重。

② 淀粉类食品　先用沸腾的稀盐酸洗涤，再用大量自来水洗涤，最后用蒸馏水冲洗。

将洗净的坩埚置于高温炉内，在900℃±25℃下灼烧30min，并在干燥器内冷却至室温，称重，精确至0.0001g。

（2）称样　含磷量较高的食品和其他食品：灰分大于或等于10g/100g的试样称取2～3g（精确至0.0001g）；灰分小于或等于10g/100g的试样称取3～10g（精确至0.0001g，对于灰分含量更低的样品可适当增加称样量）。淀粉类食品：迅速称取样品2～10g（马铃薯淀粉、小麦淀粉以及大米淀粉至少称5g，玉米淀粉和木薯淀粉称10g），精确至0.0001g。将样品均匀分布在坩埚内，不要压紧。

（3）测定

① 含磷量较高的豆类及其制品、肉禽及其制品、蛋及其制品、水产及其制品、乳及乳制品　称取试样后，加入1.00mL乙酸镁溶液（240g/L）或3.00mL乙酸镁溶液（80g/L），使试样完全润湿。放置10min后，在水浴上将水分蒸干，在电热板上以小火加热使试样充分炭化至无烟，然后置于高温炉中，在550℃±25℃灼烧4h。冷却至200℃左右，取出，放入干燥器中冷却30min，称量前如发现灼烧残渣有炭粒时，应向试样中滴入少许水湿润，使结块松散，蒸干水分再次灼烧至无炭粒即表示灰化完全，方可称量。重复灼烧至前后两次称量相差不超过0.5mg为恒重。

吸取3份与上述相同浓度和体积的乙酸镁溶液，做3次试剂空白试验。当3次试验结果的标准偏差小于0.003g时，取算术平均值作为空白值。若标准偏差大于或等于0.003g时，应重新做空白值试验。

② 淀粉类食品　将坩埚置于高温炉口或电热板上，半盖坩埚盖，小心加热使样品在通气情况下完全炭化至无烟，即刻将坩埚放入高温炉内，将温度升高至900℃±25℃，保持此温度直至剩余的炭全部消失为止，一般1h可灰化完毕，冷却至200℃左右，取出，放入干燥器中冷却30min，称量前如发现灼烧残渣有炭粒时，应向试样中滴入少许水湿润，使结块松散，蒸干水分再次灼烧至无炭粒即表示灰化完全，方可称量。重复灼烧至前后两次称量相差不超过0.5mg为恒重。

4. 计算

试样中灰分含量按下式计算

$$X_1=\frac{m_1-m_2}{m_3-m_2}\times 100$$

$$X_2=\frac{m_1-m_2-m_0}{m_3-m_2}\times 100$$

式中　X_1（测定时未加乙酸镁溶液）——灰分含量，g/100g；

X_2（测定时加乙酸镁溶液）——灰分含量，g/100g；

m_0——氧化镁（乙酸镁灼烧后生成物），g；

m_1——坩埚和灰分的质量，g；

m_2——坩埚质量，g；

m_3——坩埚和试样的质量，g；

100——单位换算系数。

5. 说明

（1）样品炭化时要注意热源强度，防止产生大量泡沫溢出坩埚。

（2）把坩埚放入马弗炉或从炉中取出时，要放在炉口停留片刻，使坩埚预热或冷却，防止因温度剧变而致坩埚破裂。

(3) 灼烧后坩埚应冷却到200℃以下再移入干燥器中，否则因热的对流作用，易造成残灰飞散，且冷却速度慢，冷却后于干燥器内形成较大真空，盖子不易打开。

(4) 从干燥器内取出坩埚时，因内部形成真空，开盖恢复常压时，应注意使空气缓缓流入，以防残灰飞散。

(5) 将坩埚放入马弗炉内时，一定不要将坩埚盖完全盖严，否则会由于缺氧，无法使有机物充分氧化。

(6) 灰化后所得残渣可留作Ca、P、Fe等成分的分析。

(7) 用过的坩埚经初步洗刷后，可用粗盐酸或废盐酸浸泡10～20min，再用水冲刷洁净。

（二）食品中水溶性灰分和酸不溶性灰分的测定

1. 原理

用热水提取总灰分，经无灰滤纸过滤、灼烧、称量残留物，测得水不溶性灰分，由总灰分和水不溶性灰分的质量之差计算水溶性灰分。

2. 测定

向测定总灰分所得残留物中加入25mL去离子水，加热至沸，用无灰滤纸过滤，用25mL热的去离子水分多次洗涤坩埚、定量滤纸及残渣，将残渣连同滤纸移回原坩埚中，在水浴上蒸发至干涸，放入干燥箱中干燥，再进行灼烧、冷却、称量、直至恒量。计算水不溶性灰分含量如下式：

$$\text{水不溶性灰分}(\%)X_3=\frac{m_4-m_2}{m_3-m_2}\times 100$$

式中　X_3——水不溶性灰分的含量，g/100g；

m_4——水不溶性灰分和坩埚的质量，g。

其他符号意义同总灰分的计算。

$$\text{水溶性灰分}(\%)=\text{总灰分}(\%)-\text{水不溶性灰分}(\%)$$

（三）酸不溶性灰分的测定

1. 原理

用盐酸溶液处理总灰分，过滤、灼烧、称量残留物。

2. 测定

向总灰分或水不溶性灰分中加入0.1mol/L的盐酸25mL，以下操作同水溶性灰分的测定，按下式计算酸不溶性灰分含量：

$$X_4=\frac{m_5-m_2}{m_3-m_2}\times 100$$

式中　X_4——酸不溶性灰分的含量，g/100g；

m_5——酸不溶性灰分和坩埚的质量，g。

其他符号意义同总灰分的计算。

$$\text{酸溶性灰分}(\%)=\text{总灰分}(\%)-\text{酸不溶性灰分}(\%)$$

第三节　糖类的测定

一、概述

碳水化合物主要是由碳、氢、氧三种元素组成的一大类化合物，统称为糖类。它提供人体生命活动所需热能的60%～70%，同时，它也是构成机体的一种重要物质，并参与细胞的许多生命过程。糖类根据组成可分为单糖、双糖和多糖。食品中的单糖主要有葡萄糖、果糖和半乳糖，它们都是含有6个碳原子的多羟基醛或多羟基酮，分别称为己醛糖（葡萄糖、半乳精）和己酮糖（果糖），此外还有核糖、阿拉伯糖、木糖等戊醛糖。双糖是2个分子的单糖缩合而成的糖，主要的有蔗糖、乳糖和麦芽糖。蔗糖由一分子葡萄糖和一分子果糖缩合而成，普遍存在于具有光合作用的植物中，是食品工业中最重要的甜味物质。由10个以上单糖缩合而成的高分子聚合物，称为多糖，如淀粉、纤维素、果胶物质等。淀粉广泛存在于谷类、豆类及薯类中；纤维素是组成植物细胞壁的重要成分，主要集中于谷类的谷糠和果蔬的表皮中。果胶存在于各类植物的果实中，对果品蔬菜的质地有重要的影响。

在食品加工过程中，糖类对改变食品的形态、组织结构、物化性质以及色、香、味等感官指标起着重要的作用。食品中糖类含量也标志着其营养价值的高低，是某些食品的主要质量指标。因此，分析检测食品中糖类物质的含量，在食品工业中具有十分重要的意义，是食品的主要分析项目之一。

测定糖类的方法很多，常用的有物理法、化学法、色谱法和酶法等。物理法只能用于某些特定的样品，如利用旋光法测定糖液的浓度等。化学法是应用最广泛的常规分析法，它包括还原糖法（直接滴定法、高锰酸钾法、铁氰化钾法等）、碘量法、缩合反应法等。食品中还原糖、蔗糖、总糖、淀粉和果胶物质等的测定多采用化学法，但不能确定食品中糖的组分和种类。采用色谱法，如薄层色谱、气相色谱、高效液相色谱、离子交换色谱等可以对糖类化合物进行定性定量测定。

食品中可溶性糖类通常是指葡萄糖、果糖等游离单糖及蔗糖等低聚糖。由于食品材料组成复杂，存在一些干扰物质，在分析时，需要选择合适的提取剂和试剂将可溶性糖提取纯化才能进行测定。

（一）可溶性糖的提取

1. 提取剂的选择和种类

（1）乙醇溶液：乙醇水溶液是最常见的可溶性糖提取剂。通常用80%的热乙醇溶液（终浓度）。当乙醇的浓度较高时，蛋白质、淀粉等高分子物质不能溶解出来，因此，这是一种比较有效的提取溶剂。一般至少提取两次保证可溶性糖提取完全。

（2）水：可溶性糖可以用水进行提取，温度为40～50℃时提取效果较好。温度升高，会导致可溶性淀粉和糊精溶出。水作为提取剂时，一些易溶于水的物质都会进入提取液中，如色素、蛋白质、可溶性果胶、可溶性淀粉、有机酸等，对可溶性糖的测定干扰较大。水果及其制品中含有较多有机酸，为防止蔗糖等低聚糖在加热时被部分水解，提取液pH值应调节为中性。

2. 提取液制备的原则

提取液的制备方法要根据样品的性质而定，一般遵循以下原则：

（1）确定合适的取样量和稀释倍数：确定取样量和稀释倍数，要考虑所采用的分析方法的检测范围。一般提取液经过纯化和可能的转化后，含糖量应在0.5～3.5mg/mL。提取10g含糖2%的样品可在100mL容量瓶中进行，含糖较高的食品，可取5～10mg样品于250mL容量瓶中进行提取。

（2）含脂肪的食品需脱脂后再提取：对于含脂肪较高的样品，如巧克力、蛋黄酱等，一般用石油醚进行脱脂，然后再进行提取。

（3）含有大量淀粉和糊精的食品，宜采用乙醇溶液提取：对于谷物类样品、某些蔬菜及调味品等，用水提取时可使部分淀粉、糊精溶出，影响测定结果，同时过滤也较困难，因此，宜采用乙醇溶液提取。提取时可加热回流，再冷却、离心，倒出上清液，重复提取2～3次，合并提取液，蒸发除去乙醇。

(4) 含酒精和二氧化碳等挥发性成分的液体样品，应在水浴上加热除去挥发性成分。加热时应保持溶液呈中性，以免造成低聚糖的水解以及单糖的分解。

(二) 提取液的澄清

采用水和乙醇溶液提取的提取液中，除了含有单糖和低聚糖等可溶性糖外，还不同程度地含有一些杂质，对测定结果有一定的影响，如色素、蛋白质、可溶性果胶、可溶性淀粉、有机酸、游离氨基酸、低分子量的多肽等。这些杂质物质往往会使提取液带有颜色或呈现浑浊，影响测定结果；或者在测定过程中杂质有可能与被测成分或分析试剂发生化学反应，影响分析结果的准确性；胶态杂质的存在还会给过滤带来困难，因此，须将这些杂质除去。常用的方法是加入澄清剂沉淀除去杂质。

1. 糖类澄清剂的要求

糖类澄清剂须满足以下几个条件：

(1) 能较完全地除去干扰物质；

(2) 不吸附或沉淀被测糖分，也不改变被测糖分的理化性质；

(3) 过剩的澄清剂应不干扰后面的分析操作，或易于除掉。

2. 常用的澄清剂

在糖类分析中主要使用的澄清剂有以下几种：

(1) 中性乙酸铅：这是最常用的一种澄清剂。铅离子能与多种离子生成沉淀，同时吸附除去部分杂质。中性乙酸铅可除去蛋白质、果胶、有机酸、单宁等杂质，其澄清效果明显，不会沉淀样液中的还原糖，在室温下也不会形成铅糖复合物，因此适用于测定样品还原糖的澄清，但它脱色能力较差，不宜用于深色样液的澄清，适用于浅色的糖及糖浆制品、果蔬制品、焙烤制品，但铅有一定毒性，使用时需注意。

(2) 乙酸锌-亚铁氰化钾溶液：是利用乙酸锌与亚铁氰化钾反应生成的氰亚铁酸锌沉淀带走或吸附杂质。这种澄清剂去除蛋白质能力较强，但脱色能力差，适用于色泽较浅、蛋白质含量较高的样液澄清，如乳制品、豆制品。

(3) 硫酸铜-氢氧化钠溶液：这种澄清剂是由5份硫酸铜溶液（69.28g $CuSO_4 \cdot 5H_2O$ 溶于1L水中）和2份1mol/L氢氧化钠溶液组成。在碱性条件下，铜离子可使蛋白质沉淀，适合于富含蛋白质样品的澄清。

(4) 碱性乙酸铅：它能除去蛋白质、有机酸、单宁等杂质，又能凝聚胶体。由于能生成体积较大的沉淀，可带走部分糖，特别是果糖。过量的碱性乙酸铅可因其碱度及铅糖的形成而改变糖类的旋光度。此澄清剂用以处理深色样品。

(5) 氢氧化铝溶液（铝液）：氢氧化铝能凝聚胶体，但对非胶态杂质的澄清效果不好。可用于浅色样品液的澄清，或作为附加澄清剂。

(6) 活性炭：活性炭能除去植物样品中的色素，使用于颜色较深的提取液，缺点是能吸附糖类造成糖的损失，特别是蔗糖损失达6%～8%，限制了它在糖类分析中的应用。

除上述澄清剂外，还有硅藻土、六甲基二硅烷等也可作为澄清剂。澄清剂的种类很多，各种澄清剂的性质不同，澄清效果也各不一样，使用澄清剂时应根据样品的种类、干扰成分及含量加以选择，同时还必须考虑所采用的分析方法。如用直接滴定法测定还原糖时，不能用硫酸铜-氢氧化钠溶液澄清样品，以免样品中引入 Cu^{2+}；用高锰酸钾滴定法测定还原糖时，不能用乙酸锌-亚铁氰化钾溶液澄清样液，以免样品中引入 Fe^{2+}。

3. 澄清剂的用量

澄清剂的用量必须适当。用量太少，达不到澄清的目的，用量太多，则会使分析结果产生误差。即使是中性乙酸铅之类的安全澄清剂，用量也不能过大。因为当样品液在测定过程中加热时，铅与糖（特别是果糖）结合生成铅糖化合物，使测得的糖含量降低。因此，在分析中尽可能使用最少量的澄清剂，以降低测定误差。也可以除去铅盐澄清的样液中残留铅。常用的除铅剂有草酸钠、草酸钾、硫酸钠、磷酸氢二钠。

二、还原糖的测定

还原糖是指具有还原性的糖类。在糖类中，葡萄糖、果糖、乳糖和麦芽糖分子中含有游离的醛基和游离的酮基，因而是还原糖；其他双糖（如蔗糖）、三糖乃至多糖（如糊精、淀粉等），其本身虽然不具还原性，但可以通过水解而生成相应的还原性单糖，通过测定水解液的还原糖含量就可以求得样品中相应糖类的含量。因此，还原糖的测定是一般糖类定量的基础。

（一）直接滴定法

1. 原理

样品除去蛋白质以后，在加热条件下，以次甲基蓝作为指示剂，滴定标定过的碱性酒石酸铜溶液（用还原糖标准溶液标定），根据样品溶液消耗量可计算还原糖含量。

2. 试剂

除非另有规定，本方法中所用试剂均为分析纯。

（1）葡萄糖标准溶液：称取 1g（精确至 0.0001g）经过 98～100℃干燥 2h 的葡萄糖，加水溶解后加入 5mL 盐酸，并以水稀释至 1000mL。此溶液每毫升相当于 1.0mg 葡萄糖。

（2）果糖标准溶液：称取 1g（精确至 0.0001g）经过 98～100℃干燥 2h 的果糖，加水溶解后加入 5mL 盐酸，并以水稀释至 1000mL。此溶液每毫升相当于 1.0mg 果糖。

（3）乳糖标准溶液：称取 1g（精确至 0.0001g）经过 96℃±2℃干燥 2h 的乳糖，加水溶解后加入 5mL 盐酸，并以水稀释至 1000mL。此溶液每毫升相当于 1.0mg 乳糖（含水）。

（4）转化糖标准溶液：准确称取 1.0526g 蔗糖，用 100mL 水溶解，置具塞三角瓶中，加 5mL 盐酸（1+1），在 68～70℃水浴中加热 15min，放置至室温，转移至 1000mL 容量瓶中并定容至 1000mL，每毫升标准溶液相当于 1.0mg 转化糖。

3. 仪器

酸式滴定管：25mL；可调电炉：带石棉板。

4. 分析步骤

（1）试样处理

① 一般食品：称取粉碎后的固体试样 2.5～5g 或混匀后的液体试样 5～25g，精确至 0.001g，置 250mL 容量瓶中，加 50mL 水，慢慢加入 5mL 乙酸锌溶液及 5mL 亚铁氰化钾溶液，加水至刻度，混匀，静置 30min，用干燥滤纸过滤，弃去初滤液，取续滤液备用。

② 酒精性饮料：称取约 100g 混匀后的试样，精确至 0.01g，置于蒸发皿，用氢氧化钠（40g/L）溶液中和至中性，在水浴上蒸发至原体积的 1/4 后，移入 250mL 容量瓶中，慢慢加入 5mL 乙酸锌溶液及 5mL 亚铁氰化钾溶液，加水至刻度，混匀，静置 30min，用干燥滤纸过滤，弃去初滤液，取续滤液备用。

③ 含大量淀粉的食品：称取 10～20g 粉碎后或混匀后的试样，精确至 0.001g，置 250mL 容量瓶中，加 200mL 水，在 45℃水浴中加热 1h，并时时振摇。冷后加水至刻度，混匀，静置、沉淀。吸取 200mL 上清液置另一 250mL 容量瓶中，慢慢加入 5mL 乙酸锌溶液及 5mL 亚铁氰化钾溶液，加水至刻度，混匀，静置 30min，用干燥滤纸过滤，弃去初滤液，取续滤液备用。

④ 碳酸类饮料：称取约 100g 混匀后的试样，精确至 0.01g，试样置蒸发皿中，在水浴上微热搅拌除去二氧化碳后，移入 250mL 容量瓶中，并用水洗涤蒸发皿，洗液并入容量瓶中，再加水至刻度，混匀后，备用。

（2）标定碱性酒石酸铜溶液　吸取 5.0mL 碱性酒石酸铜甲液及 5.0mL 碱性酒石酸铜乙液，置于 150mL 锥形瓶中，加水 10mL，加入玻璃珠两粒，从滴定管滴加约 9mL 葡萄糖或其他还原糖标准溶液，控制在 2min 内加热至沸，趁热以 1 滴/2s 的速度继续滴加葡萄糖或其他还原糖标准溶液，直至溶液蓝色刚好褪去为终点，记录消耗葡萄糖或其他还原糖标准溶液的总体积，同时平行操作三份，取其平均值，计算每 10mL（甲、乙液各 5mL）碱性酒石酸铜溶液相当于葡萄糖的质量或其他还原糖的质量（mg），也可以按上述方法标定 4～20mL 碱性酒石酸铜溶液（甲、乙液各半）来适应试样中还原糖的浓度变化。

（3）试样溶液预测　吸取 5.0mL 碱性酒石酸铜甲液及 5.0mL 碱性酒石酸铜乙液，置于 150mL 锥形瓶中，加水 10mL，加入玻璃珠两粒，控制在 2min 内加热至沸，保持沸腾以先快后慢的速度，从滴定管中滴加试样溶液，并保持溶液沸腾状态，待溶液颜色变浅时，以 1 滴/2s 的速度滴定，直至溶液蓝色刚好褪去为终点，记录样液消耗体积。当样液中还原糖浓度过高时，应适当稀释后再进行正式测定，使每次滴定消耗样液的体积控制在与标定碱性酒石酸铜溶液时所消耗的还原糖标准溶液的体积相近，约 10mL。当浓度过低时，则采取直接加入 10mL 样品液，免去加水 10mL，再用还原糖标准溶液滴定至终点，记录消耗的体积与标定时消耗的还原糖标准溶液体积之差相当于 10mL 样液中所含还原糖的量。

（4）试样溶液测定　吸取 5.0mL 碱性酒石酸铜甲液及 5.0mL 碱性酒石酸铜乙液，置于 150mL 锥形瓶中，加水 10mL，加入玻璃珠两粒，从滴定管滴加比预测体积少 1mL 的试样溶液至锥形瓶中，使在 2min 内加热至沸，保持沸腾继续以 1 滴/2s 的速度滴定，直至蓝色刚好褪去为终点，记录样液消耗体积，同法平行操作三份，得出平均消耗体积。

5. 计算

试样中还原糖质量分数（以某种还原糖计）按式（2-1）进行计算：

$$X=\frac{m_1}{mV/250\times1000}\times100 \tag{2-1}$$

式中　X——试样中还原糖质量分数（以某种还原糖计），g/100g；

m_1——碱性酒石酸铜溶液（甲、乙液各半）相当于某种还原糖的质量，mg；

m——试样质量，g；

V——测定时平均消耗试样溶液体积，mL。

当浓度过低时，试样中还原糖质量分数（以某种还原糖计）按式（2-2）进行计算：

$$X=\frac{m_2}{m\times10/250\times1000}\times100 \tag{2-2}$$

式中　X——试样中还原糖质量分数（以某种还原糖计），g/100g；

m_2——标定时体积与加入样品后消耗的还原糖标准溶液体积之差相当于某种还原糖的质量，mg；

m——试样质量，g。

6. 说明

（1）此法所用的氧化剂碱性酒石酸铜的氧化能力较强，醛糖和酮糖都能被氧化，所以测得的是总还原糖量。

（2）本法不能使用铜盐作为澄清剂，以免样品溶液中引入 Cu^{2+}，得到错误的结果。

（3）次甲基蓝本身也是一种氧化剂，其氧化型为蓝色，还原型为无色；但在测定条件下，它的氧化能力比 Cu^{2+} 弱，故还原糖先与 Cu^{2+} 反应，Cu^{2+} 完全反应后，稍微过量一点的还原糖则将次甲基蓝指示剂还原，使之由蓝色变为无色，指示滴定终点。

（4）为消除氧化亚铜沉淀对滴定终点观察的干扰，在碱性酒石酸铜乙液中加入少量亚铁氰化钾，使之与 Cu_2O 生成可溶性的无色配合物。

（5）碱性酒石酸铜甲液和乙液应分别储存，用时才混合，否则酒石酸钾钠铜配合物长期在碱性条件下会慢慢分解析出氧化亚铜沉淀，使试剂有效浓度降低。

（6）滴定时要保持沸腾状态，使上升蒸气阻止空气侵入滴定反应体系中。一方面，加热可以加快还原糖与 Cu^{2+} 的反应速度；另一方面，次甲基蓝的变色反应是可逆的，还原型次甲基蓝遇到空气中的氧时又会被氧化为其氧化型，再变为蓝色。此外，氧化亚铜也极不稳定，容易与空气中的氧结合而被氧化，从而增加还原糖的消耗量。

（7）样品溶液预测的目的：一是本法对样品溶液中还原糖质量分数有一定要求（0.1%左右），测定时样品溶液的消耗体积应与标定葡萄糖标准溶液时消耗的体积相近，通过预测可了解样品溶液浓度是否合适，浓度过大或过小均应加以调整，使预测时消耗样品溶液量在10mL 左右；二是通过预测可知样品溶液的大概消耗量，以便在正式测定时，预先加入比实际用量少 1mL 左右的样品溶液，只留下 1mL 左右样品溶液继续滴定时滴入，以保证在短时间内完成滴定工作，提高测定的准确度。

（8）此法中影响测定结果的主要操作因素是反应液碱度、热源强度、煮沸时间和滴定速度。

（二）高锰酸钾滴定法

1. 原理

试样经除去蛋白质后，其中还原糖把铜盐还原为氧化亚铜，加硫酸铁后，氧化亚铜被氧化为铜盐，以高锰酸钾溶液滴定氧化作用后生成的亚铁盐，根据高锰酸钾消耗量，计算氧化亚铜含量，再查表得还原糖量。

2. 试剂

除非另有说明，本方法所用试剂均为分析纯，水为 GB/T 6682 规定的三级水。

精制石棉：取石棉先用盐酸（3mol/L）浸泡 2～3d，用水洗净，再加氢氧化钠液体（400g/L）浸泡 2～3d，倾去溶液，再用热碱性酒石酸铜乙液浸泡数小时，用水洗净。再以盐酸（3mol/L）浸泡数小时，以水洗至不呈酸性。然后加水振摇，使成细微的浆状软纤维，用水浸泡并贮存于玻璃瓶中，即可作填充古氏坩埚用。

3. 仪器

25mL 古氏坩埚或 G4 垂熔坩埚、真空泵。

4. 分析步骤

（1）试样处理

① 一般食品：称取粉碎后的固体试样约 2.5～5g 或混匀后的液体试样 25～50g，精确至 0.001g，置 250mL 容量瓶中，加水 50mL，摇匀后加 10mL 碱性酒石酸铜甲液及 4mL 氢氧化钠溶液（40g/L），加水至刻度，混匀。静置 30min，用干燥滤纸过滤，弃去初滤液，取续

滤液备用。

② 酒精性饮料：称取约 100g 混匀后的试样，精确至 0.01g，置于蒸发皿中，用氢氧化钠溶液（40g/L）中和至中性，在水浴上蒸发至原体积的 1/4 后，移入 250mL 容量瓶中。加 50mL 水，摇匀后加 10mL 碱性酒石酸铜甲液及 4mL 氢氧化钠溶液（40g/L），加水至刻度，混匀。静置 30min，用干燥滤纸过滤，弃去初滤液，取续滤液备用。

③ 含大量淀粉的食品：称取 10～20g 粉碎或混匀后的试样，精确至 0.001g，置 250mL 容量瓶，加水 200mL，在 45℃水浴中加热 1h，并时时振摇。冷却后加水至刻度，混匀，静置。吸取 200mL 上清液置另一 250mL 容量瓶中，加 10mL 碱性酒石酸铜甲液及 4mL 氢氧化钠溶液（40g/L），加水至刻度，混匀。静置 30min，用干燥滤纸过滤，弃去初滤液，取续滤液备用。

④ 碳酸类饮料：称取约 100g 混匀后的试样，精确至 0.01g，试样置于蒸发皿中，在水浴上除去二氧化碳后，移入 250mL 容量瓶中，并用水洗涤蒸发皿，洗液并入容量瓶中，再加水至刻度，混匀后备用。

（2）测定　吸取 50mL 处理后的试样溶液，于 500mL 烧杯内，加入 25mL 碱性酒石酸铜甲液及 25mL 乙液，于烧杯上盖一表面皿，加热，控制在 4min 内沸腾，再准确煮沸 2min，趁热用铺好石棉的古氏坩埚或 G4 垂熔坩埚抽滤，并用 60℃热水洗涤烧杯内沉淀，至洗液不呈碱性为止。将古氏坩埚或垂熔坩埚放回原 500mL 烧杯中，加 25mL 硫酸铁溶液及 25mL 水，用玻棒搅拌使氧化亚铜完全溶解，以高锰酸钾标准溶液［$c(1/5KMnO_4)=$ 0.1000mol/L］滴定至微红色为终点。

同时吸取 50mL 水，加入与测定试样时相同量的碱性酒石酸铜甲液、乙液，硫酸铁溶液及水，按同一方法做空白试验。

5. 计算

试样中还原糖质量相当于氧化亚铜的质量按式（2-3）进行计算。

$$X=(V-V_0)c\times 71.54 \tag{2-3}$$

式中　X——试样中还原糖质量相当于氧化亚铜的质量，mg；

V——测定用试样液消耗高锰酸钾标准溶液的体积，mL；

V_0——试剂空白消耗高锰酸钾标准溶液的体积，mL；

c——高锰酸钾标准溶液的实际浓度，mol/L；

71.54——1mL 1.000mol/L 高锰酸钾溶液相当于氧化亚铜的质量，mg。

根据式中计算所得氧化亚铜质量，查 GB 5009.7 中相当于氧化亚铜质量的葡萄糖、果糖、乳糖、转化糖质量表，再计算试样中还原糖质量分数，按式（2-4）进行计算。

$$X=\frac{m_3}{m_4V/250\times 1000}\times 100 \tag{2-4}$$

式中　X——试样中还原糖质量分数，g/100g；

m_3——查表得还原糖质量，mg；

m_4——试样质量（体积），g 或 mL；

V——测定用试样溶液的体积，mL；

250——定容体积，mL；

1000——换算系数。

6. 说明

（1）还原糖能在碱性溶液中将两价铜离子还原为棕红色的氧化亚铜沉淀，而糖本身被氧化为相应的羧酸。这是还原糖定量分析和检测的基础。

(2) 在样品处理时，不能用乙酸锌和亚铁氰化钾作为糖液的澄清剂，以免引入 Fe^{2+}。

(3) 测定必须严格按规定的操作条件进行，必须使加热至沸腾时间及保持沸腾时间严格保持一致。即必须控制好热源强度，保证在 4min 内加热至沸，并使每次测定的沸腾时间保持一致，否则误差较大。

(4) 此法所用碱性酒石酸铜溶液是过量的，即保证把所有的还原糖全部氧化后，还有过剩的 Cu^{2+} 存在，所以，煮沸后的反应液应呈蓝色。如不呈蓝色，说明样品溶液含糖浓度过高，应调整样品溶液浓度。

(5) 此法测定食品中的还原糖测定结果准确性较好，但操作烦琐费时，并且在过滤及洗涤氧化亚铜沉淀的整个过程中，应使沉淀始终在液面以下，避免氧化亚铜暴露于空气中而被氧化，同时，严格掌握操作条件。

（三）铁氰化钾法

1. 原理

还原糖在碱性溶液中将铁氰化钾还原为亚铁氰化钾，还原糖本身被氧化为相应的糖酸。过量的铁氰化钾在乙酸的作用下，与碘化钾作用下析出碘，析出的碘以硫代硫酸钠标准溶液滴定。通过计算氧化还原糖时作用的铁氰化钾的量，查表得试样中还原糖的含量。

2. 试剂

除非另有说明，本方法所用试剂均为分析纯，水为 GB/T 6682 规定的三级水。

乙酸缓冲液：将冰醋酸 3.0mL、无水乙酸钠 6.8g 和浓硫酸 4.5mL 混合溶解，然后稀释至 1000mL。

3. 仪器

微量滴定管：5mL 或 10mL。

4. 分析步骤

(1) 试样制备　称取试样 5g（精确至 0.001g）于 100mL 磨口锥形瓶中。倾斜锥形瓶以便所有试样粉末集中于一侧，用 5mL95％乙醇浸湿全部试样，再加入 50mL 乙酸缓冲液，振荡摇匀后立即加入 2mL12.0％钨酸钠溶液，在振荡器上混合振摇 5min。将混合液过滤，弃去最初几滴滤液，收集滤液于干净锥形瓶中，此滤液即为样品测定液。同时做空白实验。

(2) 试样溶液的测定

① 氧化：精确吸取样品液 5mL 于试管中，再精确加入 5mL 碱性铁氰化钾溶液，混合后立即将试管浸入剧烈沸腾的水浴中，并确保试管内液面低于沸水液面下 3～4cm，加热 20min 后取出，立即用冷水迅速冷却。

② 滴定：将试管内容物倾入 100mL 锥形瓶中，用 25mL 乙酸盐溶液荡洗试管一并倾入锥形瓶中，加 5mL10％碘化钾溶液，混匀后，立即用 0.1mol/L 硫代硫酸钠溶液滴定至淡黄色，再加 1mL 淀粉溶液，继续滴定直至溶液蓝色消失，记下消耗硫代硫酸钠溶液体积（V_1）。

③ 空白试验：吸取空白液 5mL，代替样品液按上述氧化和滴定操作，记下消耗的硫代硫酸钠溶液体积（V_2）。

5. 计算

根据氧化样品液中还原糖所需 0.1mol/L 铁氰化钾溶液的体积查 GB 5009.7 中 0.1mol/L 铁氰化钾与还原糖含量对照表，即可查得试样中还原糖（以麦芽糖计算）的质量分数。铁氰化钾溶液体积（V_3）按下式进行计算：

$$V_3=\frac{(V_0-V_1)c}{0.1} \tag{2-5}$$

式中　V_3——氧化样品液中还原糖所需 0.1mol/L 铁氰化钾溶液的体积，mL；

V_0——滴定空白液消耗 0.1mol/L 硫代硫酸钠溶液的体积，mL；

V_1——滴定样品液消耗 0.1mol/L 硫代硫酸钠溶液的体积，mL；

c——硫代硫酸钠溶液实际浓度，mol/L。

0.1mol/L 铁氰化钾体积与还原糖含量对照表参照 GB 5009.7。

注：还原糖含量以麦芽糖计算。

（四）奥氏试剂滴定法

1. 原理

在沸腾条件下，还原糖与过量奥氏试剂反应生成相当量的 Cu_2O 沉淀，冷却后加入盐酸使溶液呈酸性，并使 Cu_2O 沉淀溶解。然后加入过量碘溶液进行氧化，用硫代硫酸钠溶液滴定过量的碘。

硫代硫酸钠标准溶液空白试验滴定量减去其样品试验滴定量得到一个差值，由此差值便可计算出还原糖的量。

2. 试剂

除非另有说明，本方法所用试剂均为分析纯，水为 GB/T 6682 规定的三级水。

（1）奥氏试剂：分别称取硫酸铜 5.0g、酒石酸钾钠 300g、无水碳酸钠 10.0g、磷酸氢二钠 50.0g，稀释至 1000mL，用细孔砂芯玻璃漏斗或硅藻土或活性炭过滤，贮于棕色试剂瓶中。

（2）硫代硫酸钠标准滴定储备液 [$c(Na_2S_2O_3)=0.1mol/L$]：按 GB/T 601 配制与标定。也可使用商品化的产品。

（3）硫代硫酸钠标准滴定溶液 [$c(Na_2S_2O_3)=0.0323mol/L$]：精确吸取硫代硫酸钠标准滴定储备液（2）32.30mL，移入 100mL 容量瓶中，用水稀释至刻度。校正系数按下式计算：

$$K=\frac{c}{0.0323} \tag{2-6}$$

式中　c——硫代硫酸钠标准溶液的浓度，mol/L。

3. 仪器

酸式滴定管：25mL。

4. 分析步骤

（1）试样溶液的制备　将备检样品清洗干净。取 100g（精确至 0.01g）样品，放入高速捣碎机中，用移液管移入 100mL 的水，以不低于 12000r/min 的转速将其捣成 1∶1 的匀浆。

称取匀浆样品 25g（精确至 0.001g），于 500mL 具塞锥形瓶中（含有机酸较多的试样加粉状碳酸钙 0.5～2.0g 调至中性），加水调整体积约为 200mL。置 80℃±2℃ 水浴保温 30min，其间摇动数次，取出加入乙酸锌溶液 5mL 和亚铁氰化钾溶液 5mL，冷却至室温后，转入 250mL 容量瓶，用水定容至刻度。摇匀，过滤，澄清试样溶液备用。

（2）Cu_2O 沉淀生成　吸取试样溶液 20.00mL（若样品还原糖含量较高时，可适当减少取样体积，并补加水至 20mL，使试样溶液中还原糖的量不超过 20mg），加入 250mL 锥形瓶中。然后加入奥氏试剂 50.00mL，充分混合，用小漏斗盖上，在电炉上加热，控制在

3min 中内加热至沸腾，并继续准确煮沸 5.0min，将锥形瓶静置于冷水中冷却至室温。

(3) 碘氧化反应　取出锥形瓶，加入冰醋酸 1.0mL，在不断摇动下，准确加入碘标准滴定溶液 5.00～30.00mL，其数量以确保碘溶液过量为准，用量筒沿锥形瓶壁快速加入盐酸 15mL，立即盖上小烧杯，放置约 2min，不时摇动溶液。

(4) 滴定过量碘　用硫代硫酸钠标准滴定溶液滴定过量的碘，滴定至溶液呈黄绿色出现时，加入淀粉指示剂 2mL，继续滴定溶液至蓝色褪尽为止，记录消耗的硫代硫酸钠标准滴定溶液体积 (V_4)。

(5) 空白试验　按上述步骤进行空白试验 (V_3)，除了不加试样溶液外，操作步骤和应用的试剂均与测定时相同。

5. 计算

试样品的还原糖按下式计算。

$$X=K(V_3-V_4)\times\frac{0.001}{m\times\frac{V_5}{250}}\times 100 \tag{2-7}$$

式中　X——试样中还原糖的含量，g/100g；

K——硫代硫酸钠标准滴定溶液 [$c(Na_2S_2O_3)=0.0323mol/L$] 校正系数；

V_3——空白试验滴定消耗的硫代硫酸钠标准滴溶液体积，mL；

V_4——试样溶液消耗的硫代硫酸钠标准滴定溶液体积，mL；

V_5——所取试样溶液的体积，mL；

m——试样的质量，g；

250——试样浸提稀释后的总体积，mL。

三、蔗糖的测定

（一）高效液相色谱法

本法适用于谷物类、乳制品、果蔬制品、蜂蜜、糖浆、饮料等食品中果糖、葡萄糖、蔗糖、麦芽糖和乳糖的测定。

1. 原理

试样中的果糖、葡萄糖、蔗糖、麦芽糖和乳糖经提取后，利用高效液相色谱柱分离，用示差折光检测器或蒸发光散射检测器检测，外标法进行定量。

2. 试剂

除非另有规定，本方法中所用试剂均为分析纯。水为 GB/T 6682 规定的一级水。

(1) 乙腈：色谱纯。

(2) 石油醚：沸程 30～60℃。

3. 仪器

高效液相色谱仪，带示差折光检测器或蒸发光散射检测器。

液相色谱柱：氨基色谱柱，柱长 250mm，内径 4.6mm，膜厚 5μm，或具有同等性能的色谱柱。

4. 试样的制备

(1) 固体样品　取有代表性样品至少 200g，用粉碎机粉碎，并通过 2.0mm 圆孔筛，混匀，装入洁净容器，密封，标明标记。

（2）半固体和液体样品（除蜂蜜样品外）　取有代表性样品至少200g（mL），充分混匀，装入洁净容器，密封，标明标记。

（3）蜂蜜样品　未结晶的样品将其用力搅拌均匀；有结晶析出的样品，可将样品瓶盖塞紧后置于不超过60℃的水浴中温热，待样品全部熔化后，搅匀，迅速冷却至室温以被检验用。熔化时应防止水分侵入。

5. 分析步骤

（1）样品处理

① 脂肪小于10%的食品　称取粉碎或混匀后的试样0.5～10g（含糖量≤5%时称取10g；含糖量5%～10%时称取5g；含糖量10%～40%时称取2g；含糖量≥40%时称取0.5g）（精确到0.001g）于100mL容量瓶中，加水约50mL溶解，缓慢加入乙酸锌溶液和亚铁氰化钾溶液各5mL，加水定容至刻度，磁力搅拌或超声30min，用干燥滤纸过滤，弃去初滤液，后续滤液用0.45μm微孔滤膜过滤或离心获取上清液过0.45μm微孔滤膜至样品瓶，供液相色谱分析。

② 糖浆、蜂蜜类　称取混匀后的试样1～2g（精确到0.001g）于50mL容量瓶，加水定容至50mL，充分摇匀，用干燥滤纸过滤，弃去初滤液，后续滤液用0.45μm微孔滤膜过滤或离心获取上清液过0.45μm微孔滤膜至样品瓶，供液相色谱分析。

③ 含二氧化碳的饮料　吸取混匀后的试样于蒸发皿中，在水浴上微热搅拌去除二氧化碳，吸取50.0mL移入100mL容量瓶中，缓慢加入乙酸锌溶液和亚铁氰化钾溶液各5mL，用水定容至刻度，摇匀，静置30min，用干燥滤纸过滤，弃去初滤液，后续滤液用0.45μm微孔滤膜过滤或离心获取上清液过0.45μm微孔滤膜至样品瓶，供液相色谱分析。

④ 脂肪大于10%的食品　称取粉碎或混匀后的试样5～10g（精确到0.001g）置于100mL具塞离心管中，加入50mL石油醚，混匀，放气，振摇2min，1800r/min离心15min，去除石油醚后重复以上步骤至去除大部分脂肪。蒸发残留的石油醚，用玻璃棒将样品捣碎并转移至100mL容量瓶中，用50mL水分两次冲洗离心管，洗液并入100mL容量瓶中，缓慢加入乙酸锌溶液和亚铁氰化钾溶液各5mL，加水定容至刻度，磁力搅拌或超声30min，用干燥滤纸过滤，弃去初滤液，后续滤液用0.45μm微孔滤膜过滤或离心获取上清液过0.45μm微孔滤膜至样品瓶，供液相色谱分析。

（2）高效液相色谱参考条件

① 流动相：乙腈＋水＝70＋30（体积比）；

② 流动相流速：1.0mL/min；

③ 柱温：40℃；

④ 进样量：20μL；

⑤ 示差折光检测器条件：温度40℃；

⑥ 蒸发光散射检测器条件：漂移管温度为80～90℃；氮气压力为350kPa；撞击器为关。

（3）标准曲线的制作　将糖标准使用液依次按上述推荐色谱条件上机测定，记录色谱图峰面积或峰高，以峰面积或峰高为纵坐标，以标准工作液的浓度为横坐标，示差折光检测器采用线性方程；蒸发光散射检测器采用幂函数方程绘制标准曲线。

（4）试样溶液的测定　将试样溶液注入高效液相色谱仪中，记录峰面积或峰高，从标准曲线中查得试样溶液中糖的浓度。可根据具体试样进行稀释（n）。

（5）空白试验　除不加试样外，均按上述步骤进行。

6. 计算

试样中糖的含量按下式计算，计算结果需扣除空白值：

$$X=\frac{(\rho-\rho_0)Vn}{m\times1000}\times100 \tag{2-8}$$

式中 X——试样中糖（果糖、葡萄糖、蔗糖、麦芽糖和乳糖）的含量，g/100g；

ρ——样液中糖的浓度，mg/mL；

ρ_0——空白中糖的浓度，mg/mL；

V——样液定容体积，mL；

n——稀释倍数；

m——试样的质量，g/mL；

1000——换算系数；

100——换算系数。

（二）酸水解-莱因-埃农氏法

在食品生产过程中，测定蔗糖的含量可以判断食品加工原料的成熟度，鉴别白糖、蜂蜜等食品原料的品质，以及控制糖果、果脯、加糖乳制品等产品的质量指标。

蔗糖是葡萄糖和果糖组成的双糖，没有还原性，但在一定条件下，蔗糖可水解为具有还原性的葡萄糖和果糖。因此，可以用测定还原糖的方法测定蔗糖含量。对于浓度较高蔗糖液，其相对密度、折射率、旋光度等物理常数与蔗糖浓度都有一定关系，也可用物理检验法测定蔗糖的含量。

1. 原理

试样经除去蛋白质后，其中蔗糖经盐酸水解转化为还原糖，再按还原糖测定，水解前后还原糖的差值为蔗糖含量。

2. 试剂

除非另有规定，本方法中所用试剂均为分析纯，水为 GB/T 6682 规定的三级水。

葡萄糖标准溶液：称取 1g（精确至 0.0001g）经过 98～100℃干燥 2h 的葡萄糖，加水溶解后加入 5mL 盐酸，并以水定容至 1000mL。此溶液每毫升相当于 1.0mg 葡萄糖。

3. 仪器

酸式滴定管（25mL）。

4. 分析步骤

（1）试样处理

① 含蛋白质食品：称取粉碎后的固体试样 2.5～5g（精确至 0.001g），混匀后的液体试样 5～25g，置 250mL 容量瓶中，加 50mL 水，慢慢加入 5mL 乙酸锌溶液及 5mL 亚铁氰化钾溶液，加水至刻度，混匀，静置 30min，用干燥滤纸过滤，弃去初滤液，取续滤液备用。

② 含大量淀粉的食品：称取 10～20g 粉碎后或混匀后的试样，精确至 0.001g，置 250mL 容量瓶中，加 200mL 水，在 45℃水溶液中加热 1h，并时时振摇。冷后加水至刻度。混匀，静置，沉淀。吸取 200mL 上清液置另一 250mL 容量瓶中，慢慢加入 5mL 乙酸锌溶液及 5mL 亚铁氰化钾溶液，加水至刻度，混匀，静置 30min，用干燥滤纸过滤，弃去初滤液，取续滤液备用。

③ 酒精饮料：称取约 100g 混匀后的试样，精确至 0.01g，置于蒸发皿中，用氢氧化钠

(40g/L）溶液中和至中性，在水浴上蒸发至原体积的1/4后，移入250mL容量瓶中，慢慢加入5mL乙酸锌溶液及5mL亚铁氰化钾溶液，加水至刻度，混匀，静置30min，用干燥滤纸过滤，弃去初滤液，取续滤液备用。

④ 碳酸类饮料：称取约100g混匀后的试样，精确至0.01g，试样置蒸发皿中，在水浴上微热搅拌除去二氧化碳后，移入250mL容量瓶中，并用水洗涤蒸发皿，洗液并入容量瓶中，再加水至刻度，混匀后备用。

（2）酸水解　吸取2份50mL，上述试样处理液，分别置于100mL容量瓶中，其中一份加5mL盐酸（1＋1），在68～70℃水浴中加热15min，冷后加两滴甲基红指示液，用氢氧化钠溶液（200g/L）中和至中性，加水至刻度，混匀，另一份直接加水稀释至100mL。

（3）标定碱性酒石酸铜溶液　吸取5.0mL碱性酒石酸铜甲液及5.0mL碱性酒石酸铜乙液，置于150mL锥形瓶中，加水10mL，加入玻璃珠两粒，从滴定管滴加约9mL葡萄糖，控制在2min内加热至沸，趁热以每两秒一滴的速度继续滴加葡萄糖，直至溶液蓝色刚好褪去为终点，记录消耗葡萄糖总体积，同时平行操作三份，取其平均值，计算每10mL（甲液、乙液各5mL）碱性酒石酸铜溶液相当于葡萄糖的质量（mg）。

注：也可以按上述方法标定4～20mL碱性酒石酸铜溶液（甲液、乙液各半）来适应试样中还原糖的浓度变化。

（4）试样溶液的预测定　吸取5.0mL碱性酒石酸铜甲液及5.0mL碱性酒石酸铜乙液，置于150mL锥形瓶中，加水10mL，加入玻璃珠两粒，控制在2min内加热至沸，保持沸腾以先快后慢的速度，从滴定管中滴加试样溶液，并保持溶液沸腾状态，待溶液颜色变浅时，以每两秒一滴的速度滴定，直到溶液蓝色刚好褪去为终点，记录样液消耗体积。当样液中还原糖浓度过高时，应适当稀释后再进行正式测定，使每次滴定消耗样液的体积控制在与标定碱性酒石酸铜溶液时所消耗的还原糖标准溶液的体积相近，约在10mL，结果按下面公式计算。

（5）试样溶液的准确测定　吸取5.0mL碱性酒石酸铜甲液及5.0mL碱性酒石酸铜乙液，置于150mL锥形瓶中，加水10mL，加入玻璃珠两粒，从滴定管滴加比预测体积少1mL的试样溶液至锥形瓶中，使在2min内加热至沸，保持沸腾继续以每两秒一滴的速度滴定，直至蓝色刚好褪去为终点，记录样液消耗体积，同法平行操作三份，得出平均消耗体积。

5. 计算

试样中还原糖的质量分数（以葡萄糖计）按下式进行计算：

$$X=\frac{A}{mV/250\times 1000}\times 100 \tag{2-9}$$

式中　X——试样中还原糖的质量分数（以葡萄糖计），g/100g；

A——碱性酒石酸铜溶液（甲液、乙液各半）相当于葡萄糖的质量，mg；

m——试样质量，g；

V——测定时平均消耗试样溶液体积，mL；

250——样品定容体积，mL；

1000——换算系数。

以葡萄糖为标准滴定溶液时，按下式计算试样中蔗糖质量分数：

$$X=(R_2-R_1)\times 0.95 \tag{2-10}$$

式中　X——试样中蔗糖质量分数，g/100g；

R_2——水解处理后还原糖质量分数，g/100g；

R_1——不经水解处理还原糖质量分数，g/100g；

0.95——还原糖（以葡萄糖计）换算为蔗糖的系数。

6. 说明

（1）此法规定的水解条件，蔗糖可完全水解，而其他双糖和淀粉等的水解作用很小，可忽略不计。

（2）此法水解条件必须严格控制。为防止果糖分解，样品溶液体积、酸的浓度及用量、水解温度和水解时间都不能随意改动，到达规定时间后应迅速冷却。

（3）在重复性条件下获得的两次独立测定结果的绝对差值不得超过算术平均值10%。

四、淀粉的测定

食品中的淀粉，或来自原料，或是生产过程中为改变食品的物理性状作为添加剂而加入的。淀粉含量作为某些食品主要的质量指标，是食品生产管理中常做的分析检测项目。

淀粉的测定方法有很多，都是根据淀粉的理化性质而建立的。常用的方法有：根据淀粉在酸或酶的作用下水解为葡萄糖，通过测定还原糖进行定量的酸水解法和酶水解法；根据淀粉具有旋光性而建立的旋光法。

（一）酶水解法

1. 原理

试样经去除脂肪及可溶性糖类后，淀粉用淀粉酶水解成小分子糖，再用盐酸水解成单糖，最后按还原糖测定，并折算成淀粉含量。

2. 试剂

除非另有规定，本方法中所用试剂均为分析纯。

（1）葡萄糖标准溶液：称取1g（精确至0.0001g）经过98～100℃干燥2h的D-葡萄糖，加水溶解后加入5mL盐酸，并以水定容至1000mL。此溶液每毫升相当于1.0mg葡萄糖。

（2）淀粉酶溶液（5g/L）：称取淀粉酶0.5g，加100mL水溶解，临用现配；也可加入数滴甲苯或三氯甲烷防止长霉，贮于4℃冰箱中。

3. 仪器

恒温水浴锅：可加热至100℃。

4. 分析步骤

（1）试样处理　易于粉碎的试样：磨碎过40目筛，称取2～5g（精确至0.001g）。置于放有折叠滤纸的漏斗内，先用50mL石油醚或乙醚分五次洗除脂肪，再用约100mL乙醇（85%）洗后可溶性糖类。根据实际情况，可适当增加洗涤液的用量和洗涤次数，以保证干扰检测的可溶性糖类物质洗涤完全。滤干乙醇，将残留物移入250mL烧杯内，并用50mL水洗滤纸，洗液并入烧杯内，将烧杯置沸水浴上加热15min，使淀粉糊化，放冷至60℃以下，加20mL淀粉酶溶液，在55～60℃保温1h，并时时搅拌。然后取一滴此液加一滴碘溶液，应不显现蓝色，若显，再加热糊化并加20mL淀粉酶溶液，继续保温，直至加碘不显蓝色为止。加热至沸，冷后移入250mL容量瓶中，并加水至刻度，混匀，过滤，弃去初滤液。取50mL滤液，置于250mL锥形瓶中，加5mL盐酸（1+1），装上回流冷凝器，在沸水浴中回流1h，冷后加两滴甲基红指示液，用氢氧化钠溶液（200g/L）中和至中性，溶液转入100mL容量瓶中，洗涤锥形瓶，洗液并入100mL容量瓶中，加水至刻度，混匀备用。

（2）测定

① 标定碱性酒石酸铜溶液 吸取 5.0mL 碱性酒石酸铜甲液及 5.0mL 碱性酒石酸铜乙液，置于 150mL 锥形瓶中，加水 10mL，加入玻璃珠两粒，从滴定管滴加约 9mL 葡萄糖，控制在 2min 内加热至沸，趁沸以每两秒一滴的速度继续滴加葡萄糖，直至溶液蓝色刚好褪去为终点，记录消耗葡萄糖标准溶液的总体积，同时做三份平行，取其平均值，计算每 10mL（甲液、乙液各 5mL）碱性酒石酸铜溶液相当于葡萄糖的质量 m_1（mg）。

注：也可以按上述方法标定 4～20mL 碱性酒石酸铜溶液（甲液、乙液各半）来适应试样中还原糖的浓度变化。

② 试样溶液预测 吸取 5.0mL 碱性酒石酸铜甲液及 5.0mL 碱性酒石酸铜乙液，置于 150mL 锥形瓶中，加水 10mL，加入玻璃珠两粒，控制在 2min 内加热至沸，保持沸腾以先快后慢的速度，从滴定管中滴加试样溶液，并保持溶液沸腾状态，待溶液颜色变浅时，以每两秒一滴的速度滴定，直至溶液蓝色刚好褪去为终点，记录样液消耗体积，当样液中还原糖浓度过高时，应适当稀释后再进行正式测定，使每次滴定消耗样液的体积控制在与标定碱性酒石酸铜溶液时所消耗的还原糖标准的体积相近，约在 10mL。

③ 试样溶液测定 吸取 5.0mL 碱性酒石酸铜甲液及 5.0mL 碱性酒石酸铜乙液，置于 150mL 锥形瓶中，加水 10mL，加入玻璃珠 2 粒，从滴定管滴加比预测体积少 1mL 的试样溶液至锥形瓶中，使在 2min 内加热至沸，保持沸腾继续以每两秒一滴的速度滴定，直至蓝色刚好褪去为终点，记录样液消耗体积，同法平行操作三份，得出平均消耗体积。

当浓度过低时，则采取直接加入 10.00mL 样品液，免去加水 10mL，再用葡萄糖标准溶液滴定至终点，记录消耗的体积与标定时消耗的葡萄糖标准溶液体积之差相当于 10mL 样液中所含葡萄糖的量（mg）。

5. 计算

试样中葡萄糖含量按下式进行计算：

$$X_1=\frac{m_1}{50/250\times V_1/100} \tag{2-11}$$

式中 X_1——试样中葡萄糖含量，mg；

m_1——10mL 碱性酒石酸铜溶液（甲液、乙液各半）相当于葡萄糖的质量，mg；

50——测定用样品溶液体积，mL；

250——样品定容体积，mL；

V_1——测定时平均消耗试样溶液体积，mL；

100——测定用样品的定容体积，mL。

当试样中淀粉浓度过低时，葡萄糖含量按公式（2-12）、式（2-13）进行计算：

$$X_2=\frac{m_2}{50/250\times 10/100} \tag{2-12}$$

$$m_2=m_1\left(1-\frac{V_2}{V_s}\right) \tag{2-13}$$

式中 X_2——试样中葡萄糖含量，mg；

m_2——标定 10mL 碱性酒石酸铜溶液（甲液、乙液各半）时消耗的葡萄糖标准溶液的体积与加入试样后消耗的葡萄糖标准溶液体积之差相当于葡萄糖的质量，mg；

50——测定用样品溶液体积，mL；

250——样品定容体积，mL；

10——直接加入的试样体积，mL；

100——测定用样品的定容体积，mL；

m_1——10mL 碱性酒石酸铜溶液（甲液、乙液各半）相当于葡萄糖的质量，mg；

V_2——加入试样后消耗的葡萄糖标准溶液体积，mL；

V_s——标定 10mL 碱性酒石酸铜溶液（甲液、乙液各半）时消耗的葡萄糖标准溶液的体积，mL。

试剂空白值按式（2-14）、式（2-15）计算

$$X_0=\frac{m_0}{50/250\times10/100} \tag{2-14}$$

$$m_0=m_1\left(1-\frac{V_0}{V_s}\right) \tag{2-15}$$

式中 X_0——试剂空白值，mg；

m_0——标定 10mL 碱性酒石酸铜溶液（甲液、乙液各半）时消耗的葡萄糖标准溶液的体积与加入空白后消耗的葡萄糖标准溶液体积之差相当于葡萄糖的质量，mg；

50——测定用样品溶液体积，mL；

250——样品定容体积，mL；

10——直接加入的试样体积，mL；

100——测定用样品的定容体积，mL；

V_0——加入空白试样后消耗的葡萄糖标准溶液体积，mL；

V_s——标定 10mL 碱性酒石酸铜溶液（甲液、乙液各半）时消耗的葡萄糖标准溶液的体积，mL。

试样中淀粉的含量按式（2-16）计算：

$$X=\frac{(X_1-X_0)\times0.9}{m\times1000}\times100$$

或

$$X=\frac{(X_2-X_0)\times0.9}{m\times1000}\times100 \tag{2-16}$$

式中 X——试样中淀粉的含量，g/100g；

0.9——还原糖（以葡萄糖计）换算成淀粉的换算系数；

m——试样质量，g。

6. 说明

（1）脂肪的存在会妨碍酶对淀粉的作用及可溶性糖的去除，故应用乙醚脱脂，若样品中脂肪含量较少，可省略此步骤。

（2）淀粉粒具有晶体结构，淀粉酶难以作用。加热糊化破坏了淀粉的晶体结构，使其易于被淀粉酶作用。

（3）淀粉酶按其来源可分为细菌淀粉酶、霉菌淀粉酶和麦芽淀粉酶，酶水解法中常用的淀粉酶是麦芽淀粉酶，它是 α-淀粉酶和 β-淀粉酶的混合物。α-淀粉酶水解直链淀粉的初始产物是低分子糊精，最终产物是麦芽糖和葡萄糖；对支链淀粉的初始产物是界限糊精和低分子糊精，最终产物是麦芽糖、异麦芽糖和葡萄糖。β-淀粉酶对直链淀粉和支链淀粉的最终水解产物是麦芽糖。所以采用麦芽淀粉酶时，水解产物主要是麦芽糖，还有少量葡萄糖和糊精。

（4）淀粉酶解过程中，黏度迅速下降，流动性增强。淀粉在淀粉酶中水解的顺序为：淀

粉→蓝糊精→红糊精→麦芽糖→葡萄糖。与碘液呈色依次为蓝色、蓝色、红色、无色、无色。因此可用碘液检验酶解终点。酶解终点为酶解液与碘液的反应不呈蓝色。若呈蓝色，再加热糊化，冷却至 60℃以下，再加淀粉酶溶液，继续保温，直至酶解液加碘液后不呈蓝色为止。

（5）使用淀粉酶前，应确定其活力及水解时的添加量。可用已知浓度的淀粉溶液少许，加入一定量淀粉酶溶液，置 55～65℃水浴中保温 1h，用碘液检验淀粉是否水解完全，以确定酶的活力及水解时的用量。

（二）酸水解法

1. 原理

试样经除去脂肪和可溶性糖后，其中淀粉用酸水解成具有还原性的单糖，然后按还原糖测定，并折算出淀粉。

该法一步可将淀粉水解为葡萄糖，简便易行，适用于淀粉含量较高，而半纤维素和多缩戊糖等其他多糖含量较少的样品。对富含半纤维素、多缩戊糖及果胶质的样品，因水解时它们也被水解为木糖、阿拉伯糖等还原糖，使测定结果偏高。

2. 试剂

除非另有规定，本法中所用的试剂均为分析纯。

葡萄糖标准溶液：准确称取 1g（精确至 0.0001g）经过 98～100℃干燥 2h 的 D-无水葡萄糖，加水溶解后加入 5mL 盐酸，并以水定容至 1000mL。此溶液每毫升相当于 1.0mg 葡萄糖。

3. 仪器

回流装置，并附有 250mL 锥形瓶。

4. 分析步骤

（1）处理　易于粉碎的试样：将试样磨碎过 40 目筛，称取 2～5g（精确至 0.001g），置于放有慢速滤纸的漏斗中，用 50mL 石油醚分五次洗去试样中脂肪，弃去石油醚或乙醚。用 150mL 乙醇（85%）分数次洗涤残渣，除去可溶性糖类物质。根据实际情况，可适当增加洗涤液的用量和洗涤次数，以保证干扰检测的可溶性糖类物质洗涤完全。滤干乙醇溶液，以 100mL 水洗涤漏斗中残渣并转移至 250mL 锥形瓶中，加入 30mL 盐酸（1+1），接好冷凝管，置沸水浴中回流 2h。回流完毕后，立即冷却。待试样水解液冷却后，加入 2 滴甲基红指示液，先以氢氧化钠溶液（400mg/L）调至黄色，再以盐酸（1+1）校正至水解液刚变红色。若水解液颜色较深，可用精密 pH 试纸测试，使试样水解液的 pH 约为 7。然后加 20mL 乙酸铅溶液（200g/L），摇匀，放置 10min。再加 20mL 硫酸钠溶液（100g/L），以除去过多的铅。摇匀后将全部溶液及残渣转入 500mL 容量瓶中，用水洗涤锥形瓶，洗液合并于容量瓶中，加水稀释至刻度。过滤，弃去初滤液 20mL，滤液供测定用。

（2）测定　按照本节酶水解法进行操作。

5. 计算

试样中淀粉的质量分数按下式计算：

$$X=\frac{(A_1-A_2)\times 0.9}{m\times V/500\times 1000}\times 100 \tag{2-17}$$

式中　X——试样中淀粉的质量分数，g/100g；

A_1——测定用试样中水解液还原糖的质量，mg；

A_2——试剂空白中还原糖的质量，mg；
0.9——还原糖（以葡萄糖计）折算成淀粉的换算系数；
m——试样质量，g；
500——试样液总体积，mL；
1000——换算系数。

6. 说明

（1）本法要求对粮食、豆类、饼干和代乳粉等较干燥、易磨碎的样品磨碎、过 40 目筛；对蔬菜、水果、粉皮和凉粉等水分含量较多的样品，需按 1∶1 加水在组织捣碎机中捣成匀浆，再称取此处理后的样品进行分析。

（2）样品含可溶性糖类时，会使结果偏高，可用 85%（体积分数）乙醇分数次洗涤样品以除去。脂肪会妨碍乙醇溶液对可溶性糖的提取，所以要用乙醚分数次洗去样品中的脂肪。脂肪含量较低时，可省去乙醚脱脂肪步骤。

（3）样品加入乙醇溶液后，混合液中乙醇的质量分数应在 80%以上，以防止糊精随可溶性糖类一起被洗掉。如要求测定结果不包括糊精，则用 10%乙醇洗涤。

（4）水解条件要严格控制，要保证淀粉水解完全，并避免因加热时间过长对葡萄糖产生影响（形成糠醛聚合体，失去还原性）。对于水解时取样液量、所用酸的浓度及加入量、水解时间等条件，各方法规定有所不同。在国家标准分析方法中，样品中加入了 30mL 6mol/L HCl，使混合液中盐酸的体积分数达 5%，要求 100℃水解 2.0h。其他方法：混合液中盐酸体积分数达 1%时，100℃水解 4h；混合液中盐酸体积分数达 2%时，100℃水解 2.5h。因水解时间较长，应采用回流装置，以保证水解过程中盐酸的浓度不发生变化。

（5）样品水解液冷却后，应立即调至中性。可加入两滴甲基红，先用质量分数为 40%氢氧化钠调至黄色，再用 6mol/L 的盐酸调至刚好变为红色，最后用 10%氢氧化钠调至红色刚好退去。若水解液颜色较深，可用精密 pH 试纸测试，使样品水解液的 pH 约为 7。

（6）用质量分数为 20%中性乙酸铅溶液沉淀蛋白质、果胶物质等杂质，以澄清样品水解液，再加入 10%硫酸钠溶液以除去过多的铅。

（三）肉制品中淀粉含量的测定

1. 原理

试样中加入氢氧化钾-乙醇溶液，在沸水浴上加热后，滤去上清液，用热乙醇洗涤沉淀除去脂肪和可溶性糖，沉淀经盐酸水解后，用碘量法测定形成的葡萄糖并计算淀粉含量。

2. 试剂

除非另有规定，本法中所用的试剂均为分析纯。

（1）蛋白沉淀剂分溶液 A 和溶液 B：

① 溶液 A：称取铁氰化钾 106g，用水溶解并稀释至 1000mL。

② 溶液 B：称取乙酸锌 220g，加冰醋酸 30mL，用水稀释至 1000mL。

（2）碱性铜试剂：

① 溶液 a：称取硫酸铜 25g，溶于 100mL 水中。

② 溶液 b：称取无水碳酸钠 144g，溶于 300～400mL 50℃水中。

③ 溶液 c：称取柠檬酸 50g，溶于 50mL 水中。

将溶液 c 缓慢加入溶液 b 中，边加边搅拌直至气泡停止产生。将溶液 a 加到次混合液中并连续搅拌，冷却至室温后，转移到 1000mL 容量瓶中，定容至刻度，混匀。放置 24h 后使用，若出现沉淀需过滤。

取 1 份次溶液加入到 49 份煮沸并冷却的蒸馏水，pH 应为 10.0±0.1。

3. 仪器

恒温水浴锅。

4. 分析步骤

(1) 试样准备 取有代表性的试样不少于 200g，用绞肉机绞两次并混匀。绞好的试样应尽快分析，若不立即分析，应密封冷藏贮存，防止变质和成分发生变化。贮存的试样启用时应重新混匀。

(2) 淀粉分离 称取试样 25g（精确到 0.01g，淀粉含量约 1g）放入 500mL 烧杯中，加入热氢氧化钾-乙醇溶液 300mL，用玻璃棒搅匀，盖上表面皿，在沸水浴上加热 1h，不时搅拌。然后，将沉淀完全转移到漏斗上过滤，用 80%热乙醇溶液洗涤沉淀数次。根据样品的特征，可适当增加洗涤液的用量和洗涤次数，以保证糖洗涤完全。

(3) 水解 将滤纸钻孔，用 1.0mol/L 盐酸溶液 100mL，将沉淀完全洗入 250mL 烧杯中，盖上表面皿，在沸水浴中水解 2.5h，不时搅拌。溶液冷却到室温，用氢氧化钠溶液中和至 pH 约为 6（不要超过 6.5）。将溶液移入 200mL 容量瓶中，加入蛋白质沉淀剂溶液 A3mL，混合后再加入蛋白质沉淀剂溶液 B3mL，用水定容到刻度。摇匀，经不含淀粉的滤纸过滤。滤液中加入氢氧化钠溶液 1～2 滴，使之对溴百里酚蓝指示剂呈碱性。

(4) 测定 准确取一定量滤液（V_4）稀释到一定体积（V_5），然后取 25.00mL（最好含葡萄糖 40～50mg）移入碘量瓶中，加入 25.00mL 碱性铜试剂，装上冷凝管，在电炉上 2min 内煮沸。随后改用温火继续煮沸 10min，迅速冷却至室温，取下冷凝管，加入碘化钾溶液 30mL，小心加入盐酸溶液 25.0mL，盖好盖待滴定。

用硫代硫酸钠标准溶液滴定上述溶液中释放出来的碘。当溶液变成浅黄色时，加入淀粉指示剂 1mL，继续滴定直到蓝色消失，记下消耗的硫代硫酸钠标准溶液体积（V_3）。

同一试样进行两次测定并做空白试验。

5. 计算

(1) 葡萄糖量的计算 消耗硫代硫酸钠毫摩尔数 X_3 按式 (2-18) 计算：

$$X_3=10(V_{空}-V_3)c \tag{2-18}$$

式中 X_3——消耗硫代硫酸钠毫摩尔数；

$V_{空}$——空白试验消耗硫代硫酸钠标准溶液的体积，mL；

V_3——试样液消耗硫代硫酸钠标准溶液的体积，mL；

c——硫代硫酸钠标准溶液的浓度，mol/L。

根据 X_3 从标准表中查出相应的葡萄糖量（m_3）。

(2) 淀粉含量的计算 淀粉含量按式 (2-19) 计算：

$$X=\frac{m_3\times0.9}{1000}\times\frac{V_5}{25}\times\frac{200}{V_4}\times\frac{100}{m}=0.72\times\frac{V_5}{V_4}\times\frac{m_3}{m} \tag{2-19}$$

式中 X——淀粉含量，g/100g；

m_3——葡萄糖含量，mg；

0.9——葡萄糖折算成淀粉的换算系数；

V_5——稀释后的体积，mL；

V_4——取原液的体积，mL；

m——试样的质量，g；

25——吸取稀释液体积，mL；

200——水解后定容体积，mL；
100，1000——单位换算系数。

五、膳食纤维的测定

食品中的粗纤维主要包括纤维素、半纤维素、木质素等成分，主要存在水果、蔬菜等植物材料中，构成细胞壁的主要成分，对食品的质构、硬度等具有重要的影响。粗纤维是指在食品中不能被稀酸、稀碱所溶解，不能为人体消化利用的物质。随着研究的深入，提出了膳食纤维的概念，当前，膳食纤维在预防慢性病中有着广泛的作用，膳食纤维与人体健康关系的研究日益受到重视。现已知道可溶性膳食纤维的作用主要为调节血脂、血糖及调节益生菌丛。而不溶性膳食纤维主要的作用为肠道通便。膳食纤维不能被人体小肠消化吸收，对人体有重要的健康意义。

膳食纤维：不能被人体小肠消化吸收但具有健康意义的、植物中天然存在或通过提取/合成的、聚合度大于等于 3 的碳水化合物。包括纤维素、半纤维素、果胶及其他单体成分等。

可溶性膳食纤维：能溶于水的膳食纤维部分，包括低糖和部分不能消化的多聚糖等。

不溶性膳食纤维：不能溶于水的膳食纤维部分，包括木质素、纤维素、部分半纤维素等。

总膳食纤维：可溶性膳食纤维和不溶性膳食纤维之和。

1. 原理

取干燥试样，经 α-淀粉酶、蛋白酶和葡萄糖苷酶酶解消化，去除蛋白质和淀粉，酶解后样液用乙醇沉淀、过滤，残渣用乙醇和丙酮洗涤，干燥后物质称重即为总膳食纤维（total dietary fiber，TDF）残渣；另取试样经上述三种酶酶解后直接过滤，残渣用热水洗涤，经干燥后称重，即得不溶性膳食纤维（insoluble dietary fiber，IDF）残渣；滤液用 4 倍体积的 95％乙醇沉淀、过滤、干燥后称重，得可溶性膳食纤维（soluble dietary fiber，SDF）残渣；以上所得残渣干燥称重后，分别测定蛋白质和灰分。总膳食纤维（TDF）、不溶性膳食纤维（IDF）和可溶性膳食纤维（SDF）的残渣扣除蛋白质、灰分和空白即可计算出试样中总的、不溶性和可溶性膳食纤维的含量。

本方法测定的总膳食纤维是指不能被 α-淀粉酶、蛋白酶和葡萄糖苷酶酶解消化的碳水化合物聚合物，包括纤维素、半纤维素、木质素、果胶、部分回生淀粉、果聚糖及美拉德反应产物等；一些小分子（聚合度 3～12）的可溶性膳食纤维，如低聚果糖、低聚半乳糖、多聚葡萄糖（polydextrose）、抗性麦芽糊精和抗性淀粉等，由于能部分或全部溶解在乙醇溶液中，本方法不能够准确测定。

2. 试剂

除非另有规定，本法中所用的试剂均为分析纯。水为 GB/T 6682 规定的二级水。

（1）热稳定 α-淀粉酶溶液：于 0～5℃冰箱储存，本法的活性测定及判定标准参考 GB 5009.88—2014。

（2）蛋白酶：用 MES-TRIS 缓冲液配成质量浓度为 50mg/mL 的蛋白酶溶液，现用现配，于 0～5℃储存。

（3）0.05mol/L MES-TRIS 缓冲液：称取 19.52gMES 和 12.2TRIS，用 1.7L 蒸馏水溶解，用 6mol/L 氢氧化钠调 pH 至 8.2，加水稀释至 2L。

注：一定要根据温度调 pH，24℃时调 pH 为 8.2；20℃时调 pH 为 8.3；28℃时调 pH 为 8.1；20℃和 28℃之间的偏差，用内插法校正。

3. 仪器

坩埚：具粗面烧结玻璃板，孔径 40～60μm（国产型号为 G2 坩埚）。坩埚预处理：坩埚在马弗炉中 525℃灰化 6h，炉温降至 130℃以下取出，于洗液中室温浸泡 2h，分别用水和蒸馏水冲洗干净最后用 15mL 丙酮冲洗后风干。加入约 1.0g 硅藻土，130℃烘至恒重。取出坩埚，在干燥器中冷却约 1h，称重，记录坩埚加硅藻土质量精确到 0.1mg。

4. 分析步骤

（1）样品制备

① 脂肪含量＜10％的试样　若试样水分含量较低（10％），取试样直接反复粉碎，至完全过筛。混匀，待用。

若试样水分含量较高（≥10％），试样混匀后，称取适量试样（m_C），置于 70℃±1℃真空干燥箱内干燥至恒重。将干燥后试样转至干燥器中，待试样温度降低到室温后称量（m_D）。根据干燥前后试样质量，计算试样质量损失因子（f）。干燥后试样反复粉碎至完全过筛，置于干燥器中待用。

② 脂肪含量≥10％的试样　试样须经脱脂处理。称取适量试样（m_C），置于漏斗中，按每克试样 25mL 的比例加入石油醚进行冲洗，连续 3 次。脱脂后将试样混匀再按①进行干燥、称量（m_D），记录脱脂、干燥后试样质量损失因子（f）。试样反复粉碎至完全过筛，置于干燥器中待用。

③ 糖含量≥5％的试样　测定前要先进行脱糖处理。称取适量试样（m_C），置于漏斗中，按每克试样 10mL 的比例用 85％乙醇溶液冲洗，弃乙醇溶液，连续 3 次。脱糖后置于 40℃烘箱中过夜干燥，称量（m_D），记录脱糖、干燥后试样质量损失因子（f）。试样反复粉碎至完全过筛，置于干燥器中待用。

（2）试样酶解　每次分析试样要同时做 2 个试剂空白。

①准确称取双份样品（m）约 1g（精确至 0.1mg），双份试样质量差≤0.005g。把称好的试样置于 400mL 或 600mL 高脚烧杯中，加入 0.05mol/L 的 MES-TRIS 缓冲液 40mL，用磁力搅拌直至试样完全分散在缓冲液中（避免形成团块，试样和酶不能充分接触）。

② 热稳定 α-淀粉酶酶解：加 50μL 热稳定 α-淀粉酶溶液缓慢搅拌，然后用铝箔将烧杯盖住，置于 95～100℃的恒温振荡水浴中持续振摇，当温度升至 95℃开始计时，通常总反应时间 35min。将烧杯从水浴中移出，冷却至 60℃，打开铝箔盖，用刮勺将烧杯内壁的环状物以及烧杯底部的胶状物刮下，用 10mL 蒸馏水冲洗烧杯壁和刮勺。

③ 蛋白酶酶解：在每个烧杯中各加入蛋白酶溶液 100μL，盖上铝箔，继续水浴振摇，水温达 60℃时开始计时，在 60℃±1℃条件下反应 30min。30min 后，打开铝箔盖，边搅拌边加入 3mol/L 乙酸溶液 5mL。溶液 60℃时，调 pH 约 4.5（用 1mol/L 氢氧化钠或 1mol/L 盐酸调试样 pH 值）。

④ 淀粉葡萄糖苷酶酶解：边搅拌边加入 100μL 淀粉葡萄糖苷酶溶液，盖上铝箔，持续振摇，水温到 60℃时开始计时，在 60℃±1℃条件下反应 30min。

（3）测定

①总膳食纤维的测定

a. 沉淀：在每份试样中，加入预热至 60℃的 95％乙醇 225mL（预热以后的体积），乙醇与样液的体积比为 4∶1，取出烧杯，盖上铝箔，室温下沉淀 1h。

b. 过滤：用 78％乙醇 15mL 将称重过的坩埚中的硅藻土润湿并铺平，真空抽滤去除乙醇溶液，使坩埚中硅藻土在烧结玻璃滤板上形成平面。乙醇沉淀处理后的样品酶解液倒入坩埚中过滤，用刮勺和78%乙醇将所有残渣转至坩埚中。

c. 洗涤：分别用78%乙醇、95%乙醇和丙酮15mL洗涤残渣各2次，抽滤去除洗涤液后，将坩埚连同残渣在105℃烘干过夜。将坩埚置干燥器中冷却1h，称重（m_{GR}包括坩埚、膳食纤维残渣和硅藻土），精确至0.1mg。减去坩埚和硅藻土的干重，计算残渣质量（m_R）。

d. 蛋白质和灰分的测定：称重后的试样残渣，分别按GB 5009.5的规定测定氮（N），以N×6.25为换算系数，计算蛋白质质量（m_P）；按GB 5009.4测定灰分，即在525℃灰化5h，于干燥器中冷却，精确称量坩埚总质量（精确至0.1mg），减去坩埚和硅藻土质量，计算灰分质量（m_A）。

② 不溶性膳食纤维测定

a. 按照本节五、4.(2) ①称取试样，按照本节五、4.(2) ②进行酶解，将酶解液转移至坩埚中过滤。过滤前用3mL水润湿硅藻土并铺平，抽去水分使坩埚中的硅藻土在烧结玻璃滤板上形成平面。

b. 过滤洗涤：试样酶解液全部转移至坩埚中过滤，残渣用70℃热蒸馏水10mL洗涤2次，合并滤液，转移至另一600mL高脚烧杯中，备测可溶性膳食纤维。残渣分别用78%乙醇、95%乙醇和丙酮15mL各洗涤2次，抽滤去除洗液，将坩埚连同残渣在105℃烘干过夜，将坩埚置干燥器中冷却1h，称重（包括坩埚、膳食纤维残渣和硅藻土），精确至0.1mg。减去坩埚和硅藻土的干重，计算残渣质量。

c. 蛋白质和灰分的测定：按照本节五、4.(3) ①d. 进行计算。

③ 可溶性膳食纤维测定

a. 计算滤液体积：将不溶性膳食纤维过滤后的滤液收集到600mL高脚烧杯中，通过称“烧杯+滤液”总质量、扣除烧杯质量的方法估算滤液的体积。

b. 沉淀：滤液加入4倍体积预热至60℃的95%乙醇，室温下沉淀1h。以下测定按总膳食纤维步骤进行。

5. 计算

空白的质量按下式计算：

$$m_B=\overline{m_{BR}}-m_{BP}-m_{BA} \tag{2-20}$$

式中 m_B——空白的质量，g；

$\overline{m_{BR}}$——双份空白测定的残渣质量，g；

m_{BP}——残渣中蛋白质质量，g；

m_{BA}——残渣中灰分质量，mg。

膳食纤维的质量分数按下式计算：

$$m_R=m_{GR}-m_G$$

$$X=\frac{\overline{m_R}-m_P-m_A-m_B}{\overline{m}f} \tag{2-21}$$

$$f=\frac{m_C}{m_D}$$

式中 m_R——试样残渣质量，g；

m_{GR}——处理后坩埚质量及残渣质量，g；

m_G——处理后坩埚质量，g；

X——膳食纤维的质量分数，g/100g；

$\overline{m_R}$——双份试样残渣的质量，g；

m_P——试样残渣中蛋白质的质量，g；
m_A——试样残渣中灰分的质量，g；
m_B——空白的质量，g；
$\overline{m}$——试样的质量，g；
f——试样制备时因干燥、脱脂、脱糖导致质量变化的校正因子；
m_C——试样制备前质量，g；
m_D——试样制备后质量，g。

第四节　蛋白质和氨基酸的测定

测定蛋白质的方法可以分为两大类：一类是利用蛋白质的共性，即含氮量、肽键和折射率等测定蛋白质含量；另一类是利用蛋白质中特定氨基酸残基、酸性和碱性基团以及芳香基团等测定蛋白质含量。但因食品种类繁多，食品中蛋白质含量各异，特别是其他成分，如碳水化合物、脂肪和维生素等干扰成分很多，因此测定蛋白质最常用的方法是凯氏定氮法，它是测定总有机氮的最准确和操作较简便的方法之一。凯氏定氮法分为常量凯氏定氮法、微量凯氏定氮法和自动凯氏定氮法；这三种分析方法原理是相同的，具体操作根据样品含蛋白质的量不同和现有实验室条件确定采用哪一种分析方法。自动凯氏定氮法适合于大批量的样品蛋白质含量分析检测，如果样品的数目较少，还是采用常量凯氏定氮法较方便。双缩脲法、染料结合法、酚试剂法等也常用于蛋白质含量测定，由于方法简便快速，一般用于生产单位质量控制分析。

由于食品中氨基酸成分的复杂性，在一般的常规检验中多测定样品中的氨基酸总量，通常采用酸碱滴定法来完成。色谱技术的发展为各种氨基酸的分离、鉴定及定量提供了有力的工具，近年来世界上已出现了多种氨基酸分析仪，这使得氨基酸的快速鉴定和定量成为现实。

一、概述

（一）蛋白质的生理功能

蛋白质是生命的物质基础，是构成生物体细胞组织的重要成分，是生物体发育及修补组织的原料。一切有生命的活体都含有不同类型的蛋白质。人体内的酸碱及水分平衡，遗传信息的传递，物质代谢及转运都与蛋白质有关。人及动物只能从食物中得到蛋白质及其分解物，来构成自身的蛋白质，故蛋白质是人体重要的营养物质，也是食品中重要的营养成分。

（二）蛋白质的换算系数

蛋白质是复杂的含氮有机化合物，分子量大，大部分高达数万至数百万，分子的长轴达1～100nm，它们是由20多种氨基酸通过酰胺键以一定方式结合起来，并具有一定的空间结构。所含的主要化学元素为C、H、O、N，在某些蛋白质中还含有P、Cu、Fe、I等元素，但含氮则是蛋白质区别其他化合物的主要标志。

不同的蛋白质其氨基酸构成比例及方式不同，故各种不同的蛋白质其含氮量也不同。一般蛋白质含氮量为16%，即1份氮相当于6.25份蛋白质，此数值（6.25）称为蛋白质换算系数，不同种类食品的蛋白质换算系数有所不同。

（三）蛋白质的水解

蛋白质可以被酶、酸或碱水解，其水解的最终产物是氨基酸。氨基酸是构成蛋白质的最基本物质。分离得到的氨基酸已达175种以上，但是构成蛋白质的氨基酸主要是其中的20种，而在构成蛋白质的氨基酸中，亮氨酸、异亮氨酸、赖氨酸、苯丙氨酸、蛋氨酸、苏氨酸、色氨酸和缬氨酸等 8 种氨基酸在人体中不能合成，必须靠膳食摄入，被称为必需氨基酸。它们对人体有着极其重要的生理功能，常会因为其在体内缺乏而导致患病或通过补充而增强机体健康水平。随着食品科学的发展和营养知识的普及，食物蛋白质中必需氨基酸含量的高低及氨基酸的构成，越来越得到人们的重视。为提高蛋白质的生理效价而进行食品氨基酸互补和强化的理论，对食品加工工艺的优化，对保健食品的开发及合理配膳等工作都具有积极的指导作用。因此，食品及其原料中氨基酸的分离、鉴定和定量也具有重要意义。

二、蛋白质的测定

（一）凯氏定氮法

此法可应用于各类食品中蛋白质含量测定，是国家标准分析方法。

1. 原理

食品中的蛋白质在催化加热条件下被分解，产生的氨与硫酸结合生成硫酸铵。碱化蒸馏使氨游离，用硼酸吸收后以硫酸或盐酸标准滴定溶液滴定，根据酸的消耗量乘以换算系数，即为蛋白质的含量。

（1）样品消化　消化反应方程式如下

$$2NH_2(CH_2)_2COOH+13H_2SO_4 = (NH_4)_2SO_4+6CO_2\uparrow+12SO_2\uparrow+16H_2O$$

浓硫酸具有脱水性，使有机物脱水后被炭化为碳、氢、氮。

浓硫酸又具有氧化性，将有机物炭化后的碳成为二氧化碳，硫酸则被还原成二氧化硫。

二氧化硫使氮还原为氨，本身则被氧化为三氧化硫，氨随之与硫酸作用生成硫酸铵留在酸性溶液中。

在消化反应中，为了加速蛋白质的分解，缩短消化时间，常加入下列物质：

① 硫酸钾：加入硫酸钾可以提高溶液的沸点而加快有机物分解。它与硫酸作用生成硫酸氢钾可以提高反应温度，一般纯硫酸的沸点在 340℃左右，而添加硫酸钾后，可使温度提高至 400℃以上，原因主要是随着消化过程中硫酸不断地被分解，水分不断逸出而使硫酸钾浓度增大，故沸点升高。但硫酸钾加入量不能太大，否则消化体系温度过高，又会引起生成的硫酸铵发生热分解放出氨而造成损失。

除硫酸钾外，也可以加入硫酸钠、氯化钾等盐类来提高沸点，但效果不如硫酸钾。

② 硫酸铜 $CuSO_4$：硫酸铜起催化剂的作用。凯氏定氮法中可用的催化剂种类很多，除硫酸铜外，还有氧化汞、汞、硒粉、二氧化钛等，但考虑到效果、价格及环境污染等多种因素，应用最广泛的是硫酸铜。

此反应不断进行，待有机物全部被消化完后，不再有硫酸亚铜（Cu_2SO_4）生成，溶液呈现清澈的蓝绿色。故硫酸铜除了起催化剂的作用外，还可指示需要测定的样品是否达到消化终点，以及下一步蒸馏时作为碱性反应的指示剂。

（2）蒸馏　在消化完全的样品溶液中加入浓氢氧化钠使呈碱性，加热蒸馏，即可释放出氨气，反应方程式如下：

$$2NaOH+(NH_4)_2SO_4 = 2NH_3\uparrow+Na_2SO_4+2H_2O$$

（3）吸收与滴定　加热蒸馏所释放出的氨，可用硼酸溶液进行吸收，待吸收完全后，再用盐酸标准溶液滴定，因硼酸呈微弱酸性（$K_a=5.8\times10^{-10}$），用酸滴定不影响指示剂的变色反应，但它有吸收氨的作用，吸收及滴定反应方程式如下：

$$2NH_3+4H_3BO_3 = (NH_4)_2B_4O_7+5H_2O$$

$$(NH_4)_2B_4O_7+5H_2O+2HCl = 2NH_4Cl+4H_3BO_3$$

2. 仪器

消化装置：由容量为500mL的凯氏烧瓶和调温电炉组成。定氮蒸馏装置见图2-1。

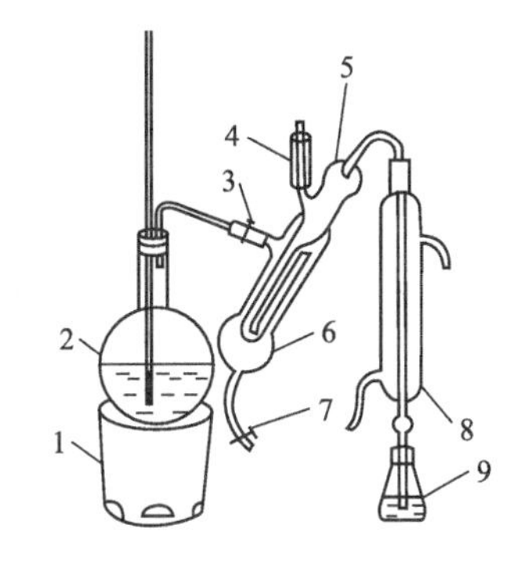

图2-1 定氮蒸馏装置图

1—电炉；2—水蒸气发生器（2L烧瓶）；3—螺旋夹；4—小玻杯及棒状玻塞；5—反应室；6—反应室外层；7—橡皮管及螺旋夹；8—冷凝管；9—蒸馏液接收瓶

3. 试剂

除非另有规定，本方法中所用试剂均为分析纯，水为GB/T 6682规定的三级水。

（1）氢氧化钠溶液（400g/L）：称取40g氢氧化钠加水溶解后，放冷，并稀释至100mL。

（2）硫酸标准滴定溶液（0.0500mol/L）或盐酸标准滴定溶液（0.0500mol/L）。

4. 分析步骤

（1）试样处理 称取充分混匀的固体试样0.2～2g、半固体试样2～5g或液体试样10～25g（约相当于30～40mg氮），精确至0.001g，移入干燥的100mL、250mL或500mL定氮瓶中，加入0.4g硫酸铜、6g硫酸钾及20mL硫酸，轻摇后于瓶口放一小漏斗，将瓶以45°角斜支于有小孔的石棉网上。小心加热，待内容物全部炭化，泡沫完全停止后，加强火力，并保持瓶内液体微沸，至液体呈蓝绿色并澄清透明后，再继续加热0.5～1h。取下放冷，小心加入20mL水。放冷后，移入100mL容量瓶中，并用少量水洗定氮瓶，洗液并入容量瓶中，再加水至刻度，混匀备用。同时做试剂空白试验。

（2）测定 按图2-1装好定氮蒸馏装置，向水蒸气发生器内装水至2/3处，加入数粒玻璃珠，加甲基红乙醇溶液数滴及数毫升硫酸，以保持水呈酸性，加热煮沸水蒸气发生器内的水并保持沸腾。

（3）吸收与滴定 向接收瓶内加入10.0mL硼酸溶液及1～2滴混合指示液，并使冷凝管的下端插入液面下，根据试样中氮含量，准确吸取2.0～10.0mL试样处理液由小玻杯注入反应室，以10mL水洗涤小玻杯并使之流入反应室内，随后塞紧棒状玻塞。将10.0mL氢氧化钠溶液倒入小玻杯，提起玻塞使其缓缓流入反应室，立即将玻塞盖紧，并加水于小玻杯以防漏气。夹紧螺旋夹，开始蒸馏。蒸馏10min后移动蒸馏液接收瓶，液面离开冷凝管下端，再蒸馏1min。然后用少量水冲洗冷凝管下端外部，取下蒸馏液接收瓶。以硫酸或盐酸标准滴定溶液滴定至终点（2份甲基红乙醇溶液与1份亚甲基蓝乙醇溶液混合指示剂，终点颜色为灰蓝色；1份甲基红乙醇溶液与5份溴甲酚绿乙醇溶液混合指示剂，终点颜色为浅灰红色）同时作试剂空白。

5. 计算

试样中蛋白质的含量按式（2-22）进行计算：

$$X=\frac{(V_1-V_2)c\times 0.0140}{m\times V_3/100}F\times 100 \tag{2-22}$$

式中 X——试样中蛋白质的含量，g/100g；

V_1——试液消耗硫酸或盐酸标准滴定液的体积，mL；

V_2——试剂空白消耗硫酸或盐酸标准滴定液的体积，mL；

V_3——吸取消化液的体积，mL；

c——硫酸或盐酸标准滴定溶液浓度，mol/L；

0.0140——1.0mL硫酸［$c(1/2H_2SO_4)=1.000$mol/L］或盐酸［$c(HCl)=1.000$mol/L］

标准滴定溶液相当的氮的质量，g；

m——试样的质量，g；

F——氮换算为蛋白质的系数，一般食物为 6.25；纯乳与纯乳制品为 6.38；面粉为 5.70；玉米、高粱为 6.24；花生为 5.46；大米为 5.95；大豆及其粗加工制品为 5.71；大豆蛋白制品为 6.25；肉与肉制品为 6.25；大麦、小米、燕麦、裸麦为 5.83；芝麻、向日葵为 5.30；复合配方食品为 6.25；

100——换算系数。

6. 说明

（1）所用试剂溶液应用无氨蒸馏水配制。

（2）消化时不要用强火，应保持和缓沸腾，注意不时转动凯氏烧瓶，以便利用冷凝酸液将黏附在凯氏瓶内壁上的固体残渣洗下并促进其消化完全。有机物如分解完全，消化液呈蓝色或浅绿色。但含铁量较多时，呈较深的绿色。

（3）样品中若含脂肪或糖较多时，消化过程中易产生大量泡沫，为防止泡沫溢出瓶外，在开始消化时应用小火加热，并不断摇动；或者加入少量辛醇或液体石蜡或硅油消泡剂，并同时注意控制热源强度。

（4）若取样量较大，如干试样超过 5g，可按每克试样 5mL 的比例增加硫酸用量。当样品消化液不易澄清透明时，可将凯氏烧瓶冷却，加入 30%过氧化氢 2～3mL 后再继续加热消化。

（5）一般消化至透明后，继续消化 30min 即可，但对于含有特别难以消化的含氮化合物的样品，如含赖氨酸、组氨酸、色氨酸、酪氨酸或脯氨酸等时，需适当延长消化时间。

（6）蒸馏装置不能漏气。蒸馏时蒸气要充足均匀，加碱要足够，如果消化液呈蓝色，没有生成黑色的氧化铜沉淀说明，碱加入量不足，此时需要增加氢氧化钠的加入量。加碱动作要快，防止氨损失。要先将硼酸吸收液放在锥形瓶内，并且将冷凝管下端插入吸收液里，然后再加碱，否则将会造成蒸馏过程氨损失，使测定结果偏低或测不出结果。

（7）硼酸吸收液的温度不应超过 40℃，否则对氨的吸收作用减弱而造成损失，此时可置于冷水浴中使用。

（8）蒸馏完毕后，应先将冷凝管下端提离液面清洗管口，再蒸 1min 后关掉，否则可能造成吸收液倒吸。

（9）混合指示剂在碱性溶液中呈绿色，在中性溶液中呈灰色，在酸性溶液中呈红色。

（10）奈氏试剂的配制方法：将 100g 碘化汞和 70g 碘化钾溶于 100mL 水中，另将 244g 氢氧化钾溶于内有 700mL 水的 1000mL 容量瓶中，并冷却至室温。将上述碘化汞和碘化钾溶液慢慢注入容量瓶中，边加边摇动。加水至刻度，摇匀，放置至少 2d。试剂应保存在棕色玻璃瓶中，置暗处。

（二）分光光度法

1. 原理

食品中的蛋白质在催化加热条件下被分解，分解产生的氨与硫酸结合生成硫酸铵，在 pH 4.8 的乙酸钠-乙酸缓冲溶液中与乙酰丙酮和甲醛反应生成黄色的 3,5-二乙酰-2,6-二甲基-1,4-二氢化吡啶化合物。在波长 400nm 下测定吸光度值，与标准系列比较定量，结果乘以换算系数，即为蛋白质含量。

2. 试剂

除非另有规定，本方法中所用试剂均为分析纯，水为 GB/T 6682 规定的三级水。

（1）氨氮标准储备溶液（以氮计）（1.0g/L）：称取105℃干燥2h的硫酸铵0.4720g加水溶解后移于100mL容量瓶中，并稀释至刻度，混匀，此溶液每毫升相当于1.0mg氮。

（2）氨氮标准使用溶液（0.1g/L）：用移液管吸取10.00mL氨氮标准储备液于100ml容量瓶内，加水定容至刻度，混匀，此溶液每毫升相当于0.1mg氮。

3. 仪器

分光光度计。

4. 分析步骤

（1）试样消解　称取经粉碎混匀过40目筛的固体试样0.1～0.5g（精确至0.001g）、半固体试样0.2～1g（精确至0.001g）或液体试样1～5g（精确至0.001g），移入干燥的100mL或250mL定氮瓶中，加入0.1g硫酸铜、1g硫酸钾及5mL硫酸，摇匀后于瓶口放一小漏斗，将定氮瓶以45°角斜支于有小孔的石棉网上。缓慢加热，待内容物全部炭化、泡沫完全停止后，加强火力，并保持瓶内液体微沸，至液体呈蓝绿色澄清透明后，再继续加热半小时。取下放冷，慢慢加入20mL水，放冷后移入50mL或100mL容量瓶中，并用少量水洗定氮瓶，洗液并入容量瓶中，再加水至刻度，混匀备用。按同一方法做试剂空白试验。

（2）试样溶液的制备　吸取2.00～5.00mL试样或试剂空白消化液于50mL或100mL容量瓶内，加1～2滴对硝基苯酚指示剂溶液，摇匀后滴加氢氧化钠溶液中和至黄色，再滴加乙酸溶液至溶液无色，用水稀释至刻度，混匀。

（3）标准曲线的绘制　吸取0.00mL、0.05mL、0.10mL、0.20mL、0.40mL、0.60mL、0.80mL和1.00mL氨氮标准使用溶液（相当于0.00μg、5.00μg、10.0μg、20.0μg、40.0μg、60.0μg、80.0μg和100.0μg氮），分别置于10mL比色管中。加4.0mL乙酸钠-乙酸缓冲溶液及4.0mL显色剂，加水稀释至刻度，混匀。置于100℃水浴中加热15min。取出用水冷却至室温后，移入1cm比色杯内，以零管为参比，于波长400nm处测量吸光度值，根据标准各点吸光度值绘制标准曲线或计算线性回归方程。

（4）试样测定　吸取0.50～2.00mL（约相当于氮＜100μg）试样溶液和同量的试剂空白溶液，分别于10mL比色管中。以下按（3）自“加4mL乙酸钠-乙酸缓酸溶液（pH4.8）及4mL显色剂”起操作。试样吸光度值与标准曲线比较定量或代入线性回归方程求出含量。

5. 计算

试样中蛋白质的含量按式（2-23）进行计算。

$$X=\frac{c-c_0}{m\times V_2/V_1\times V_4/V_3\times 1000\times 1000}F\times 100 \tag{2-23}$$

式中　X——试样中蛋白质的含量，g/100g；

c——试样测定液中氮的含量，μg；

c_0——试剂空白测定液中氮的含量，μg；

V_1——试样消化液定容体积，mL；

V_2——制备试样溶液的消化液体积，mL；

V_3——试样溶液总体积，mL；

V_4——测定用试样溶液体积，mL；

m——试样质量，g；

1000——换算系数；

100——换算系数；

F——氮换算为蛋白质的系数，一般食物为6.25；纯乳与纯乳制品为6.38；面粉为

5.70；玉米、高粱为6.24；花生为5.46；大米为5.95；大豆及其粗加工制品为5.71；大豆蛋白制品为6.25；肉与肉制品为6.25；大麦、小米、燕麦、裸麦为5.83；芝麻、向日葵为5.30；复合配方食品为6.25。

（三）杜马斯法（燃烧法）

1. 原理

样品在900～1200℃高温下燃烧，燃烧过程中产生混合气体，其中的碳、硫等干扰气体和盐类被吸收管吸收，氮氧化物被全部还原为氮气，形成的氮气气流通过热导检测仪（TCD）进行检测。测得的氮含量转换成样品中的蛋白质含量。

2. 仪器

氮/蛋白质分析仪。

3. 分析步骤

按照仪器说明书要求准确称量0.1～1.0g样品（精确至0.0001g），用锡箔包裹后置于样品盘上。样品进入燃烧反应炉（900～1200℃）后，在高纯氧（≥99.99%）中充分燃烧。燃烧炉中的产物（NO_x）被载气CO_2送到还原炉中，经还原生产氮气后检测其含量。

4. 计算

试样中蛋白质的含量按照下列公式进行计算

$$X=cF \tag{2-24}$$

式中　X——试样中蛋白质的含量，g/100g；

c——试样中氮的质量分数，g/100g；

F——氮换算为蛋白质的系数。

5. 说明

（1）燃烧法适用于所有种类的食品，它是凯氏定氮的一个替代方法。

（2）实验耗时短，可在3min内完成。最先进的自动化仪器可在无人看管状态下分析多达150个样品。

（3）燃烧法被列为我们国家测定蛋白质的标准方法，但所需仪器价格昂贵，并且非蛋白氮也包括在内。

三、食品中氨基酸的测定

1. 原理

食品中的蛋白质经盐酸水解成为游离氨基酸，经离子交换柱分离后，与茚三酮溶液产生颜色反应，再通过可见光分光光度检测器测定氨基酸含量。

2. 仪器

氨基酸分析仪：茚三酮柱后衍生离子交换色谱仪。

3. 试剂

（1）柠檬酸钠缓冲溶液［$c(Na^+)=0.2$mol/L］：称取19.6g柠檬酸钠加入500mL水溶解，加入16.5mL盐酸，用水稀释至1000mL，混匀，用6mol/L盐酸溶液或500g/L氢氧化钠溶液调节pH至2.2。

（2）混合氨基酸标准储备液（1μmol/mL）：分别准确称取单个氨基酸标准品（精确至0.00001g）于同一50mL烧杯中，用8.3mL 6mol/L盐酸溶液溶解，精确转移至250mL容量瓶中，用水稀释定容至刻度，混匀。

（3）混合氨基酸标准工作液（100nmol/mL）：准确吸取混合氨基酸标准储备液1.0mL于10mL容量瓶中，加pH2.2柠檬酸钠缓冲溶液定容至刻度，混匀，为标准上机液。

4. 分析步骤

（1）试样准备　固体或半固体试样使用组织粉碎机或研磨机粉碎，液体试样用匀浆机打成匀浆密封冷冻保存，分析用时将其解冻后使用。

（2）试样称量　均匀性好的样品，如奶粉等，准确称取一定量试样（精确至0.0001g），使试样中蛋白质含量在10～20mg范围内。对于蛋白质含量未知的样品，可先测定样品中蛋白质含量。将称量好的样品置于水解管中。

很难获得高均匀性的试样，如鲜肉等，为减少误差可适当增大称样量，测定前再做稀释。

对于蛋白质含量低的样品，如蔬菜、水果、饮料和淀粉类食品等，固体或半固体试样称样量不大于2g，液体试样称样量不大于5g。

（3）试样水解　根据试样的蛋白质含量，在水解管内加10～15mL 6mol/L盐酸溶液。对于含水量高、蛋白质含量低的试样，如饮料、水果、蔬菜等，可先加入约相同体积的盐酸混匀后，再用6mol/L盐酸溶液补充至大约10mL。继续向水解管内加入苯酚3～4滴。

将水解管放入冷冻剂中，冷冻3～5min，接到真空泵的抽气管上，抽真空（接近0Pa），然后充入氮气，重复抽真空-充入氮气3次后，在充氮气状态下封口或拧紧螺丝盖。

将已封口的水解管放在110℃±1℃的电热鼓风恒温箱或水解炉内，水解22h后，取出，冷却至室温。

打开水解管，将水解液过滤至50mL容量瓶内，用少量水多次冲洗水解管，水洗液移入同一50mL容量瓶内，最后用水定容至刻度，振荡混匀。

准确吸取1.0mL滤液移入到15mL或25mL试管内，用试管浓缩仪或平行蒸发仪在40～50℃加热环境下减压干燥，干燥后残留物用1～2mL水溶解，再减压干燥，最后蒸干。

用1.0～2.0mL pH2.2柠檬酸钠缓冲溶液加入到干燥后试管内溶解，振荡混匀后，吸取溶液通过0.22μm滤膜后，转移至仪器进样瓶，为样品测定液，供仪器测定用。

5. 测定

（1）仪器条件：使用混合氨基酸标准工作液注入氨基酸自动分析仪，参照JJG 1064—2011氨基酸分析仪检定规程及仪器说明书，适当调整仪器操作程序及参数和洗脱用缓冲溶液试剂配比，确认仪器操作条件。

（2）色谱参考条件

① 色谱柱：磺酸型阳离子树脂；

② 检测波长：570nm和440nm。

（3）试样的测定　混合氨基酸标准工作液和样品测定液分别以相同体积注入氨基酸分析仪，以外标法通过峰面积计算样品测定液中氨基酸的浓度。

6. 计算

（1）混合氨基酸标准储备液中各氨基酸浓度的计算　混合氨基酸标准储备液中各氨基酸的含量按下式计算：

$$c_j=\frac{m_j}{M_j\times250}\times1000 \tag{2-25}$$

式中　c_j——混合氨基酸标准储备液中氨基酸j的浓度，μmol/mL；

m_j——称取氨基酸标准品j的质量，mg；

M_j——氨基酸标准品j的分子量；

250——定容体积，mL；

1000——换算系数。

（2）样品中氨基酸含量的计算　样品测定液氨基酸的含量按式（2-26）计算

$$c_i=\frac{c_s}{A_s}A_i \tag{2-26}$$

式中　c_i——样品测定液氨基酸 i 的含量，nmol/mL；

A_i——试样测定液氨基酸 i 的峰面积；

A_s——氨基酸标准工作液氨基酸 s 的峰面积；

c_s——氨基酸标准工作液氨基酸 s 的含量，nmol/mL。

试样中各氨基酸的含量按式（2-27）计算：

$$X_i=\frac{c_iFVM}{m\times 10^9}\times 100 \tag{2-27}$$

式中　X_i——试样中氨基酸 i 的含量，g/100g；

c_i——试样测定液中氨基酸 i 的含量，nmol/mL；

F——稀释倍数；

V——试样水解液转移定容的体积，mL；

M——氨基酸 i 的摩尔质量，g/mol；

m——称样量，g；

10^9——将试样含量由纳克（ng）折算成克（g）的系数；

100——换算系数。

第五节　脂类物质的测定

脂肪的含量是食品的重要指标之一，测定食品中脂肪的含量，不仅可以用来衡量食品的品质，还可以对食品生产过程中的质量管理、监督起到重要的意义。本节主要介绍了各种食品中脂肪测定的方法：索氏抽提法、酸水解法、碱水解法、罗兹-哥特里法、氯仿-甲醇提取法、巴布科克氏法、盖勃氏法等。

一、概述

（一）食品中的脂类物质及其含量

脂类是食品的重要组成成分，是生物体内一大类不溶于水而溶于大部分有机溶剂的物质。大多数动物性食品和某些植物性食品（如种子、果实、果仁）含有天然脂肪和脂类化合物。食品中的脂类主要包括脂肪（甘油三酯）和一些类脂质，如脂肪酸、磷脂、糖脂、甾醇、固醇等。食品中脂肪的存在形式有两种状态：游离态和结合态。大多数食品中含有的脂肪以游离态存在，如动物性食品中的脂肪及植物性油脂；以结合态存在的脂肪含量较低，如天然存在的磷脂、糖脂、脂蛋白及某些加工食品（如焙烤食品及麦乳精等）中的脂肪，与蛋白质或碳水化合物等成分形成结合态。不同食品中脂肪含量各不相同，植物性或动物性油脂中脂肪含量最高，水果、蔬菜中脂肪含量很低。

（二）脂类物质测定的意义

脂肪是食品中重要的营养成分之一。脂肪在人类膳食中的主要作用有：供给热量，脂肪富含热能，每克脂肪可以在人体产生 37.62kJ 热能，高于碳水化合物和蛋白质 1 倍以上；供给必需脂肪酸：亚油酸、亚麻酸；供给脂溶性维生素，并作为脂溶性维生素的吸收媒介；在食品生产、加工过程中赋予食品特有的性质和风味，如在生产蔬菜罐头时，添加适量的脂肪可以改善产品的风味；焙烤类食品面包中，脂肪含量特别是卵磷脂等组分，对面包心的柔软度、面包的体积及其结构都有影响。脂肪与蛋白质结合生成的脂蛋白，在调节人体生理机能和完成体内生化反应方面都起着十分重要的作用。此外，脂肪在体内还能调节体内水分蒸发，保护内脏，保温，节约蛋白质的消耗及部分代替维生素 B 的作用等。

因此，在各种食品中，脂肪含量都有一定的规定，是食品质量管理中的一项重要指标。测定食品的脂肪含量，可以用来评价食品的品质，衡量食品的营养价值，而且对实行工艺监督、生产过程的质量管理、研究食品的贮藏方式是否恰当等方面都有重要的意义。

（三）脂类物质含量的测定

不同的食品，其脂肪的含量及其存在形式不相同，测定脂肪的方法也就不同。过去普遍采用的标准方法是索氏抽提法，此法至今仍被认为是测定多种食品脂类含量的有代表性的方法，但对于某些样品测定结果往往偏低。酸水解法能对包括结合态脂类在内的全部脂类进行定量。

二、脂类的测定

（一）索氏抽提法

1. 原理

脂肪易溶于有机溶剂。试样直接用无水乙醚或石油醚等溶剂抽提后，蒸发除去溶剂，干燥，得到游离态脂肪的含量。

本法适用于水果、蔬菜及其制品、粮食及粮食制品、肉及肉制品、蛋及蛋制品、水产及其制品、焙烤食品、糖果等食品中游离态脂肪含量的测定。本法提取的脂溶性物质为脂肪类物质的混合物，除含有脂肪外还含有磷脂、色素、树脂、固醇、芳香油等醚溶性物质。因此，用索氏抽提法测得的脂肪也称为粗脂肪。

由于索氏抽提法中所使用的无水乙醚或石油醚等有机溶剂，只能提取样品中的游离脂肪。故该法测得的是游离态脂肪，此法是经典方法，对大多数样品结果比较可靠，但费时间，溶剂用量大，且需专门的索氏抽提器（见图 2-2）。

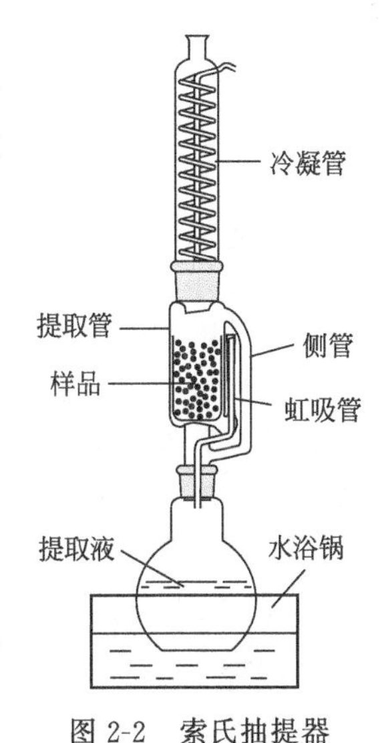

图 2-2　索氏抽提器

2. 仪器

索氏抽提器。

3. 试剂

（1）无水乙醚；

（2）石油醚。

4. 分析步骤

（1）样品处理

① 固体样品：精密称取干燥并研细的样品 2.00～5.00g（可取测定水分后的样品），必要时拌以海砂，全部移入滤纸筒内。

② 半固体或液体样品：称取 5.00～10.00g 于蒸发皿中，加入海砂约 20g，于沸水浴上蒸干后，再于 95～105℃烘干、研细，全部移入滤纸筒内，蒸发皿及黏附有样品的玻璃棒都用蘸有乙醚的脱脂棉擦净，将脱脂棉一同放在滤纸筒上面，用脱脂

棉线封捆滤纸筒口。

（2）抽提　将滤纸筒放入索氏抽提器内，连接已干燥至恒重的脂肪接收瓶，由冷凝管上端加入无水乙醚或石油醚至接收瓶的2/3体积，于水浴上加热，使乙醚或石油醚不断地回流提取，一般提取6～12h，至抽提完全为止。

（3）称量　取下接收瓶，回收乙醚或石油醚，待接收瓶内乙醚剩1～2mL时，在水浴上蒸干，再于100℃±5℃干燥2h，取出放干燥器内冷却30min，称量，并重复操作至恒重。

5. 计算

$$X=\frac{m_1-m_0}{m_2}\times 100$$

式中　X——样品中脂肪的质量分数，g/100g；

m_0——接收瓶的质量，g；

m_1——接收瓶和脂肪的质量，g；

m_2——样品的质量（如为测定水分后的样品，以测定水分前的质量计），g。

6. 说明

（1）样品应干燥后研细，样品含水分会影响溶剂提取效果，而且溶剂会吸收样品中的水分造成非脂成分溶出。装样品的滤纸筒一定要严密，不能往外漏样品，但也不要包得太紧影响溶剂渗透。放入滤纸筒时高度不要超过回流弯管，否则超过弯管样品中的脂肪不能抽提，造成误差。

（2）对含多量糖及糊精的样品，要先以冷水使糖及糊精溶解，经过滤除去，将残渣连同滤纸一起烘干，放入抽提管中。

（3）抽提用的乙醚或石油醚要求无水、无醇、无过氧化物，挥发残渣含量低，否则水和醇可导致糖类及盐类等水溶性物质的溶出，使测定结果偏高，过氧化物会造成脂肪的氧化。

（4）过氧化物的检查方法：取6mL乙醚，加2mL 10%碘化钾溶液，用力振摇，放置1min后，若出现黄色，则证明有过氧化物存在，应另选乙醚或处理后再用。

乙醚的处理：向乙醚中加入1/10～1/20体积的200g/L硫代硫酸钠溶液洗涤，再用水洗，然后加入少量无水氯化钙或无水硫酸钠脱水，于水浴上蒸馏，蒸馏温度略高于溶剂沸点，能达到烧瓶内沸腾即可。弃去最初和最后的1/10馏出液，收集中间馏出液备用。

（5）由于所用溶剂为易燃的有机溶剂，故应特别注意防火。

（6）在抽提时，冷凝管上端最好连接一支氯化钙干燥管，如无此装置可塞一团干燥的脱脂棉球。这样，可防止空气中水分进入，也可避免乙醚在空气中挥发。

（7）抽提是否完全可凭经验，也可用滤纸或毛玻璃检查，由抽提管下口滴下的乙醚滴在滤纸或毛玻璃上，挥发后不留下油迹表明已抽提完全，若留下油迹说明抽提不完全。

（8）在挥发乙醚或石油醚时，切忌用直接火加热。烘前应驱除全部残余的乙醚，因乙醚稍有残留，放入烘箱时，有发生爆炸的危险。

（9）反复加热会因脂类氧化而增重。质量增加时，以增重前的质量为恒重。

（二）酸水解法

1. 原理

食品中的结合态脂肪必须用强酸使其游离出来，游离出的脂肪易溶于有机溶剂。试样经盐酸水解后用无水乙醚或石油醚提取，除去溶剂即得游离态和结合态脂肪的总含量。

本法适用于水果、蔬菜及其制品、粮食及粮食制品、肉及肉制品、蛋及蛋制品、水产及其制品、焙烤食品、糖果等食品中游离态脂肪及结合态脂肪总量的测定。在强酸、加热的条件下，使蛋白质和碳水化合物被水解，使脂类游离出来，然后再用有机溶剂提取。适用于各类食品中总脂肪含量的测定，但对含磷脂较多及糖类含量较高的食品不适用。磷脂含量高的食品如鱼类、贝类、蛋及其制品，在盐酸溶液中加热时，磷脂几乎完全分解为脂肪酸和碱，使测定结果偏低；含糖量较高的食品，因糖类遇强酸易炭化而影响测定结果，故此法不适用。

2. 仪器和设备

（1）电热板：满足200℃高温；

（2）恒温水浴锅；

（3）电热鼓风干燥箱。

3. 试剂

（1）盐酸溶液（2mol/L）：量取50mL盐酸，加入到250mL水中，混匀。

（2）碘液（0.05mol/L）：称取6.5g碘和25g碘化钾于少量水中溶解，稀释至1L。

4. 分析步骤

（1）试样酸水解

① 肉制品 称取混匀后的试样3～5g，准确至0.001g，置于锥形瓶（250mL）中，加入50mL 2mol/L盐酸溶液和数粒玻璃细珠，盖上表面皿，于电热板上加热至微沸，保持1h，每10min旋转摇动1次。取下锥形瓶，加入150mL热水，混匀，过滤。锥形瓶和表面皿用热水洗净，热水一并过滤。沉淀用热水洗至中性（用蓝色石蕊试纸检验，中性时试纸不变色）。将沉淀和滤纸置于大表面皿上，于100℃±5℃干燥箱内干燥1h，冷却。

② 淀粉 根据总脂肪含量的估计值，称取混匀后的试样25～50g，准确至0.1g，倒入烧杯并加入100mL水。将100mL盐酸缓慢加到200mL水中，并将该溶液在电热板上煮沸后加入样品液中，加热此混合液至沸腾并维持5min，停止加热后，取几滴混合液于试管中，待冷却后加入1滴碘液，若无蓝色出现，可进行下一步操作。若出现蓝色，应继续煮沸混合液，并用上述方法不断地进行检查，直至确定混合液中不含淀粉为止，再进行下一步操作。

将盛有混合液的烧杯置于水浴锅（70～80℃）中30min，不停地搅拌，以确保温度均匀，使脂肪析出。用滤纸过滤冷却后的混合液，并用干滤纸片取出黏附于烧杯内壁的脂肪。为确保定量的准确性，应将冲洗烧杯的水进行过滤。在室温下用水冲洗沉淀和干滤纸片，直至滤液用蓝色石蕊试纸检验不变色。将含有沉淀的滤纸和干滤纸片折叠后，放置于大表面皿上，在100℃±5℃的电热恒温干燥箱内干燥1h。

③ 其他食品

a. 固体试样：称取约2～5g，准确至0.001g，置于50mL试管内，加入8mL水，混匀后再加10mL盐酸。将试管放入70～80℃水浴中，每隔5～10min以玻璃棒搅拌1次，至试样消化完全为止，约40～50min。

b. 液体试样：称取约10g，准确至0.001g，置于50mL试管内，加10mL盐酸。其余操作同固体试样。

（2）抽提

① 肉制品、淀粉 将干燥后的样品装入滤纸筒内，其余抽提步骤同索氏抽提法抽提。

② 其他食品 取出试管，加入10mL乙醇，混合。冷却后将混合物移入100mL具塞量筒中，以25mL无水乙醚分数次洗试管，一并倒入量筒中。待无水乙醚全部倒入量筒后，加塞振摇1min，小心开塞，放出气体，再塞好，静置12min，小心开塞，并用乙醚冲洗塞及量筒口附着的脂肪。静置10～20min，待上部液体清晰，吸出上清液于已恒重的锥形瓶内，

再加 5mL 无水乙醚于具塞量筒内，振摇，静置后，仍将上层乙醚吸出，放入原锥形瓶内。

（3）称量　同索氏抽提法称量。

5. 计算

同索氏抽提法计算。

6. 说明

（1）样品需要充分磨细，液体样品需充分混合均匀，以使消化完全。

（2）水解后加的乙醇可使蛋白质沉淀，促进脂肪球聚合，同时溶解一些碳水化合物、有机酸等。后面用乙醇提取，因乙醇可溶于乙醚，加石油醚可降低乙醇在乙醚中的溶解度，使乙醇溶解物残留在水层，并使分层清晰。

（3）挥发干溶剂后，残留物中若有黑色焦油状杂质，是分解物与水一同混入所致，会使测定值增大，造成误差，可用等量的乙醚及石油醚溶解后过滤，再次挥发干溶剂。

（4）水解时应防止大量水分损失，使酸浓度升高。

第六节　维生素的测定

一、概述

维生素是维持人体正常生命活动所必需的一类小分子量的有机化合物。其种类很多，目前已确认的有 30 多种，其中被认为对维持人体健康和促进发育至关重要的有 20 余种，虽然不能供给机体热能，也不是构成组织的基本原料，需要量极少，但是维生素作为辅酶参与调节代谢过程，缺乏任何一种维生素都会导致相应的疾病。大多数维生素在人体中不能合成，需要从食物中摄取以满足正常的生理需要。

食品中各种维生素的含量主要取决于食品的品种，此外，还与食品的工艺及储存等条件有关，许多维生素对光、热、氧、pH 敏感，因而加工条件不合理或贮存不当都会造成维生素的损失。测定食品中维生素的含量，在评价食品的营养价值；开发和利用富含维生素的食品资源；指导人们合理调整膳食结构；防止维生素缺乏；研究维生素在食品加工、贮存等过程中的稳定性；指导人们制定合理的工艺条件及贮存条件、最大限度地保留各种维生素；防止因摄入过多而引起维生素中毒等方面具有十分重要的意义和作用。

根据维生素的溶解特性，习惯上将其分为两大类，即脂溶性维生素和水溶性维生素。脂溶性维生素包括维生素 A、维生素 D、维生素 E、维生素 K，水溶性维生素包括维生素 C 和 B 族维生素等。维生素的测定方法主要分为三类：生物鉴定法、微生物法和物理化学法。物理化学法包括比色法、荧光法、色谱法、酶法和免疫法等，这类方法操作较为简单，而生物鉴定法操作烦琐，费时费力，而且需要有动物饲养设施和场地，不适于常规分析。微生物法是基于微生物生长需要特定维生素而建立的，该方法特异性强、灵敏度高、不需要特殊仪器，样品不需经特殊处理，但费时较长，仅限于水溶性维生素的测定。物理化学法，包括仪器分析方法是维生素分析中较常用的方法，具有操作较为简单、分析速度快等特点。

由于大多维生素对光照、氧气、pH 值和加热都非常敏感，在分析过程中应采取必要的措施防止维生素的损失。此外，采样和制备均匀度较高的样品也是维生素测定中重要的方面。

在多数情况下，维生素测定时需要将维生素从样品中提取出来再加以分析。通常采用的处理措施有加热、酸化、碱处理、溶剂萃取及加酶。对于特定的维生素来说，其提取方法是一定的，要注意维生素的保护。有些提取方法往往会提取出多种维生素，如硫胺素、核黄素和一些脂溶性维生素。分析中通常采用的提取方法如下：

（1）抗坏血酸：采偏磷酸、草酸或乙酸冷提取。

（2）维生素 B_1 和维生素 B_2：在酸性条件下加热沸腾或在酸性条件下高压处理，也可以加酶辅助处理。

（3）烟酸：在酸性条件下高压处理（非谷物类样品）或在碱性条件下高压处理（谷物类样品）。

（4）维生素 A、维生素 E 及维生素 D：有机溶剂萃取、皂化、反萃取。对于一些不稳定的维生素，可加入抗氧化剂以防止维生素被氧化。脂溶性维生素皂化时，通常在室温下过夜或者在 70℃ 回流。

本节将对人体比较容易缺乏而在营养上比较重要的维生素 A、D、E、B_1、B_2、C 的分析方法做以介绍。

二、维生素 A、D、E 的测定

（一）食品中维生素 A 和维生素 E 的测定

1. 原理

试样中的维生素 A 及维生素 E 经皂化（含淀粉先用淀粉酶酶解）、提取、净化、浓缩后，C_{30} 或 PFP 反相液相色谱柱分离，紫外检测器或荧光检测器检测，外标法定量。

2. 试剂

（1）维生素 A 标准储备溶液（0.500mg/mL）：准确称取 25.0mg 维生素 A 标准品，用无水乙醇溶解后，转移入 50mL 容量瓶中，定容至刻度，此溶液浓度约为 0.500mg/mL。将溶液转移至棕色试剂瓶中，密封后，在-20℃下避光保存，有效期 1 个月。临用前将溶液回温至 20℃，并进行浓度校正。

（2）维生素 E 标准储备溶液（1.00mg/mL）：分别准确称取 α-生育酚、γ-生育酚、δ-生育酚各 50.0mg，用无水乙醇溶解后，转移入 50mL 容量瓶中，定容至刻度，此溶液浓度约为 1.00mg/mL。将溶液转移至棕色试剂瓶中，密封后，在-20℃下避光保存，有效期 6 个月。临用前将溶液回温至 20℃，并进行浓度校正。

（3）维生素 A 和维生素 E 混合标准溶液中间液：准确吸取维生素 A 标准储备溶液 1.00mL 和维生素 E 标准储备溶液各 5.00mL 于同一 50mL 容量瓶中，用甲醇定容至刻度，此溶液中维生素 A 浓度为 10.0μg/mL，维生素 E 各生育酚浓度为 100μg/mL。在-20℃下避光保存，有效期半个月。

（4）维生素 A 和维生素 E 标准系列工作溶液：分别准确吸取维生素 A 和维生素 E 混合标准溶液中间液 0.20mL、0.50mL、1.00mL、2.00mL、4.00mL、6.00mL 于 10mL 棕色容量瓶中，用甲醇定容至刻度，该标准系列中维生素 A 浓度为 0.20μg/mL、0.50μg/mL、1.00μg/mL、2.00μg/mL、4.00μg/mL、6.00μg/mL，维生素 E 浓度为 2.00μg/mL、5.00μg/mL、10.0μg/mL、20.0μg/mL、40.0μg/mL、60.0μg/mL。临用前配制。

3. 仪器

高效液相色谱仪：带紫外检测器或二极管阵列检测器或荧光检测器。

4. 分析步骤

（1）试样处理　将一定数量的样品按要求经过缩分、粉碎均质后，储存于样品瓶中，避光冷藏，尽快测定。使用的所有器皿不得含有氧化性物质；分液漏斗活塞玻璃表面不得涂油；处理过程应避免紫外光照，尽可能避光操作；提取过程应在通风柜中操作。

① 皂化：

a. 不含淀粉样品　称取 2～5g（精确至 0.01g）经均质处理的固体试样或 50g（精确至 0.01g）液体试样于 150mL 平底烧瓶中，固体试样需加入约 20mL 温水，混匀，再加入 1.0g 抗坏血酸和 0.1gBHT，混匀，加入 30mL 无水乙醇，加入 10～20mL 氢氧化钾溶液，边加边振摇，混匀后于 80℃恒温水浴振荡皂化 30min，皂化后立即用冷水冷却至室温。

注：皂化时间一般为 30min，如皂化液冷却后，液面有浮油，需要加入适量氢氧化钾溶液，并适当延长皂化时间。

b. 含淀粉样品　称取 2～5g（精确至 0.01g）经均质处理的固体试样或 50g（精确至 0.01g）液体样品于 150mL 平底烧瓶中，固体试样需用约 20mL 温水混匀，加入 0.5～1g 淀粉酶，放入 60℃水浴避光恒温振荡 30min 后，取出，向酶解液中加入 1.0g 抗坏血酸和 0.1gBHT，混匀，加入 30mL 无水乙醇、10～20mL 氢氧化钾溶液，边加边振摇，混匀后于 80℃恒温水浴振荡皂化 30min，皂化后立即用冷水冷却至室温。

② 提取　将皂化液用 30mL 水转入 250mL 的分液漏斗中，加入 50mL 石油醚-乙醚混合液，振荡萃取 5min，将下层溶液转移至另一 250mL 的分液漏斗中，加入 50mL 的混合醚液再次萃取，合并醚层。

③ 洗涤　用约 100mL 水洗涤醚层，约需重复 3 次，直至将醚层洗至中性（可用 pH 试纸检测下层溶液 pH），去除下层水相。

④ 浓缩　将洗涤后的醚层经无水硫酸钠（约 3g）滤入 250mL 旋转蒸发瓶或氮气浓缩管中，用约 15mL 石油醚冲洗分液漏斗及无水硫酸钠 2 次，并入蒸发瓶内，并将其接在旋转蒸发仪或气体浓缩仪上，于 40℃水浴中减压蒸馏或气流浓缩，待瓶中醚液剩下约 2mL 时，取下蒸发瓶，立即用氮气吹至近干。用甲醇分次将蒸发瓶中残留物溶解并转移至 10mL 容量瓶中，定容至刻度。溶液过 0.22μm 有机系滤膜后供高效液相色谱测定。

（2）色谱参考条件　色谱参考条件如下：

① 色谱柱：C_{30}柱（柱长 250mm，内径 4.6mm，粒径 3μm），或相当者；

② 柱温：20℃；

③ 流动相：A 为水；B 为甲醇，梯度洗脱；

④ 流速：0.8mL/min；

⑤ 紫外检测波长：维生素 A 为 325nm；维生素 E 为 294nm；

⑥ 进样量：10μL。

（3）标准曲线的制备　本法采用外标法定量。将维生素 A 和维生素 E 标准系列工作溶液分别注入高效液相色谱仪中，测定相应的峰面积，以峰面积为纵坐标，以标准测定液浓度为横坐标绘制标准曲线，计算直线回归方程。

（4）样品测定　试样液经高效液相色谱仪分析，测得峰面积，采用外标法通过上述标准曲线计算其浓度。在测定过程中，建议每测定 10 个样品用同一份标准溶液或标准物质检查仪器的稳定性。

5. 计算

试样中维生素 A 或维生素 E 的含量按下式计算：

$$X=\frac{\rho V f \times 100}{m}$$

式中　X——试样中维生素 A 或维生素 E 的含量，维生素 A μg/100g，维生素 E mg/100g；

ρ——根据标准曲线计算得到的试样中维生素 A 或维生素 E 的浓度，μg/mL；

V——定容体积，mL；

f——换算因子（维生素 A：$f=1$；维生素 E：$f=0.001$）；

100——试样中量以每 100g 计算的换算系数；

m——试样的称样量，g。

（二）食品中维生素 E 的测定

1. 原理

试样中的维生素 E 经有机溶剂提取、浓缩后，用高效液相色谱酰氨基柱或硅胶柱分离，经荧光检测器检测，外标法定量。

2. 试剂

除非另有说明，本方法所用试剂均为分析纯。水为 GB/T 6682 规定的一级水。

(1) 维生素 E 标准储备溶液（1.00mg/mL）：分别称取 4 种生育酚异构体标准品各 50.0mg（准确至 0.1mg），用无水乙醇溶解于 50mL 容量瓶中，定容至刻度，此溶液浓度约为 1.00mg/mL。将溶液转移至棕色试剂瓶中，密封后，在 −20℃ 下避光保存，有效期 6 个月。临用前将溶液回温至 20℃，并进行浓度校正。

(2) 维生素 E 标准溶液中间液：准确吸取维生素 E 标准储备溶液各 1.00mL 于同一 100mL 容量瓶中，用氮气吹除乙醇后，用流动相定容至刻度，此溶液中维生素 E 各生育酚浓度为 10.00μg/mL。密封后，在 −20℃ 下避光保存，有效期半个月。

(3) 维生素 E 标准系列工作溶液：分别准确吸取维生素 E 混合标准溶液中间液 0.20mL、0.50mL、1.00mL、2.00mL、4.00mL、6.00mL 于 10mL 棕色容量瓶中，用流动相定容至刻度，该标准系列中 4 种生育酚浓度分别为 0.20μg/mL、0.50μg/mL、1.00μg/mL、2.00μg/mL、4.00μg/mL、6.00μg/mL。

3. 仪器

高效液相色谱仪，带荧光检测器或紫外检测器。

4. 分析步骤

(1) 试样准备和处理　将一定数量的样品按要求经过缩分、粉碎、均质后，储存于样品瓶中，避光冷藏，尽快测定。

使用的所有器皿不得含有氧化性物质；分液漏斗活塞玻璃表面不得涂油；处理过程应避免紫外光照，尽可能避光操作。

① 植物油脂　称取 0.5～2g 油样（准确至 0.01g）于 25mL 的棕色容量瓶中，加入 0.1gBHT，加入 10mL 流动相超声或涡旋振荡溶解后，用流动相定容至刻度，摇匀。过孔径为 0.22μm 有机系滤膜于棕色进样瓶中，待进样。

② 奶油、黄油　称取 2～5g 样品（准确至 0.01g）于 50mL 的离心管中，加入 0.1gBHT，45℃水浴熔化，加入 5g 无水硫酸钠，涡旋 1min，混匀，加入 25mL 流动相超声或涡旋振荡提取，离心，将上清液转移至浓缩瓶中，再用 20mL 流动相重复提取 1 次，合并上清液至浓缩瓶，在约 2mL 时，旋转蒸发器或气体浓缩仪上，于 45℃ 水浴中减压蒸馏或气流浓缩，待瓶中醚剩下约 2mL 时，取下蒸发瓶，立即用氮气吹干。用流动相将浓缩瓶中残留物溶解并转移至 10mL 容量瓶中，定容至刻度，摇匀。溶液过 0.22μm 有机系滤膜后供高效液相色谱测定。

(2) 色谱参考条件　色谱参考条件如下：

① 色谱柱：酰氨基柱（柱长 150mm，内径 3.0mm，粒径 1.7μm）或相当者；

② 柱温：30℃；

③ 流动相：正己烷＋［叔丁基甲基醚-四氢呋喃-甲醇混合液（20＋1＋0.1）］＝90＋10；

④ 流速：0.8mL/min；

⑤ 荧光检测波长：激发波长 294nm，发射波长 328nm；

⑥ 进样量：10μL。

（3）标准曲线的制作　本法采用外标法定量。将维生素 E 标准系列工作溶液从低浓度到高浓度分别注入高效液相色谱仪中，测定相应的峰面积。以峰面积为纵坐标、标准溶液浓度为横坐标绘制标准曲线，计算直线回归方程。

（4）样品测定　试样液经高效液相色谱仪分析，测得峰面积，采用外标法通过上述标准曲线计算其浓度。在测定过程中，建议每测定 10 个样品用同一份标准溶液或标准物质检查仪器的稳定性。

5. 计算

试样中 α-生育酚、β-生育酚、γ-生育酚或 δ-生育酚的含量按下式计算：

$$X=\frac{\rho V f\times 100}{m}$$

式中　X——试样中 α-生育酚、β-生育酚、γ-生育酚或 δ-生育酚的含量，mg/100g；

ρ——根据标准曲线计算得到的试样中 α-生育酚、β-生育酚、γ-生育酚或 δ-生育酚的浓度，μg/mL；

V——定容体积，mL；

f——换算因子（$f=0.001$）；

100——试样中量以每百克计算的换算系数；

m——试样的称样量，g。

（三）食品中维生素 D 的测定

维生素 D 又称钙（或骨）化醇，系类固醇的衍生物。具有 D 活性的化合物约有 10 种，其中最重要的是维生素 D_2、维生素 D_3 和维生素 D 原。维生素 D_2 无天然存在，维生素 D_3 只存在于某些动物性食品中，但它们都可由维生素 D 原（麦角固醇和 7-脱氢胆固醇）经紫外照射形成。

1. 原理

试样中加入维生素 D_2 和维生素 D_3 的同位素内标后，经氢氧化钾乙醇溶液皂化（含淀粉试样先用淀粉酶酶解）、提取、硅胶固相萃取柱净化、浓缩后，反相高效液相色谱 C_{18} 柱分离，串联质谱法检测，内标法定量。

2. 试剂

（1）维生素 D_2 标准储备溶液：准确称取维生素 D_2 标准品 10.0mg，用色谱纯无水乙醇溶解并定容至 100mL，使其浓度约为 100μg/mL，转移至棕色试剂瓶中，于－20℃冰箱中密封保存，有效期 3 个月。

（2）维生素 D_3 标准储备溶液：准确称取维生素 D_3 标准品 10.0mg，用色谱纯无水乙醇溶解并定容至 10mL，使其浓度约为 100μg/mL，转移至 100mL 的棕色试剂瓶中，于－20℃冰箱中密封保存，有效期 3 个月。

（3）维生素 D_2 标准中间使用液：准确吸取维生素 D_2 标准储备溶液 10.00mL，用流动相稀释并定容至 100mL，浓度约为 10.0μg/mL，有效期 1 个月。

（4）维生素 D_3 标准中间使用液：准确吸取维生素 D_3 标准储备溶液 10.00mL，用流动相稀释并定容至 100mL 棕色容量瓶中，浓度约为 10.0μg/mL，有效期 1 个月。

（5）维生素 D_2 和维生素 D_3 混合标准使用液：准确吸取维生素 D_2 和维生素 D_3 标准中间使用液各 10.00mL，用流动相稀释并定容至 100mL，浓度为 1.00μg/mL，有效期 1 个月。

（6）维生素 D_2-d_3 和维生素 D_3-d_3 内标混合溶液：分别量取 100μL 浓度为 100μg/mL 的维生素 D_2-d_3 和维生素 D_3-d_3 标准储备液加入 10mL 容量瓶中，用甲醇定容，配制成 1μg/mL 混合内标，有效期 1 个月。

3. 仪器

高效液相色谱-串联质谱仪：带电喷雾离子源。

4. 分析步骤

（1）试样的制备和处理　将一定数量的样品按要求经过缩分、粉碎、均质后，储存于样品瓶中，避光冷藏，尽快测定。处理过程应避免紫外光照，尽可能避光操作。

（2）皂化

① 不含淀粉样品　称取 2g（准确至 0.01g）经均质处理的试样于 50mL 具塞离心管中，加入 100μL 维生素 D_2-d_3 和维生素 D_3-d_3 混合内标溶液和 0.4g 抗坏血酸，加入 6mL 约 40℃温水，涡旋 1min，加入 12mL 乙醇，涡旋 30s，再加入 6mL 氢氧化钾溶液，涡旋 30s 后放入恒温振荡器中，80℃避光恒温水浴振荡 30min（如样品组织较为紧密，可每隔 5～10min 取出涡旋 0.5min），取出放入冷水浴降温。

② 含淀粉样品　称取 2g（准确至 0.01g）经均质处理的试样于 50mL 具塞离心管中，加入 100μL 维生素 D_2-d_3 和维生素 D_3-d_3 混合内标溶液和 0.4g 淀粉酶，加入 10mL 约 40℃温水，放入恒温振荡器中，60℃避光恒温振荡 30min 后，取出放入冷水浴降温，向冷却后的酶解液中加入 0.4g 抗坏血酸、12mL 乙醇，涡旋 30s，再加入 6mL 氢氧化钾溶液，涡旋 30s 后放入恒温振荡器中，皂化 30min。

（3）提取　向冷却后的皂化液中加入 20mL 正己烷，涡旋提取 3min，6000r/min 条件下离心 3min。转移上层清液到 50mL 离心管，加入 25mL 水，轻微晃动 30 次，在 6000r/min 条件下离心 3min，取上层有机相备用。

（4）净化　将硅胶固相萃取柱依次用 8mL 乙酸乙酯活化，8mL 正己烷平衡，取备用液全部过柱，再用 6mL 乙酸乙酯-正己烷溶液（5+95）淋洗，用 6mL 乙酸乙酯-正己烷溶液（15+85）洗脱。洗脱液在 40℃下氮气吹干，加入 1.00mL 甲醇，涡旋 30s，过 0.22μm 有机系滤膜供仪器测定。

（5）标准曲线的制作　分别将维生素 D_2 和维生素 D_3 标准系列工作液由低浓度到高浓度依次进样，以维生素 D_2、维生素 D_3 与相应同位素内标的峰面积比值为纵坐标，以维生素 D_2、维生素 D_3 标准系列工作液浓度为横坐标分别绘制维生素 D_2、维生素 D_3 标准曲线。

（6）样品测定　将待测样液依次进样，得到待测物与内标物的峰面积比值，根据标准曲线得到测定液中维生素 D_2、维生素 D_3 的浓度。待测样液中的响应值应在标准曲线线性范围内，超过线性范围则应减少取样量重新进行处理后再进样分析。

5. 计算

试样中维生素 D_2、维生素 D_3 的含量按下式计算：

$$X=\frac{\rho V f \times 100}{m}$$

式中　X——试样中维生素 D_2（或维生素 D_3）的含量，μg/100g；

ρ——根据标准曲线计算得到的试样中维生素 D_2（或维生素 D_3）的浓度，μg/mL；

V——定容体积，mL；

f——稀释倍数；

100——试样中量以每 100g 计算的换算系数；

m——试样的称样量，g。

三、维生素 B_1 的测定

1. 原理

硫胺素在碱性铁氰化钾溶液中被氧化成噻嘧色素，在紫外线照射下，噻嘧色素发出荧光。在给定的条件下，以及没有其他荧光物质干扰时，此荧光之强度与噻嘧色素量成正比，即与溶液中硫胺素量成正比。如试样中含杂质过多，应经过离子交换剂处理，使硫胺素与杂质分离，然后以所得溶液作测定。

2. 试剂

（1）维生素 B_1 标准储备液（100μg/mL）：准确称取经氯化钙或者五氧化二磷干燥 24h 的盐酸硫胺素 112.1mg（精确至 0.1 mg），相当于硫胺素为 100 mg，用 0.01 mol/L 盐酸溶液溶解，并稀释至 1000mL，摇匀。于 0～4℃ 冰箱避光保存，保存期为 3 个月。

（2）维生素 B_1 标准中间液（10.0 μg/mL）：将维生素 B_1 标准储备液用 0.01mol/L 盐酸溶液稀释 10 倍，摇匀，在冰箱中避光保存。

（3）维生素 B_1 标准使用液（0.100 μg/mL）：准确移取维生素 B_1 标准中间液 1.00mL，用水稀释、定容至 100mL，摇匀。临用前配制。

3. 仪器

（1）电热恒温培养箱。

（2）荧光分光光度计。

（3）Maizel-Gerson 反应瓶：如图 2-3 所示。

（4）盐基交换管：如图 2-4 所示。

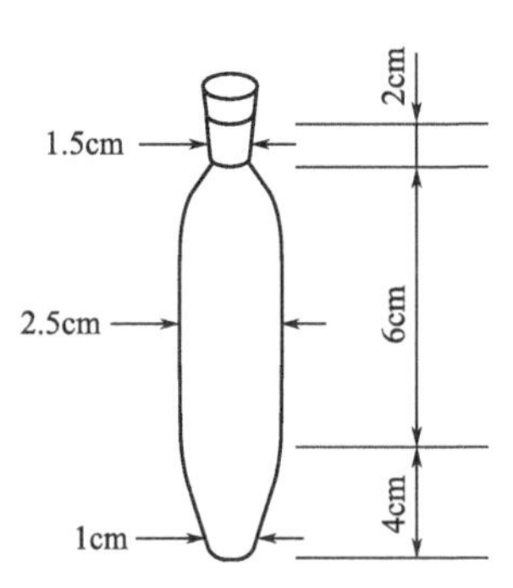

图 2-3　Maizel-Gerson 反应瓶

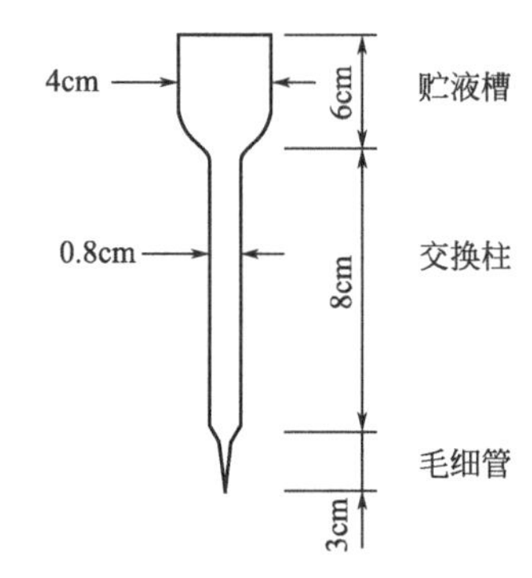

图 2-4　盐基交换管

4. 分析步骤

（1）试样准备　试样采集后用匀浆机打成匀浆于低温冰箱中冷冻保存，用时将其解冻后混匀使用。干燥试样要将其尽量粉碎后备用。

（2）提取　准确称取一定量试样（估计其硫胺素含量约为 10～30μg，一般称取 2～10g 试样），置于 100mL 三角瓶中，加入 50mL 0.1mol/L 或 0.3mol/L 盐酸使其溶解，放入高压锅中加热水解，121℃ 30min，凉后取出。用 2mol/L 乙酸钠调其 pH 值为 4.5（以 0.4g/L 溴甲酚绿为外指示剂）。

按每克试样加入 20mg 淀粉酶和 40mg 蛋白酶的比例加入淀粉酶和蛋白酶。于 45～50℃温箱过夜保温（约 16h）。凉至室温，定容至 100mL，然后混匀过滤，即为提取液。

（3）净化　用少许脱脂棉铺于盐基交换管的交换柱底部，加水将棉纤维中气泡排出，再加约 1g 活性人造浮石使之达到交换柱的三分之一高度。保持盐基交换管中液面始终高于活性人造浮石。用移液管加入提取液 20～60mL（使通过活性人造浮石的硫胺素总量约为 2～5μg）。加入约 10mL 热蒸馏水冲洗交换柱，弃去洗液。如此重复三次。加入 20mL 250g/L 酸性氯化钾（温度为 90℃左右），收集此液于 25mL 刻度试管内，凉至室温，用 250g/L 酸性氯化钾定容至 25mL，即为试样净化液。重复上述操作，将 20mL 硫胺素标准使用液加入盐基交换管以代替试样提取液，即得到标准净化液。

（4）氧化　将 5mL 试样净化液分别加入 A、B 两个反应瓶。在避光条件下将 3mL 150g/L 氢氧化钠加入反应瓶 A，将 3mL 碱性铁氰化钾溶液加入反应瓶 B，振摇约 15s，然后加入 10mL 正丁醇；将 A，B 两个反应瓶同时用力振摇 1.5min。重复上述操作，用标准净化液代替试样净化液。静置分层后吸去下层碱性溶液，加入 2～3g 无水硫酸钠使溶液脱水。

（5）测定

① 荧光测定条件　激发波长 365nm；发射波长 435nm；激发波狭缝 5nm；发射波狭缝 5nm。

② 依次测定下列荧光强度：试样空白荧光强度（试样反应瓶 A）；标准空白荧光强度（标准反应瓶 A）；试样荧光强度（试样反应瓶 B）；标准荧光强度（标准反应瓶 B）。

5. 计算

$$X=(U-U_b)\times\frac{cV}{S-S_b}\times\frac{V_1}{V_2}\times\frac{1}{m}\times\frac{100}{1000}$$

式中　X——试样中硫胺素质量分数，mg/100g；

U——试样荧光强度；

U_b——试样空白荧光强度；

S——标准荧光强度；

S_b——标准空白荧光强度；

c——硫胺素标准使用液质量浓度，μg/mL；

V——用于净化的硫胺素标准使用液体积，mL；

V_1——试样水解后定容之体积，mL；

V_2——试样用于净化的提取液体积，mL；

m——试样质量，g；

$\frac{100}{1000}$——试样质量分数由微克每克（μg/g）换算成毫克每百克（mg/100g）的系数。

6. 说明

（1）本法适用于各类食品中硫胺素的测定，但不适用于含有吸附硫胺素物质和有影响硫色素荧光物质的样品。

（2）硫色素在光照下会被破坏，因此硫胺素被氧化后，反应瓶应用黑布遮盖或在暗室中进行氧化和荧光测定。

（3）一般食品中的硫胺素有游离型的，也有结合型的，常与淀粉、蛋白质等高分子化合物结合在一起，故需要酸和酶水解，使结合型的硫胺素转化为游离型的，再进行测定。

(4) 可在加入酸性氯化钾后停止实验，因为硫胺素在此溶液中比较稳定。

(5) 样品与铁氰化钾溶液混合后，所呈现的黄色应至少保持 15s，否则应再滴加铁氰化钾溶液 1～2 滴。因为样品中如含有还原性物质，而铁氰化钾用量不够时，硫胺素氧化不完全，测定误差较大。但过多的铁氰化钾会破坏硫色素，故其用量应控制适宜。

(6) 氧化是操作的关键步骤，操作中应保持滴加试剂迅速一致。

四、维生素 B_2 的测定

维生素 B_2 又称核黄素，是有核糖醇和异咯嗪链接而成的化合物。维生素 B_2 能溶于水，水溶液呈现强的黄绿色荧光，对空气、热稳定，在中性和酸性溶液中即使短时间高压加热也不至于破坏，如在 120℃下加热 6h 仅有少量破坏，但在碱性溶液中较易被破坏。游离核黄素对光敏感，特别是紫外线，可产生不可逆分解。在碱性溶液中受光线照射很快降解为光黄素，有较强的荧光强度。

维生素 B_2 分布很广，青菜、黄豆、小麦以及动物肝脏、肾脏、心脏、乳和蛋中含量较多，酵母中也很丰富。

（一）高效液相色谱法

1. 原理

试样在稀盐酸环境中恒温水解，调 pH 至 6.0～6.5，用木瓜蛋白酶和高峰淀粉酶酶解，定容过滤后，滤液经反相色谱柱分离，高效液相色谱荧光检测器检测，外标法定量。

2. 试剂

(1) 乙酸钠溶液 (0.1mol/L)：准确称取 13.60g 三水乙酸钠，加 900mL 水溶解，用水定容至 1000mL。

(2) 乙酸钠溶液 (0.05mol/L)：准确称取 6.80g 三水乙酸钠，加 900mL 水溶解，用冰醋酸调 pH 至 4.0～5.0，用水定容至 1000mL。

(3) 混合酶溶液：准确称取 2.345g 木瓜蛋白酶和 1.175g 高峰淀粉酶，加水溶解后定容至 50mL。

3. 仪器

高效液相色谱仪：带荧光检测器。

4. 分析步骤

(1) 试样制备　取样品约 500g，用组织捣碎机充分打匀均质，分装入洁净棕色磨口瓶中，密封，并做好标记，避光存放备用。称取 2～10g (精确至 0.01g) 均质后的试样 (试样中维生素 B_2 的含量大于 5μg) 于 100mL 具塞锥形瓶中，加入 60mL 的 0.1mol/L 盐酸溶液，充分摇匀，塞好瓶塞。将锥形瓶放入高压灭菌锅内，在 121℃下保持 30min，冷却至室温后取出。用 1mol/L 氢氧化钠溶液调 pH 至 6.0～6.5，加入 2mL 混合酶溶液，摇匀后，置于 37℃培养箱或恒温水浴锅中过夜酶解。将酶解液转移至 100mL 容量瓶中，加水定容至刻度，用滤纸过滤或离心，取滤液或上清液，过 0.45μm 水相滤膜作为待测液。

不加试样，按同一操作方法做空白试验。

(2) 标准曲线的制作　将标准系列工作液分别注入高效液相色谱仪中，测定相应的峰面积，以标准工作液的浓度为横坐标，以峰面积为纵坐标，绘制标准曲线。

(3) 试样溶液的测定　将试样溶液注入高效液相色谱仪中，得到相应的峰面积，根据标准曲线得到待测液中维生素 B_2 的浓度。

5. 计算

试样中维生素 B_2（以核黄素计）的含量按下式计算：

$$X=\frac{\rho V}{m}\times\frac{100}{1000}$$

式中 X——试样中维生素 B_2（以核黄素计）的含量，mg/100g；

ρ——根据标准曲线计算得到的试样中维生素 B_2 的浓度，μg/mL；

V——试样溶液的最终定容体积，mL；

m——试样质量，g；

100——换算为 100g 样品中含量的换算系数；

1000——将浓度单位 μg/mL 换算为 mg/mL 的换算系数。

（二）荧光分光光度法

1. 原理

核黄素在 440～500nm 波长光照射下发出黄绿色荧光。在稀溶液中其荧光强度与核黄素的浓度成正比。在波长 525nm 下测定其荧光强度。试液再加入低亚硫酸钠（$Na_2S_2O_4$），将核黄素还原为无荧光的物质，然后再测定试液中残余荧光杂质的荧光强度，两者之差即为食品中核黄素所产生的荧光强度。

2. 试剂

（1）维生素 B_2 标准储备液（100 μg/mL）：将维生素 B_2 标准品置于真空干燥器或装有五氧化二磷的干燥器中干燥处理 24h 后，准确称取 10mg（精确至 0.1mg）维生素 B_2 标准品，加入 2mL 盐酸溶液（1+1）超声溶解后，立即用水转移并定容至 100mL。混匀后转移入棕色玻璃容器中，在 4℃冰箱中贮存，保存期 2 个月。标准储备液在使用前需要进行浓度校正。

（2）维生素 B_2 标准中间液（10 μg/mL）：准确吸取 10mL 维生素 B_2 标准储备液，用水稀释并定容至 100mL。在 4℃ 冰箱中避光贮存，保存期 1 个月。

（3）维生素 B_2 标准使用溶液（1 μg/mL）：准确吸取 10mL 维生素 B_2 标准中间液，用水定容至 100mL。此溶液每毫升相当于 1.00 μg 维生素 B_2。在 4℃ 冰箱中避光贮存，保存期 1 周。

3. 仪器

（1）核黄素吸附柱；

（2）荧光分光光度计。

4. 分析步骤

整个操作过程需避光进行。

（1）试样提取

① 试样的水解，取样品约 500g，用组织捣碎机充分打匀均质，分装入洁净棕色磨口瓶中，密封，并做好标记，避光存放备用。称取 2～10g（精确至 0.01g，约含 10～200μg 维生素 B_2）均质后的试样于 100mL 具塞锥形瓶中，加入 60mL 0.1mol/L 的盐酸溶液，充分摇匀，塞好瓶塞。将锥形瓶放入高压灭菌锅内，在 121℃下保持 30min，冷却至室温后取出。用氢氧化钠溶液调 pH 至 6.0～6.5。

② 试样的酶解　加入 2mL 混合酶溶液，摇匀后，置于 37℃ 培养箱或恒温水浴锅中过

夜酶解。

③ 过滤　上述酶解液转移至100mL容量瓶中，加水定容至刻度，用干滤纸过滤备用。此提取液在4℃冰箱中可保存一周。

（2）氧化去杂质　取一定体积的试样提取液及维生素B_2标准使用液（约含1～10μg B_2）分别于20mL的带盖刻度试管中，加水至15mL。各管加0.5mL冰乙酸，混匀。加30g/L高锰酸钾溶液0.5mL，混匀，放置2min，使氧化去杂质。滴加3%过氧化氢溶液数滴，直至高锰酸钾的颜色退去，剧烈振摇此管，使多余的氧气逸出。

（3）维生素B_2的吸附

① 维生素B_2吸附柱：硅镁吸附剂约1g用湿法装入柱，占柱长1/2～2/3（约5cm）为宜（吸附柱下端用一小团脱脂棉垫上），勿使柱内产生气泡，调节流速约为60滴/min。

② 过柱与洗脱：将全部氧化后的样液及标准液通过吸附柱后，用约20mL热水洗去样液中的杂质。然后用5.00mL洗脱液将试样中维生素B_2洗脱至10mL容量瓶中，再用3～4mL水洗吸附柱，洗出液合并至容量瓶中，并用水定容至刻度，混匀后待测定。

（4）标准曲线制作　分别精确吸取维生素B_2标准使用液0.3mL、0.6mL、0.9mL、1.25mL、2.5mL、5.0mL、10.0mL、20.0mL（相当于0.3μg、0.6μg、0.9μg、1.25μg、2.5μg、5.0μg、10.0μg、20.0μg维生素B_2）或取与试样含量相近的单点标准按维生素B_2的吸附和洗脱步骤操作。

（5）测定

① 于激发光波长440nm，发射光波长525nm，测量试样管及标准管的荧光值。

② 待试样及标准的荧光值测量后，在各管的剩余液（约5～7mL）中加0.1mL 20%低亚硫酸钠溶液，立即混匀，在20s内测出各管的荧光值，作各自的空白值。

5. 计算

$$X=\frac{(A-B)S}{(C-D)m}f\times\frac{100}{1000}$$

式中　X——试样中维生素B_2的质量分数，mg/100g；

A——试样管荧光值；

B——试样管空白荧光值；

C——标准管荧光值；

D——标准管空白荧光值；

f——稀释倍数；

m——试样质量，g；

S——标准管中维生素B_2质量，μg；

$\frac{100}{1000}$——将试样中维生素B_2质量分数由微克每克（μg/g）换算成毫克每百克（mg/100g）的系数。

6. 说明

（1）维生素B_2对光敏感，整个操作应在暗室中进行。

（2）维生素B_2可被低亚硫酸钠还原成无阳光型，但摇动后很快就被空气氧化成荧光物质，所以要立即测定。

五、维生素B_6的测定

维生素B_6是一种共同酵素（coenzyme），是水溶性维生素，在细胞中参与多种蛋白质和氨基酸的代谢功能，也因为维生素 B_6 参与体内某一部分的生化反应，因此可以说维生素 B_6 与成长的关系密不可分。维生素 B_6 可溶于水，为水溶性且对热和酸稳定，它在碱性环境中会被破坏，同时对光敏感。一些食物在食用过程时，常会流失不少养分。

（一）高效液相色谱法

1. 原理

试样经提取等前处理后，经 C_{18} 色谱柱分离，高效液相色谱-荧光检测器检测，外标法定量测定维生素 B_6（吡哆醇、吡哆醛、吡哆胺）的含量。

2. 试剂

（1）吡哆醇标准储备液（1mg/mL）：准确称取 60.8mg 盐酸吡哆醇标准品，用 0.1mol/L 盐酸溶液溶解后定容到 50mL，在－20℃下避光保存，有效期 1 个月。

（2）吡哆醛标准储备液（1mg/mL）：准确称取 60.9mg 盐酸吡哆醛标准品，用 0.1mol/L 盐酸溶液溶解后定容到 50mL，在－20℃下避光保存，有效期 1 个月。

（3）吡哆胺标准储备液（1mg/mL）：准确称取 71.7mg 双盐酸吡哆胺标准品，用 0.1mol/L 盐酸溶液溶解后定容到 50mL，在－20℃下避光保存，有效期 1 个月。

（4）维生素 B_6 混合标准中间液（20μg/mL）：分别准确吸取吡哆醇、吡哆醛、吡哆胺的标准储备液各 1.00mL，用 0.1mol/L 盐酸溶液稀释并定容至 50mL。临用前配制。

（5）维生素 B_6 混合标准系列工作液：分别准确吸取维生素 B_6 混合标准中间液 0.5mL、1.0mL、2.0mL、3.0mL、5.0mL，至 100mL 容量瓶中，用水定容。该标准系列浓度分别为 0.10μg/mL、0.20μg/mL、0.40μg/mL、0.60μg/mL、1.00μg/mL。临用前配制。

3. 仪器

高效液相色谱仪：带荧光检测器。

4. 分析步骤

（1）试样制备

① 含淀粉的试样

固体试样：称取混合均匀的固体试样约 5g（精确至 0.01g），于 150mL 锥形瓶中，加入约 25mL 45～50℃的水，混匀。加入约 0.5g 淀粉酶，混匀后向锥形瓶中充氮，盖上瓶塞，置 50～60℃培养箱内约 30min。取出冷却至室温。

液体试样：称取混合均匀的液体试样约 20g（精确至 0.01g）于 150mL 锥形瓶中，混匀。加入约 0.5g 淀粉酶，混匀后向锥形瓶中充氮，盖上瓶塞，置 50～60℃培养箱内约 30min。取出冷却至室温。

② 不含淀粉的试样

固体试样：称取混合均匀的固体试样约 5g（精确至 0.01g），于 150mL 锥形瓶中，加入约 25mL 45～50℃的水，混匀。静置 5～10min，冷却至室温。

液体试样：称取混合均匀的液体试样约 20g（精确至 0.01g）于 150mL 锥形瓶中。静置 5～10min。

③ 待测液的制备　用盐酸溶液，调节上述试样溶液的 pH 至 1.7±0.1，放置约 1min。再用氢氧化钠溶液调节试样溶液的 pH 至 4.5±0.1。把上述锥形瓶放入超声波振荡器中，超声振荡约 10min。将试样溶液转移至 50mL 容量瓶中，用水冲洗锥形瓶。洗液合并于 50mL 容量瓶中，用水定容至 50mL。另取 50mL 锥形瓶，上面放入漏斗和滤纸，把定容后的试样溶液倒入其中，自然过滤。滤液再经 0.45μm 微孔滤膜过滤，用试管收集，转移

1mL 滤液至进样瓶作为试样待测液。

（2）仪器参考条件

仪器参考条件如下：

a. 色谱柱：C_{18} 柱，柱长 150mm，柱内径 4.6mm，柱填料粒径 5μm，或相当者；

b. 流动相：甲醇 50mL、辛烷磺酸钠 2.0g、三乙胺 2.5mL，用水溶解并定容到 1000mL 后，用冰乙酸调 pH 至 3.0±0.1，过 0.45μm 微孔滤膜过滤；

c. 流速：1mL/min；

d. 柱温：30℃；

e. 检测波长：激发波长 293nm，发射波长 395nm；

f. 进样体积：10μL。

（3）标准曲线的制作

将维生素 B_6 混合标准系列工作液分别注入高效液相色谱仪中，测定各组分的峰面积，以相应标准工作液的浓度为横坐标，以峰面积为纵坐标，绘制标准曲线。

（4）试样溶液的测定

将试样溶液注入高效液相色谱仪中，得到各组分相应的峰面积，根据标准曲线得到待测试样溶液中维生素 B_6 各组分的浓度。

5. 计算

试样中维生素 B_6 各组分的含量按下式计算：

$$X_i=\frac{\rho \times V}{m \times \frac{100}{1000}}$$

式中　X_i——试样中维生素 B_6 各组分的含量，mg/100g；

ρ——根据标准曲线计算得到的试样中维生素 B_6 各组分的浓度，μg/mL；

V——试样溶液的最终定容体积，mL；

m——试样质量，g；

100——换算为 100 克样品中含量的换算系数；

1000——将浓度单位 μg/mL 换算为 mg/mL 的换算系数。

试样中维生素 B_6 的含量下式计算：

$$X=X_{醇}+X_{醛}\times 1.012+X_{胺}\times 1.006$$

式中　X——试样中维生素 B_6（以吡哆醇计）的含量，mg/100g；

$X_{醇}$——试样中吡哆醇的含量，mg/100g；

$X_{醛}$——试样中吡哆醛的含量，mg/100g；

1.012——吡哆醛的含量换算成吡哆醇的系数；

$X_{胺}$——试样中吡哆胺的含量，mg/100g；

1.006——吡哆胺的含量换算成吡哆醇的系数。

（二）微生物法

1. 原理

食品中某一种细菌的生长必须要有某一种维生素的存在，卡尔斯伯酵母菌在有维生素 B_6 存在的条件下才能生长，在一定条件下维生素 B_6 的量与其生长呈正比关系。用比浊法测定该细菌在试样液中生长的浑浊度，与标准曲线比较得出试样中维生素 B_6 的含量。

2. 试剂

（1）培养基：称取吡哆醇 Y 培养基 5.3g，溶解于 100mL 蒸馏水中。

（2）吡哆醇标准储备液（100μg/mL）：称取122mg盐酸吡哆醇标准液溶于1L 25%乙醇中，保存4℃冰箱中，稳定一个月。

（3）吡哆醇标准中间液（1μg/mL）：取1mL标准储备液，稀释至100mL。

（4）琼脂培养基：吡哆醇Y培养基5.3g，琼脂1.2g，稀释至100mL。

3. 仪器

（1）电热恒温培养箱；

（2）光栅分光光度计。

4. 分析步骤

（1）菌种的制备及保存（避光处理） 以卡尔斯伯酵母菌纯菌种接入2个或多个琼脂培养基管中，在30℃±5℃恒温箱中保湿18～20h，取出于冰箱中保存，至多不超过两星期。保存数星期以上的菌种，不能立即用作制备接种液之用，一定要在使用前每天移种一次，连续2～3天，方可使用，否则生长不好。

种子培养液的制备：加0.5mL 50ng/mL的维生素B_6标准应用液于尖头管中，加入5.0mL基本培养基，塞好棉塞，于高压锅121℃下消毒10min，取出，置于冰箱中，此管可保存数星期之久。每次可制备2～4管。

（2）试样处理（整个步骤需避光） 称取试样0.5～10.0g（维生素B_6含量不超过10ng）放于100mL三角瓶中，加72mL 0.22mol/L硫酸。放入高压锅121℃下水解5h，取出冷却，用10.0mol/L氢氧化钠和0.5mol/L硫酸调节pH值至4.5，用溴甲酚绿做指示剂（指示剂有黄～黄绿色），将三角瓶内的溶液转移到100mL容量瓶中，用蒸馏水定容至100mL，滤纸过滤，保存滤液于冰箱中备用（保存期不超过36h）。

接种液的制备：使用前一天，将卡尔斯伯酵母菌种由储备菌种管移种于已消毒的种子培养液中，可同时制备两根管，在30℃±5℃恒温箱中培养18～20h。取出离心10min（3000r/min）倾去上部液体，用已消毒的生理盐水淋洗2次，再加10mL消毒过的生理盐水，将离心管置于液体快速混合器上混合，使菌种成为混悬体，将此倒入已消毒的注射器内，立即使用。

（3）标准曲线的制备 取标准储备液2.0mL稀释至200mL成为中间液，从中间液中取5.00mL稀释至100mL作为工作液，浓度为50ng/mL，3组试管中各加入0.00mL，0.02mL，0.04mL，0.08mL，0.12mL，0.16mL工作液，再加5.00mL吡哆醇Y培养基，混匀，加棉塞。

（4）试样管的制备 在试样管中分别加入0.05mL，0.10mL，0.20mL样液，再加入5.00mL吡哆醇Y培养基，用棉塞塞住试管，将制备好的标准曲线和试样测定管放入高压锅121℃下高压10min，冷至室温备用。

（5）接种和培养 每管种一滴接种液，于30℃±5℃恒温箱中培养18～20h。

（6）测定 将培养后的标准管和试样管从恒温箱中取出后，用分光光度计于550nm波长下，以标准管的零管调零，测定各管吸光度。以标准管维生素B_6所含的浓度为横坐标、吸光度值为纵坐标，绘制维生素B_6标准工作曲线，用试样管得到的吸光度值，与标准曲线比较得出试样管维生素B_6的含量。

5. 计算

试样中维生素B_6的含量按下式计算：

$$X=\frac{cV\times 100}{m\times 10^6}$$

$$c=\frac{u_1+u_2+u_3}{3}$$

式中　X——试样中维生素 B_6 的含量，mg/100g；

c——试样提取液中维生素 B_6 的浓度，ng/mL；

u_1,u_2,u_3——各试样测定管中维生素 B_6 的浓度，ng/mL；

V——试样提取液的定容体积与稀释体积综合，mL；

m——试样质量，g；

$100/10^6$——折算成每 100g 试样中维生素 B_6 的质量，mg。

六、维生素 C 的测定

维生素 C 是一种己糖醛基酸，有抗坏血病的作用，所以又称作抗坏血酸。新鲜的水果、蔬菜，特别是枣、辣椒、苦瓜、猕猴桃、柑橘等食品中含量尤为丰富。

测定维生素 C 常用的方法有靛酚滴定法、苯肼比色法、荧光法和高效液相色谱法等。靛酚滴定法主要是测定还原性抗坏血酸，操作简单，灵敏度较高，但样品中的其他还原性物质会干扰测定，使测定值偏高。对深色样品滴定终点不易辨别。苯肼比色法和荧光法测得的是总抗坏血酸的含量，两种方法均为国家标准分析方法，其中荧光法准确度高，重现性好。

（一）高效液相色谱法

1. 原理

试样中的抗坏血酸用偏磷酸溶解超声提取后，以离子对试剂为流动相，经反相色谱柱分离，其中 L(+)-抗坏血酸和 D(+)-抗坏血酸直接用配有紫外检测器的液相色谱仪（波长 245nm）测定；试样中的 L(+)-脱氢抗坏血酸经 L-半胱氨酸溶液进行还原后，用紫外检测器（波长 245nm）测定 L(+)-抗坏血酸总量，或减去原样品中测得的 L(+)-抗坏血酸含量而获得 L(+)-脱氢抗坏血酸的含量。以色谱峰的保留时间定性，外标法定量。

2. 试剂

除非另有说明，本方法所用试剂均为分析纯，水为 GB/T 6682 规定的一级水。

(1) L(+)-抗坏血酸标准贮备溶液（1.000mg/mL）：准确称取 L(+)-抗坏血酸标准品 0.01g（精确至 0.01mg），用 20g/L 的偏磷酸溶液定容至 10mL。该贮备液在 2～8℃避光条件下可保存一周。

(2) D(+)-抗坏血酸标准贮备溶液（1.000mg/mL）：准确称取 D(+)-抗坏血酸标准品 0.01g（精确至 0.01mg），用 20g/L 的偏磷酸溶液定容至 10mL。该贮备液在 2～8℃避光条件下可保存一周。

(3) 抗坏血酸混合标准系列工作液：分别吸取 L(+)-抗坏血酸和 D(+)-抗坏血酸标准贮备液 0mL，0.05mL，0.50mL，1.0mL，2.5mL，5.0mL，用 20g/L 的偏磷酸溶液定容至 100mL。标准系列工作液中 L(+)-抗坏血酸和 D(+)-抗坏血酸的浓度分别为 0μg/mL、0.5μg/mL、5.0μg/mL、10.0μg/mL、25.0μg/mL、50.0μg/mL。临用时配制。

3. 仪器

液相色谱仪：配有二极管阵列检测器或紫外检测器。

4. 分析步骤

(1) 试样制备

① 液体或固体粉末样品：混合均匀后，应立即用于检测。

② 水果、蔬菜及其制品或其他固体样品：取 100g 左右样品加入等质量 20g/L 的偏磷酸

溶液，经均质机均质并混合均匀后，应立即测定。

（2）试样溶液的制备　称取相对于样品约 0.5～2g（精确至 0.001g）混合均匀的固体试样或匀浆试样，或吸取 2～10mL 液体试样［使所取试样含 L(＋)-抗坏血酸约 0.03～6mg］于 50mL 烧杯中，用 20g/L 的偏磷酸溶液将试样转移至 50mL 容量瓶中，震摇溶解并定容。摇匀，全部转移至 50mL 离心管中，超声提取 5min 后，于 4000r/min 离心 5min，取上清液过 0.45μm 水相滤膜，滤液待测［由此试液可同时分别测定试样中 L(＋)-抗坏血酸和 D(＋)-抗坏血酸的含量］。

（3）试样溶液的还原　准确吸取 20mL 上述离心后的上清液于 50mL 离心管中，加入 10mL40g/L 的 L-半胱氨酸溶液，用 100g/L 磷酸三钠溶液调节 pH 至 7.0～7.2，以 200 次/min 振荡 5min。再用磷酸调节 pH 至 2.5～2.8，用水将试液全部转移至 50mL 容量瓶中，并定容至刻度。混匀后取此试液过 0.45μm 水相滤膜后待测［由此试液可测定试样中包括脱氢型的 L(＋)-抗坏血酸总量］。

若试样含有增稠剂，可准确吸取 4mL 经 L-半胱氨酸溶液还原的试液，再准确加入 1mL 甲醇，混匀后过 0.45μm 滤膜后待测。

（4）仪器参考条件

① 色谱柱：C_{18} 柱，柱长 250mm，内径 4.6mm，粒径 5μm，或同等性能的色谱柱。

② 检测器：二极管阵列检测器或紫外检测器。流动相：A 为 6.8g 磷酸二氢钾和 0.91g 十六烷基三甲基溴化铵，用水溶解并定容至 1L（用磷酸调 pH 至 2.5～2.8）；B 为 100％甲醇。按 A∶B＝98∶2 混合，过 0.45μm 滤膜，超声脱气。

③ 流速：0.7mL/min。

④ 检测波长：245nm。

⑤ 柱温：25℃。

⑥ 进样量：20μL。

（5）标准曲线制作　分别对抗坏血酸混合标准系列工作溶液进行测定，以 L(＋)-抗坏血酸［或 D(＋)-抗坏血酸］标准溶液的质量浓度（μg/mL）为横坐标、L(＋)-抗坏血酸［或 D(＋)-抗坏血酸］的峰高或峰面积为纵坐标，绘制标准曲线或计算回归方程。

（6）试样溶液的测定　对试样溶液进行测定，根据标准曲线得到测定液中 L(＋)-抗坏血酸［或 D(＋)-抗坏血酸］的浓度（μg/mL）。

（7）空白试验　空白试验系指除不加试样外，采用完全相同的分析步骤、试剂和用量，进行平行操作。

5. 计算

试样中 L(＋)-抗坏血酸［或 D(＋)-抗坏血酸］的含量和 L(＋)-抗坏血酸总量以毫克每百克表示，按下式计算：

$$X=\frac{(c_1-c_0)\times V}{m\times 1000}\times F\times K\times 100$$

式中　X——试样中 L(＋)-抗坏血酸［或 D(＋)-抗坏血酸、L(＋)-抗坏血酸总量］的含量，mg/100g；

c_1——样液中 L(＋)-抗坏血酸［或 D(＋)-抗坏血酸］的质量浓度，μg/mL；

c_0——样品空白液中 L(＋)-抗坏血酸［或 D(＋)-抗坏血酸］的质量浓度，μg/mL；

V——试样的最后定容体积，mL；

m——实际检测试样质量，g；

1000——换算系数（由 μg/mL 换算成 mg/mL 的换算因子）；

F——稀释倍数［若使用4（3）还原步骤时，即为2.5］；

K——若使用4（3）中甲醇沉淀步骤时，即为1.25；

100——换算系数（由mg/g换算成mg/100g的换算因子）。

（二）荧光法

1. 原理

试样中L(+)-抗坏血酸经活性炭氧化为L(+)-脱氢抗坏血酸后，与邻苯二胺（OPDA）反应生成有荧光的喹唔啉，其荧光强度与L(+)-抗坏血酸的浓度在一定条件下成正比，以此测定试样中L(+)-抗坏血酸总量。

2. 试剂

（1）偏磷酸-乙酸溶液：称取15g偏磷酸，加入40mL冰醋酸及250mL水，加温，搅拌，使之逐渐溶解，冷却后加水至500mL。于4℃冰箱可保存7～10d。

（2）偏磷酸-乙酸-硫酸溶液：称取15g偏磷酸，加入40mL冰醋酸，滴加0.15mol/L硫酸溶液至溶解，并稀释至500mL。

（3）硼酸-乙酸钠溶液：称取3g硼酸，用500g/L乙酸钠溶液溶解并稀释至100mL。临用时配制。

（4）酸性活性炭：称取约200g活性炭粉（75～177μm），加入1L盐酸（1+9），加热回流1～2h，过滤，用水洗至滤液中无铁离子为止，置于110～120℃烘箱中干燥10h，备用。

检验铁离子方法：利用普鲁士蓝反应。将20g/L亚铁氰化钾与1%盐酸等量混合，将上述洗出滤液滴入，如有铁离子则产生蓝色沉淀。

（5）百里酚蓝指示剂溶液（0.4mg/mL）：称取0.1g百里酚蓝，加入0.02mol/L氢氧化钠溶液约10.75mL，在玻璃研钵中研磨至溶解，用水稀释至250mL。（变色范围：pH等于1.2时呈红色；pH等于2.8时呈黄色；pH大于4时呈蓝色）。

3. 仪器

荧光分光光度计：具有激发波长338nm及发射波长420nm。配有1cm比色皿。

4. 分析步骤

全部实验过程应避光。

（1）样品的制备　称取约100g（精确至0.1g）试样，加100g偏磷酸-乙酸溶液，倒入捣碎机内打成匀浆，用百里酚蓝指示剂测试匀浆的酸碱度。如呈红色，即称取适量匀浆用偏磷酸-乙酸溶液稀释；若呈黄色或蓝色，则称取适量匀浆用偏磷酸-乙酸-硫酸溶液稀释，使其pH为1.2。匀浆的取用量根据试样中抗坏血酸的含量而定。当试样液中抗坏血酸含量在40～100μg/mL之间，一般称取20g（精确至0.01g）匀浆，用相应溶液稀释至100mL，过滤，滤液备用。

（2）氧化处理　分别准确吸取50mL试样滤液及抗坏血酸标准工作液于200mL具塞锥形瓶中，加入2g活性炭，用力振摇1min，过滤，弃去最初数毫升滤液，分别收集其余全部滤液，即为试样氧化液和标准氧化液，待测定。

分别准确吸取10mL试样氧化液于两个100mL容量瓶中，作为“试样液”和“试样空白液”。分别准确吸取10mL标准氧化液于两个100mL容量瓶中，作为“标准液”和“标准空白液”。于“试样空白液”和“标准空白液”中各加5mL硼酸-乙酸钠溶液，混合摇动15min，用水稀释至100mL，在4℃冰箱中放置2～3h，取出待测。于“试样液”和“标准液”中各加5mL的500g/L乙酸钠溶液，用水稀释至100mL，待测。

（3）标准曲线的制备　准确吸取上述“标准液”［L(+)-抗坏血酸含量10μg/mL］

0.5mL，1.0mL，1.5mL，2.0mL，分别置于10mL具塞刻度试管中，用水补充至2.0mL。另准确吸取“标准空白液”2mL于10mL带盖刻度试管中。在暗室迅速向各管中加入5mL邻苯二胺溶液，振摇混合，在室温下反应35min，于激发波长338nm、发射波长420nm处测定荧光强度。以“标准液”系列荧光强度分别减去“标准空白液”荧光强度的差值为纵坐标，对应的L(+)-抗坏血酸含量为横坐标，绘制标准曲线或计算直线回归方程。

(4) 试样测定　分别准确吸取2mL“试样液”和“试样空白液”于10mL具塞刻度试管中，在暗室迅速向各管中加入5mL邻苯二胺溶液，振摇混合，在室温下反应35min，于激发波长338nm、发射波长420nm处测定荧光强度。以“试样液”荧光强度减去“试样空白液”的荧光强度的差值于标准曲线上查得或用回归方程计算试样溶液中L(+)-抗坏血酸总量。

5. 计算

$$X=\frac{cV}{m}F\times\frac{100}{1000}$$

式中　X——试样中总抗坏血酸质量分数，mg/100g；

c——由标准曲线查得或回归方程计算的进样液中L(+)-抗坏血酸的质量浓度，μg/mL；

V——荧光反应所用试样体积，mL；

F——试样的稀释倍数；

m——试样的质量，g；

1000——换算系数。

（三）2,6-二氯靛酚滴定法

1. 原理

用蓝色的碱性染料2,6-二氯靛酚标准溶液对含L(+)-抗坏血酸的试样酸性浸出液进行氧化还原滴定，2,6-二氯靛酚被还原为无色，当到达滴定终点时，多余的2,6-二氯靛酚在酸性介质中显浅红色，由2,6-二氯靛酚的消耗量计算样品中L(+)-抗坏血酸的含量。

2. 试剂

(1) 2,6-二氯靛酚（2,6-二氯靛酚钠盐）溶液：称取碳酸氢钠52mg溶解在200mL热蒸馏水中，然后称取2,6-二氯靛酚50mg溶解在上述碳酸氢钠溶液中。冷却并用水定容至250mL，过滤至棕色瓶内，于4～8℃环境中保存。每次使用前，用标准抗坏血酸溶液标定其滴定度。

标定方法：准确吸取1mL抗坏血酸标准溶液于50mL锥形瓶中，加入10mL偏磷酸溶液或草酸溶液，摇匀，用2,6-二氯靛酚溶液滴定至粉红色，保持15s不褪色为止。同时另取10mL偏磷酸溶液或草酸溶液做空白试验。2,6-二氯靛酚溶液的滴定度按下式计算：

$$T=\frac{c\times V}{V_1-V_0}$$

式中　T——2,6-二氯靛酚溶液的滴定度，即每毫升2,6-二氯靛酚溶液相当于抗坏血酸的毫克数，mg/mL；

c——抗坏血酸标准溶液的质量浓度，mg/mL；

V——吸取抗坏血酸标准溶液的体积，mL；

V_1——滴定抗坏血酸标准溶液所消耗2,6-二氯靛酚溶液的体积，mL；

V_0——滴定空白所消耗2,6-二氯靛酚溶液的体积，mL。

（2）L(＋)-抗坏血酸标准溶液（1.000mg/mL）：称取 100mg（精确至 0.1mg）L(＋)-抗坏血酸标准品，溶于偏磷酸溶液或草酸溶液并定容至 100mL。该贮备液在 2～8℃避光条件下可保存一周。

3. 分析步骤

（1）试液制备：称取具有代表性样品的可食部分 100g，放入粉碎机中，加入 100g 偏磷酸溶液或草酸溶液，迅速捣成匀浆。准确称取 10～40g 匀浆样品（精确至 0.01g）于烧杯中，用偏磷酸溶液或草酸溶液将样品转移至 100mL 容量瓶，并稀释至刻度，摇匀后过滤。若滤液有颜色，可按每克样品加 0.4g 白陶土脱色后再过滤。

（2）滴定：准确吸取 10mL 滤液于 50mL 锥形瓶中，用标定过的 2,6-二氯靛酚溶液滴定，直至溶液呈粉红色 15s 不褪色为止。同时做空白试验。

4. 计算

试样中 L（＋)-抗坏血酸含量按下式计算：

$$X=\frac{(V-V_0)\times T\times A}{m}\times 100$$

式中 X——试样中 L(＋)-抗坏血酸含量，mg/100g；

V——滴定试样所消耗 2,6-二氯靛酚溶液的体积，mL；

V_0——滴定空白所消耗 2,6-二氯靛酚溶液的体积，mL；

T——2,6-二氯靛酚溶液的滴定度，即每毫升 2,6-二氯靛酚溶液相当于抗坏血酸的毫克数（mg/mL）；

A——稀释倍数；

m——试样质量，g。

5. 说明

（1）所有试剂最好用重蒸馏水配制。

（2）样品采取后，应浸泡在已知量的 2％草酸溶液中，以防止维生素 C 氧化损失。测定时整个操作过程要迅速，防止抗坏血酸被氧化。

（3）若测动物性样品，须用 10％三氯乙酸代替 2％草酸溶液提取。

（4）若样品滤液颜色较深，影响滴定终点观察，可加入白陶土再过滤。白陶土使用前应测定回收率。

（5）若样品中含有 Fe^{2+}、Cu^{2+}、Sn^{2+}、亚硫酸盐、硫代硫酸盐等还原性杂质时，会使结果偏高。

第三章 食品中微量元素的检验

食物中所含的元素除C、H、O、N这4种构成有机物质和水分的元素外，其他元素统称为矿物质。按照矿物质在人体的含量可分为常量元素和微量元素两类。常量元素含量大于机体重量0.01%，包括Ca、Mg、K、Na、P、S、Cl共七种；微量元素含量一般小于机体重量的0.01%，如Fe、Zn、Cu、Cr、I、Se、Ni、Sn、F、As、Pb、Hg、Cd等。微量元素中的Fe、Zn、Cu、Cr、I、Se、Ni、Sn、F等元素已确定是人类生理必需的物质；有些元素目前尚未证实对人体具有生理功能，而极小的剂量，可能引起机体毒性反应，这类元素称之为有毒元素，如铅、镉、汞、砷等。为了保证食品安全，保障人体健康，必须加强食品中微量元素的分析检测。

食品中微量元素常用的分析方法有紫外可见分光光度法、原子吸收光谱法、原子发射光谱法、原子荧光光谱法和电感耦合等离子体质谱法等。

第一节 食品中砷的测定

一、概述

砷广泛存在于自然界中，可以通过多种途径进入食品中。常见的食品污染有：含砷农药的使用，如砷酸铅、甲基砷酸钙、亚砷酸钠和三氧化二砷等；食品加工时，使用一些含砷的化学物质作原料或食品添加剂；畜牧业生产中使用含砷化合物作为生长促进剂；环境砷污染等，如砷矿的开采和熔炼，含砷“三废”向环境中排放，造成食品污染。水生生物能富集砷，因此海产品中砷含量较高。

单质砷毒性小，但砷化合物都有毒。砷及其化合物能使红细胞溶解，破坏其正常生理机能，能与蛋白质和酶中的巯基结合，使酶失去活性。砷有蓄积性，可引起人体的急、慢性中毒。急性中毒可引起重度胃肠道损伤和心脏功能失调。慢性中毒主要表现为神经衰弱、皮肤色素沉着及过度角化等。国际癌症研究机构确认，无机砷化合物具有致突变、致畸、致癌等作用，可引起人类肺癌和皮肤癌。

我国食品安全国家标准《食品中污染物限量》规定食品中砷的含量为：谷物、新鲜蔬菜、肉及肉制品和乳粉等（总砷）≤0.5mg/kg；油脂等（总砷）≤0.1mg/kg；水产动物及其制品（鱼类及其制品除外）（无机砷）≤0.5mg/kg、鱼类及其制品（无机砷）≤0.5mg/kg。

二、食品中总砷的测定方法

（一）电感耦合等离子体质谱法

1. 原理

样品经酸消解处理为样品溶液，样品溶液经雾化由载气送入 ICP 炬管中，经过蒸发、离解、原子化和离子化等过程，转化为带电荷的离子，经离子采集系统进入质谱仪，质谱仪根据质荷比进行分离。对于一定的质荷比，质谱的信号强度与进入质谱仪的离子数成正比，即样品浓度与质谱信号强度成正比。通过测量质谱的信号强度对试样溶液的砷元素进行测定。

2. 试剂

砷标准储备液（100mg/L，按 As 计）：准确称取于 100℃ 干燥 2h 的三氧化二砷 0.0132g，加 1mL 氢氧化钠溶液（100g/L）和少量水溶解，转入 100mL 容量瓶中，加入适量盐酸调整其酸度近中性，用水稀释至刻度。4℃避光保存，保存期一年。或购买国家认证并授予标准物质证书的标准溶液物质。

砷标准使用液（1.00mg/L，按 As 计）：准确吸取 1.00mL 砷标准储备液（100mg/L）于 100mL 容量瓶中，用硝酸溶液（2＋98）稀释定容至刻度。现配现用。

3. 仪器

电感耦合等离子体质谱仪（ICP-MS）；微波消解系统；压力消解器。

4. 分析步骤

（1）试样预处理　在采样和制备过程中，应注意不使试样污染。

粮食、豆类等样品去杂物后粉碎均匀，装入洁净聚乙烯瓶中，密封保存备用。

蔬菜、水果、鱼类、肉类及蛋类等新鲜样品，洗净晾干，取可食部分匀浆，装入洁净聚乙烯瓶中，密封，于 4℃冰箱冷藏备用。

（2）试样消解

① 微波消解法　蔬菜、水果等含水分高的样品，称取 2.0～4.0g（精确至 0.001g）样品，粮食、肉类、鱼类等样品，称取 0.2～0.5g（精确至 0.001g）样品于消解罐中，加入 5mL 硝酸，放置 30min，盖好安全阀，将消解罐放入微波消解系统中，根据不同类型的样品，设置适宜的微波消解程序，按相关步骤进行消解，消解完全后赶酸，将消化液转移至 25mL 容量瓶或比色管中，用少量水洗涤内罐 3 次，合并洗涤液并定容至刻度，混匀。同时作空白试验。

② 高压密闭消解法　称取固体试样 0.20～1.0g（精确至 0.001g），湿样 1.0～5.0g（精确至 0.001g）或取液体试样 2.00～5.00mL 于消解罐中，加入 5mL 硝酸浸泡过夜。盖好内盖，旋紧不锈钢外套，放入恒温干燥箱，140～160℃保持 3～4h，自然冷却至室温，然后缓慢旋松不锈钢外套，将消解内罐取出，用少量水冲洗内盖，放在控温电热板上于 120℃赶去棕色气体。取出消解内罐，将消化液转移至 25mL 容量瓶或比色管中，用少量水洗涤内罐 3

次，合并洗涤液并定容至刻度，混匀。同时作空白试验。

(3) 仪器参考条件　RF功率1550W；载气流速1.14L/min；采样深度7mm；雾化室温度2℃；Ni采样锥，Ni截取锥。

质谱干扰主要来源于同量异位素、多原子、双电荷离子等，可采用最优化仪器条件、干扰校正方程校正或采用碰撞池、动态反应池技术方法消除干扰。砷的干扰校正方程为：$^{75}As={}^{75}As-{}^{77}M(3.127)+{}^{82}M(2.733)-{}^{83}M(2.757)$；采用内标校正、稀释样品等方法校正非质谱干扰。砷的m/z为75，选^{72}Ge为内标元素。

推荐使用碰撞/反应池技术，在没有碰撞/反应池技术的情况下使用干扰方程消除干扰的影响。

(4) 标准曲线的绘制　吸取适量砷标准使用液（1.00mg/L），用硝酸溶液（2+98）配制砷浓度分别为0.00ng/mL、1.0ng/mL、5.0ng/mL、10ng/mL、50ng/mL和100ng/mL的标准系列溶液。

当仪器真空度达到要求时，用调谐液调整仪器灵敏度、氧化物、双电荷、分辨率等各项指标、当仪器各项指标达到测定要求，编辑测定方法、选择相关消除干扰方法，引入内标，观测内标灵敏度、脉冲与模拟模式的线性拟合，符合要求后，将标准系列引入仪器，进行相关数据处理，绘制标准曲线，计算回归方程。

(5) 试样溶液的测定　相同条件下，将试剂空白、样品溶液分别引入仪器进行测定。根据回归方程计算出样品中砷元素的浓度。

5. 计算

$$X=\frac{(c-c_0)V\times1000}{m\times1000\times1000}$$

式中　X——试样中砷的含量，mg/kg或mg/L；

c——试样消化液中砷的测定浓度，ng/mL；

c_0——试样空白消化液中砷的测定浓度，ng/mL；

V——试样消化液总体积，mL；

m——试样质量，g或mL；

1000——换算系数。

6. 说明

压力消解法消化样品具有用酸量少、快速、简便、防污染及损失的优点。操作时应按规定使用，注意样品取样量不可超过规定，严格控制加热温度。为了防止在消解反应中产生过高的压力，将样品先放置过夜。

（二）氢化物发生原子荧光光谱法

1. 原理

食品样品经湿法消解或干灰化法处理后，加入硫脲使五价砷预还原为三价砷，再加入硼氢化钠或硼氢化钾使还原生成砷化氢，由氩气载入石英原子化器中分解为原子态砷，在高强度砷空心阴极灯的发射光激发下产生原子荧光，其荧光强度在固定条件下与被测液中的砷浓度成正比，与标准系列比较定量。

2. 试剂

砷标准储备液（100mg/L，按As计）和砷标准使用液（1.00mg/L，按As计）同本节电感耦合等离子体质谱法。

3. 仪器

原子荧光光谱仪；控温电热板：50～200℃；马弗炉。

4. 分析步骤

（1）试样预处理　同电感耦合等离子体质谱法中的试样预处理。

（2）试样消解

① 湿法消解　固体试样称取 1.0～2.5g、液体试样称取 5.0～10.0g（或 mL）（精确至 0.001g），置入 50～100mL 锥形瓶中，同时做两份试剂空白。加硝酸 20mL，高氯酸 4mL，硫酸 1.25mL，放置过夜。次日，置于电热板上加热消解。若消解液处理至 1mL 左右时仍有未分解物质或色泽变深，取下放冷，补加硝酸 5～10mL，再消解至 2mL 左右，如此反复两三次，注意避免炭化。继续加热至消解完全后，再持续蒸发至高氯酸的白烟散尽，硫酸的白烟开始冒出。冷却，加水 25mL，再蒸发至冒硫酸白烟。冷却，用水将内容物转入 25mL 容量瓶或比色管中，加入硫脲＋抗坏血酸溶液 2mL，补加水至刻度，混匀，放置 30min，待测。按同一操作方法作空白试验。

② 干灰化法　固体试样称取 1.0～2.5g，液体试样取 4.0mL（g）（精确至 0.001g），置于 50～100mL 坩埚中，同时做两份试剂空白。加 150g/L 硝酸镁 10mL 混匀，低热蒸干，将 1g 氧化镁覆盖在干渣上，于电炉上炭化至无黑烟，转入 550℃马弗炉灰化 4h。取出放冷，小心加入盐酸溶液（1＋1）10mL 以中和氧化镁并溶解灰分，转入 25mL 容量瓶或比色管中，向容量瓶或比色管中加入硫脲＋抗坏血酸溶液 2mL，另用硫酸溶液（1＋9）分次洗涤坩埚后合并洗涤液至 25mL 刻度，混匀，放置 30min，待测。按同一操作方法作空白试验。

（3）仪器参考条件　负高压：260V；砷空心阴极灯电流：50～80mA；载气：氩气；载气流速：500mL/min；屏蔽气流速：800mL/min；测量方式：荧光强度；读数方式：峰面积。

（4）标准曲线的制作　取 25mL 容量瓶或比色管 6 支，依次准确加入 1.00μg/mL 砷标准使用液 0.00mL、0.10mL、0.25mL、0.50mL、1.5mL 和 3.0mL（分别相当于砷浓度 0.0ng/mL、4.0ng/mL、10ng/mL、20ng/mL、60ng/mL 和 120ng/mL），各加硫酸溶液（1＋9）12.5mL，硫脲＋抗坏血酸溶液 2mL，补加水至刻度，混匀后放置 30min 后测定。

仪器预热稳定后，将试剂空白、标准系列溶液依次引入仪器进行原子荧光强度的测定，以原子荧光强度为纵坐标、砷浓度为横坐标绘制标准曲线，得到回归方程。

（5）试样溶液的测定　相同条件下，将样品溶液分别引入仪器进行测定。根据回归方程计算出样品中砷元素的浓度。

5. 计算

同本节电感耦合等离子体质谱法。

（三）银盐法

1. 原理

试样经消化后，以碘化钾和氯化亚锡，将试样中的高价砷还原为三价砷，然后与锌粒和酸产生的新生态氢作用，生成砷化氢气体，经银盐溶液吸收后，形成红色胶态物，与标准系列比较定量。

2. 试剂

（1）试剂　二乙基二硫代氨基甲酸银-三乙醇胺-三氯甲烷溶液：称取0.25g二乙基二硫代氨基甲酸银，置于乳钵中，加少量三氯甲烷研磨，移入100mL量筒中，加入1.8mL三乙醇胺，再用三氯甲烷分次洗涤乳钵，洗液一并移入量筒中，再用三氯甲烷稀释至100mL，放置过夜。滤入棕色瓶中贮存。

（2）标准溶液配制

① 砷标准储备液（100mg/L，按As计）：准确称取于100℃干燥2h的三氧化二砷0.0132g，加5mL氢氧化钠溶液（200g/L），溶解后加25mL硫酸溶液（6＋94），移入1000mL容量瓶中，加新煮沸冷却的水稀释至刻度，贮存于棕色玻璃瓶中。4℃避光保存。保存期一年。或购买国家认证并授予标准物质证书的标准溶液物质。

② 砷标准使用液（1.00mg/L，按As计）：准确吸取1.00mL砷标准储备液（100mg/L）于100mL容量瓶中，加1mL硫酸溶液（6＋94），加水稀释至刻度。现配现用。

3. 仪器

（1）分光光度计。

（2）测砷装置：见图3-1。

① 100～150mL锥形瓶：19号标准口。

② 导气管：管口19号标准口或经碱处理后洗净的橡皮塞与锥形瓶密合时不应漏气。管的另一端管径为1.0mm。

③ 吸收管：10mL刻度离心管作吸收管用。

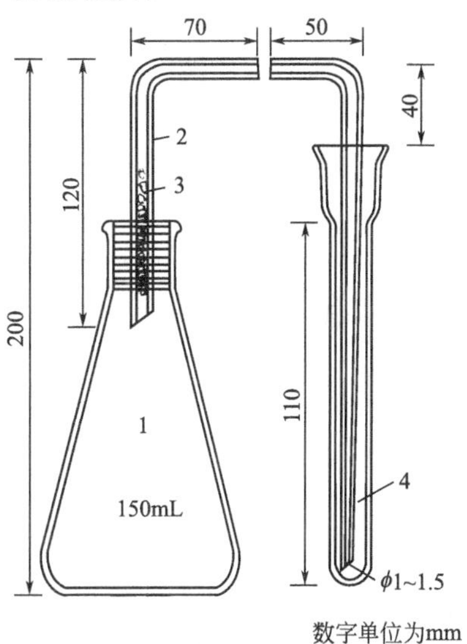

图3-1　测砷装置图

1—150mL锥形瓶；2—导气管；3—乙酸铅棉花；4—10mL刻度离心管

4. 分析步骤

（1）试样预处理　同本节电感耦合等离子体质谱法。

（2）试样消解

① 硝酸-高氯酸-硫酸法

a. 粮食、粉丝、粉条、豆干制品、糕点、茶叶等及其他含水分少的固体食品　称取5.0g或10.0g试样（精确至0.001g），置于250～500mL定氮瓶中，先加少许水湿润，加数粒玻璃珠、10～15mL硝酸-高氯酸混合液，放置片刻，小火缓缓加热，待作用缓和，放冷。沿瓶壁加入5mL或10mL硫酸，再加热，至瓶中液体开始变成棕色时，不断沿瓶壁滴加硝酸-高氯酸混合液至有机质分解完全。加大火力，至产生白烟，待瓶口白烟冒净后，瓶内液体再产生白烟为消化完全，该溶液应澄明无色或微带黄色，放冷（在操作过程中应注意防止爆沸或爆炸）。加20mL水煮沸，除去残余的硝酸至产生白烟为止，如此处理两次，放冷。将放冷后的溶液移入50mL或100mL容量瓶中，用水洗涤定氮瓶，洗涤液并入容量瓶中，放冷，加水至刻度，混匀。定容后的溶液每10mL相当于1g试样，相当加入硫酸量1mL。取与消化样品相同量的硝酸-高氯酸混合液和硫酸，按同一方法作空白试验。

b. 蔬菜、水果　称取25.0～50.0g（精确至0.001g）试样，置于250～500mL定氮瓶中，加数粒玻璃珠、10～15mL硝酸-高氯酸混合液，以下按上述粮食等样品自“放置片刻”

起依法操作，但定容后的溶液每10mL相当于5g试样，相当于加入硫酸1mL。按同一操作方法作空白试验。

② 硝酸-硫酸法　以硝酸代替硝酸-高氯酸混合液进行操作。

③ 灰化法

a. 粮食、茶叶及其他含水分少的食品　称取试样5.0g（精确至0.001g），置于坩埚中，加1g氧化镁及10mL硝酸镁溶液，混匀，浸泡4h。于低温或置水浴锅上蒸干，用小火炭化至无烟后移入马弗炉中加热至550℃，灼烧3～4h，冷却后取出。加5mL水湿润灰分后，用细玻棒搅拌，再用少量水洗下玻棒上附着的灰分至坩埚内，放水浴上蒸干后移入马弗炉550℃灰化2h，冷却后取出。加5mL水湿润灰分，再慢慢加入10mL盐酸（1+1），然后将溶液移入50mL容量瓶中。坩埚用盐酸（1+1）洗涤3次，每次5mL，再用水洗涤3次，每次5mL，洗液均并入容量瓶中，再加水至刻度，混匀。定容后的溶液每10mL相当于1g试样，其加入盐酸量不少于（中和需要量除外）1.5mL。全量供银盐法测定时，不必再加盐酸。按同一操作方法作空白试验。

b. 植物油　称取试样5.0g（精确至0.001g），置于50mL瓷坩埚中，加10g硝酸镁，再在上面覆盖2g氧化镁，将坩埚置小火上加热，至刚冒烟，立即将坩埚取下，以防内容物溢出，待烟小后，再加热至炭化完全。将坩埚移至马弗炉中，550℃以下灼烧至灰化完全，冷后取出。加5mL水湿润灰分，再缓缓加入15mL盐酸（1+1），然后将溶液移入50mL容量瓶中，坩埚用盐酸（1+1）洗涤5次，每次5mL，洗液均并入容量瓶中，加盐酸（1+1）至刻度，混匀。定容后的溶液每10mL相当于1g样品，相当于加入盐酸量（中和需要量除外）1.5mL。按同一操作方法作空白试验。

（3）测定

吸取一定量的消化后的定容溶液（相当于5g样品）及同量的试剂空白液，分别置于150mL锥形瓶中，补加硫酸至总量为5mL，加水至50～55mL。

（1）标准曲线制作　分别吸取0.0mL、2.0mL、4.0mL、6.0mL、8.0mL、10.0mL砷标准使用液（相当0.0μg、2.0μg、4.0μg、6.0μg、8.0μg、10μg），置于6个150mL锥形瓶中，加水至40mL，再加10mL硫酸溶液（1+1）。

（2）用湿法消化液　于样品消化液、试剂空白液及砷标准溶液中各加3mL碘化钾溶液（150g/L）、0.5mL酸性氯化亚锡溶液，混匀，静置15min。各加入3g锌粒，立即分别塞上装有乙酸铅棉花的导气管，并使管尖端插入盛有4mL银盐溶液的离心管中的液面下，在常温下反应45min后，取下离心管，加三氯甲烷补足4mL。用1cm比色杯，以零管调节零点，于波长520nm处测吸光度，绘制标准曲线。

（3）用灰化法消化液　取灰化法消化液及试剂空白液分别置于150mL锥形瓶中。吸取0.0mL、2.0mL、4.0mL、6.0mL、8.0mL、10.0mL砷标准使用液（相当0.0μg、2.0μg、4.0μg、6.0μg、8.0μg、10μg砷），分别置于150mL锥形瓶中，加水至43.5mL，再加6.5mL盐酸。以下按上述“用湿法消化液”中自“于样品消化液”起依法操作。

5. 计算

$$X=\frac{(A_1-A_2)V_1\times 1000}{mV_2\times 1000\times 1000}$$

式中　X——试样中砷的含量，mg/kg或mg/L；

A_1——测定用试样消化液中砷的质量，ng；

A_2——试样空白液中砷的质量，ng；

V_1——试样消化液总体积，mL；
V_2——测定用试样消化液的体积，mL；
m——试样质量（体积），g 或 mL；
1000——换算系数。

6. 说明

（1）氯化亚锡易被氧化，失去还原作用。为了保持试剂具有稳定的还原性，配制时，加盐酸溶解为酸性氯化亚锡溶液，并加入数粒金属锡粒，使溶液具有还原性。氯化亚锡的作用为将 As^{5+} 还原成 As^{3+}；在锌粒表面沉积锡层以抑制产生氢气作用过猛。

（2）乙酸铅棉花塞入导气管中，是为了吸收可能产生的硫化氢，使其生成硫化铅而滞留在棉花上，以免吸收液吸收产生干扰。乙酸铅棉花要塞得松紧适宜。

（3）样品消化液中的残余硝酸须驱除尽，硝酸的存在影响反应与显色，会导致结果偏低，必要时须增加测定用硫酸的加入量。

（4）砷化氢发生及吸收应避免在阳光直射下进行，同时应控制温度在 25℃左右。温度过高反应快，吸收不彻底；过低则反应时间延长，作用时间 1h 为宜，夏季可缩短为 45min。反应后，三氯甲烷可能挥发损失，在比色前用三氯甲烷补足至 4mL。

第二节 食品中汞的测定

一、概述

汞在自然中广泛分布而且应用较多。食品中的汞主要来源于工业“三废”的排放、汞矿开发以及含汞农药的使用等。水体中的汞通过微生物的作用可转化为甲基汞。水生生物对甲基汞的富集系数可高达 1×10^6。水产品中汞的含量远高于其他食品。

各种形态的汞均有毒。单质汞易被呼吸道吸收，无机汞不容易吸收，毒性较小。烷基汞易被肠道吸收，毒性大。汞易在人体内蓄积，主要蓄积在脑、肝和肾等部位。汞的毒性主要是损害细胞内酶系统和蛋白质的巯基，引起急性或慢性中毒。甲基汞对人体的损害最大，主要靶器官为脑，还可通过胎盘进入胎儿体内，导致胎儿先天性汞中毒，影响胎儿正常生长发育。我国食品安全国家标准《食品中污染物限量》规定汞在食品中的含量为：肉类、鲜蛋（总汞）≤0.05mg/kg；乳及乳制品、新鲜蔬菜（总汞）≤0.01mg/kg；谷物及其制品（总汞）≤0.02mg/kg；水产动物及其制品（肉食性鱼类及其制品除外）（甲基汞）≤0.5mg/kg；肉食性鱼类及其制品（甲基汞）≤1.0mg/kg。

二、食品中总汞的测定方法

（一）原子荧光光谱分析法

1. 原理

试样经酸加热消解后，在酸性介质中，试样中汞被硼氢化钾（KBH_4）或硼氢化钠（$NaBH_4$）还原成原子态汞，由载气（氩气）带入原子化器中，在特制汞空心阴极灯照射下，基态汞原子被激发至高能态，在由高能态回到基态时，发射出特征波长的荧光，其荧光强度与汞含量成正比，与标准系列比较定量。

2. 试剂

汞标准储备液（1.00mg/mL）：准确称取 0.1354g 经干燥过的氯化汞，用重铬酸钾的硝酸溶液（0.5g/L）溶解并转移至100mL容量瓶中，稀释至刻度，混匀，此溶液浓度为1.00mg/mL。于4℃冰箱中避光保存，可保存2年。或购买国家认证并授予标准物质证书的标准溶液物质。

汞标准中间液（10μg/mL）：吸取1.00mL汞标准储备液（1.00mg/mL）于100mL容量瓶中，用重铬酸钾的硝酸溶液（0.5g/L）稀释至刻度，混匀，此溶液浓度为10μg/mL。于4℃冰箱中避光保存，可保存2年。

汞标准使用溶液（50ng/mL）：吸取5.00mL汞标准中间液（10μg/mL）于100mL容量瓶中，用0.5g/L重铬酸钾的硝酸溶液稀释至刻度，混匀，此溶液浓度为50ng/mL，现用现配。

3. 仪器

原子荧光光谱仪；微波消解系统；压力消解器。

4. 分析步骤

（1）试样预处理　在采样和制备过程中，应注意不使试样污染。

粮食、豆类等样品去杂物后粉碎均匀，装入洁净聚乙烯瓶中，密封保存备用。

蔬菜、水果、鱼类、肉类及蛋类等新鲜样品，洗净晾干，取可食部分匀浆，装入洁净聚乙烯瓶中，密封，于4℃冰箱冷藏备用。

（2）试样消解

① 压力罐消解法　称取固体试样0.2～1.0g（精确至0.001g），新鲜样品0.5～2.0g（精确至0.001g）或液体试样吸取1～5mL，置于消解罐内，加入5mL硝酸浸泡过夜。盖好内盖，旋紧不锈钢外套，放入恒温干燥箱，140～160℃保持4～5h，在箱内自然冷却至室温，然后缓慢旋松不锈钢外套，将消解罐取出，用少量水冲洗内盖，放在控温电热板上或超声水浴箱中，于80℃或超声脱气2～5min，赶去棕色气体。取出消解内罐，将消化液转移至25mL容量瓶中，用少量水分3次洗涤内罐，洗涤液合并于容量瓶中并定容至刻度，混匀备用；同时作空白试验。

② 微波消解法　称取固体试样0.2～0.5g（精确至0.001g），新鲜样品0.2～0.8g或液体试样吸取1～3mL，置于消解罐内，加入5～8mL硝酸，加盖放置过夜，旋紧罐盖，按照微波消解仪的标准操作步骤进行消解。冷却后取出，缓慢打开罐盖排气，用少量水冲洗内盖，将消解罐放在控温电热板上或超声水浴箱中，于80℃或超声脱气2～5min，赶去棕色气体，取出消解内罐，将消化液转移至25mL容量瓶中，用少量水分3次洗涤内罐，洗涤液合并于容量瓶中并定容至刻度，混匀备用；同时作空白试验。

③ 回流消解法

a. 粮食　称取1.0～4.0g（精确至0.001g）试样，置于消化装置锥形瓶中，加玻璃珠数粒，加45mL硝酸、10mL硫酸，转动锥形瓶防止局部炭化。装上冷凝管后，小火加热，待开始发泡即停止加热，发泡停止后，加热回流2h。如加热过程中溶液变棕色，再加5mL硝酸，继续回流2h，消解到样品完全溶解，一般呈淡黄色或无色，放冷后从冷凝管上端小心加20mL水，继续加热回流10min，放冷，用适量水冲洗冷凝管，冲洗液并入消化液中，将消化液经玻璃棉过滤于100mL容量瓶内，用少量水洗锥形瓶、滤器，洗液并入容量瓶内，加水至刻度，混匀。同时作空白试验。

b. 肉、蛋类　称取0.5～2.0g（精确至0.001g）试样，置于消化装置锥形瓶中，加玻璃珠数粒及30mL硝酸、5mL硫酸，转动锥形瓶防止局部炭化。以下按上述粮食样品自“装上冷凝管后”起依法操作。同时作空白试验。

（3）测定

① 仪器参考条件 光电倍增管负高压：240V；汞空心阴极灯电流：30mA；原子化器温度：300℃；载气流速：500mL/min，屏蔽气流速：1000mL/min。

② 标准曲线制作 分别吸取 50ng/mL 汞标准使用液 0.00mL、0.20mL、0.50mL、1.00mL、1.50mL、2.00mL、2.50mL 于 50mL 容量瓶中，用硝酸溶液（1＋9）稀释至刻度，混匀。各自相当于汞浓度 0.00ng/mL、0.20ng/mL、0.50ng/mL、1.00ng/mL、1.50ng/mL、2.00ng/mL、2.50ng/mL。

③试样溶液的测定 设定好仪器最佳条件，连续用硝酸溶液（1＋9）进样，待读数稳定之后，转入标准系列测量，绘制标准曲线。转入试样测量，先用硝酸溶液（1＋9）进样，使读数基本回零，再分别测定试样空白和试样消化液，每测不同的试样都应清洗进样器。试样测定结果按下列公式进行计算。

5. 计算

$$X=\frac{(c-c_0)V\times1000}{m\times1000\times1000}$$

式中 X——试样中汞的含量，mg/kg 或 mg/L；

c——测定样液中汞的含量，ng/mL；

c_0——空白液中汞含量，ng/mL；

V——试样消化液定容总体积，mL；

m——试样质量，g 或 mL；

1000——换算系数。

（二）冷原子吸收光谱法

1. 原理

汞蒸气对波长 253.7nm 的共振线具有强烈的吸收作用。样品经过酸消解或催化酸消解，使样品中的汞转为离子状态，在强酸性介质中以氯化亚锡为还原剂，将离子状态的汞定量地还原成元素汞。以氮气或干燥清洁空气为载气，将元素汞吹入汞测定仪，进行冷原子吸收测定。在一定浓度范围其吸收值与汞含量成正比，外标法定量。

2. 试剂

同本节原子荧光光谱分析法。

3. 仪器

测汞仪（附气体循环泵、气体干燥装置、汞蒸气发生装置及汞蒸气吸收瓶），或全自动测汞仪；微波消解系统；压力消解器。

4. 分析步骤

（1）试样预处理和试样消解 同本节原子荧光光谱分析法。

（2）仪器参考条件 打开测汞仪，预热 1h 并将仪器性能调至最佳状态。

（3）标准曲线制作 分别吸取汞标准使用液（50ng/mL）0.00mL、0.20mL、0.50mL、1.00mL、1.50mL、2.00mL、2.50mL 于 50mL 容量瓶中，用硝酸溶液（1＋9）稀释至刻度，混匀。各自相当于汞浓度 0.00ng/mL、0.20ng/mL、0.50ng/mL、1.00ng/mL、1.50ng/mL、2.00ng/mL、2.50ng/mL。将标准系列溶液分别置于测汞仪的汞蒸气发生器中，连接抽气装置，沿壁迅速加入 3.0mL 还原剂氯化亚锡（100g/L），迅速盖紧瓶塞，随后有气泡产生，立即通过流速为 1.0L/min 的氮气或经活性炭处理的空气，使汞蒸气经过氯化钙干燥管进入测汞仪中，从仪器读数显示的最高点测得其吸收值。然后，打开吸收瓶上的三通阀将产生的剩余汞蒸气吸收于高锰酸钾溶液（50g/L）中，待测汞仪上的读数达到零点时进行下一次测定。同时做空白试验。求得吸光度值与汞质量关系的一元线性回归方程。

（4）试样溶液的测定　分别吸取样液和试剂空白液各 5.0mL 置于测汞仪的汞蒸气发生器的还原瓶中，以下按照本法 4.(3)“连接抽气装置……同时作空白试验”进行操作。将所测得吸光度值代入标准系列溶液的一元线性回归方程中求得试样溶液中汞含量。

5. 计算

$$X=\frac{(m_1-m_2)V_1\times 1000}{mV_2\times 1000\times 1000}$$

式中　X——试样中汞的含量，mg/kg 或 mg/L；

m_1——测定样液中汞的质量，ng；

m_2——空白液中汞的质量，ng；

V_1——试样消化液定容总体积，mL；

V_2——测定样液体积，mL；

m——试样质量（体积），g 或 mL；

1000——换算系数。

6. 说明

（1）汞蒸气发生器如图 3-2。

（2）玻璃对汞有吸附作用，因此测汞所用一切器皿需用硝酸溶液（1+4）浸泡，洗净后备用。为了避免配制稀汞标准溶液时玻璃对汞的吸附，最好先在容量瓶中加进部分底液，再加入汞贮备液。

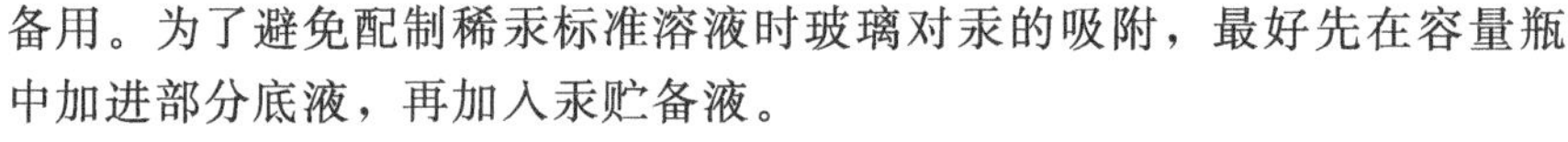

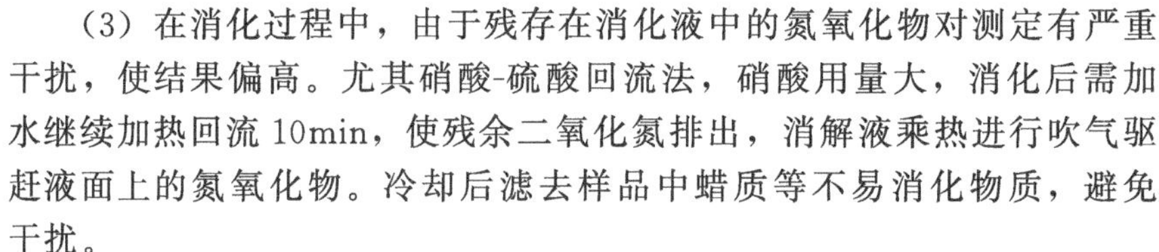

图 3-2　60mL 汞蒸气发生器

（3）在消化过程中，由于残存在消化液中的氮氧化物对测定有严重干扰，使结果偏高。尤其硝酸-硫酸回流法，硝酸用量大，消化后需加水继续加热回流 10min，使残余二氧化氮排出，消解液乘热进行吹气驱赶液面上的氮氧化物。冷却后滤去样品中蜡质等不易消化物质，避免干扰。

（4）测汞仪中的光道管、气路管道均要保持干燥、光亮、平滑、无水汽凝集，否则应分段拆下，用无汞水煮，再烘干备用。

（5）从汞蒸气发生瓶至测汞仪的连接管道不宜过长，宜用不吸附汞的聚氯乙烯塑料管。测定应注意水汽的干扰。因此汞蒸气必须先经干燥管干燥后再进入仪器检测。

三、食品中甲基汞的测定方法

1. 原理

食品中甲基汞经超声波辅助 5mol/L 盐酸溶液提取后，使用 C_{18} 反相色谱柱分离，色谱流出液进入在线紫外消解系统，在紫外光照射下与强氧化剂过硫酸钾反应，甲基汞转变为无机汞。酸性环境下，无机汞与硼氢化钾在线反应生成汞蒸气，由原子荧光光谱仪测定。由保留时间定性，外标法峰面积定量。

2. 试剂

（1）氯化汞标准储备液（200μg/mL，以 Hg 计）：准确称取 0.0270g 氯化汞，用 0.5g/L 重铬酸钾的硝酸溶液溶解，并稀释、定容至 100mL。于 4℃冰箱中避光保存，可保存两年。

或购买经国家认证并授予标准物质证书的标准溶液物质。

（2）甲基汞标准储备液（200μg/mL，以 Hg 计）：准确称取 0.0250g 氯化甲基汞，加少量甲醇溶解，用甲醇溶液（1＋1）稀释和定容至 100mL。于 4℃冰箱中避光保存，可保存两年。或购买经国家认证并授予标准物质证书的标准溶液物质。

（3）混合标准使用液（1.00μg/mL，以 Hg 计）：准确移取 0.50mL 甲基汞标准储备液和 0.50mL 氯化汞标准储备液，置于 100mL 容量瓶中，以流动相稀释至刻度，摇匀。此混合标准使用液中，两种汞化合物的浓度均为 1.00μg/mL。现用现配。

3. 仪器

液相色谱-原子荧光光谱联用仪（LC-AFS）：由液相色谱仪（包括液相色谱泵和手动进样阀）、在线紫外消解系统及原子荧光光谱仪组成。

4. 分析步骤

（1）试样预处理　同上述原子荧光光谱分析法中的试样预处理方法。

（2）试样提取　称取样品 0.50～2.0g（精确至 0.001g），置于 15mL 塑料离心管中，加入 10mL 的盐酸溶液（5mol/L），放置过夜。室温下超声水浴提取 60min，其间振摇数次。4℃下以 8000r/min 转速离心 15min。准确吸取 2.0mL 上清液至 5mL 容量瓶或刻度试管中，逐滴加入氢氧化钠溶液（6mol/L），使样液 pH 为 2～7。加入 0.1mL 的 L-半胱氨酸溶液（10g/L），最后用水定容至刻度。0.45μm 有机系滤膜过滤，待测。同时做空白试验。

（3）仪器参考条件　液相色谱参考条件如下：

色谱柱：C_{18} 分析柱（柱长 150mm，内径 4.6mm，粒径 5μm），C_{18} 预柱（柱长 10mm，内径 4.6mm，粒径 5μm）。流速：1.0mL/min。进样体积：100μL。

原子荧光检测参考条件如下：

负高压：300V；汞灯电流：30mA；原子化方式：冷原子；载液：10%盐酸溶液；载液流速：4.0mL/min；还原剂：2g/L 硼氢化钾溶液；还原剂流速 4.0mL/min；氧化剂：2g/L 过硫酸钾溶液，氧化剂流速 1.6mL/min；载气流速：500mL/min；辅助气流速：600mL/min。

（4）标准曲线制作　取 6 支 10mL 容量瓶，分别准确加入混合标准使用液（1.00μg/mL）0.00mL、0.010mL、0.020mL、0.040mL、0.060mL 和 0.10mL，用流动相稀释至刻度。此标准系列溶液的浓度分别为 0.0ng/mL、1.0ng/mL、2.0ng/mL、4.0ng/mL、6.0ng/mL 和 10.0ng/mL。吸取标准系列溶液 100μL 进样，以标准系列溶液中目标化合物的浓度为横坐标，以色谱峰面积为纵坐标，绘制标准曲线。

试样溶液的测定：将试样溶液 100μL 注入液相色谱-原子荧光光谱联用仪中，得到色谱图，以保留时间定性。以外标法峰面积定量。平行测定次数不少于两次。

5. 计算

$$X=\frac{f(c-c_0)V\times 1000}{m\times 1000\times 1000}$$

式中　X——试样中甲基汞的含量，mg/kg；

f——稀释因子；

c——经标准曲线得到的测定液中甲基汞的浓度，ng/mL；

c_0——经标准曲线得到的空白液中甲基汞的浓度，ng/mL；

V——加入提取试剂的体积，mL；

m——试样质量，g；

1000——换算系数。

6. 说明

试样提取过程中滴加氢氧化钠溶液（6mol/L）时应缓慢逐滴加入，避免酸碱中和产生的热量来不及扩散，使温度很快升高，导致汞化合物挥发，造成测定值偏低。

第三节　食品中铅的测定

一、概述

铅在自然界中分布非常广泛，铅及其化合物是重要的工业原料。食品中的铅主要来源于工业“三废”的排放；食品在生产、加工、包装和运输过程中接触到的设备、工具、容器和包装材料等；含铅食品添加剂和加工助剂的使用等。吸收进入血液的铅大部分与红细胞结合，随后逐渐以磷酸铅盐的形式蓄积于骨骼中，取代骨中的钙。铅在体内有蓄积作用，蓄积体内的铅对人体许多器官组织有不同程度的损害，对脑组织、造血系统和肾的损害最明显，铅也是一种潜在的致癌物质。铅可导致染色体断裂、胚胎发育迟缓和畸形。儿童对铅较成人更敏感，可严重影响儿童的生长发育和智力。我国食品安全国家标准《食品中污染物限量》规定食品中铅的含量为：谷物及其制品[麦片、面筋、八宝粥罐头、带馅（料）面米制品除外]、豆类蔬菜、薯类、肉类（畜禽内脏除外）、蛋及蛋制品（皮蛋、皮蛋肠除外）等≤0.2mg/kg；麦片、面筋、八宝粥罐头、带馅（料）面米制品、豆类制品（豆浆除外）、畜禽内脏、肉制品、皮蛋、乳粉等≤0.5mg/kg；蔬菜制品、水果制品、鲜冻水产动物（鱼类、甲壳类、双壳类除外）≤1.0mg/kg；生乳、巴氏杀菌乳、灭菌乳、发酵乳、调制乳、豆浆等≤0.05mg/kg。

二、食品中铅的测定方法

（一）石墨炉原子吸收光谱法

1. 原理

试样经消解处理后，经石墨炉原子化，在283.3nm处测吸光度。在一定浓度范围内铅的吸光度值与铅含量成正比，与标准系列比较定量。

2. 试剂

（1）铅标准储备液（1000mg/L）：准确称取1.5985g（精确至0.0001g）硝酸铅，用少量硝酸溶液（1+9）溶解，移入1000mL容量瓶，加水至刻度，混匀。

（2）铅标准中间液（1.00mg/L）：准确吸取铅标准储备液（1000mg/L）于1000mL容量瓶中，加硝酸溶液（5+95）至刻度，混匀。

（3）铅标准系列溶液：分别吸取铅标准中间液（1.00mg/L）0mL、0.500mL、1.00mL、2.00mL、3.00mL和4.00mL于100mL容量瓶中，加硝酸溶液（5+95）至刻度，混匀。此铅标准系列溶液的质量浓度分别为0μg/L、5.00μg/L、10.0μg/L、20.0μg/L、30.0μg/L和40.0μg/L。

3. 仪器

原子吸收光谱仪：配石墨炉原子化器，附铅空心阴极灯；微波消解系统：配聚四氟乙烯消解内罐；压力消解罐：配聚四氟乙烯消解内罐。

4. 分析步骤

（1）试样制备　采样和制备过程中，应注意不使样品污染。粮食、豆类样品去壳去杂物后，粉碎，过 20 目筛，储于塑料瓶中，保存备用。蔬菜、水果、鱼类、肉类及蛋类等水分含量高的鲜样，用水洗净、晾干，取可食部分，制成匀浆，储于塑料瓶中，保存备用。饮料、酒、醋、酱油、食用植物油、液态乳等液体样品将样品摇匀。

（2）试样预处理

① 湿法消解　称取固体试样 0.2～3g（精确至 0.001g）或准确移取液体试样 0.500～5.00mL 于带刻度消化管中，加入 10mL 硝酸和 0.5mL 高氯酸，在可调式电热炉上消解（参考条件：120℃/0.5～1h；升至 180℃/2～4h、升至 200～220℃）。若消化液呈棕褐色，再加少量硝酸，消解至冒白烟，消化液呈无色透明或略带黄色，取出消化管，冷却后用水定容至 10mL，混匀备用。同时做试剂空白试验。亦可采用锥形瓶，于可调式电热板上，按上述操作方法进行湿法消解。

② 微波消解　称取固体试样 0.2～0.8g（精确至 0.001g）或准确移取液体试样 0.500～3.00mL 于微波消解罐中，加入 5mL 硝酸，按照微波消解的操作步骤消解试样。冷却后取出消解罐，在电热板上于 140～160℃赶酸至 1mL 左右。消解罐放冷后，将消化液转移至 10mL 容量瓶中，用少量水洗涤消解罐 2～3 次，合并洗涤液于容量瓶中并用水定容至刻度，混匀备用。同时做试剂空白试验。

③ 压力罐消解　称取固体试样 0.2～1g（精确至 0.001g）或准确移取液体试样 0.500～5.00mL 于消解内罐中，加入 5mL 硝酸。盖好内盖，旋紧不锈钢外套，放入恒温干燥箱，于 140～160℃下保持 4～5h。冷却后缓慢旋松外罐，取出消解内罐，放在可调式电热板上于 140～160℃赶酸至 1mL 左右。冷却后将消化液转移至 10mL 容量瓶中，用少量水洗涤内罐和内盖 2～3 次，合并洗涤液于容量瓶中并用水定容至刻度，混匀备用。同时做试剂空白试验。

（3）仪器参考条件　根据各自仪器性能调至最佳状态。参考条件为波长 283.3nm，狭缝 0.5nm，灯电流 8～12mA，干燥温度 85～120℃，持续 40～50s；灰化温度 750℃，持续 20～30s，原子化温度 2300℃，持续 4～5s，背景校正为氘灯或塞曼效应。

（4）标准曲线的制作　按质量浓度由低到高的顺序分别将 10μL 铅标准系列溶液和 5μL 磷酸二氢铵-硝酸钯溶液（可根据所使用的仪器确定最佳进样量）同时注入石墨炉，原子化后测其吸光度值，以质量浓度为横坐标、吸光度值为纵坐标，制作标准曲线。

（5）试样溶液的测定　在与测定标准溶液相同的实验条件下，将 10μL 空白溶液或试样溶液与 5μL 磷酸二氢铵-硝酸钯溶液（可根据所使用的仪器确定最佳进样量）同时注入石墨炉，原子化后测其吸光度值，与标准系列比较定量。

5. 计算

$$X=\frac{(\rho-\rho_0)V}{m\times 1000}$$

式中　X——试样中铅含量，mg/kg 或 mg/L；

ρ——试样溶液中铅的质量浓度，μg/mL；

ρ_0——空白溶液中铅的质量浓度，μg/mL；

V——试样消化液定容体积，mL；

m——试样称样量或移取体积，g 或 mL；

1000——换算系数。

6. 说明

石墨炉原子吸收光谱法测定食品中的微量元素具有高灵敏度的特点，但原子吸收光谱的背景干扰是个复杂问题，除使用仪器本身的特殊装置外，选用合适的基体改进剂十分重要。

（二）火焰原子吸收光谱法

1. 原理

样品经处理后，铅离子在一定 pH 条件下与二乙基二硫代氨基甲酸钠（DDTC）形成配合物，经 4-甲基-2-戊酮（MIBK）萃取分离，导入原子吸收光谱仪中，经火焰原子化后，在 283.3nm 处测定吸光度。在一定浓度范围内铅的吸光度值与铅含量成正比，与标准系列比较定量。

2. 试剂

（1）铅标准储备液（1000mg/L）：同本节石墨炉原子吸收光谱法中 2.（1）。

（2）铅标准使用液（10.0mg/kg）：准确吸取铅标准储备液（1000mg/L）1.00mL 于 100mL 容量瓶中，加硝酸溶液（5＋95）至刻度，混匀。

3. 仪器

原子吸收光谱仪：配火焰原子化器，附铅空心阴极灯。

4. 分析步骤

（1）试样制备和预处理同本节石墨炉原子吸收光谱法。

（2）仪器参考条件　铅空心阴极灯电流 8～12mA；波长 283.3nm；狭缝 0.5nm；燃烧器高度 6mm；空气流量 8L/min。

（3）标准曲线的制作　分别吸取铅标准使用液 0mL、0.250mL、0.500mL、1.00mL、1.50mL 和 2.00mL（相当 0μg、2.50μg、5.00μg、10.0μg、15.0μg 和 20.0μg 铅）于 125mL 分液漏斗中，补加水至 60mL。加 2mL 柠檬酸铵溶液（250g/L）、溴百里酚蓝水溶液（1g/L）3～5 滴，用氨水溶液（1＋1）调 pH 至溶液由黄变蓝，加硫酸铵溶液（300g/L）10mL、DDTC 溶液（1g/L）10mL，摇匀。放置 5min 左右，加入 10mL MIBK，剧烈振摇提取 1min，静置分层后，弃去水层，将 MIBK 层放入 10mL 带塞刻度管中，得到标准系列溶液。

将标准系列溶液按质量由低到高的顺序分别导入火焰原子化器，原子化后测其吸光度值，以铅的质量为横坐标、吸光度值为纵坐标，制作标准曲线。

（4）试样溶液的测定　将试样消化液及试剂空白溶液分别置于 125mL 分液漏斗中，补加水至 60mL。加 2mL 柠檬酸铵溶液（250g/L）、溴百里酚蓝水溶液（1g/L）3～5 滴，用氨水溶液（1＋1）调 pH 至溶液由黄变蓝，加硫酸铵溶液（300g/L）10mL、DDTC 溶液（1g/L）10mL，摇匀。放置 5min 左右，加入 10mL MIBK，剧烈振摇提取 1min，静置分层后，弃去水层，将 MIBK 层放入 10mL 带塞刻度管中，得到试样溶液和空白溶液。

将试样溶液和空白溶液分别导入火焰原子化器，原子化后测其吸光度值，与标准系列比较定量。

5. 计算

$$X=\frac{m_1-m_0}{m_2}$$

式中　X——试样中铅含量，mg/kg 或 mg/L；

m_1——试样溶液中铅的质量，μg；

m_0——空白溶液中铅的质量，μg；

m_2——试样称样量或移取体积，g 或 mL。

（三）二硫腙比色法

1. 原理

试样经消化后，在 pH 8.5～9.0 时，铅离子与二硫腙生成红色配合物，溶于三氯甲烷。加入柠檬酸铵、氰化钾和盐酸羟胺等，防止铁、铜、锌等离子干扰。于波长 510nm 处测定吸光度，与标准系列比较定量。

2. 试剂

（1）二硫腙-三氯甲烷溶液（0.5g/L）

称取 0.5g 二硫腙，用三氯甲烷溶解，并定容至 1000mL，混匀，保存于 0～5℃下，必要时用下述方法纯化。

称取 0.5g 研细的二硫腙，溶于 50mL 三氯甲烷中，如不全溶，可用滤纸过滤于 250mL 分液漏斗中，用氨水溶液（1＋99）提取三次，每次 100mL，将提取液用棉花过滤至 500mL 分液漏斗中，用盐酸溶液（1＋1）调至酸性，将沉淀出的二硫腙用三氯甲烷提取 2～3 次，每次 20mL，合并三氯甲烷层，用等量水洗涤两次，弃去洗涤液，在 50℃水浴上蒸去三氯甲烷。精制的二硫腙置硫酸干燥器中，干燥备用。或将沉淀出的二硫腙用 200mL、200mL、100mL 三氯甲烷提取三次，合并三氯甲烷层为二硫腙-三氯甲烷溶液。

（2）盐酸羟胺溶液（200g/L）

称 20g 盐酸羟胺，加水溶解至 50mL，加 2 滴酚红指示液（1g/L），加氨水溶液（1＋1），调 pH 至 8.5～9.0（由黄变红，再多加 2 滴），用二硫腙-三氯甲烷溶液（0.5g/L）提取至三氯甲烷层绿色不变为止，再用三氯甲烷洗两次，弃去三氯甲烷层，水层加盐酸溶液（1＋1）至呈酸性，加水至 100mL，混匀。

（3）柠檬酸铵溶液（200g/L）

称取 50g 柠檬酸铵，溶于 100mL 水中，加 2 滴酚红指示液（1g/L），加氨水溶液（1＋1），调 pH 至 8.5～9.0，用二硫腙-三氯甲烷溶液（0.5g/L）提取数次，每次 10～20mL，至三氯甲烷层绿色不变为止，弃去三氯甲烷层，再用三氯甲烷洗两次，每次 5mL，弃去三氯甲烷层，加水稀释至 250mL，混匀。

（4）二硫腙使用液

吸取 1.0mL 二硫腙-三氯甲烷溶液（0.5g/L），加三氯甲烷至 10mL，混匀。用 1cm 比色杯，以三氯甲烷调节零点，于波长 510nm 处测吸光度（A），用下列公式算出配制 100mL 二硫腙使用液（70%透光率）所需二硫腙-三氯甲烷溶液（0.5g/L）的体积（V，mL）。量取计算所得体积的二硫腙-三氯甲烷溶液，用三氯甲烷稀释至 100mL。

$$V=\frac{10\times(2-\lg 70)}{A}=\frac{1.55}{A}$$

（5）铅标准储备液和铅标准使用液　同本节火焰原子吸收光谱法。

3. 仪器

分光光度计。

4. 分析步骤

（1）试样制备同本节石墨炉原子吸收光谱法。试样预处理同本节石墨炉原子吸收光谱法中的湿法消解。

（2）标准曲线的制作　吸取 0mL、0.100mL、0.200mL、0.300mL、0.400mL 和 0.500mL 铅标准使用液（相当 0μg、1.00μg、2.00μg、3.00μg、4.00μg 和 5.00μg 铅）分别置于 125mL 分液漏斗中，各加硝酸溶液（5＋95）至 20mL。再各加 2mL 柠檬酸铵溶液（200g/L）、1mL 盐酸羟胺溶液（200g/L）和 2 滴酚红指示液（1g/L），用氨水溶液（1＋1）调至红色，再各加 2mL 氰化钾溶液（100g/L），混匀。各加 5mL 二硫腙使用液，剧烈振摇 1min，静置分层后，三氯甲烷层经脱脂棉滤入 1cm 比色杯中，以三氯甲烷调节零点于波长 510nm 处测吸光度，以铅的质量为横坐标、吸光度值为纵坐标、制作标准曲线。

（3）试样溶液的测定　将试样溶液及空白溶液分别置于 125mL 分液漏斗中，各加硝酸溶液至 20mL。于消解液及试剂空白液中各加 2mL 柠檬酸铵溶液（200g/L）、1mL 盐酸羟胺溶液（200g/L）和 2 滴酚红指示液（1g/L），用氨水溶液（1＋1）调至红色，再各加 2mL 氰化钾溶液（100g/L），混匀。各加 5mL 二硫腙使用液，剧烈振摇 1min，静置分层后，三氯甲烷层经脱脂棉滤入 1cm 比色杯中，于波长 510nm 处测吸光度，与标准系列比较定量。

5. 计算

同本节火焰原子吸收光谱法。

6. 说明

（1）三氯甲烷不得含有氧化物，二硫腙必须纯化，所用试剂要保证质量；所有玻璃器皿均需硝酸（1＋5）浸泡过夜，用自来水反复冲洗，最后用水冲洗干净。

（2）pH 对测定结果有明显的影响，用氨水调 pH8.5～9.0。因为氨水是弱碱，对 pH 改变影响小。再者本法用柠檬酸铵掩蔽钙、镁离子，有大量的 NH_4^+ 存在，用氨水则形成缓冲体系，所以易调节 pH。如果用其他碱，既不能形成缓冲体系又不易调节 pH。

（3）氰化钾是一种较强的配位体，可掩蔽 Cu^{2+}、Zn^{2+}、Hg^{2+} 等多种金属离子的干扰。此外，应注意氰化钾系剧毒，应妥善处理废弃物，勿沾手上。

（4）盐酸羟胺既可保护二硫腙不被高价金属、过氧化物、卤族元素等氧化，并可还原 Fe^{3+} 为 Fe^{2+}，加入后可排除 Fe^{3+} 对实验的干扰；柠檬酸铵既有维持溶液胶体的作用，又可在广泛的 pH 范围内结合 Cu^{2+}、Mg^{2+}、Ca^{2+}、Fe^{3+} 等阳离子，防止其在碱性溶液中形成氢氧化物沉淀。

（5）含蛋白质、脂肪较高的食品，宜采用灰化法处理样品，可避免大量试剂对实验的影响。

第四节　食品中镉的测定

一、概述

镉在自然界分布广泛，主要以硫化物的形式与锌、铅、铜、锰等矿共存。食品中镉的主要来源为工业污染以及含镉农药和化肥的使用。农作物中水稻、苋菜、向日葵和蕨类植物对镉的吸收力较强，水生生物对镉也有很强的富集作用。此外，有些食品容器和包装材料，特别是金属容器，也可能与食品接触造成污染。联合国环境规划署列出的 12 种全球性危险化学物质中，镉位于首位。镉是一种蓄积性毒物，主要蓄积在肾和肝内。镉对体内巯基酶有很强的抑制作用，镉中毒主要损害肾、骨骼和消化系统。肾损伤使骨钙迁移而发生骨质疏松和病理性骨折。镉及其化合物对动物和人体有一定的致畸、致癌和致突变作用。我国食品安全国家标准《食品中污染物限量》规定食品中镉的含量为：稻谷、糙米、大米、豆类、叶菜蔬菜、芹菜、黄花菜等≤0.2mg/kg；肉类（畜禽内脏除外）、鲜冻鱼类≤0.1mg/kg；蛋及蛋制品等≤0.05mg/kg。

二、食品中镉的测定方法

1. 原理

样品经灰化或酸消解后，注入一定量样品消化液于原子吸收分光光度计石墨炉中，电热原子化后吸收228.8nm共振线，在一定浓度范围，其吸光度值与镉含量成正比，采用标准曲线法定量。

2. 试剂

除非另有说明，本方法所用试剂均为分析纯，水为GB/T 6682规定的二级水。所用玻璃仪器均需以硝酸溶液（1+4）浸泡24h以上，用水反复冲洗，最后用去离子水冲洗干净。

（1）镉标准储备液（1000mg/L）：准确称取1g金属镉标准品（精确至0.0001g）于小烧杯中，分次加20mL盐酸（1+1）溶解，加2滴硝酸，移入1000mL容量瓶中，加水定容至刻度，混匀；或购买经国家认证并授予标准物质证书的标准物质。

（2）镉标准使用液（100ng/mL）：吸取10.0mL镉标准储备液于100mL容量瓶中，以硝酸溶液（1%）定容至刻度，如此经多次稀释成每毫升含100.0ng镉的标准使用液。

（3）镉标准曲线工作液：准确吸取镉标准使用液0mL、0.5mL、1.0mL、1.5mL、2.0mL、3.0mL于100mL容量瓶中，用硝酸溶液（1%）定容至刻度，即得到含镉量分别为0ng/mL、0.5ng/mL、1.0ng/mL、1.5ng/mL、2.0ng/mL、3.0ng/mL的标准系列溶液。

3. 仪器

原子吸收分光光度计，附石墨炉及镉空心阴极灯。

4. 分析步骤

（1）试样制备

① 干试样：粮食、豆类，去除杂质；坚果类去杂质、去壳；磨碎成均匀的样品，颗粒度不大于0.425mm。储于洁净的塑料瓶中，并标明标记，于室温下或按样品保存条件下保存备用。

② 鲜（湿）试样：蔬菜、水果、肉类、鱼类及蛋类等，用食品加工机打成匀浆或碾磨成匀浆，储于洁净的塑料瓶中，并标明标记，于−16～−18℃冰箱中保存备用。

③ 液态试样：按样品保存条件保存备用。含气样品使用前应除气。

（2）试样消解（根据实验条件任选一种方法消解），称量时应保证样品的均匀性。

① 压力罐消解　称取干试样0.3～0.5g（精确至0.0001g）、鲜（湿）试样1～2g（精确至0.001g）于聚四氟乙烯罐内，加硝酸5mL浸泡过夜。再加入30%过氧化氢2～3mL（总量不能超过罐容积的1/3）。盖上内盖，然后旋紧不锈钢外套，放入恒温箱，120～160℃保持4～6h，在箱内自然冷却至室温，打开后加热赶酸至近干，将消化液洗入10.0mL或25.0mL容量瓶中，用少量硝酸溶液（1%）洗涤内罐和内盖3次，洗液合并于容量瓶中并用硝酸溶液（1%）定容至刻度，混匀备用。同时做试剂空白试验。

② 微波消解　称取干试样0.3～0.5g（精确至0.0001g）、鲜（湿）试样1～2g（精确至0.001g）置于微波消解罐中，加5mL硝酸和2mL过氧化氢。微波消化程序可以根据仪器型号调至最佳条件。消解完毕，待消解罐冷却后打开，消化液呈无色或淡黄色，加热赶酸至近干，用少量硝酸溶液（1%）冲洗消解罐3次，将溶液转移至10.0mL或25.0mL容量瓶中，并用硝酸溶液（1%）定容至刻度，混匀备用；同时做试剂空白试验。

③ 湿法消解　称取干试样 0.3～0.5g（精确至 0.0001g）、鲜（湿）试样 1～2g（精确至 0.001g）于锥形瓶中，放数粒玻璃珠，加 10mL 硝酸-高氯酸混合溶液（9+1），加盖浸泡过夜，并加一小漏斗，在电热板上消化，若变棕黑色，再加硝酸，直至冒白烟，消化液呈无色透明或略带微黄色，放冷后将消化液洗入 10.0～25.0mL 容量瓶中，用少量硝酸溶液（1%）洗涤锥形瓶 3 次，洗液合并于容量瓶中并用硝酸溶液（1%）定容至刻度，混匀备用；同时做试剂空白试验。

④ 干法灰化　称取干试样 0.3～0.5g（精确至 0.0001g）、鲜（湿）试样 1～2g（精确至 0.001g）于瓷坩埚内，先小火在可调式电炉上炭化至无烟，移入马弗炉 500℃灰化 6～8h，冷却。若个别试样灰化不彻底，加 1mL 混合酸在可调式电炉上小火加热，将混合酸蒸干后，再转入马弗炉中 500℃继续灰化 1～2h，直至试样消化完全，呈灰白色或浅灰色。放冷，用硝酸溶液（1%）将灰分溶解，将试样消化液移入 10.0mL 或 25.0mL 容量瓶中，用少量硝酸溶液（1%）洗涤瓷坩埚 3 次，洗液合并于容量瓶中并用硝酸溶液（1%）定容至刻度，混匀备用；同时做试剂空白试验。

（3）仪器参考条件　根据所用仪器型号将仪器调至最佳状态。原子吸收分光光度计（附石墨炉及镉空心阴极灯）测定参考条件如下：波长 228.8nm，狭缝 0.2～1.0nm，灯电流 2～10mA；干燥温度 105℃，干燥时间 20s；灰化温度 400～700℃，灰化时间 20～40s；原子化温度 1300～2300℃，原子化时间 3～5s，背景校正为氘灯或塞曼效应。

（4）标准曲线的制作　将标准曲线工作液按浓度由低到高的顺序各取 20μL 注入石墨炉，测其吸光度值，以标准曲线工作液的浓度为横坐标、相应的吸光度值为纵坐标，绘制标准曲线并求出吸光度值与浓度关系的一元线性回归方程。

标准系列溶液应不少于 5 个点的不同浓度的镉标准溶液，相关系数不应小于 0.995。如果有自动进样装置，也可用程序稀释来配制标准系列。

（5）试样溶液的测定　于测定标准曲线工作液相同的实验条件下，吸取样品消化液 20μL（可根据使用仪器选择最佳进样量），注入石墨炉，测其吸光度值。代入标准系列的一元线性回归方程中求样品消化液中镉的含量，平行测定次数不少于两次。若测定结果超出标准曲线范围，用硝酸溶液（1%）稀释后再行测定。

（6）基体改进剂的使用　对有干扰的试样，和样品消化液一起注入石墨炉 5μL 基体改进剂磷酸二氢铵溶液（10g/L），绘制标准曲线时也要加入与试样测定时等量的基体改进剂。

5. 计算

$$X=\frac{(c-c_0)V}{m\times 1000}$$

式中　X——试样中镉含量，mg/kg 或 mg/L；

c——试样消化液中镉含量，ng/mL；

c_0——空白液中镉含量，ng/mL；

V——试样消化液定容总体积，mL；

m——试样质量或体积，g 或 mL；

1000——换算系数。

第五节　食品中铜的测定

一、概述

铜是人体必需的微量元素，主要参与造血过程和铁的代谢，影响铁的吸收、运送和利用。铜是构成体内多种氧化还原酶和铜结合蛋白的成分，可维持正常的造血功能和中枢神经完整性，同时具有抗氧化作用。一般不易缺乏或过量。海产品、坚果类、动物肝、肾、谷类等是铜的良好来源。

铜是中等毒性的重金属，摄入过多会引起中毒。可溶性铜盐（尤其是硫酸铜和乙酸铜）的毒性较大，口服10～15mg即可引起呕吐等中毒反应，严重的可引起肝、肾障碍，甚至死亡。铜盐直接作用于组织时，能与组织蛋白质结合形成蛋白盐，可出现收敛、刺激或腐蚀作用；在体内吸收后有抑制甲状腺素和肾上腺素的特异作用，出现溶血现象。

二、食品中铜的测定方法

（一）石墨炉原子吸收光谱法

1. 原理

试样消解处理后，经石墨炉原子化，在324.8nm处测定吸光度。在一定浓度范围内铜的吸光度值与铜含量成正比，与标准系列比较定量。

2. 试剂

（1）铜标准储备液（1000mg/L）：准确称取3.9289g（精确至0.0001g）五水硫酸铜，用少量硝酸溶液（1＋1）溶解，移入1000mL容量瓶，加水至刻度，混匀。

（2）铜标准中间液（10.0mg/L）：准确吸取铜标准储备液（1000mg/L）1.00mL于100mL容量瓶中，加硝酸溶液（5＋95）至刻度，混匀。

（3）铜标准系列溶液：分别吸取铜标准中间液（10.0mg/L）0mL、0.500mL、1.00mL、2.00mL、3.00mL和4.00mL于100mL容量瓶中，加硝酸溶液（5＋95）至刻度，混匀。此铜标准系列溶液的质量浓度分别为0μg/L、5.00μg/L、10.0μg/L、20.0μg/L、30.0μg/L和40.0μg/L。也可根据仪器的灵敏度及样品中铜的实际含量确定标准系列溶液中铜元素的质量浓度。

3. 仪器

所有玻璃器皿及聚四氟乙烯消解内罐均需硝酸（1＋5）浸泡过夜，用自来水反复冲洗，最后用水冲洗干净。

原子吸收光谱仪：配石墨炉原子化器，附铜空心阴极灯。

4. 分析步骤

（1）试样制备　在采样和试样制备过程中，应避免试样污染。

（2）试样前处理

① 湿法消解　称取固体试样0.2～3g（精确至0.001g）或准确移取液体试样0.500～5.00mL于带刻度消化管中，加入10mL硝酸、0.5mL高氯酸，在可调式电热炉上消解。若消化液呈棕褐色，再加少量硝酸，消解至冒白烟，消化液呈无色透明或略带黄色，取出消化管，冷却后用水定容至10mL，混匀备用。同时做试剂空白试验。亦可采用锥形瓶，于可调式电热板上进行湿法消解。

② 微波消解　取固体试样0.2～0.8g（精确至0.001g）或准确移取液体试样0.500～3.00mL于微波消解罐中，加入5mL硝酸，按照微波消解的操作步骤消解试样。冷却后取出消解罐，在电热板上140～160℃赶酸至1mL左右。消解罐放冷后，将消化液转移至10mL容量瓶中，用少量水洗涤消解罐2～3次，合并洗涤液于容量瓶中，用水定容至刻度，混匀备用。同时做试剂空白试验。

③ 压力罐消解　取固体试样0.2～1g（精确至0.001g）或准确移取液体试样0.500～

5.00mL 于消解内罐中，加入 5mL 硝酸。盖好内盖，旋紧不锈钢外套，放入恒温干燥箱，于 140～160℃下保持 4～5h。冷却后缓慢旋松外罐，取出消解内罐，放在可调式电热板上于 140～160℃赶酸至 1mL 左右。冷却后将消化液转移至 10mL 容量瓶中，用少量水洗涤内罐和内盖 2～3 次，合并洗涤液于容量瓶中并用水定容至刻度，混匀备用。同时做试剂空白试验。

④ 干法灰化　称取固体试样 0.5～5g（精确至 0.001g）或准确移取液体试样 0.500～10.0mL 于坩埚中，小火加热，炭化至无烟，转移至马弗炉中，于 550℃灰化 3～4h。冷却，取出，对于灰化不彻底的试样，加数滴硝酸，小火加热，小心蒸干，再转入 550℃马弗炉中，继续灰化 1～2h，至试样呈白灰状，冷却，取出，用适量硝酸溶液（1+1）溶解并用水定容至 10mL。同时做试剂空白试验。

（3）测定

① 仪器条件　根据仪器性能调至最佳状态。

② 标准曲线的制作　按质量浓度由低到高的顺序分别将 10μL 铜标准系列溶液和 5μL 磷酸二氢铵-硝酸钯溶液（可根据所使用的仪器确定最佳进样量）同时注入石墨炉，原子化后测其吸光度值，以质量浓度为横坐标，吸光度值为纵坐标，制作标准曲线。

③ 试样溶液的测定　与测定标准溶液相同的实验条件下，将 10μL 空白溶液或试样溶液与 5μL 磷酸二氢铵-硝酸钯溶液同时注入石墨炉，原子化后测其吸光度值，与标准系列比较定量。

5. 计算

$$X=\frac{(c-c_0)V}{m\times 1000}$$

式中　X——试样中铜的含量，mg/kg 或 mg/L；

c——试样溶液中铜的质量浓度，μg/L；

c_0——空白溶液中铜的质量浓度，μg/L；

V——试样消化液的定容体积，mL；

m——试样称样量或移取体积，g 或 mL；

1000——换算系数。

（二）火焰原子吸收光谱法

1. 原理

试样消解处理后，经火焰原子化，在 324.8nm 处测定吸光度。在一定浓度范围内铜的吸光度值与铜含量成正比，与标准系列比较定量。

2. 试剂

（1）铜标准储备液（1000mg/L）：同本节石墨炉原子吸收光谱法。

（2）铜标准中间液（10.0mg/L）：准确吸取铜标准储备液（1000mg/L）1.00mL 于 100mL 容量瓶中，加硝酸溶液（5+95）至刻度，混匀。

（3）铜标准系列溶液：分别吸取铜标准中间液（10.0mg/L）0mL、1.00mL、2.00mL、4.00mL、8.00mL 和 10.0mL 于 100mL 容量瓶中，加硝酸溶液（5+95）至刻度，混匀。此铜标准系列溶液的质量浓度分别为 0mg/L、0.100mg/L、0.20mg/L、0.40mg/L、0.80μg/L 和 1.00μg/L。

3. 仪器

原子吸收光谱仪：配火焰原子化器，附铜空心阴极灯。

4. 分析步骤

(1) 试样制备和试样前处理　同本节石墨炉原子吸收光谱法。

(2) 标准曲线的制作　将铜标准系列溶液按质量浓度由低到高的顺序分别导入火焰原子化器，原子化后测其吸光度值，以质量浓度为横坐标，吸光度值为纵坐标，制作标准曲线。

(3) 试样测定　在与测定标准溶液相同的实验条件下，将空白溶液和试样溶液分别导入火焰原子化器，原子化后测其吸光度值，与标准系列比较定量。

5. 计算

$$X=\frac{(c-c_0)V}{m}$$

式中　X——试样中铜的含量，mg/kg 或 mg/L；

c——试样溶液中铜的质量浓度，mg/L；

c_0——空白溶液中铜的质量浓度，mg/L；

V——试样消化液的定容体积，mL；

m——试样称样量或移取体积，g 或 mL。

6. 说明

(1) 铜原子在层流火焰中分布较广，因而燃烧铜的位置不如其他元素重要。

(2) 一般食品中铜含量较高，所以灰化后制成溶液可以进行直接喷雾原子吸收测定，但铜含量低，共存元素干扰大的食品则可采用吡咯烷二硫代氨基甲酸铵配合，再用甲基异丁酮萃取浓缩进行测定。

第六节　食品中锌的测定

一、概述

锌是机体必需的微量元素，广泛分布于人体各组织器官、体液和分泌物中。锌是金属酶的组成成分和许多酶的激活剂，对促进生长发育、智力发育、免疫功能和生殖功能等具有重要作用。机体缺锌会引起一系列的生化紊乱、组织和器官生理功能异常，生长发育、免疫过程、细胞分裂、智力发育等均会受到干扰。贝壳类海产品、红色肉类、动物内脏是锌的良好的来源，蛋类、豆类、花生和谷类胚芽等含锌量也比较丰富。

锌是中等毒性的重金属，锌及其化合物可使蛋白质沉淀，对皮肤及黏膜有较强的刺激和腐蚀性。当进入人体的锌过多时，可引起急性中毒，出现一系列病变，主要是胃肠道刺激症状，并能引起中枢神经系统的抑制、四肢震颤与麻痹等。严重中毒者，可因剧烈呕吐、腹泻而虚脱；亦可由于胃肠、肾脏、心脏及血管损伤而死亡。慢性锌中毒多表现为顽固性贫血、食欲不振、血红蛋白含量降低、血清铁及体内铁贮存量减少等。

二、食品中锌的测定方法

（一）火焰原子吸收光谱法

1. 原理

试样消解处理后，经火焰原子化，在 213.9nm 处测定吸光度。在一定浓度范围内锌的吸光度值与锌含量成正比，与标准系列比较定量。

2. 试剂

（1）锌标准储备液（1000mg/L）：准确称取 1.2447g（精确至 0.0001g）氧化锌，加少量硝酸溶液（1+1），加热溶解，冷却后移入 1000mL 容量瓶，加水至刻度，混匀。

（2）锌标准中间液（10.0mg/L）：准确吸取锌标准储备液（1000mg/L）1.00mL 于 100mL 容量瓶中，加硝酸溶液（5+95）至刻度，混匀。

（3）锌标准系列溶液：分别准确吸取锌标准中间液 0mL、1.00mL、2.00mL、4.00mL、8.00mL 和 10.0mL 于 100mL 容量瓶中，加硝酸溶液（5+95）至刻度，混匀。此锌标准系列溶液的质量浓度分别为 0mg/L、0.100mg/L、0.200mg/L、0.400mg/L、0.800mg/L 和 1.00mg/L。可根据仪器的灵敏度及样品中锌的实际含量确定标准系列溶液中锌元素的质量浓度。

3. 仪器

原子吸收分光光度计：配火焰原子化器，附锌空心阴极灯。

4. 分析步骤

（1）试样前处理

① 湿法消解　准确称取固体试样 0.2～3g（精确至 0.001g）或准确移取液体试样 0.500～5.00mL 于带刻度消化管中，加入 10mL 硝酸、0.5mL 高氯酸，在可调式电热炉上消解。若消化液呈棕褐色，再加少量硝酸，消解至冒白烟，消化液呈无色透明或略带黄色，取出消化管，冷却后用水定容至 25mL 或 50mL，混匀备用。同时做试剂空白试验。亦可采用锥形瓶，于可调式电热板上进行湿法消解。

② 微波消解　准确称取固体试样 0.2～0.8g（精确至 0.001g）或准确移取液体试样 0.500～3.00mL 于微波消解罐中，加入 5mL 硝酸，按照微波消解的操作步骤消解试样。冷却后取出消解罐，在电热板上于 140～160℃赶酸至 1mL 左右。消解罐放冷后，将消化液转移至 25mL 或 50mL 容量瓶中，用少量水洗涤消解罐 2～3 次，合并洗涤液于容量瓶中，用水定容至刻度，混匀备用。同时做试剂空白试验。

③ 压力罐消解　准确称取固体试样 0.2～1g（精确至 0.001g）或准确移取液体试样 0.500～5.00mL 于消解内罐中，加入 5mL 硝酸。盖好内盖，旋紧不锈钢外套，放入恒温干燥箱，于 140～160℃下保持 4～5h。冷却后缓慢旋松外罐，取出消解内罐，放在可调式电热板上于 140～160℃赶酸至 1mL 左右。冷却后将消化液转移至 25～50mL 容量瓶中，用少量水洗涤内罐和内盖 2～3 次，合并洗涤液于容量瓶中并用水定容至刻度，混匀备用。同时做试剂空白试验。

④ 干法灰化　准确称取固体试样 0.5～5g（精确至 0.001g）或准确移取液体试样 0.500～10.0mL 于坩埚中，小火加热，炭化至无烟，转移至马弗炉中，于 550℃灰化 3～4h。冷却，取出，对于灰化不彻底的试样，加数滴硝酸，小火加热，小心蒸干，再转入 550℃马弗炉中，继续灰化 1～2h，至试样呈白灰状，冷却，取出，用适量硝酸溶液（1+1）溶解并用水定容至 25mL 或 50mL。同时做试剂空白试验。

（2）测定

① 仪器条件　根据仪器性能调至最佳状态。

② 标准曲线的制作　将锌标准系列溶液按质量浓度由低到高的顺序分别导入火焰原子化器，原子化后测其吸光度值，以质量浓度为横坐标，吸光度值为纵坐标，制作标准曲线。

③ 试样测定　在与测定标准溶液相同的实验条件下，将空白溶液和试样溶液分别导入火焰原子化器，原子化后测其吸光度值，与标准系列比较定量。

5. 计算

同食品中铜的测定方法中“火焰原子吸收光谱法”。

6. 说明

一般食品通过试样处理后的溶液直接喷雾进行原子吸收测定即可得出准确的结果。但是当食盐、碱金属、碱土金属以及磷酸盐大量存在时，需用溶剂萃取法将锌提取出来，排除共存盐类的影响。对锌含量较低的样品如蔬菜、水果等，也可采用萃取法将锌浓缩，以提高测定灵敏度。

（二）二硫腙比色法

1. 原理

试样经消化后，在 pH4.0～5.5 时，锌离子与二硫腙形成紫红色配合物，溶于四氯化碳，加入硫代硫酸钠，防止铜、汞、铅、铋、银和镉等离子干扰，于 530nm 处测定吸光度与标准系列比较定量。

2. 试剂

（1）二硫腙-四氯化碳溶液（0.1g/L）：称取 0.1g 二硫腙，用四氯化碳溶解，定容至 1000mL，混匀，保存于 0～5℃下。必要时用下述方法纯化。

称取 0.1g 研细的二硫腙，溶于 50mL 四氯化碳中，如不全溶，可用滤纸过滤于 250mL 分液漏斗中，用氨水溶液（1＋99）提取三次，每次 100mL，将提取液用棉花过滤至 500mL 分液漏斗中，用盐酸溶液（1＋1）调至酸性，将沉淀出的二硫腙用四氯化碳提取 2～3 次，每次 20mL，合并四氯化碳层，用等量水洗涤两次，弃去洗涤液，在 50℃水浴上蒸去四氯化碳。精制的二硫腙置硫酸干燥器中，干燥备用。或将沉淀出的二硫腙用 200mL，200mL，100mL 四氯化碳提取三次，合并四氯化碳层为二硫腙-四氯化碳溶液。

（2）乙酸-乙酸盐缓冲液：乙酸钠溶液（2mol/L）与乙酸（2mol/L）等体积混合，此溶液 pH 为 4.7 左右。用二硫腙-四氯化碳溶液（0.1g/L）提取数次，每次 10mL，除去其中的锌，至四氯化碳层绿色不变为止，弃去四氯化碳层，再用四氯化碳提取乙酸-乙酸盐缓冲液中过剩的二硫腙，至四氯化碳无色，弃去四氯化碳层。

（3）盐酸羟胺溶液（200g/L）：称取 20g 盐酸羟胺，加 60mL 水，滴加氨水（1＋1），调节 pH 至 4.0～5.5，加水至 100mL。用二硫腙四氯化碳溶液（0.1g/L）提取数次，每次 10mL，以下按照 2.(2)“除去其中的锌，……，弃去四氯化碳层”进行操作。

（4）硫代硫酸钠溶液（250g/L）：称取 25g 硫代硫酸钠，加 60mL 水，用 2mol/L 乙酸调节 pH 至 4.0～5.5，加水至 100mL。用二硫腙四氯化碳溶液（0.1g/L）提取数次，每次 10mL，以下按照 2.(2)“除去其中的锌，……，弃去四氯化碳层”进行操作。

（5）二硫腙使用液：吸取 1.0mL 二硫腙-四氯化碳溶液（0.1g/L），加四氯化碳至 10.0mL，混匀。用 1cm 比色杯，以四氯化碳调节零点，于波长 530nm 处测吸光度（A）。用下式计算出配制 100mL 二硫腙使用液（57％透光率）所需二硫腙-四氯化碳溶液（0.1g/L）体积（V，mL）。量取计算所得体积的二硫腙-四氯化碳溶液（0.1g/L），用四氯化碳稀释至 100mL。

$$V=\frac{10\times(2-\lg 57)}{A}=\frac{2.44}{A}$$

（6）锌标准使用液（1.00mg/L）：准确吸取本节原子吸收光谱法中锌标准储备液（1000mg/L）1.00mL 于 1000mL 容量瓶中，加硝酸溶液（5＋95）至刻度，混匀。

3. 仪器

分光光度计。

4. 分析步骤

（1）试样前处理　同本节火焰原子吸收光谱法。

（2）测定

① 仪器参考条件　根据各自仪器性能调至最佳状态。测定波长：530nm。

② 标准曲线的制作　吸取 0mL、1.00mL、2.00mL、3.00mL、4.00mL、5.00mL 锌标准使用液（相当 0μg、1.00μg、2.00μg、3.00μg、4.00μg、5.00μg 锌），分别置于125mL 分液漏斗中，各加盐酸溶液（0.02mol/L）至 20mL。于各分液漏斗中，各加 10mL 乙酸-乙酸盐缓冲液、1mL 硫代硫酸钠溶液（250g/L），摇匀，再各加入 10.0mL 二硫腙使用液，剧烈振摇 2min。静置分层后，经脱脂棉将四氯化碳层滤入 1cm 比色杯中，以四氯化碳调节零点，于波长 530nm 处测吸光度，以质量为横坐标，吸光度值为纵坐标，制作标准曲线。

准确吸取 5.0～10.0mL 试样消化液和相同体积的空白消化液，分别置于 125mL 分液漏斗中，加 5mL 水、0.5mL 盐酸羟胺溶液（200g/L），摇匀，再加 2 滴酚红指示液（1g/L），用氨水溶液（1＋1）调节至红色，再多加 2 滴。再加 5mL 二硫腙-四氯化碳溶液（0.1g/L），剧烈振摇 2min，静置分层。将四氯化碳层移入另一分液漏斗中，水层再用少量二硫腙-四氯化碳溶液（0.1g/L）振摇提取，每次 2～3mL，直至二硫腙-四氯化碳溶液绿色不变为止。合并提取液，用 5mL 水洗涤，四氯化碳层用盐酸溶液（0.02mol/L）提取 2 次，每次10mL，提取时剧烈振摇 2min，合并盐酸溶液（0.02mol/L）提取液，并用少量四氯化碳洗去残留的二硫腙。

将上述试样提取液和空白提取液移入 125mL 分液漏斗中，各加 10mL 乙酸-乙酸盐缓冲液、1mL 硫代硫酸钠溶液（250g/L），摇匀，再各加入 10.0mL 二硫腙使用液，剧烈振摇 2min。静置分层后，经脱脂棉将四氯化碳层滤入 1cm 比色杯中，以四氯化碳调节零点，于波长 530nm 处测吸光度，与标准曲线比较定量。

5. 计算

$$X=\frac{(m_1-m_0)V_1}{m_2V_2}$$

式中　X——样品中锌的含量，mg/kg 或 mg/L；

m_1——测定用试样溶液中锌的质量，μg；

m_0——空白溶液中锌的质量，μg；

m_2——试样称样量或移取体积，g 或 mL；

V_1——试样消化液的定容体积，mL；

V_2——测定用试样消化液的体积，mL。

6. 说明

（1）锌是两性元素，与二硫腙的结合能力较弱，在低 pH 段不能被提取，在高 pH 段因其生成含氧的阴离子 ZnO_2^{2-} 也不被提取，只能在 pH4.0～5.5 较窄的 pH 段锌被定量提取，必须严格控制 pH。

（2）样品经消解后，用二硫腙-四氯化碳溶液提取，此时样液中的锌进入有机相与二硫腙结合，其他元素如 Pb、Cu、Hg、Cd、Co、Bi、Ni、Au、Pd、Ag、Sn 都能和二硫腙配合而干扰测定，加入硫代硫酸钠以消除干扰。

（3）加入盐酸羟胺可抑制 Fe^{3+}、NO_2^- 等具有氧化性的物质对二硫腙的氧化，硫代硫酸钠也能防止二硫腙被氧化破坏。

（4）溶解有二硫腙锌配合物的有机相，加入稀盐酸并振摇时，配合物分解，锌离子转入水溶液中。只有在一定的 pH 范围，二硫腙锌配合物的四氯化碳溶液才是稳定的，在室温下放置，2h 内吸光度不变。

第七节　食品中铬的测定

一、概述

铬是人体必需的微量元素，三价铬具有生物学功能，是糖和胆固醇代谢的必需物质。铬在自然界分布广泛。铬及其化合物广泛用于冶金、电镀、金属加工、化工、制革等工业，也常作为金属防腐剂等。工业“三废”的排放、不锈钢器皿烹调食物、水生生物富集、施用铬肥等均可造成铬污染。

铬的毒性与其存在的价态有关，三价铬属低毒物质，而六价铬的毒性较强，为中等毒性物质。食品中的三价铬和六价铬在一定条件下可以转化，六价铬能在体内蓄积，且有很强的致突变作用，长期与六价铬接触会引起慢性中毒，引起胃肠溃疡，呼吸道炎症并诱发肺癌或者引起侵入性皮肤损害，严重的六价铬中毒还会致人死亡。我国食品安全国家标准《食品中污染物限量》规定食品中铬的含量为：谷物及其制品、豆类、肉与肉制品≤1.0mg/kg；水产动物及其制品、乳粉≤2.0mg/kg；新鲜蔬菜≤0.5mg/kg。

二、食品中铬的测定方法

1. 原理

试样经消解处理后，采用石墨炉原子吸收光谱法，在 357.9nm 处测定吸收值，在一定浓度范围内其吸收值与标准系列溶液比较定量。

2. 试剂

（1）铬标准储备液：准确称取基准物质重铬酸钾（110℃，烘 2h）1.4315g（精确至 0.0001g），溶于水中，移入 500mL 容量瓶中，用硝酸溶液（5+95）稀释至刻度，混匀。此溶液每毫升含 1.000mg 铬。或购置经国家认证并授予标准物质证书的铬标准储备液。

（2）铬标准使用液：将铬标准储备液用硝酸溶液（5+95）逐级稀释至每毫升含 100ng 铬。

（3）标准系列溶液的配制：分别吸取铬标准使用液（100ng/mL）0mL、0.500mL、1.00mL、2.00mL、3.00mL、4.00mL 于 25mL 容量瓶中，用硝酸溶液（5+95）稀释至刻度，混匀。各容量瓶中每毫升分别含铬 0ng、2.00ng、4.00ng、8.00ng、12.00ng、16.00ng。或采用石墨炉自动进样器自动配制。

3. 仪器

所用玻璃仪器均需以硝酸溶液（1+4）浸泡 24h 以上，用水反复冲洗，最后用去离子水冲洗干净。

原子吸收光谱仪，配石墨炉原子化器，附铬空心阴极灯。

4. 分析步骤

（1）试样预处理

① 粮食、豆类等去除杂物后，粉碎，装入洁净的容器内，作为试样。密封，并标明标记，试样应于室温下保存。

② 蔬菜、水果、鱼类、肉类及蛋类等水分含量高的鲜样，直接打成匀浆，装入洁净的容器内，作为试样。密封，并标明标记。试样应于冰箱冷藏室保存。

（2）试样消解

① 微波消解　准确称取试样 0.2～0.6g（精确至 0.001g）于微波消解罐中，加入 5mL 硝酸，按照微波消解的操作步骤消解试样。冷却后取出消解罐，在电热板上于 140～160℃ 赶酸至 0.5～1.0mL。消解罐放冷后，将消化液转移至 10mL 容量瓶中，用少量水洗涤消解罐 2～3 次，合并洗涤液，用水定容至刻度。同时做试剂空白试验。

② 湿法消解　准确称取试样 0.5～3g（精确至 0.001g）于消化管中，加入 10mL 硝酸、0.5mL 高氯酸，在可调式电热炉上消解（参考条件：120℃保持 0.5～1h、升温至 180℃ 2～4h、升温至 200～220℃）。若消化液呈棕褐色，再加硝酸，消解至冒白烟，消化液呈无色透明或略带黄色，取出消化管，冷却后用水定容至 10mL。同时做试剂空白试验。

③ 高压消解　准确称取试样 0.3～1g（精确至 0.001g）于消解内罐中，加入 5mL 硝酸。盖好内盖，旋紧不锈钢外套，放入恒温干燥箱，于 140～160℃下保持 4～5h。在箱内自然冷却至室温，缓慢旋松外罐，取出消解内罐，放在可调式电热板上于 140～160℃赶酸至 0.5～1.0mL。冷却后将消化液转移至 10mL 容量瓶中，用少量水洗涤内罐和内盖 2～3 次，合并洗涤液于容量瓶中并用水定容至刻度。同时做试剂空白试验。

④ 干法灰化　准确称取试样 0.5～3g（精确至 0.001g）于坩埚中，小火加热，炭化至无烟，转移至马弗炉中，于 550℃恒温 3～4h。取出冷却，对于灰化不彻底的试样，加数滴硝酸，小火加热，小心蒸干，再转入 550℃高温炉中，继续灰化 1～2h，至试样呈白灰状，从高温炉取出冷却，用硝酸溶液（1+1）溶解并用水定容至 10mL。同时做试剂空白试验。

（3）测定

① 仪器测试条件　根据各自仪器性能调至最佳状态。参考条件：波长 257.9nm，狭缝 0.2nm 灯电流 5～7mA；干燥温度 85～120℃，干燥时间 40～50s；灰化温度 900℃，灰化时间 20～30s；原子化温度 2700℃，原子化时间 4～5s，背景校正为氘灯或塞曼效应。

② 标准曲线的制作　将标准系列溶液工作液按浓度由低到高的顺序分别取 10μL（可根据使用仪器选择最佳进样量），注入石墨管，原子化后测其吸光度值，以浓度为横坐标、吸光度值为纵坐标，绘制标准曲线。

③ 试样测定　在与测定标准溶液相同的实验条件下，将空白溶液和样品溶液分别取 10μL（可根据使用仪器选择最佳进样量），注入石墨管，原子化后测其吸光度值，与标准系列溶液比较定量。

对有干扰的试样应注入 5μL（可根据使用仪器选择最佳进样量）的磷酸二氢铵溶液（20.0g/L）（标准系列溶液的制作过程应按③试样测定操作）。

5. 计算

$$X=\frac{(c-c_0)V}{m\times 1000}$$

式中　X——试样中铬的含量，mg/kg；

c——测定样液中铬的含量，ng/mL；

c_0——空白液中铬的含量，ng/mL；

V——样品消化液的定容总体积，mL；

m——样品称样量，g；

1000——换算系数。

6. 说明

（1）所用玻璃仪器均需以硝酸溶液（1+4）浸泡24h以上，用水反复冲洗，最后用去离子水冲洗干净。

（2）本法操作简便，灵敏度较高，试剂空白低，外来污染因素少。

第八节　食品中锡的测定

一、概述

锡是人体必需的微量元素，能促进蛋白质及核酸反应，与黄素酶的活性有关，且参与胸腺免疫功能。锡是比较活泼的银白色软金属，在自然界分布很广，且都以化合状态存在。锡主要用于制作马口铁、锡合金，用于PVC塑料的稳定剂、工业催化剂、农业杀虫剂、木材防腐剂、船体防污涂料等。食品中的锡主要来源于外界的污染，如镀锡包装容器或材料、食品加工生产机械、管道和容器，都有接触与污染锡的可能。

锡和无机锡化合物毒性较低，但大多数有机锡化合物毒性很大。有机锡种类很多，常见的三烃基锡化合物具有很高的毒性，可引起神经系统症状，抑制脑细胞线粒体的氧化磷酸化，使中枢神经系统遭受严重损害。因此，我国食品安全国家标准《食品中污染物限量》规定食品中锡的含量为：饮料类≤150mg/kg；婴幼儿配方食品、婴幼儿辅助食品≤50mg/kg。

二、食品中锡的测定方法

食品中锡的测定方法有苯芴酮比色法、氢化物原子荧光光谱法、单扫描极谱法、荧光光度法、流动注射法、碘量法、原子吸收光谱法和气相色谱法等；这里主要介绍氢化物原子荧光光谱法和比色法。

（一）氢化物原子荧光光谱法

1. 原理

试样经消化后，在硼氢化钠的作用下生成锡的氢化物（SnH_4），并由载气带入原子化器中进行原子化，在锡空心阴极灯的照射下，基态锡原子被激发至高能态，在去活化回到基态时，发射出特征波长的荧光，其荧光强度与锡含量成正比，与标准系列溶液比较定量。

2. 试剂

除特别注明外，本方法所使用试剂均为分析纯，水为GB/T 6682规定的二级水。

（1）硫脲（150g/L）+抗坏血酸（150g/L）混合溶液：分别称取15.0g硫脲和15.0g抗坏血酸溶于水中，并稀释至100mL，置于棕色瓶中避光保存或临用时配制。

（2）锡标准溶液（1.0mg/mL）：准确称取0.1g（精确到0.0001g）金属锡，置于小烧杯中，加入10mL硫酸，盖以表面皿，加热至锡完全溶解，移去表面皿，继续加热至发生浓白烟，冷却，慢慢加入50mL水，移入100mL容量瓶中，用硫酸溶液（1+9）多次洗涤烧杯，洗液并入容量瓶中，并稀释至刻度，混匀。

（3）锡标准使用液（1.0μg/mL）：准确吸取锡标准溶液1.0mL于100mL容量瓶中，用硫酸溶液（1+9）稀释至刻度，混匀。此溶液浓度为10.0μg/mL。准确吸取该溶液10.0mL于100mL容量瓶中，用硫酸溶液（1+9）定容至刻度。

3. 仪器

原子荧光光谱仪。

4. 分析步骤

(1) 试样制备　罐头食品全量取可食内容物制成匀浆或者均匀粉末。

(2) 试样消化　称取试样 1.0～5.0g 于锥形瓶中，加入 20.0mL 硝酸-高氯酸混合溶液 (4+1)，加 1.0mL 硫酸、3 粒玻璃珠，放置过夜。次日置电热板上加热消化，如酸液过少，可适当补加硝酸，继续消化至冒白烟，待液体体积近 1mL 时取下冷却。用水将消化试样转入 50mL 容量瓶中，加水定容至刻度，摇匀备用。同时做空白试验（如试样液中锡含量超出标准曲线范围，则用水进行稀释，并补加硫酸，使最终定容后的硫酸浓度与标准系列溶液相同）。

取定容后的试样 10.0mL 于 25mL 比色管中，加入 3.0mL 硫酸溶液 (1+9)，加入 2.0mL 硫脲 (150g/L) +抗坏血酸 (150g/L) 混合溶液，再用水定容至 25mL，摇匀。

(3) 仪器参考条件　原子荧光光谱仪分析参考条件：

负高压：380V；灯电流：70mA；原子化温度：850℃；炉高：10mm；屏蔽气流量：1200mL/min；载气流量：500mL/min；测量方式：标准曲线法；读数方式：峰面积；延迟时间：1s；读数时间：15s；加液时间：8s；进样体积：2.0mL。

(4) 标准系列溶液的配制　标准曲线：分别吸取锡标准使用液 0mL、0.500mL、2.00mL、3.00mL、4.00mL、5.00mL 于 25mL 比色管中，分别加入硫酸溶液 (1+9) 5.00mL、4.50mL、3.00mL、2.00mL、1.00mL、0mL，加入 2.0mL 硫脲 (150g/L) +抗坏血酸 (150g/L) 混合溶液，再用水定容至 25mL。该标准系列溶液浓度为：0ng/mL、20ng/mL、80ng/mL、120ng/mL、160ng/mL、200ng/mL。

(5) 仪器测定　按照上述 (3) 设定好仪器测量最佳条件，根据所用仪器的型号和工作站设置相应的参数，点火及对仪器进行预热，预热 30min 后进行标准曲线及试样溶液的测定。

5. 计算

$$X=\frac{(c_1-c_0)V_1V_3}{mV_2\times 1000}$$

式中　X——试样中锡含量，mg/kg；

c_1——试样消化液测定浓度，ng/mL；

c_0——试样空白消化液浓度，ng/mL；

V_1——试样消化液定容体积，mL；

V_3——测定用溶液定容体积，mL；

V_2——测定用所取试样消化液的体积，mL；

m——试样质量，g；

1000——换算系数。

（二）苯芴酮比色法

1. 原理

试样经消化后，在弱酸性溶液中四价锡离子与苯芴酮形成微溶性橙红色配合物，在保护性胶体存在下与标准系列溶液比较定量。

2. 试剂

(1) 苯芴酮溶液 (0.1g/L)：称取 0.01g (精确至 0.001g) 苯芴酮加少量甲醇及硫酸数

滴溶解，以甲醇稀释至100mL。

（2）锡标准使用液：吸取上述10.0mL锡标准溶液（1.0mg/mL）于100mL容量瓶中，以硫酸（1+9）稀释至刻度，混匀。如此再次稀释至每毫升相当于10.0μg锡。

3. 仪器

分光光度计。

4. 分析步骤

（1）样品消化　同本节氢化物原子荧光光谱法。

（2）测定　吸取1.00～5.00mL试样消化液和同量的试剂空白溶液，分别置于25mL比色管中。另吸取0mL、0.20mL、0.40mL、0.60mL、0.80mL、1.0mL锡标准使用液（相当于0μg、2.00μg、4.00μg、6.00μg、8.00μg、10.0μg锡），分别置于25mL比色管中。于试样消化液、试剂空白液及锡标准系列溶液中各加0.5mL酒石酸溶液（100g/L）及1滴酚酞指示液（100g/L），混匀，各加氨溶液（1+1）中和至淡红色，加3.0mL硫酸溶液（1+9）、1.0mL动物胶溶液（5g/L）及2.5mL抗坏血酸溶液（10.0g/L），再加水至25mL，混匀，再各加2.0mL苯芴酮溶液（0.1g/L），混匀，放置1h后测量。

用2cm比色杯以标准系列溶液零管调节零点，于波长490nm处测吸光度，标准各点吸光值减去零管吸光值后，以标准系列溶液的浓度为横坐标，以吸光度为纵坐标，绘制标准曲线或计算直线回归方程。试剂空白溶液和试样溶液的吸光值与标准曲线比较或代入回归方程求出含量。

5. 计算

$$X=\frac{(m_1-m_2)V_1}{m_3V_2}$$

式中　X——试样中锡的含量，mg/kg或mg/L；

m_1——测定用试样消化液中锡的质量，μg；

m_2——试剂空白液中锡的质量，μg；

m_3——试样质量，g。

V_1——试样消化液的定容体积，mL；

V_2——测定用试样消化液的体积，mL。

6. 说明

（1）显色反应的速度受温度影响，温度低反应缓慢，标准和样品溶液加入显色剂后可于37℃温箱中放置30min后比色。

（2）加入酒石酸可掩蔽铁、铝、钛等离子的干扰。抗坏血酸用于掩蔽铁离子的干扰，其溶液不稳定，临用时现配。

（3）苯芴酮和Sn^{4+}的反应要求在pH 1左右的酸性介质中进行。用氨水把标准溶液与样液调至中性后，再加其他试剂，保证反应的pH一致。

（4）动物胶即明胶，易溶于热水和腐败变质，需要临用时配制。动物胶在实验中作为保护性胶体，使反应生成的微溶性橙红色配合物均匀，防止沉淀产生。

第九节　食品中氟的测定

一、概述

氟广泛分布于自然界中，但都以氟化物的形式存在。氟是人体必需的微量元素，人体许多组织中均含有氟，但主要存在于骨骼和牙齿中。一般食品中均含有微量氟，若机体摄入氟不足，可引起钙、磷代谢障碍，出现龋齿，使老年人骨质疏松的发病率增高。但长期摄入过量的氟，对骨骼、肾脏、甲状腺和神经系统造成损害，引起氟中毒，出现氟斑牙、氟骨症和甲状腺肿瘤等症状。

二、食品中氟的测定方法

（一）扩散-氟试剂比色法

1. 原理

食品中氟化物在扩散盒内与酸作用，产生氟化氢气体，经扩散被氢氧化钠吸收。氟离子与镧（Ⅲ）、氟试剂（茜素氨羧配合剂）在适宜 pH 下生成蓝色三元配合物，颜色随氟离子浓度的增大而加深，用或不用含胺类有机溶剂提取，与标准系列比较定量。

2. 试剂

水均为不含氟的去离子水，试剂为分析纯，全部试剂贮于聚乙烯塑料瓶中。

（1）茜素氨羧络合剂溶液：称取 0.19g 茜素氨羧络合剂，加少量水及氢氧化钠溶液（40g/L）使其溶解，加 0.125g 乙酸钠，用乙酸溶液（1mol/L）调节 pH 为 5.0（红色），加水稀释至 500mL，置冰箱内保存。

（2）氟标准溶液：准确称取 0.2210g 经 100℃±5℃干燥 4h 冷的氟化钠，溶于水，移入 100mL 容量瓶中，加水至刻度，混匀。置冰箱中保存。此溶液每毫升相当于 1.0mg 氟。

（3）氟标准使用液：吸取 1.0mL 氟标准溶液，置于 200mL 容量瓶中，加水至刻度，混匀。此溶液每毫升相当于 5.0μg 氟。

（4）圆滤纸片：把滤纸片剪成 ϕ4.5cm，浸于氢氧化钠-无水乙醇溶液（40g/L）中，于 100℃烘干、备用。

3. 仪器

（1）塑料扩散盒：内径 4.5cm，深 2cm，盖内壁顶部光滑，并带有凸起的圈（盛放氢氧化钠吸收液用），盖紧后不漏气。其他类型塑料盒亦可使用；分光光度计。

（2）分光光度计。

4. 分析步骤

（1）扩散单色法

① 试样处理

a. 谷类试样：稻谷去壳，其他粮食要除去可见杂质，取有代表性样品 50～100g，粉碎，过 40 目筛。

b. 蔬菜、水果：取可食部分，洗净、晾干、切碎、混匀，称取 100～200g 样品，80℃鼓风干燥，粉碎，过 40 目筛。结果以鲜重表示，同时要测水分。

c. 特殊试样（含脂肪高、不易粉碎过筛的样品，如花生、肥肉、含糖分高的果实等）：称取研碎的试样 1.00～2.00g，于坩埚（镍、银、瓷等）内，加 4.0mL 硝酸镁溶液（100g/L），加氢氧化钠溶液（40g/L）使呈碱性，混匀后浸泡 0.5h，将样品中的氟固定，然后在水浴上挥干，再加热炭化至不冒烟，再于 600℃马弗炉内灰化 6h，待灰化完全，取出放冷，取灰分进行扩散。

② 测定

a. 取塑料盒若干个，分别于盒盖中央加 0.2mL 氢氧化钠-无水乙醇溶液（40g/L），在圈内均匀涂布，于 55℃±1℃恒温箱中烘干，形成一层薄膜，取出备用。或把滤纸片贴于盒盖内。

b. 称取1.00～2.00g处理后的试样于塑料盒内，加4.0mL水，使试样均匀分布，不能结块。加4.0mL硫酸银-硫酸溶液（20g/L），立即盖紧，轻轻摇匀。如试样经灰化处理，则先将灰分全部移入塑料盒内，用4.0mL水分数次将坩埚洗净，洗液均倒入塑料盒内，并使灰分均匀分散，如坩埚还未完全洗净，可加4.0mL硫酸银-硫酸溶液（20g/L）于坩埚内连续洗涤，将洗液倒入塑料盒内，立即盖紧，轻轻摇匀，置55℃±1℃恒温箱内保温20h。

c. 分别于塑料盒内加0mL、0.20mL、0.40mL、0.80mL、1.2mL、1.6mL氟标准使用液（相当0μg、1.0μg、2.0μg、4.0μg、6.0μg、8.0μg氟）。补加水至4.0mL，各加4.0mL硫酸银-硫酸溶液（20g/L），立即盖紧，轻轻摇匀（切勿将酸溅在盖上），置恒温箱内保温20h。

d. 将盒取出，取下盒盖，分别用20mL水，少量多次地将盒盖内氢氧化钠薄膜溶解，用滴管小心完全地移入100mL分液漏斗中。

e. 分别于分液漏斗中加3.0mL茜素氨羧络合剂溶液，3.0mL缓冲液，8.0mL丙酮，3.0mL硝酸镧溶液，13.0mL水，混匀，放置10min。各加入10.0mL二乙基苯胺-异戊醇溶液（5+100），振摇2min，待分层后，弃去水层，分出有机层，并用滤纸过滤于10mL带塞比色管中。用1cm比色杯于580nm波长处以标准零管调节零点，测吸光值绘制标准曲线，试样吸光值与标准曲线比较求得含量。

③ 计算

$$X=\frac{A\times1000}{m\times1000}$$

式中　X——试样中氟的含量，mg/kg；

A——测定用试样中氟的质量，μg；

m——试样的质量，g；

1000——换算系数。

（2）扩散复色法

① 试样处理　同本节扩散单色法。

② 测定

a. 同本节扩散单色法②a。

b. 同本节扩散单色法②b。

c. 同本节扩散单色法②c。

d. 将盒取出，取下盒盖，分别用10mL水分次将盒盖内的氢氧化钠薄膜溶解，用滴管小心完全地移入25mL带塞比色管中。

e. 分别于带塞比色管中加2.0mL茜素氨羧络合剂溶液，3.0mL缓冲剂，6.0mL丙酮，2.0mL硝酸镧溶液，再加水至刻度，混匀，放置20min。以3cm比色杯（参考波长580nm），用零管调节零点，测各管吸光度，绘制标准曲线比较。

③ 计算同扩散单色法。

5. 说明

（1）扩散-氟试剂比色法，分离效果好，反应特异，干扰离子少，准确度高，是氟离子的直接定量方法。

（2）氟试剂是一种微溶于水的姜黄色粉末，在水溶液中的颜色随pH的改变而改变。氟试剂和镧离子生成红色螯合物，与氟离子形成稳定的三元配合物，是定量氟离子的特异反应。但当氟离子超过限度时，氟离子与镧离子结合，生成更稳定的配合物，而使茜素配合剂游离，蓝色消失。

(3) Al^{3+}、Fe^{3+}、Pb^{2+}、Cu^{2+}、Ni^{2+}、Zn^{2+}、Co^{2+}等金属离子和有机酸干扰测定，扩散法使氟离子与试样分离，有效地去除干扰。大量的氯化物对扩散和测定有干扰，加入硫酸银使其固定去除干扰。

(4) 样品在扩散中，首先要检查所用的扩散盒是否漏气，气密性不好的扩散盒不宜使用。样品加酸后要立即盖紧轻轻摇匀，切勿将盒中的酸溅到盖上。

(5) 试样灰化时，要注意马弗炉和试剂是否含微量氟。纯度差的试剂也可能含微量氟，因此必须做试剂空白试验，避免污染出现假阳性。

(二) 灰化蒸馏-氟试剂比色法

1. 原理

试样加硝酸镁固定氟，经高温灰化后，在酸性条件下，蒸馏分离氟，蒸出的氟被氢氧化钠溶液吸收，氟与氟试剂、硝酸镧作用，生成蓝色三元配合物，与标准比较定量。

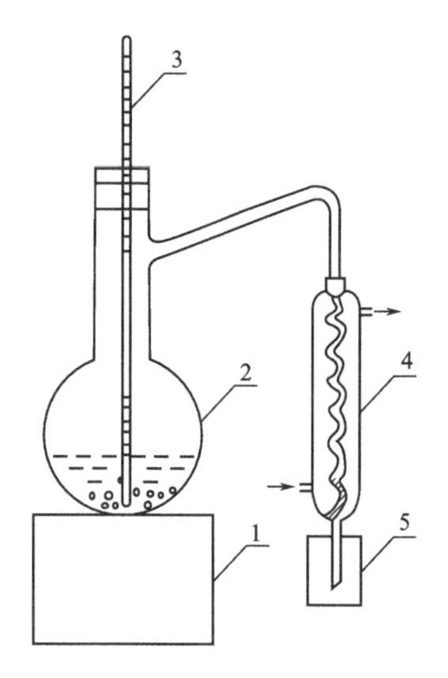

图 3-3 蒸馏装置
1—电炉；2—蒸馏瓶；3—温度计；4—冷凝管；5—小烧杯

2. 仪器

(1) 蒸馏装置：见图 3-3。

(2) 分光光度计。

3. 分析步骤

(1) 样品处理

① 粮食和蔬菜：同扩散-氟试剂比色法。

② 鱼、肉类：取鲜肉绞碎，混合。鱼应先去骨，再捣碎混匀。

③ 蛋类：去壳，将蛋白、蛋黄打匀。

④ 豆制品：将样品捣碎、混匀。

(2) 灰化　称取混匀样品 5.00g（以鲜重计），置于 30mL 坩埚内，加 5.0mL 硝酸镁溶液（100g/L）和 0.5mL 氢氧化钠溶液（100g/L），使呈碱性，混匀后浸泡 0.5h，置水浴上蒸干，再低温炭化，至完全不冒烟为止。移入马弗炉中，600℃灰化 6h，取出，放冷。

(3) 蒸馏

① 于坩埚中加 10mL 水，将数滴硫酸溶液（2+1）慢慢加入坩埚中，防止溶液飞溅，中和至不产生气泡为止。将此液移入 500mL 蒸馏瓶中，用 20mL 水分数次洗涤坩埚，并入蒸馏瓶中。

② 于蒸馏瓶中加 60mL 硫酸溶液（2+1）、数粒无氟小玻珠，连接蒸馏装置，加热蒸馏。馏出液用事先盛有 5.0mL 水、7～20 滴氢氧化钠溶液（100g/L）和 1 滴酚酞指示液的 50mL 烧杯吸收，当蒸馏瓶内溶液温度上升至 190℃时停止蒸馏（整个蒸馏时间约为 15～20min）。

③ 取下冷凝管，用滴管加水洗涤冷凝管 3～4 次，洗液合并于烧杯中。再将烧杯中的吸收液移入 50mL 容量瓶中，并用少量水洗涤烧杯 2～3 次，合并于容量瓶中。用盐酸溶液（1+11）中和至红色刚好消失。用水稀释至刻度，混匀。

④ 分别吸取 0mL、1.0mL、3.0mL、5.0mL、7.0mL、9.0mL 氟标准使用液于蒸馏瓶中，补加水至 30mL，以下按上述 3（3）②和 3（3）③操作。此蒸馏标准液每 10mL 分别相当于 0μg、1.0μg、3.0μg、5.0μg、7.0μg、9.0μg 氟。

(4) 测定

① 分别吸取标准系列蒸馏液和试样蒸馏液 10.0mL 于 25mL 带塞比色管中。

② 同扩散复色法中②自“分别于带塞比色管中……，绘制标准曲线比较。”

4. 计算

$$X=\frac{AV_2\times 1000}{V_1 m\times 1000}$$

式中 X——试样中氟的含量，mg/kg；

A——测定用样液中氟的质量，μg；

V_1——比色时吸取蒸馏液体积，mL；

V_2——蒸馏液总体积，mL；

m——试样质量，g；

1000——换算系数。

5. 说明

（1）样品灰化一定要彻底，如灰化不完全，有碳粒存在时，易吸附加入的氟标准溶液，以致在蒸馏条件下不能完全蒸出，使回收率偏低。

（2）蒸馏过程中注意保持吸收液呈碱性（红色），若红色消失，应立即补加氢氧化钠溶液。

（三）氟离子选择电极法

1. 原理

氟离子选择电极的氟化镧单晶膜对氟离子产生选择性的对数响应，氟电极和饱和甘汞电极在被测试液中，电位差可随溶液中氟离子活度的变化而改变，电位变化规律符合能斯特（Nernst）方程式。

$$E=E_0-\frac{2.303RT}{F}\lg c_{F^-}$$

E 与 $\lg c_{F^-}$ 成线性关系。$2.303RT/F$ 为该直线的斜率（25℃时为 59.16）。

与氟离子形成配合物的铁、铝等离子干扰测定，其他常见离子无影响。测量溶液的酸度为 pH5～6，用总离子强度缓冲剂，消除干扰离子及酸度的影响。

2. 试剂

所用水均为去离子水，全部试剂贮于聚乙烯塑料瓶中。

（1）乙酸钠溶液（3mol/L）：称取 204g 乙酸钠（$CH_3COONa\cdot 3H_2O$），溶于 300mL 水中，加乙酸（1mol/L）调节 pH 至 7.0，加水稀释至 500mL。

（2）柠檬酸钠溶液（0.75mol/L）：称取 110g 柠檬酸钠（$Na_3C_6H_5O_7\cdot 2H_2O$），溶于 300mL 水中，加 14mL 高氯酸，再加水稀释至 500mL。

（3）总离子强度缓冲剂：乙酸钠溶液（3mol/L）与柠檬酸钠溶液（0.75mol/L）等量混合，临用时配制。

（4）氟标准使用液：吸取本节扩散-氟试剂比色法中的氟标准溶液 10.0mL，置于 100mL 容量瓶中，加水稀释至刻度。如此反复稀释至此溶液每毫升相当于 1.0μg 氟。

3. 仪器

酸度计：±0.01pH（或离子计）；磁力搅拌器。

4. 分析步骤

（1）称取 1.00g 粉碎过 40 目筛的试样，置于 50mL 容量瓶中，加 10mL 盐酸（1+11），密闭浸泡提取 1h（不时轻轻摇动），应尽量避免试样粘于瓶壁上。提取后加 25mL 总离子强度缓冲剂，加水至刻度，混匀，备用。

（2）吸取 0mL、1.00mL、2.00mL、5.00mL、10.0mL 氟标准使用液（相当 0μg、1.00μg、2.00μg、5.00μg、10.0μg 氟），分别置于 50mL 容量瓶中，于各容量瓶中分别加入 25mL 总离子强度缓冲剂、10mL 盐酸（1+11），加水至刻度，混匀，备用。

（3）将氟电极和甘汞电极与测量仪器的负端和正端相连接。电极插入盛有水的 25mL 塑料杯中，杯中放有套聚乙烯管的铁搅拌棒，在电磁搅拌中，读取平衡电位值，更换 2～3 次水后，待电位值平衡后，即可进行样液与标准液的电位测定。

（4）以电极电位为纵坐标、氟离子浓度为横坐标，在半对数坐标纸上绘制标准曲线，根据试样电位值在曲线上求得含量。

5. 计算

$$X=\frac{AV\times 1000}{m\times 1000}$$

式中 X——试样中氟的含量，mg/kg；

A——测定用样液中氟的浓度，μg/mL；

m——试样质量，g；

V——样液总体积，mL；

1000——换算系数。

6. 说明

（1）电极不宜在水中长期保存，如长期不用，应冲洗干净干放，在使用前用水浸泡数小时，待电位值平衡后使用。避免在高浓度溶液中长时间浸泡，以免损坏电极。一支电极长时间使用后，会发生迟钝现象，可用金相纸擦或牙膏擦将表面活化。

（2）初次使用新电极应先测试其响应极限，即可计算出对样品的最低检出量。小于电极响应极限的浓度不成对数响应，测定很微量的氟会产生误差。

第四章 食品中农药残留的检验

第一节 概述

一、农药简介

农药是指用于预防、消灭或者控制危害农业、林业的病、虫、草和其他有害生物以及有目的地调节植物、昆虫生长的化学合成或者来源于生物、其他天然物质的一种物质或者几种物质的混合剂及其制剂。农药残留指由于使用农药而在食品、农产品和动物饲料中出现的任何特定物质，包括被认为具有毒理学意义的农药衍生物，如农药转化物、代谢物、反应产物及杂质等。

农药的分类比较复杂，按其来源可分为：①由矿物原料加工制成的无机农药，如硫制剂的硫黄、石灰硫黄合剂，铜制剂的硫酸铜、波尔多液，磷化物的磷化铝等，目前使用较多的有硫悬浮剂、波尔多液等。②生物源农药，一类是用天然植物加工制成的植物性农药，所含有效成分为天然有机化合物，如除虫菊、烟草等；另一类是用微生物及其代谢产物制成的微生物农药，如 Bt 乳剂、井冈霉素、白僵菌等。生物源农药具有对人、畜安全，不污染环境，对天敌杀伤力小和有害生物不会产生耐药性等优点。③有机合成农药，主要包括有机磷、有机氯、氨基甲酸酯、拟除虫菊酯等。这类农药具有药效高、见效快、用量少、用途广等特点，但是易使有害生物产生耐药性，对人、畜安全性相对较低，污染环境。

二、农药对食品的污染

农药可通过直接污染、间接污染、食物链生物富集、交叉污染以及意外事故等方式污染食品。

（一）直接污染

施用农药后对农产品的直接污染是食品原料及食品中农药残留的主要来源，其中果蔬类农产品中农药残留最严重。造成直接污染的原因可能有：①农药喷施后，一部分黏附于农作物表面，然后分解；另一部分被作物吸收累积于作物中。②大剂量滥用农药，造成食用农产品中农药残留。③农作物在最后一次施用农药到收获上市之间的时间未达到农药安全间隔期。在安全间隔期内，多数农药会逐渐分解而使农药残留量达到安全标准，不再对人体健康造成威胁。④粮食保存时用农药对粮食进行熏蒸，也会造成农药残留；抑制发芽马铃薯、洋葱、大蒜等使用农药也可能造成农药残留。

（二）间接污染

研究发现，农药喷施后40%～60%降落在土壤中，5%～30%扩散于空气中。有些性质稳定、半衰期长的农药可在土壤中残留较长时间，如六六六、DDT。土壤、水中的农药可通过作物根系吸收而进入到植物组织内部和果实中，空气中的农药则通过雨水对土壤和水造成污染，再间接污染农产品。

（三）食物链的生物富集

污染环境的农药经食物链传递时，可发生生物富集而造成农药残留，如水中农药到浮游生物再到水产动物，使农药残留浓度更高。藻类对农药的富集系数可达500倍，鱼贝类可达2000～3000倍，而食鱼的水鸟对农药的富集系数在10万倍以上。

（四）交叉污染

运输及贮存过程中，食品与农药混放或与受农药污染的运输设备、贮藏设备接触发生交叉污染，可能造成农药对食品的污染。

（五）意外事故

农药化工厂泄漏、运输农药的车辆发生交通事故等导致农产品的污染。2002年9月14日发生在南京汤山的特大中毒事件，系人为投毒所致，是中华人民共和国成立以来罕见的中毒事件，造成395人食物中毒，42人死亡。

第二节　有机磷农药残留的检验

一、概述

有机磷农药是我国目前使用最广的杀虫剂。按化学结构分类，可分为磷酸酯类、硫代磷酸酯类、焦磷酸酯类。按毒性大小，可以分为：高毒类，包括对硫磷、内吸磷、甲拌磷、乙拌磷、硫特普、磷胺；中毒类，包括敌敌畏、甲基对硫磷、甲基内吸磷；低毒类，包括敌百虫、乐果为、马拉硫磷、二溴磷、杀螟松等。

有机磷农药大多呈油状或结晶状，色泽由淡黄色至棕色，挥发性较强，具有大蒜样臭味，难溶于水，易溶于有机溶剂。有机磷农药在碱性条件下分解而失去毒性，加热遇碱可以加速分解，故可用氨水、碳酸氢钠、漂白粉、氢氧化钠与有机磷农药共同加热，降低毒性；而在酸性和中性溶液中较稳定。有机磷不稳定，在自然环境中容易分解，进入生物体内也易被酶分解，不易蓄积。因此有机磷农药在食物中残留时间短，其毒性以急性毒性为主，慢性中毒较少。

在人体正常的神经冲动中，乙酰胆碱存在时，传递神经冲动的信号，使人兴奋；当乙酰胆碱在乙酰胆碱酯酶的催化下水解后，冲动休止。有机磷农药的中毒机理主要是有机磷农药进入体内后，选择性地不可逆地抑制神经系统的乙酰胆碱酯酶活性，使胆碱能神经的传递介质乙酰胆碱不能水解而在体内大量蓄积，作用于胆碱能受体，导致中枢和外周胆碱能神经过分刺激，冲动不能休止，引起机体痉挛、瘫痪等一系列神经中毒症状，甚至死亡。

二、食品中有机磷农药残留的测定

有机磷农药残留量的测定方法，早期较为广泛采用的是酶化学法及单相比色法等，后来被薄层色谱与酶化学抑制法相结合的方法所取代。薄层酶抑制法对净化要求不高，处理简单，既克服了酶法无专一性的缺点，又提高了薄层色谱法的灵敏度，对于酶抑制物如有机磷和氨基甲酸酯的分析具有实际意义，但此法只能做到半定量。近年来，气相色谱法被广泛采用，该方法使用火焰光度检测器，灵敏度和精密度均高，可同时测定多种有机磷农药，已成为国内外测定有机磷农药的标准方法。

（一）水果、蔬菜、谷类中有机磷农药残留量的测定

本方法适用于使用过敌敌畏等二十种农药制剂的水果、蔬菜、谷类等作物的残留量分析。

1. 原理

含有机磷的样品在富氢焰上燃烧，以 HPO 碎片的形式放射出波长为 526nm 的特征光，通过滤光片选择后，由光电倍增管接收，转换成电信号，经微电流放大器放大后被记录下来。试样的峰面积或峰高与标准品的峰面积或峰高进行比较定量。

2. 试剂

农药标准溶液的配制：分别准确称取农药标准品，用二氯甲烷为溶剂，分别配制成 1.0mg/mL 的标准贮备液，贮于冰箱（4℃）中，使用时根据各农药品种的仪器响应情况，吸取不同量的标准贮备液，用二氯甲烷稀释成混合标准使用液。

3. 仪器

旋转蒸发仪；气相色谱仪：附有火焰光度离子化检测器（FPD）。

4. 试样的制备

取粮食样品粉碎机粉碎，过 20 目筛制成粮食试样；取水果、蔬菜样品洗净、晾干、去掉非可食部分后制成待分析试样。

5. 分析步骤

（1）提取

① 水果、蔬菜：称取 50.00g 试样，置于 300mL 烧杯中，加入 50mL 水和 100mL 丙酮（提取液总体积为 150mL），用组织捣碎机提取 1～2min。匀浆液经铺有两层滤纸和约 10gCelite 545 的布氏漏斗减压抽滤。从滤液中分取 100mL 移至 500mL 分液漏斗中。

② 谷物：称取 25.00g 试样，置于 300mL 烧杯中，加入 50mL 水和 100mL 丙酮，以下按水果、蔬菜提取方法操作。

（2）净化　向水果、蔬菜和谷物提取的滤液中加入 10～15g 氯化钠使溶液处于饱和状态，猛烈振摇 2～3min，静置 10min，使丙酮与水分层，水相用 50mL 二氯甲烷振摇 2min，再静置分层。

将丙酮与二氯甲烷提取液合并经装有 20～30g 无水硫酸钠的玻璃漏斗脱水滤入 250mL 圆底烧瓶中，再以约 40mL 二氯甲烷分数次洗涤容器和无水硫酸钠。洗涤液也并入烧瓶中，用旋转蒸发器浓缩液定量转移至 5～25mL 容量瓶中，加二氯甲烷定容至刻度。

(3) 气相色谱参考条件：

色谱柱：①玻璃柱 2.6m×3mm(i. d.)，填装涂有 4.5%DC-200+2.5%OV-17 的 Chromosorb W A W DMCS(80～100 目) 的担体；②玻璃柱 2.6m×3mm(i. d.)，填装涂有 1.5%QF-1 的 Chromosorb W A W DMCS(60～80 目)。

气体流速：氮气 50mL/min、氢气 100mL/min、空气 50mL/min。

温度：柱箱 240℃、汽化室 260℃、检测器 270℃。

(4) 测定：吸取 2～5μL 混合标准液及样品净化液注入色谱仪中，以保留时间定性。以试样的峰高或峰面积与标准比较定量。

6. 计算

有机磷农药的含量按下列公式进行计算：

$$X_i=\frac{A_i V_1 V_3 E_{si}\times 1000}{A_{si} V_2 V_4 m\times 1000}$$

式中 X_i——i 组分有机磷农药的含量，mg/kg；

A_i——试样中 i 组分的峰面积，积分单位；

A_{si}——混合标准液中 i 组分的峰面积，积分单位；

V_1——试样提取液的总体积，mL；

V_2——净化用提取液的总体积，mL；

V_3——浓缩后的定容体积，mL；

V_4——进样体积，μL；

E_{si}——注入色谱仪中的 i 标准组分的质量，ng；

m——试样的质量，g；

1000——换算系数。

（二）粮、菜、油中有机磷农药残留量的测定

本方法适用于粮食、蔬菜、食用油中敌敌畏、乐果、马拉硫磷、甲拌磷、稻瘟净、杀螟硫磷、倍硫磷、虫螨磷等农药残留量的测定。

1. 原理

试样中有机磷农药经提取、分离净化后在富氢焰上燃烧，以 HPO 碎片的形式放射出波长为 526nm 的特征光，这种特征光通过滤光片选择后，由光电倍增管接收，转换成电信号，经微电流放大器放大后被记录下来。试样的峰高与标准品的相比，计算出试样相当的含量。

2. 试剂

中性氧化铝，层析用，经 300℃活化 4h 后备用；活性炭：称取 20g 活性炭，用 3mol/L 盐酸浸泡过夜，抽滤后用水洗至无氯离子，于 120℃烘干备用。

农药标准溶液：准确称取适量有机磷农药标准品，用苯（或三氯甲烷）先配制成贮备液，放在冰箱中保存。

农药标准使用液：临用时用二氯甲烷稀释为使用液，使其浓度为敌敌畏、乐果、马拉硫磷、对硫磷和甲拌磷每毫升各相当于 1.0μg。稻瘟净、倍硫磷、杀螟硫磷和虫螨磷每毫升各相当于 2.0μg。

3. 仪器

气相色谱仪，附火焰光度检测器；电动振荡器。

4. 分析步骤

(1) 提取与净化

① 蔬菜：将蔬菜切碎、混匀。称取 10.00g 混匀的样品于 250mL 具塞锥形瓶中，加 30～100g 无水硫酸钠（根据蔬菜含水量）脱水、剧烈振摇后如有固体硫酸钠存在，说明所加无水硫酸钠已够。加 0.2～0.8g 活性炭（根据蔬菜色素含量），脱色。加 70mL 二氯甲烷，在振荡器上振摇 0.5h，经滤纸过滤，量取 35mL 滤液，在通风柜中室温下自然挥发至近干，用二氯甲烷少量多次研洗残渣，移入 10mL（或 5mL）具塞刻度管中，并定容至 2.0mL 备用。

② 稻谷：脱壳，磨粉，过 20 目筛，混匀。称取 10.00g 置于具塞锥形瓶中，加入 0.5g 中性氧化铝及 20mL 二氯甲烷，振摇 0.5h，过滤，滤液直接进样。如农药残留量过低，则加 30mL 二氯甲烷，振摇过滤，量取 15mL 滤液浓缩并定容至 2.0mL 进样。

③ 小麦、玉米：将试样磨碎过 20 目筛，混匀。称取 10.00g 置于具塞锥形瓶中，加入 0.5g 中性氧化铝、0.2g 活性炭及 20mL 二氯甲烷，振摇 0.5h 后过滤，滤液直接进样。如农药残留量过低，加 30mL 二氯甲烷振摇过滤，量取 15mL 滤液浓缩并定容至 2.0mL 进样。

④ 植物油：称取 5.0g 混匀的样品，用 50mL 丙酮分次溶解并洗入分液漏斗中，摇匀后加 10mL 水，轻轻旋转振摇 1min，放置 1h 以上，弃去下面析出的油层，上层溶液自分液漏斗上口倾入另一分液漏斗中，尽量不使剩余油滴倒入（如乳化严重，则放入 50mL 离心管中于 2500r/min 离心 0.5h，用滴管吸出上层溶液）。加 30mL 二氯甲烷和 100mL 硫酸钠溶液（50g/L），振摇 1min，静置分层后将二氯甲烷提取液移至蒸发皿中，丙酮水溶液再用 10mL 二氯甲烷提取一次，分层后，合并至蒸发皿中。自然挥发后，如无水，可用二氯甲烷少量多次研洗蒸发皿中残液移入具塞量筒中，并定容至 5mL。加 2g 无水硫酸钠振摇脱水，再加 1g 中性氧化铝、0.2g 活性炭（毛油可加 0.5g）振摇脱油和脱色，过滤后滤液直接进样。二氯甲烷提取液自然挥发后如有少量水，可用 5mL 二氯甲烷分次将挥发后的残液洗入小分液漏斗内，提取 1min，静置分层后将二氯甲烷分入具塞量筒内，再以 5mL 二氯甲烷提取一次，合并入具塞量筒内，定容至 10mL，加 5g 无水硫酸钠振摇脱水，再加 1g 中性氧化铝和 0.2g 活性炭振摇脱油和脱色，过滤后滤液直接进样。或将二氯甲烷和水一起倒入具塞量筒中，用二氯甲烷少量多次研洗蒸发皿，洗液并入具塞量筒中，以二氯甲烷层为准定容至 5mL，加 3g 无水硫酸钠，然后如上加中性氧化铝和活性炭依法操作。

（2）色谱条件

色谱柱：玻璃柱，内径 3mm，长 1.5～2.0m。

分离测定敌敌畏、乐果、马拉硫磷和对硫磷的色谱柱：①内装涂以 2.5％SE-30 和 3％QF-1 混合固定液的 60～80 目 Chromaosorb W A W DMCS；②内装涂以 1.5％OV-17 和 2％QF-1 混合固定液的 60～80 目 Chromosorb W A W DMCS；③内装涂以 2％OV-101 和 2％QF-1 混合固定液的 60～80 目 Chromosorb W A W DMCS。

分离测定甲拌磷、虫螨磷、稻瘟净、倍硫磷和杀螟硫磷的色谱柱：①内装涂以 3％PEGA 和 5％QF-1 混合固定液的 60～80 目 ChromosorbW A W DMCS；②内装涂以 2％NPGA 和 3％QF-1 混合固定液的 60～80 目 Chromosorb W A W DMCS。

气流速度：载气为氮气 80mL/min；空气 50mL/min；氢气 180mL/min（氮气和空气、氢气之比按各仪器型号不同选择各自的最佳比例条件）。

温度：进样口 220℃，检测器 240℃，柱温 180℃，但测定敌敌畏最佳柱温为 130℃。

（3）测定　将混合农药标准使用液 2～5μL 分别注入气相色谱仪中，可测得不同浓度有机磷标准溶液的峰高，绘制有机磷标准曲线。同时取样品溶液 2～5μL 注入气相色谱仪中，测得的峰高从标准曲线上查出相应的含量。

5. 计算

试样中有机磷农药的含量按下列公式进行计算：

$$X=\frac{A\times 1000}{m\times 1000\times 1000}$$

式中 X——试样中有机磷农药的含量，mg/kg；

A——进样体积中有机磷农药的质量，ng；

m——进样体积（1μL）相当于试样的质量，g；

1000——换算系数。

（三）肉类、鱼类中有机磷农药残留的测定

本方法适用于肉类、鱼类中敌敌畏、乐果、马拉硫磷、对硫磷农药的残留分析。

1. 原理

同粮、菜、油中有机磷农药残留量的测定。

2. 试剂

无水硫酸钠：700℃灼烧 4h 后备用；中性氧化铝：550℃灼烧 4h。

农药标准溶液：准确称取敌敌畏、乐果、马拉硫磷、对硫磷标准品各 10.0mg，用丙酮溶解并定容至 100mL，混匀，每毫升相当农药 0.10mg，作为储备液，保存于冰箱中。

农药标准使用液：临用时用丙酮稀释至每毫升相当 2.0μg。

3. 仪器

气相色谱仪：附火焰光度检测器（FPD）；电动振摇器。

4. 分析步骤

（1）提取净化　将有代表性的肉、鱼试样切碎混匀，称取 20.00g 于 250mL 具塞锥形瓶中，加 60mL 丙酮，于振荡器上振摇 0.5h，经滤纸过滤，取滤液 30mL 于 125mL 分液漏斗中，加 60mL 硫酸钠溶液（20g/L）和 30mL 二氯甲烷，振摇提取 2min 后，静置分层，将下层提取液放入另一个 125mL 分液漏斗中，再用 20mL 二氯甲烷于丙酮水溶液中同样提取后，合并两次提取液，在二氯甲烷提取液中加 1g 中性氧化铝（如为鱼肉加 5.5g），轻摇数次，加 20g 无水硫酸钠。振摇脱水，过滤于蒸发皿中，用 20mL 二氯甲烷分两次洗涤分液漏斗，倒入蒸发皿中，在 55℃水浴上蒸发浓缩至 1mL 左右，用丙酮少量多次将残液洗入具塞刻度小试管中，定容至 2～5mL，如溶液含少量水，可在蒸发皿中加少量无水硫酸钠后，再用丙酮洗入具塞刻度小试管中，定容。

（2）色谱条件

色谱柱：内径 3.2mm，长 1.6m 的玻璃珠，内装涂以 1.5%OV-17 和 2%QF-1 混合固定液的 80～100 目 Chromosorb W A W DMCS。

流量：氮气 60mL/min；氢气 0.7kgf/cm^2（1kgf=9.80665N，下同）；空气 0.5kgf/cm^2。

温度：检测器 250℃，柱温 220℃（测定敌敌畏时为 190℃）。如同时测定四种农药，可用程序升温。

（3）测定　将标准使用液或试样液进样 1～3μL，以保留时间定性；测量峰高，与标准比较进行定量。

5. 计算

有机磷农药的含量按下列公式进行计算：

$$X_i=\frac{A_i V_1 V_3 E_{si}\times 1000}{A_{si} V_2 V_4 m\times 1000}$$

式中 X_i——i 组分有机磷农药的含量，mg/kg；

A_i——试样中 i 组分的峰面积，积分单位；
A_{si}——混合标准液中 i 组分的峰面积，积分单位；
V_1——试样提取液的总体积，mL；
V_2——净化用提取液的总体积，mL；
V_3——浓缩后的定容体积，mL；
V_4——进样体积，μL；
E_{si}——注入色谱仪中的 i 标准组分的质量，ng；
m——试样的质量，g；
1000——换算系数。

（四）气相色谱-质谱法

本方法适用于清蒸猪肉罐头、猪肉、鸡肉、牛肉、鱼肉中有机磷农药残留量（敌敌畏、二嗪磷、皮蝇磷、杀螟硫磷、马拉硫磷、毒死蜱、倍硫磷、对硫磷、乙硫磷、蝇毒磷）的测定。

1. 原理

试样用水-丙酮溶液均质提取，二氯甲烷液-液分配，凝胶色谱柱净化，再经石墨化炭黑固相萃取柱净化，气相色谱-质谱检测，外标法定量。

2. 试剂

（1）试剂

① 无水硫酸钠：650℃灼烧 4h，贮于密封容器中备用。

② 氯化钠水溶液（5%）：称取 5.0g 氯化钠，用水溶解，并定容至 100mL。

③ 乙酸乙酯-正己烷（1+1，体积比）：量取 100mL 乙酸乙酯和 100mL 正己烷，混匀。

④ 环己烷-乙酸乙酯（1+1，体积比）：量取 100mL 环己烷和 100mL 乙酸乙酯，混匀。

⑤ 标准储备溶液：分别准确称取适量的每种农药标准品（纯度均≥95%），用丙酮分别配制成浓度为 100～1000g/mL 的标准储备溶液。

⑥ 混合标准工作溶液：根据需要再用丙酮逐级稀释成适用浓度的系列混合标准工作溶液。保存于 4℃冰箱内。

（2）材料

① 氟罗里硅土固相萃取柱：Florisil，500mg，6mL，或相当者。

② 石墨化炭黑固相萃取柱：ENVI-Carb，250mg，6mL，或相当者，使用前用 6mL 乙酸乙酯-正己烷预淋洗。

③ 有机相微孔滤膜：0.45μm。

④ 石墨化炭黑：60～80 目。

3. 仪器

气相色谱-质谱仪：配有电子轰击源（EI）；凝胶色谱仪：配有单元泵、馏分收集器。

4. 试样制备

（1）试样制备　取代表性样品约 1kg，经捣碎机充分捣碎均匀，装入洁净容器，密封，标明标记。

（2）试样保存　试样于－18℃保存。在抽样及制样的操作过程中，应防止样品受到污染或发生残留物含量的变化。

5. 分析步骤

（1）提取　称取解冻后的试样 20g（精确到 0.01g）于 250mL 具塞锥形瓶中，加入

20mL 水和 100mL 丙酮，均质提取 3min。将提取液过滤，残渣再用 50mL 丙酮重复提取一次，合并滤液于 250mL 浓缩瓶中，于 40℃水浴中浓缩至约 20mL。

将浓缩提取液转移至 250mL 分液漏斗中，加入 150mL 氯化钠水溶液和 50mL 二氯甲烷，振摇 3min，静置分层，收集二氯甲烷相。水相再用 50mL 二氯甲烷重复提取两次，合并二氯甲烷相。经无水硫酸钠脱水，收集于 250mL 浓缩瓶中，于 40℃水浴中浓缩至近干。加入 10mL 环己烷-乙酸乙酯溶解残渣，用 0.45μm 滤膜过滤，待凝胶色谱（GPC）净化。

（2）凝胶色谱（GPC）净化

① 凝胶色谱条件　凝胶净化柱：Bio Beads S-X3，700mm×25mm(i. d.)，或相当者；流动相：乙酸乙酯-环己烷（1+1，体积比）；流速：4.7mL/min；样品定量环：10mL；预淋洗时间：10min；凝胶色谱平衡时间：5min；收集时间：23～31min。

② 凝胶色谱净化步骤　将 10mL 待净化液按上述规定的条件进行净化，收集 23～31min 区间的组分，于 40℃下浓缩至近干，并用 2mL 乙酸乙酯-正己烷溶解残渣，待固相萃取净化。

（3）固相萃取（SPE）净化　将石墨化炭黑固相萃取柱（对于色素较深试样，在石墨化炭黑固相萃取柱上加 1.5cm 高的石墨化炭黑）用 6mL 乙酸乙酯-正己烷预淋洗，弃去淋洗液；将 2mL 待净化液倾入上述连接柱中，并用 3mL 乙酸乙酯-正己烷分 3 次洗涤浓缩瓶，将洗涤液倾入石墨化炭黑固相萃取柱中，再用 12mL 乙酸乙酯-正己烷洗脱，收集上述洗脱液至浓缩瓶中，于 40℃水浴中旋转蒸发至近干，用乙酸乙酯溶解并定容至 1.0mL，供气相色谱-质谱测定和确证。

6. 测定

（1）气相色谱-质谱参考条件：

色谱柱：30m×0.25mm(i. d.)，膜厚 0.25μm，DB-5MS 石英毛细管柱，或相当者；色谱柱温度：50℃(2min)→30℃/min 180℃(10min)→30℃/min 270℃(10min)；进样口温度：280℃；色谱-质谱接口温度：270℃；载气：氦气，纯度≥99.999%，流速 1.2mL/min；进样量：1μL；进样方式：无分流进样，1.5min 后开阀；电离方式：EI；电离能量：70eV；测定方式：选择离子监测方式；选择离子监测（m/z）：参见表 4-1 和表 4-2；溶剂延迟：5min；离子源温度：150℃；四级杆温度：200℃。

表 4-1　选择离子监测方式的质谱参数表

通道	时间 t_R/min	选择离子/amu
1	5.00	109,125,137,145,179,185,199,220,270,285,304
2	17.00	109,127,158,169,214,235,245,247,258,260,261,263,285,286,314
3	19.00	153,125,384,226,210,334

表 4-2　10 种有机磷农药的保留时间、定量和定性选择离子、丰度比及定量限表

序号	农药名称	保留时间/min	特征碎片离子/amu			定量限/(μg/g)
			定量	定性	丰度比	
1	敌敌畏	6.57	109	185,145,220	37∶100∶12∶07	0.02
2	二嗪磷	12.64	179	137,199,304	62∶100∶29∶11	0.02
3	皮蝇磷	16.43	285	125,109,270	100∶38∶56∶68	0.02
4	杀螟硫磷	17.15	277	260,247,214	100∶10∶06∶54	0.02
5	马拉硫磷	17.53	173	127,158,285	07∶40∶100∶10	0.02

续表

序号	农药名称	保留时间/min	特征碎片离子/amu			定量限/(μg/g)
			定量	定性	丰度比	
6	毒死蜱	17.68	197	314,258,286	63∶68∶34∶100	0.01
7	倍硫磷	17.80	278	169,263,245	100∶18∶08∶06	0.02
8	对硫磷	17.90	291	109,261,235	25∶22∶16∶100	0.02
9	乙硫磷	20.16	231	153,125,384	16∶10∶100∶06	0.02
10	蝇毒磷	23.96	362	226,210,334	100∶53∶11∶15	0.10

(2) 气相色谱-质谱测定与确证　根据样液中被测物含量情况，选定浓度相近的标准工作溶液，对标准工作溶液与样液等体积穿插进样测定，标准工作溶液和待测样液中每种有机磷农药的响应值均应在仪器检测的线性范围内。

如果样液与标准工作溶液的选择离子色谱图中，在相同保留时间有色谱峰出现，则根据表 4-2 中每种有机磷农药选择离子的种类及其丰度比进行确证。

7. 计算

试样中每种有机磷农药残留量按下式计算：

$$X_i=\frac{A_i c_i V}{A_{is} m}$$

式中　X_i——试样中每种有机磷农药残留量，mg/kg；

A_i——样液中每种有机磷农药的峰面积（或峰高）；

A_{is}——标准工作液中每种有机磷农药的峰面积（或峰高）；

c_i——标准工作液中每种有机磷农药的浓度，μg/mL；

V——样液最终定容体积，mL；

m——最终样液代表的试样质量，g。

第三节　有机氯农药残留的检验

一、概述

有机氯农药是我国最早大规模使用的农药，主要分为以苯为原料的有机氯农药和以环戊二烯为原料的有机氯农药。以苯为原料的有机氯农药包括使用较早的杀虫剂滴滴涕、六六六、林丹等，从滴滴涕结构衍生而来、生产吨位小、品种繁多的杀螨剂三氯杀螨砜、三氯杀螨醇、杀螨酯等，杀菌剂五氯硝基苯、百菌清、道丰宁等；以环戊二烯为原料的有机氯农药包括作为杀虫剂的氯丹、七氯、艾氏剂、狄氏剂、异狄氏剂、硫丹、碳氯特灵等。此外，以松节油为原料的莰烯类杀虫剂、毒杀芬和以萜烯为原料的冰片基氯也属于有机氯农药。

有机氯农药不溶于水，易溶于有机溶剂，其化学性质和结构稳定，不易被生物体内酶系降解，所以积存在动植物体内的有机氯农药分解缓慢。当有机氯农药进入土壤后较多地吸附于土壤颗粒，尤其是有机质含量丰富的土壤中更易吸附。因此，有机氯农药在土壤中的滞留期可长达数年，例如要使土壤中的六六六降解 95%最长需 20 年，滴滴涕分解 95%需 16～33 年。由于有机氯农药是疏水性的脂溶性化合物，其在水中溶解度大多低于 1mg/L，但可以被水环境中的浮游生物吸食，最终使有机氯农药经过食物链的传递进入动物及人体内。

随食物摄入人体内的有机氯农药，经过肠道吸收，很容易在体内蓄积，特别是在肝、肾、心脏等实质器官的脂肪组织中蓄积最多。它们在体内代谢后经尿、粪、乳汁排出，还可通过血胎屏障传递给胎儿。有机氯农药的急性毒性一般为中等甚至低毒，如滴滴涕的大鼠经口的半数致死量为150～800mg/kg，六六六为1250mg/kg，林丹150～200mg/kg。因此，对人体健康威胁较大的是慢性毒性作用。当人体内有机氯农药的蓄积量达到10mg/kg体重时，中毒症状即可表现出来。有机氯农药的毒性作用主要表现为神经毒性，如滴滴涕进入体内的量达到一定程度后危害神经细胞，导致痉挛等症状的发生，还能引起如体重下降，恶心、头痛、易疲劳等症状以及不同程度的贫血、白细胞增多等病变。此外，有机氯农药具有一定的生殖毒性，在大鼠妊娠前长期饲以0.02mg/kg的滴滴涕和0.5mg/kg的六六六，可导致死胎增多，子鼠存活力降低；给孕鼠饲以170mg/kg的滴滴涕，可引起致畸作用，表现为多发性皮下出血。因此，食品安全国家标准中规定了食品中农药最大残留限量，以确保食用安全。

二、食品中有机氯农药残留的测定

有机氯农药残留量的测定方法，早期较为广泛采用的一般为分光光度法，但这种方法操作烦琐，选择性差，灵敏度较低，在实际应用中存在较多问题。随后又发展了柱色谱、纸色谱和薄层色谱等方法，近年来，气相色谱法广泛采用。

（一）毛细管柱气相色谱-电子捕获检测器法

本方法适用于肉类、蛋类、乳类动物性食品和植物（含油脂）中α-六六六、六氯苯、β-六六六、γ-六六六、五氯硝基苯、δ-六六六、五氯苯胺、七氯、五氯苯基硫醚、艾氏剂、氧氯丹、环氧七氯、反式氯丹、α-硫丹、顺势氯丹、p,p'-滴滴伊、狄氏剂、异狄氏剂、β-硫丹、p,p'-滴滴滴、o,p'-滴滴涕、异狄氏剂醛、硫丹硫酸盐、p,p'-滴滴涕、异狄氏剂酮、灭蚁灵的分析。

1. 原理

试样中有机氯农药组分经有机溶剂提取、凝胶色谱层析净化、用毛细管柱气相色谱分离、电子捕获检测器检测，以保留时间定性，外标法定量。

2. 试剂

(1) 无水硫酸钠：分析纯，将无水硫酸钠置于干燥箱中，于120℃干燥4h，冷却后，密闭保存；聚苯乙烯凝胶：200～400目，或同类产品。

(2) 标准溶液配制　分别准确称取或量取农药标准品（纯度均≥98%）适量，用少量苯溶解，用正己烷稀释成一定浓度的标准储备溶液，量取适量标准储备溶液，再用正己烷稀释为系列混合标准溶液。

3. 仪器

气相色谱仪：配有电子捕获检测器（ECD）。

凝胶净化柱：长30cm，内径2.3～2.5cm具活塞玻璃层析柱，柱底垫少许玻璃棉。用洗脱剂乙酸乙酯-环己烷（1+1）浸泡的凝胶，以湿法装入柱中，柱床高约26cm，凝胶始终保持在洗脱剂中。

全自动凝胶色谱系统：带有固定波长（254nm）紫外检测器，供选择使用。

4. 分析步骤

(1) 试样制备　蛋品去壳，制成匀浆；肉品去筋后，切成小块，制成肉糜；乳品混匀待用。

（2）提取与分配

① 蛋类：称取试样 20g（精确到 0.01g）于 200mL 具塞三角瓶中，加水 5mL（视试样水分含量加水，使总水量约为 20g。通常鲜蛋水分含量约 75%，加水 5mL 即可），再加入 40mL 丙酮，振摇 30min 后，加入氯化钠 6g，充分摇匀，再加入 30mL 石油醚，振摇 30min。静置分层后，将有机相全部转移至 100mL 具塞三角瓶中经无水硫酸钠干燥，并量取 35mL 于旋转蒸发瓶中，浓缩至约 1mL，加入 2mL 乙酸乙酯-环己烷（1＋1）溶液再浓缩，如此重复 3 次，浓缩至约 1mL，供凝胶色谱层析净化使用，或将浓缩液转移至全自动凝胶渗透色谱系统配套的进样试管中，用乙酸乙酯-环己烷（1＋1）溶液洗涤旋转蒸发瓶数次，将洗涤液合并至试管中，定容至 10mL。

② 肉类：称取试样 20g（精确到 0.01g），加水 15mL（视试样水分含量加水，使总水量约为 20g）。加 40mL 丙酮，振摇 30min。

③ 乳类：称取试样 20g（精确到 0.01g），鲜乳不需加水，直接加丙酮提取。

④ 植物类：称取试样匀浆 20g（精确到 0.01g），加水 5mL（视试样水分含量加水，使总水量约为 20g）。加 40mL 丙酮，振摇 30min。以下均按蛋类试样的提取、分配步骤处理。

⑤ 大豆油：称取试样 1g（精确到 0.01g），直接加入 30mL 石油醚，振摇 30min 后，将有机相全部转移至旋转蒸发瓶中，浓缩至约 1mL，加 2mL 乙酸乙酯-环己烷（1＋1）溶液再浓缩，如此重复 3 次，浓缩至约 1mL，供凝胶色谱层析净化使用，或将浓缩液转移至全自动凝胶渗透色谱系统配套的进样试管中，用乙酸乙酯-环己烷（1＋1）溶液洗涤旋转蒸发瓶数次，将洗涤液合并至试管中，定容至 10mL。

（3）净化　选择手动或全自动净化方法的任一种进行。

手动凝胶色谱柱净化：将试样浓缩液经凝胶柱以乙酸乙酯-环己烷（1＋1）溶液洗脱，弃去 0～35mL 馏分，收集 35～70mL 馏分，将其旋转蒸发浓缩至约 1mL，再经凝胶柱净化收集 35～70mL 馏分，蒸发浓缩，用氮气吹除溶剂，用正己烷定容至 1mL，留待 GC 分析。

全自动凝胶渗透色谱系统净化：试样由 5mL 试样环注入凝胶渗透色谱（GPC）柱，泵流速 5.0mL/min，以乙酸乙酯-环己烷（1＋1）溶液洗脱，弃去 0～7.5min 馏分，收集 7.5～15min 馏分，15～20min 冲洗 GPC 柱。将收集的馏分旋转蒸发浓缩至约 1mL，用氮气吹至近干，用正己烷定容至 1mL，留待 GC 分析。

（4）测定

① 气相色谱参考条件　色谱柱：DM-5 石英弹性毛细管柱，长 30m、内径 0.32mm、膜厚 0.25μm；或等效柱。

柱温：程序升温。

$$90℃(1min)\xrightarrow{40℃/min}170℃\xrightarrow{2.3℃/min}230℃(17min)\xrightarrow{40℃/min}280℃(5min)$$

进样口温度：280℃。不分流进样，进样量 1μL。

检测器：电子捕获检测器（ECD），温度 300℃。

载气流速：氮气（N_2），流速 1mL/min；尾吹，25mL/min。

柱前压：0.5MPa。

② 色谱分析　分别吸取 1μL 混合标准液及试样净化液注入气相色谱仪中，记录色谱图，以保留时间定性，以试样和标准的峰高和峰面积比较定量。

5. 计算

试样中各农药的含量按下列公式进行计算：

$$X=\frac{m_1V_1f\times1000}{mV_2\times1000}$$

式中　X——试样中各农药的含量，mg/kg；

m_1——被测样液中各农药的含量，ng；

V_1——样液进样体积，μL；

f——稀释因子；

M——试样质量，g；

V_2——样液最后定容体积，mL；

1000——换算系数。

（二）填充柱气相色谱-电子捕获检测器法

1. 原理

试样中六六六（HCH）、滴滴涕（DDT）经提取和净化后用气相色谱法测定，与标准比较定量。电子捕获检测器对于负电极强的化合物具有极高的灵敏度，利用这一特点，可分别测定出痕量的六六六、滴滴涕。不同异构体和代谢物可同时分别测定。

2. 试剂

农药标准储备液：精密称取 α-HCH、γ-HCH、β-HCH、δ-HCH、p,p'-DDE、o,p'-DDT、p,p'-DDD 和 p,p'-DDT（纯度＞99％）各 10mg，溶于苯中，分别移于 100mL 容量瓶中，以苯稀释至刻度，混匀，浓度为 100mg/L，贮存于冰箱中。

农药混合标准工作液：分别量取上述各标准储备液于同一容量瓶中，以正己烷稀释至刻度。α-HCH、γ-HCH 和 δ-HCH 的浓度为 0.005mg/L，β-HCH 和 p,p'-DDE 浓度为 0.01mg/L，o,p'-DDT 浓度为 0.05mg/L，p,p'-DDD 浓度为 0.02mg/L，p,p'-DDT 浓度为 0.1mg/L。

3. 仪器

气相色谱仪：具电子捕获检测器。

4. 分析步骤

（1）试样制备　谷类制成粉末，其制品制成匀浆；蔬菜、水果及其制品制成匀浆；蛋品去壳制成匀浆；肉品去皮、筋后，切成小块，制成肉糜；鲜乳混匀待用；食用油混匀待用。

（2）提取

① 称取具有代表性的各类食品样品匀浆 20g，加水 5mL（视样品水分含量加水，使总水量约为 20mL），加丙酮 40mL，振荡 30min，加氯化钠 6g，摇匀。加石油醚 30mL，再振荡 30min，静置分层。取上清液 35mL 经无水硫酸钠脱水，于旋转蒸发器中浓缩至近干，以石油醚定容至 5mL，加浓硫酸 0.5mL 净化，振摇 0.5min，于 3000r/min 离心 15min。取上清液进行 GC 分析。

② 称取具有代表性的 2g 粉末样品，加石油醚 20mL，振荡 30min，浓缩，定容至 5mL，加 0.5mL 浓硫酸净化，振摇 0.5min，于 3000r/min 离心 15min。取上清液进行 GC 分析。

③ 称取具有代表性的食用油试样 0.5g，以石油醚溶解于 10mL 刻度试管中，定容至刻度。加 1.0mL 浓硫酸净化，振摇 0.5min，于 3000r/min 离心 15min。取上清液进行 GC 分析。

（3）填充柱气相色谱测定　色谱柱：内径 3mm、长 2m 的玻璃柱，内装涂以 1.5％OV-17 和 2％QF-1 混合固定液的 80～100 目硅藻土；载气：高纯氮，流速 110mL/min；柱温：185℃；检测器温度 225℃；进样口温度：195℃。进样量为 1～10μL。外标法定量。

5. 计算

试样中六六六、滴滴涕及其异构体或代谢物的单一含量按下列公式计算：

$$X=\frac{A_1}{A_2}\times\frac{m_1}{m_2}\times\frac{V_1}{V_2}\times\frac{1000}{1000}$$

式中　X——试样中六六六、滴滴涕及其异构体或代谢物的单一含量，mg/kg；

A_1——被测定试样各组分的峰值（峰高或峰面积）；

A_2——各农药组分标准的峰值（峰高或峰面积）；

m_1——单一农药标准溶液的含量，ng；

m_2——被测定试样的取样量，g；

V_1——被测定试样的稀释体积，mL；

V_2——被测定试样的进样体积，μL；

1000——换算系数。

第四节　氨基甲酸酯类农药残留的检验

一、概述

20 世纪 70 年代以来，由于有机氯农药受到禁用或限用，且抗有机磷农药的昆虫品种日益增多，因而氨基甲酸酯的用量逐年增加，广泛用于杀虫、杀螨、杀菌和除草等方面。氨基甲酸酯类农药分为五大类：萘基氨基甲酸酯类，如甲萘威（西维因）；苯基氨基甲酸酯类，如异丙威（叶蝉散、灭扑威）；氨基甲酸肟酯类，如涕灭威；杂环甲基氨基甲酸酯类，如克百威（呋喃丹）；杂环二甲基氨基甲酸酯类，如异索威。除少数品种如克百威、涕灭威等毒性较高外，大多数氨基甲酸酯类农药属于中、低毒性。

氨基甲酸酯类农药是在有机磷酸酯之后发展起来的合成农药，大多数品种速效性好，残留期短，选择性强。氨基甲酸酯类农药一般无特殊气味，大多数氨基甲酸酯类农药的纯品为无色和白色晶状固体，在水中溶解度较小，易溶于多种有机溶剂；一般无腐蚀性，其稳定性很好，但在水中能缓慢分解，暴露在空气和阳光下易分解，提高温度和在碱性条件下分解速度加快。

进入环境中的氨基甲酸酯类农药被土壤微生物分解，不易在生物体内蓄积。残留于食品中的氨基甲酸酯类农药可经消化道吸收，在体内先水解成氨基甲酸，再分解成 CO_2 和胺。除水解外，氨基甲酸酯类农药在体内还发生氧化，如芳环羟基、O-脱烷基化、N-甲基羟基化、N-脱烷基化、脂族侧链氧化、磺化氧化成砜等，然后与葡萄糖醛酸、磷酸或氨基酸结合排出体外。氨基甲酸酯类农药在体内的降解速度快，一般不在体内蓄积，因此其毒性作用以急性毒性为主。氨基甲酸酯类农药对机体的毒性作用机理与有机磷农药类似，主要抑制胆碱酶的活性，引起胆碱能神经的兴奋症状。急性中毒表现为毒蕈碱样作用，如心血管活动受到抑制，胃肠道平滑肌兴奋，消化道、呼吸道腺体兴奋等症状，恢复较快，一般在 24h 内完全恢复。但与有机磷农药不同的是，它们不需要体内代谢活化就可以直接抑制胆碱酯酶的活性，其结合方式是整个分子与胆碱酯酶形成疏松的复合体，形成氨基甲酰化胆碱酯酶，使酶失活，失去水解乙酰胆碱的能力。但它们与胆碱酯酶结合是可逆的，可自行水解，故酶抑制表现轻，胆碱酯酶的活性恢复也快。另外，一些动物实验已经表明，氨基甲酸酯类通过口服、注射或涂在皮肤上均会致癌，因此，国际癌症研究机构在 2007 年把氨基甲酸酯类列为 2A 类致癌物。

二、食品中氨基甲酸酯类农药残留的测定

（一）植物性食品中氨基甲酸酯类农药残留量的测定

1. 原理

含氮有机化合物被色谱柱分离后在加热的碱金属片的表面产生热分解，形成氰自由基（CN·），并且从被加热的碱金属表面放出的原子态碱金属（Rb）接受电子变成 CN^-，再与氢原子结合。放出电子的碱金属变成正离子，由收集极收集，并作为信号电流而被测定。电流信号的大小与含氮化合物的含量成正比，以峰面积或峰高比较定量。本方法适用于粮食、蔬菜中速灭威、异丙威、残杀威、克百威、抗蚜威和甲萘威的残留分析。

2. 试剂

甲醇-氯化钠溶液：取无水甲醇及 50g/L 氯化钠溶液等体积混合。

氨基甲酸酯类杀虫剂标准溶液的配制：分别准确称取速灭威、异丙威、残杀威、克百威、抗蚜威及甲萘威各种标准品（纯度均≥99%），用丙酮分别配制成 1mg/mL 的标准储备液。使用时用丙酮稀释成单一品种的标准使用液（5μg/mL）和混合标准工作液（每个品种浓度为 2～10μg/mL）。

3. 仪器

气相色谱仪：附有 FTD（火焰热离子检测器）。

4. 试样的制备

取粮食经粉碎机粉碎，过 20 目筛制成粮食试样。取蔬菜去掉非食部分后剁碎或经组织捣碎机捣碎制成蔬菜试样。

5. 分析步骤

（1）提取

① 粮食试样：称取约 40g 粮食试样，精确至 0.001g，置于 250mL 具塞锥形瓶中，加入 20～40g 无水硫酸钠（视试样的水分而定）、100mL 无水甲醇。塞紧，摇匀，于电动振荡器上振荡 30min。然后经快速滤纸过滤于量筒中，收集 50mL 滤液，转入 250mL 分液漏斗中，用 50mL 50g/L 氯化钠溶液洗涤量筒，并入分液漏斗中。

② 蔬菜试样：称取 20g 蔬菜试样，精确至 0.001g，置于 250mL 具塞锥形瓶中，加入 80mL 无水甲醇，塞紧，于电动振荡器上振荡 30min，然后经铺有快速滤纸的布氏漏斗抽滤于 250mL 抽滤瓶中，用 50mL 无水甲醇分次洗涤提取瓶及滤器。将滤液转入 500mL 分液漏斗中，用 100mL 50g/L 氯化钠水溶液分次洗涤滤器，并入分液漏斗中。

（2）净化

① 粮食试样：于盛有试样提取液的 250mL 分液漏斗中加入 50mL 石油醚，振荡 1min，静置分层后将下层（甲醇-氯化钠溶液）放入第二个 250mL 分液漏斗中，加 25mL 甲醇-氯化钠溶于石油醚层中，振荡 30s，静置分层后，将下层并入甲醇-氯化钠溶液中。

② 蔬菜试样：于盛有试样提取液的 500mL 分液漏斗中加入 50mL 石油醚，振荡 1min，静置分层后将下层放入第二个 500mL 分液漏斗中，并加入 50mL 石油醚，振荡 1min，静置分层后将下层放入第三个 500mL 分液漏斗中。然后用 25mL 甲醇-氯化钠溶液并入第三个分液漏斗中。

（3）浓缩　于盛有试样净化液的分液漏斗中，用二氯甲烷（50mL，25mL，25mL）

依次提取三次，每次振荡1min，静置分层后将二氯甲烷层经铺有无水硫酸钠（玻璃棉支撑）的漏斗（用二氯甲烷预洗过）过滤于250mL蒸馏瓶中，用少量二氯甲烷洗涤漏斗，并入蒸馏瓶中。将蒸馏瓶接上减压浓缩装置，于50℃水浴上减压浓缩至1mL左右，取下蒸馏瓶，将残余物转入10mL刻度离心管中，用二氯甲烷反复洗涤蒸馏瓶并入离心管中。然后吹氮气除尽二氯甲烷溶剂，用丙酮溶解残渣并定容至2.0mL，供气相色谱分析用。

（4）气相色谱条件

① 色谱柱1：玻璃柱，3.2mm(内径)×2.1m，内装涂有2%OV-101+6%OV-210混合固定液的Chromosorb WHP（80～100目）担体。

② 色谱柱2：玻璃柱，3.2mm(内径)×1.5m，内装涂有1.5%OV-17+1.95%OV-210混合固定液的Chromosorb WA W DMCS（80～100目）担体。

③ 气体条件：氮气65mL/min；空气150mL/min；氢气3.2mL/min。

④ 温度条件：柱温190℃；进样口或检测室温度240℃.

（5）测定　取试样液及标准样液各1μL注入气相色谱仪中，做色谱分析。根据组分在两根色谱柱上的出峰时间与标准组分比较定性；用外标法与标准组分比较定量。

6. 计算

试样中氨基甲酸酯类的含量按下式计算：

$$X_i=\frac{E_i(A_i/A_s)\times 2000}{m\times 1000}$$

式中　X_i——试样中组分i的含量，mg/kg；

E_i——标准试样中组分i的含量，ng；

A_i——试样中组分i的峰面积或峰高，积分单位；

A_s——标准试样中组分i的峰面积或峰高，积分单位；

m——试样质量，g；

2000——进样液的定容体积（2.0mL）；

1000——换算系数。

（二）动物性食品中氨基甲酸酯类农药多组分残留的测定

1. 原理

试样经提取、净化、浓缩、定容，微孔滤膜过滤后进样，用反相高效液相色谱分离，紫外检测器检测，根据色谱峰的保留时间定性，外标法定量。本方法适用于肉类、蛋类及乳类食品中涕灭威、速灭威、克百威、甲萘威、异丙威残留量测定。

2. 试剂

凝胶：Bio-Beads S-X_3 200～400目。

NMCs标准溶液配制：将五种氨基甲酸酯类农药（NMCs）标准品（纯度均>99%）分别以甲醇配成一定浓度的标准储备液，冰箱保存。使用前取一定量标准储备液，用甲醇稀释配成混合标准应用液。5种NMCs的浓度分别为涕灭威6.0mg/L、甲萘威5.0mg/L、克百威5.0mg/L、速灭威10.0mg/L、异丙威10.0mg/L。

3. 仪器

高效液相色谱仪：附紫外检测器及数据处理器。

凝胶净化柱：长50cm、内径2.5cm带活塞玻璃层析柱，柱底垫少量玻璃棉，用洗脱剂

（乙酸乙酯＋环己烷：1＋1）浸泡过夜的凝胶以湿法装入柱中，柱床高约 40cm，柱床始终保持在洗脱剂中。

4. 试样的制备

蛋白去壳，制成匀浆；肉品切块后，制成肉糜；乳品混匀后待用。

5. 分析步骤

（1）提取与分配　称取蛋类试样 20g（精确到 0.01g），于 100mL 具塞三角瓶中，加水 5mL（视试样水分含量加水，使总水量约 20g。通常鲜蛋水分含量约 75%，加水 5mL 即可），加 40mL 丙酮，振摇 30min，加氯化钠 6g，充分摇匀，再加 30mL 二氯甲烷，振摇 30min。取 35mL 上清液，经无水硫酸钠滤于旋转蒸发瓶中，浓缩至约 1mL，加 2mL 乙酸乙酯-环己烷（1＋1）溶液再浓缩，如此反复 3 次，浓缩至约 1mL。

称取肉类试样 20g（精确到 0.01g），加水 6mL（视试样水分含量加水，使总水量约 20g。通常鲜肉水分含量约 70%，加水 6mL 即可），以下按照本法 5.（1）蛋类试样的提取、分配步骤处理。

称取乳类试样 20g（精确到 0.01g。鲜乳不需加水，直接加丙酮提取），以下按照蛋类试样的提取、分配步骤处理。

（2）净化　将此浓缩液经凝胶柱以乙酸乙酯-环己烷（1＋1）溶液洗脱，弃去 0～35mL 馏分，收集 35～70mL 馏分。将其旋转蒸发浓缩至约 1mL，再经凝胶柱净化收集 35～70mL，旋转蒸发浓缩，用氮气吹至约 1mL，以乙酸乙酯定容至 1mL，留待 HPLC 分析。

（3）高效液相色谱测定

① 色谱条件：色谱柱，Altima C_{18} 4.6mm×25cm；流动相，甲醇＋水（60＋40），流速 0.5mL/min；柱温 30℃；紫外检测波长为 210nm。

② 测定：将仪器调至最佳状态后，分别将 5μL 混合标准液及试样净化液注入色谱仪中，以保留时间定性，以试样峰高或峰面积与标准比较定量。

6. 计算

试样中氨基甲酸酯类的含量按下式计算：

$$X=\frac{m_1V_2\times 1000}{mV_1\times 1000}$$

式中　X——试样中各农药的含量，mg/kg；

m_1——被测样液中各农药的含量，ng；

m——试样质量，g；

V_1——样液进样体积，μL；

V_2——试样最后定容体积，mL。

第五节　拟除虫菊酯类农药残留的检验

一、概述

拟除虫菊酯是一类应用广泛、高效、低残留和中等毒性的农药。因为它对控制害虫十分有效，近几年来在高毒有机磷农药退出市场之后，成为一种选择的替代产品。它不仅广泛应用于农作物灭虫，而且还大量用作（灭蚊子和杀蜚蠊等害虫）卫生杀虫剂。所谓拟除虫菊酯杀虫剂就是人类利用化学手段模拟天然除虫菊素的化学结构而仿生合成的一类化合物，主要有醚菊酯、苄氯菊酯、溴氰菊酯、氯氰菊酯、高效氯氰菊酯、顺式氯氰菊酯、杀灭菊酯、氰戊菊酯、戊酸氰醚酯、氟氰菊酯、氟菊酯、氟氰戊菊酯、百树菊酯、氟氯氰菊酯、戊菊酯、甲氰菊酯、氯氟氰菊酯、呋喃菊酯、苄呋菊酯、右旋丙烯菊酯。

这类农药多不溶于水或难溶于水，可溶于多种有机溶剂，对热、光、酸稳定，遇碱（pH>8）时易分解。第一代菊酯类农药的化学结构和理化性质与天然除虫菊素十分接近，具有天然除虫菊素的共性。例如对哺乳动物毒性低、易于生物降解、不污染环境、对害虫的击倒能力强和击倒速度快等，而且大多数物质熏蒸和驱赶害虫的能力比天然除虫菊素要好。1973 年英国的 M. Elliott 博士将菊酸中环丙烷羧酸的乙烯侧链上两个不稳定甲基用卤素取代，由此研制出第一个对光稳定的第二代菊酯化合物氯菊酯，具有强烈的触杀和胃毒作用、高效和广谱、对哺乳动物毒性低、易降解、不污染环境等特点，目前，已成为农业上一类重要的杀虫剂。

拟除虫菊酯类农药的作用机理主要使钠离子通道长期开放，导致害虫兴奋过度而死亡。

拟除虫菊酯类农药在环境中半衰期较长，在自然条件下一般都较难降解，长期大规模的生产和使用对生态环境会造成严重的污染。

二、食品中拟除虫菊酯类农药残留的测定

我国食品安全国家标准规定用气相色谱-质谱法测定进出口乳及乳制品中 2,6-二异丙基萘、七氟菊酯、生物丙烯菊酯、烯虫酯、苄呋菊酯、联苯菊酯、甲氰菊酯、氯氟氰菊酯、氟丙菊酯、氯菊酯、氟氯氰菊酯、氯氰菊酯、氟氰戊菊酯、醚菊酯、氰戊菊酯、氟胺氰菊酯、溴氰菊酯等 17 种拟除虫菊酯农药残留量。

1. 原理

试样采用氯化钠盐析，乙腈匀浆提取，分取乙腈层，分别用 C_{18} 固相萃取柱和氟罗里硅土固相萃取柱净化，洗脱液浓缩溶解定容后，供气相色谱-质谱仪检测和确证，外标法定量。

2. 试剂

（1）标准溶液配制

① 2,6-二异丙基萘等 17 种农药标准储备溶液：分别准确称取适量的 2,6-二异丙基萘等 17 种农药标准品（纯度≥98%），用正己烷配制成浓度为 100μg/mL 的标准储备溶液。0～4℃保存。

② 2,6-二异丙基萘等 17 种农药标准工作溶液：根据需要用不含 2,6-二异丙基萘等 17 种农药的空白样品配制成适用浓度的标准工作溶液，该溶液现用现配。

（2）材料　C_{18} 固相萃取柱：C_{18}，500mg，3mL。氟罗里硅土固相萃取柱：Florisil，500mg，3mL。

3. 仪器

气相色谱-质谱仪：配有电子轰击源（EI）。

4. 试样的制备

取样品约 500g 用粉碎机粉碎，混匀，装入洁净容器，密封，标明标记。

5. 分析步骤

（1）提取　准确称取液体乳、冰淇淋试样 2.0g（精确至 0.01g），加 0.5g 氯化钠、

10mL 乙腈，于 10000r/min 匀浆提取 60s，再以 4000r/min 离心 5min，准确移取 5.0mL 乙腈，于 40℃氮吹至大约 1mL，待净化。

准确称取奶酪、奶粉、乳清粉、炼乳、乳脂肪试样 2.0g（精确至 0.01g），加 0.5g 氯化钠、5mL 水、10mL 乙腈。同上述液体乳的操作。

（2）净化

① C_{18} 固相萃取净化　将（1）所得样品浓缩液倾入预先用 5mL 乙腈预淋洗的 C_{18} 固相萃取柱，用 4mL 乙腈洗脱，收集洗脱液，于 40℃氮吹至近干，用 0.5mL 正己烷涡流混合溶解残渣，待用。

② 氟罗里硅土固相萃取净化　将①中所得洗脱液倾入预先用 5mL 正己烷-乙酸乙酯预淋洗的氟罗里硅土固相萃取柱，用 5.0mL 正己烷-乙酸乙酯洗脱，收集洗脱液，于 40℃氮吹至近干，用 0.5mL 正己烷涡流混合溶解残渣，供气质联用仪测定。

（3）测定

① 气相色谱-质谱参考条件　色谱柱：TR-5MS 石英毛细管柱，30m×0.25mm(内径)×0.25μm，或性能相当者；色谱柱温度：50℃ $\xrightarrow{20℃/min}$ 200℃(1min) $\xrightarrow{5℃/min}$ 280℃(10min)；进样口温度：250℃；色谱-质谱接口温度：280℃；电离方式：EI；离子源温度：250℃；灯丝电流：25μA；载气：氦气，纯度≥99.999%，流速 1mL/min；进样方式：无分流，0.75min 后打开分流阀；进样量：1μL；测定方式：选择离子监测；选择监测离子（m/z）：每种农药选择 1 个定量离子、3 个定性离子，每种农药的保留时间、定量离子、定性离子及定量离子与定性离子丰度比见表 4-3；溶剂延迟：8.5min。

表 4-3　拟除虫菊酯类农药的保留时间、定量和定性选择离子及丰度比

峰顺序号	农药名称	保留时间/min	特征碎片离子		
			定量	定性	丰度比
第一段		8.5～12.0			
1	2,6-二异丙基萘	9.97	197	155、167、212	100∶34∶8∶45
2	七氟菊酯	10.55	177	142、161、197	100∶9∶5∶24
第二段		12.0～18.0			
3	生物丙烯菊酯	14.03	123	107、136、168	100∶19∶28∶6
4	烯虫酯	14.44	73	111、153、191	100∶32∶19∶14
第三段		18.0～21.2			
5	苄呋菊酯	19.14	171	123、143、338	61∶100∶47∶3
6	联苯菊酯	19.83	181	152、165、166	100∶2∶26∶30
7	甲氰菊酯	20.33	265	97、181、349	38∶100∶96∶6
第四段		21.2～22.5			
8	氯氟氰菊酯	21.74	181	197、208、449	100∶34∶8∶45
9	氟酯菊酯	21.90	181	152、247、289	100∶9∶14∶27
第五段		22.5～24.0			
10	氯菊酯(Ⅰ)	23.42	183	163、184、255	100∶18∶14∶2
11	氯菊酯(Ⅱ)	23.67	183	163、184、255	100∶25∶16∶2

续表

峰顺序号	农药名称	保留时间/min	特征碎片离子		
			定量	定性	丰度比
第六段		24.0～26.2			
12	氟氯氰菊酯(Ⅰ)	24.43	163	199、206、226	100∶59∶86∶47
13	氟氯氰菊酯(Ⅱ)	24.63	163	199、206、226	100∶44∶61∶34
14	氟氯氰菊酯(Ⅲ)	24.74	163	199、206、226	100∶46∶80∶41
15	氟氯氰菊酯(Ⅳ)	24.84	163	199、206、226	100∶41∶54∶33
16	氯氰菊酯(Ⅰ)	25.12	163	91、152、165	100∶30∶16∶67
17	氯氰菊酯(Ⅱ)	25.36	163	91、152、165	100∶39∶26∶58
18	氯氰菊酯(Ⅲ)	25.46	163	91、152、165	100∶26∶14∶66
19	氯氰菊酯(Ⅳ)	25.57	163	91、152、165	100∶32∶22∶70
20	氟氰戊菊酯(Ⅰ)	25.42	199	157、225、451	100∶73∶32∶15
21	氟氰戊菊酯(Ⅱ)	25.87	199	157、225、451	100∶68∶29∶11
22	醚菊酯	25.85	163	135、183、376	100∶14∶4∶3
第七段		26.2～28.2			
23	氰戊菊酯(Ⅰ)	27.28	167	181、225、419	100∶56∶73∶22
24	氰戊菊酯(Ⅱ)	27.86	167	181、225、419	100∶34∶8∶45
25	氟胺氰菊酯(Ⅰ)	27.37	250	181、252、502	100∶21∶35∶5
26	氟胺氰菊酯(Ⅱ)	27.59	250	181、252、502	100∶21∶34∶6
第八段		28.2～34.0			
27	溴氰菊酯	29.62	181	172、209、253	100∶38∶19∶68

② 色谱测定与确证　根据样液中待测物含量情况，选定浓度相近的标准工作溶液，标准工作溶液和待测样液中2,6-二异丙基萘等农药的响应值均应在仪器检测的线性范围内。标准工作溶液与样液等体积参照进样测定。

标准溶液及样液均按①规定的条件进行测定，如果样液中与标准溶液相同的保留时间有峰出现，则对其进行确证。经确证被测物质色谱峰保留时间与标准物质相一致，并且在扣除背景后的样品谱图中，所选择的离子均出现，同时所选择离子的丰度与标准物质相关离子的相对丰度一致，或相似度在允许偏差之内（见表4-4），被确证的样品可判定为阳性。

表4-4　使用气相色谱-质谱定性时相对离子丰度最大允许偏差

相对丰度(基峰)	>50%	>20%～50%	>10%～20%	≤10%
允许的相对偏差	±20%	±25%	±30%	±50%

6. 计算

用色谱数据处理机或按下列公式计算试样中2,6-二异丙基萘等17种农药残留量：

$$X=\frac{AcV\times 1000}{A_sM\times 1000}$$

式中 X——试样中2,6-二异丙基萘等17种农药残留量，mg/kg；

A——样液中2,6-二异丙基萘等17种农药的峰面积（或峰高）；

c——标准工作液中2,6-二异丙基萘等17种农药的浓度，g/mL；

V——样液最终定容体积，mL；

A_s——标准工作液中2,6-二异丙基萘等17种农药的峰面积（或峰高）；

M——最终样液所代表的试样质量，g；

1000——换算系数。

第五章
食品中兽药残留的检验

第一节　概述

在畜牧业生产中，为了预防和治疗畜禽疾病、促进动物生长繁殖、提高饲料利用率等，往往在饲料中加入一定量的兽药，包括各类抗生素、激素等。然而，由于养殖人员用药知识的缺乏以及经济利益驱使，兽药滥用现象在当前畜牧业中普遍存在。滥用兽药极易造成动物性食品中兽药残留超标，不仅对畜牧业的健康发展造成直接危害，而且当其随动物性食品进入人体，将会对人体健康产生危害。

兽药残留是兽药在动物性食品中的残留的简称，国际食品法典委员会（CAC）将兽药残留定义为动物产品的任何可食部分所含兽药的母体化合物及（或）其代谢物，以及与兽药有关的杂质。随着人们对动物性食品的质量需求不断提高，兽药残留问题已成为全球范围内的共性问题和一些国际贸易纠纷的起因。兽药残留对人体产生的不良影响主要有以下几个方面：

（1）毒性作用：兽药残留可能导致急性中毒、慢性中毒和“三致”作用。如红霉素等大环内酯类可致急性肝毒性；长时间食用含药物残留的食品，会造成药物在体内蓄积，当达到一定的浓度时，则对机体产生毒性作用。如链霉素应用过量可损害人的第八对脑神经，造成前庭功能和听觉的损害，出现行走不稳、平衡失调和耳聋等症状；磺胺类药物能够破坏人体造血机能和肾损害等；苯丙咪唑类抗蠕虫药能引起细胞染色体突变和致畸胎作用；克球粉、己烯雌酚等药物已被证实具有致癌作用。

（2）使某些细菌产生耐药性：机体长期反复接触某种抗菌药物后，体内耐药菌株大量繁殖。在某些情况下，动物体内耐药菌株可通过动物性食品使人产生耐药性，给治疗带来困难。已发现长期摄入低水平的抗生素，能导致金黄色葡萄球菌和大肠杆菌耐药性菌株的产生。

（3）过敏反应：许多抗菌药物如青霉素类、四环素类、磺胺类和氨基糖苷类等能使部分人群发生过敏反应甚至休克，并在短时间内出现血压下降、皮疹、喉头水肿、呼吸困难等严重症状。青霉素类药物具有很强的致敏作用，轻者表现为接触性皮炎和皮肤反应，重者表现为致死的过敏性休克。

（4）造成菌群失调：在正常情况下，人体肠道内的菌群在长期的共同进化过程中与人体已相互适应，各类菌群能够保持平衡，但如果久用药物，可造成一些非致病菌的死亡和减少，使菌群的平衡失调，容易造成病原菌的交替感染，使得具有选择性作用的药物失去疗效。

近年来，一些国家和地区对动物性食品中兽药残留进行了广泛深入的研究，确定了一些药物在畜禽体内的允许残留量和屠宰前的休药期，还规定了某些专供饲料添加剂使用的药物。这些药物的使用原则包括以下几个方面：

（1）合理配伍用药：畜禽发生疾病以后要正确诊断，合理用药，能用一种药的情况下不用多种药。使用多种药物配伍的作用应该是相互协同或相互增强，这样才能减少用药量，减少药物残留。

（2）按规定的范围、剂量使用药物：各国政府都严格规定了各种药物的使用条件。如日本规定在同一饲料中禁止使用两种以上作用相同的抗生素。多数国家规定对生命周期短的食用动物禁止使用雌激素。

（3）使用兽用专用药物：一些国家规定，凡是人类经常使用的抗生素及其药物不能作为畜禽饲料添加剂。如美国于1972年禁止四环素、链霉素、双氢链霉素及青霉素等人用抗生素用作畜禽饲料添加剂和预防疾病。

（4）确保休药期：所谓休药期是指到动物屠宰或动物性食品允许食用前停止用药的时间。此时间的规定是以上述药物在动物体内代谢的消除率和残留量不致影响人体健康为依据的。休药期多因动物种属、药物种类、剂量、给药途径的不同而异。

第二节　食品中抗生素残留的检验

一、概述

20世纪40年代青霉素问世以来，许多抗生素在细菌性疾病的治疗过程中，发挥了极其重要的作用。但随着抗生素的广泛应用，特别是在畜禽养殖业中的滥用，给人类带来了极大的危害。近年来在畜禽养殖中使用的抗生素包括青霉素类、头孢菌素类、氨基糖苷类、磺胺类、喹诺酮类等，所造成的细菌耐药性、过敏和中毒反应以及“三致”作用等危害日益严重，动物性食品中抗生素的残留越来越受到人们的关注，许多国家对抗生素的使用种类和使用剂量进行了限制。

我国于2002年禁止经营和使用氯霉素、琥珀氯霉素及其盐、呋喃唑酮、呋喃它酮等；2004年禁止将原料药直接添加到饲料及动物饮水中，或者直接饲喂动物，禁止将人用药品用于动物。所有抗生素的使用必须符合《中华人民共和国兽药典》《中华人民共和国兽药规范》及《饲料添加剂安全使用规范》等。我国食品安全国家标准规定了食品中兽药最大残留限量。

二、食品中抗生素残留的检验

（一）畜、禽肉中土霉素、四环素、金霉素残留量的测定

1. 原理

试样经提取、微孔滤膜过滤后直接进样，用反相色谱分离，紫外检测器检测，与标准比

较定量，出峰顺序为土霉素、四环素、金霉素。标准加入法定量。

2. 试剂

乙腈（分析纯）、5%高氯酸溶液。

0.01mol/L 磷酸二氢钠溶液：称取 1.56g(精确到±0.01g) 磷酸二氢钠（$NaH_2PO_4 \cdot 2H_2O$）溶于蒸馏水中，定容到 100mL，经微孔滤膜（0.45μm）过滤，备用。

土霉素（OTC）标准溶液：称取土霉素 0.0100g(精确到±0.0001g)，用 0.1mol/L 盐酸溶液溶解并定容至 10.00mL，此溶液每毫升含土霉素 1mg。

四环素（TC）标准溶液：称取四环素 0.0100g(精确到±0.0001g)，用 0.01mol/L 盐酸溶液溶解并定容至 10.00mL，此溶液每毫升含四环素 1mg。

金霉素（CTC）标准溶液：称取金霉素 0.0100g(精确到±0.0001g)，溶于蒸馏水并定容至 10.00mL，此溶液每毫升含金霉素 1mg。

以上标准品均按 1000 单位/mg 折算。于 4℃以下保存，可使用 1 周。

混合标准溶液：取 OTC、TC 标准溶液各 1mL，取 CTC 标准溶液 2mL，置于 10mL 容量瓶中，加蒸馏水至刻度。此溶液每毫升含土霉素、四环素各 0.1mg，金霉素 0.2mg，临用时现配。

3. 仪器

高效液相色谱仪（HPLC）：具紫外检测器。

4. 色谱条件

柱：ODS-C_{18}(5μm)6.2mm×15cm。

检测波长：355nm。

灵敏度：0.002AUFS。

柱温：室温。

流速：1.0mL/min。

进样量：10μL。

流动相：乙腈+0.01mol/L 磷酸二氢钠溶液（用 30%硝酸溶液调节 pH2.5)=35+65，使用前用超声波脱气 10min。

5. 分析步骤

（1）试样测定　称取 5.00g(±0.01g) 切碎的肉样（<5mm），置于 50mL 锥形烧瓶中，加入 5%高氯酸 25.0mL，于振荡器上振荡提取 10min，移入到离心管中，以 2000r/min 离心 3min，取上清液经 0.45μm 滤膜过滤，取溶液 10μL 进样，记录峰高，从工作曲线上查得含量。

（2）工作曲线　分别称取 7 份切碎的肉样，每份 5.00g（精确到±0.01g)，分别加入混合标准溶液 0μL、25μL、50μL、100μL、150μL、200μL、250μL(含土霉素、四环素各为 0μg、2.5μg、5.0μg、10.0μg、15.0μg、20.0μg、25.0μg；含金霉素 0μg、5.0μg、10.0μg、20.0μg、30.0μg、40.0μg、50.0μg)，以峰高为纵坐标，以抗生素含量为横坐标，绘制工作曲线。

6. 计算

试样中抗生素的含量按下式计算

$$X=\frac{A\times 1000}{m\times 1000}$$

式中　X——试样中抗生素的含量，μg/kg；

　　A——试样溶液测得抗生素质量，μg；

m——试样质量，g；

1000——换算系数。

（二）蜂蜜中四环素族抗生素残留量的测定

本方法适用于天然或加工蜂蜜中四环素族抗生素残留量的测定。

1. 原理

试验中四环素族抗生素经 Mcllvaine 缓冲液提取后，用 SEP-PAK C_{18} 柱纯化。四环素族三种抗生素四环素、土霉素及金霉素利用薄层层析生物检测法进行分离和定性；以蜡样芽孢杆菌为试验菌株，用微生物管碟法进行定量检测。

2. 试剂

Mcllvaine 缓冲液（pH4）：称取磷酸二氢钠（$NaH_2PO_4 \cdot 12H_2O$）27.6g、柠檬酸（$C_6H_8O_7 \cdot H_2O$）12.9g、乙二胺四乙酸二钠 37.2g，用水溶解后稀释并定容至 1000mL。

0.1mol/L 磷酸盐缓冲液（pH4.5）：称取磷酸氢二钾 13.6g，用水溶解后稀释定容至 1000mL。115℃灭菌 30min，置 4℃冰箱中保存。

乙二胺四乙酸二钠水溶液（50g/L）。

Waters SEP-PAK C_{18} 柱（或国产 PT-C_{18} 柱）：用时先经 10mL 甲醇滤过活化，再用 10mL 蒸馏水置换，然后用 10mL 50g/L 乙二胺四乙酸二钠流过。

抗生素标准溶液：

抗生素标准原液的配制：准确称取四环素、土霉素、金霉素标准品适量（按效价进行换算），用 0.01mol/L 盐酸溶解并定容至 1000μg/mL，置 4℃冰箱中（可使用 7 天）。

抗生素标准稀释液配制：临用前取上述原液用 0.1mol/L 磷酸盐缓冲液逐步稀释配制成标准稀释液。制备四环素、土霉素、金霉素标准曲线的标准浓度为 0.16μg/mL，0.21μg/mL，0.26μg/mL，0.32μg/mL，0.40μg/mL，0.50μg/mL，参考浓度为 0.25μg/mL；制备金霉素标准曲线的标准浓度为 0.033μg/mL，0.041μg/mL，0.051μg/mL，0.064μg/mL，0.080μg/mL，0.100μg/mL，参考浓度为 0.050μg/mL。定性试验用标准液浓度四环素、土霉素为 2μg/mL，金霉素为 1μg/mL。

展开剂：正丁醇-乙酸-水（4＋1＋5）。

3. 仪器

隔水式恒温箱，冰箱：0～4℃，恒温水浴，高压灭菌器，旋转式减压蒸馏器，离心机：2000r/min，天平：感量 0.1mg，层析缸：内长 20cm、宽 15cm、高 30cm，长方形培养皿：1.5cm×8cm×23cm，层析纸 7cm×22cm，中速滤纸，微量注射器：10μL、50μL，电吹风机，游标卡尺，吸管：容量为 1mL 和 10mL，标有 0.1mL 单位刻度，注射器：容量为 20mL，平皿：内径为 90mm、高 16～17mm、底部平整光滑、具陶瓷盖，不锈钢小管：内径 6.0mm±0.1mm，外径 7.8mm±0.1mm，高度 10mm±0.1mm。

4. 培养基

菌种培养基：胰蛋白胨 10.0g，牛肉浸膏 5.0g，氯化钠 2.5g，琼脂 14～16g，蒸馏水 1000mL。将上述各成分混合于双蒸水中，搅拌加热至溶解，110℃灭菌 30min，最终 pH 为 7.2～7.4。

检定用培养基：胰蛋白胨 5.0g，牛肉浸膏 3.0g，磷酸氢钾 3.0g，琼脂 14～16g，蒸馏水 1000mL。将上述各成分混合于双蒸水中，搅拌加热至溶解，110℃灭菌 30min，最终 pH

为 6.5±0.1。

5. 试样处理

定量实验用样液制备：称取混匀的蜂蜜试样 10.0g，加入 30mL pH4.0 的 Mcllvaine 缓冲液，搅拌均匀，待溶解后进行过滤，滤液分数次置于注射器中，用经预处理的 SEP-PAK C_{18} 柱滤过，用 50mL 水洗柱，再用 10mL 甲醇洗脱，洗脱液经 40℃减压浓缩蒸干后，准确加入 pH4.5 磷酸盐缓冲液 3～4mL 溶解，备定量检测用。

定性试验用样液制备：称取蜂蜜试样 5g，按上述步骤处理，甲醇洗脱液经 40℃减压浓缩蒸干后，用 0.1mL 甲醇溶解，备定性试验用。

6. 菌液和检定用平板的制备

试验菌种：蜡样芽孢杆菌。

菌液的制备：将菌种移种于盛有菌种用培养基的克氏瓶内，于 37℃培养 7 天，使镜检芽孢数达 85%，先用 10mL 灭菌水洗下菌苔，离心 20min，弃去上清液，重复操作一次，再加 10mL 灭菌水于沉淀物中，混匀。然后，将此芽孢悬浮液置 65℃恒温水浴中加热 30min。从水浴中取出，于室温下放置 24h，再于 65℃恒温水浴中加热 30min，待冷后置 4℃冰箱保存。用时可取此芽孢悬液以灭菌水稀释 10 倍成稀菌液。

芽孢悬液用量的测定：把不同量的稀菌液加入检定用培养基中，按本法进行操作，0.25μg/mL 的四环素参考浓度可生产 15mm 以上的清晰、完整的抑菌圈，选择出最适宜的芽孢悬液用量。一般为每 100mL 检定用培养基加入 0.2～0.5mL 稀菌液。

检定用平板的制备：试验用平皿内预先铺有 20mL 检定培养基作为底层，将适量稀菌液加到溶化后冷却至 55～60℃的检定用培养基中，混匀后往上述平皿内加入 5mL 作为菌层。前后摇动平皿，使菌层均匀覆盖于底层表面，置水平位置上，盖上陶瓷盖，待凝固后，每个平板的培养基表面放置 6 个小管，使小管在半径 2.3cm 的圆面上成 60 角的间距。所用平板应当天准备。

7. 定量试验

标准曲线的制备：取 3 个检定用平板为一组，6 个标准浓度需要六组，在该组每个检定用平板的 3 个间隔小管内注满参考浓度液，在另 3 个小管内注满标准浓度液，于 37℃±1℃培养 16h，然后测量参考浓度和标准浓度的抑菌圈直径，求得各自 9 个数值的平均值，并计算出各组内标准浓度与参考浓度抑菌圈直径平均值的差值 F，以标准浓度 c 为纵坐标，以相应的 F 值为横坐标，在半对数坐标纸上绘制标准曲线。

测定：每份试样取 3 个检定用平板，在每个平板上 3 个间隔的小管内注满 0.25μg/mL 四环素参考浓度（或 0.25μg/mL 土霉素或 0.05μg/mL 金霉素，视所含抗生素种类而定），另 3 个小管内注满被检样液，于 37℃±1℃培养 16h，测量参考浓度和被检样液的抑菌圈直径，求得各自 9 个数值的平均值，并计算出被检样液与参考浓度抑菌圈直径平均值的差值 F_t。

8. 定性试验

取层析用滤纸（7cm×22cm）均匀喷上 0.1mol/L 磷酸盐缓冲液（pH4.5），于空气中晾干、备用，在距滤纸底边 2.5cm 起始线上，分别滴加 10μL 2μg/mL 四环素、土霉素及 1μg/mL 金霉素标准稀释液与定性试验样液，将滤纸挂于盛有展开剂的层析缸中，以上行法展开，待溶剂前沿展至 15cm 处将滤纸取出，于空气中晾干，贴在事先加有 60mL 含有实验用菌菌层的长方形培养皿上，30min 后移去滤纸，在 37℃±1℃培养 16h，由抑菌圈测得比移值，以确定被检试样中所含四环素族抗生素的种类。

9. 计算

根据被检试样液与参考浓度抑菌圈直径平均值的差值 F_t，从该种抗生素标准曲线上查出抗生素的浓度 c_t(μg/mL)，试验中若同时存在两种以上四环素族抗生素时，除了四环素、金霉素共存以金霉素表示结果外，其余情况均以土霉素表示结果。试样中四环素族抗生素残留量按下式计算：

$$X=\frac{c_t V\times 1000}{m\times 1000}$$

式中 X——试样中四环素族抗生素残留量，mg/kg；

c_t——检定用样液中四环素族抗生素的浓度，μg/mL；

V——待检定样液的体积，mL；

m——试样质量，g；

1000——换算系数。

（三）动物性食品中β-内酰胺类药物残留测定——液相色谱-串联质谱法

本方法适用于牛奶、猪、鸡肌肉和肾脏中青霉素G、青霉素V、阿莫西林、羧苄西林、氨苄西林、苯唑西林、氯唑西林、萘夫西林、头孢喹肟、头孢氨苄、头孢拉定、头孢唑啉和头孢哌酮单个或多个药物残留量的检测。

1. 原理

供试样品中的残留药物用水和乙腈提取后，用正己烷去除脂肪，再用 C_{18} 固相萃取柱去除杂质，浓缩后供超高效液相色谱-串联质谱法测定，外标法定量。

2. 试剂

以下所用的试剂，除特别注明者外均为分析纯试剂；水为符合GB/T 6682规定的二级水。

乙腈色谱纯；正己烷；甲酸。

标准储备液（1mg/mL）：准确称取适量的青霉素G、青霉素V、阿莫西林、羧苄西林、氨苄西林、苯唑西林、氯唑西林、萘夫西林、头孢喹肟、头孢氨苄、头孢拉定、头孢唑啉和头孢哌酮对照品（纯度均>95.0%），用50%乙腈水溶液溶解并稀释，分别配制成1mg/mL的标准储备液。4℃下保存，有效期为1周。

混合标准工作液（10μg/mL）：分别准确吸取0.1mL的青霉素G、青霉素V、阿莫西林、羧苄西林、氨苄西林、苯唑西林、氯唑西林、萘夫西林、头孢喹肟、头孢氨苄、头孢拉定、头孢唑啉和头孢哌酮标准储备液至10mL容量瓶中，用水稀释至刻度，混匀即得。4℃下保存，有效期为1周。

基质匹配标准工作液：准确量取适当浓度的混合标准工作液适量，加入空白组织经提取、净化及浓缩后的溶液中，加水定容至1mL，充分混匀，即得。

3. 仪器

液相色谱-串联质谱仪（配电喷雾离子源）；BakerBond C_{18} 固相萃取柱：500mg/6mL，或相当者。

4. 试样的制备

取匀质的供试样品，作为供试试料；取匀质的空白样品，作为空白试料；取匀质的空白样品，添加适宜浓度的标准工作液，作为空白添加试料。

5. 分析步骤

(1) 提取　称取2(±0.02) g试料，置于50mL离心管内，加水2mL和乙腈8mL(牛奶样品直接加乙腈8mL)，涡旋混合后中速振荡5min，10000r/min离心10min，取上清液于另一 50mL 离心管内，加正己烷 5mL，涡旋混合后中速振荡 5min，5000r/min 离心 5min，弃上层溶液，下层溶液作为备用液。

（2）净化　C_{18} 小柱依次用乙腈 5mL、水 5mL 活化，取全部备用液过柱同时收集于 15mL 玻璃试管内，挤干，于 40℃下氮气吹至体积小于 1mL，加水定容至 1mL，充分涡旋混匀，转移至 1.5mL 塑料离心管内，4℃下 15000r/min 离心 10min，取适量上清液过滤膜后，供液相色谱-串联质谱仪测定。

（3）基质匹配标准曲线的制备　分别准确量取 13 种 β-内酰胺类药物系列混合标准溶液适量，依次加入 6 份空白组织经提取、净化及浓缩后的溶液中，加水定容至 1mL，充分混匀，制得浓度为 5ng/mL、10ng/mL、50ng/mL、100ng/mL、200ng/mL 和 500ng/mL 的基质匹配系列混合标准溶液，离心过滤后上机测定。以特征离子质量色谱峰面积为纵坐标、标准溶液浓度为横坐标，绘制标准曲线。

（4）测定

① 液相参考条件　色谱柱：BEH C_{18}（50mm×2.1mm，1.7μm），或相当者；流动相：A 相为 0.1%甲酸乙腈溶液；B 相为 0.1%甲酸水溶液；梯度洗脱：0～1min，保持 5%A；1～2.5min，5%A 线性变化至 50%；2.5～4min，保持 50%A；4～5min，保持 5%A；流速：0.3mL/min；柱温：30℃；进样量：10μL。

② 质谱参考条件　离子源：电喷雾离子源；扫描方式：正离子扫描；检测方式：多反应监测；电离电压：3.1kV；源温：110℃；雾化温度：350℃；锥孔气流速：50L/h；雾化气流速：650L/h。

测试药物定性、定量离子对及对应的锥孔电压、碰撞能量见表 5-1。

表 5-1　测试药物定性、定量离子对及对应的锥孔电压、碰撞能量

药物	保留时间/min	定性离子对(m/z)	定量离子对(m/z)	锥孔电压/V	碰撞能量/eV
阿莫西林	1.59	366.3>113.7	366.3>113.7	15	20
		366.3>208.0			12
头孢喹肟	2.15	529.4>133.9	529.4>133.9	25	15
		529.4>396.2			15
氨苄西林	2.24	350.4>105.8	350.4>105.8	25	15
		350.4>159.8			10
头孢氨苄	2.26	348.3>157.8	348.3>157.8	18	8
		348.3>174.0			15
头孢拉定	2.30	350.3>157.8	350.3>157.8	18	8
		350.3>175.9			12
头孢唑啉	2.46	455.2>155.7	455.2>323.1	20	15
		455.2>323.1			10
头孢哌酮	2.61	646.6>142.9	646.6>142.9	20	32
		646.6>530.3			10
羧苄西林	2.79	379.3>159.8	379.3>159.8	22	15
		379.3>220.0			18
青霉素 G	3.01	335.3>159.8	335.3>159.8	20	10
		335.3>176.0			12

续表

药物	保留时间/min	定性离子对(m/z)	定量离子对(m/z)	锥孔电压/V	碰撞能量/eV
青霉素V	3.14	351.3>159.9	351.3>159.9	20	12
		351.3>192.0			10
苯唑西林	3.23	402.3>159.8	402.3>159.8	20	15
		402.3>243.1			12
氯唑西林	3.36	436.3>159.9	436.3>159.9	22	15
		436.3>277.2			12
萘夫西林	3.45	415.3>170.9	415.3>199.0	20	35
		415.3>199.0			15

测定法：取试料溶液和基质匹配标准溶液，作单点或多点校准，外标法计算。试料溶液和基质匹配标准溶液中青霉素G、青霉素V、阿莫西林、羧苄西林、氨苄西林、苯唑西林、氯唑西林、萘夫西林、头孢喹肟、头孢氨苄、头孢拉定、头孢唑啉和头孢哌酮的特征离子质量色谱峰面积均应在仪器检测的线性范围之内。试料溶液中的离子相对丰度与基质匹配标准溶液中的离子相对丰度相比，符合表5-2的要求。

表5-2 定性确证时相对离子丰度的允许相对误差

相对离子丰度	>50%	>20%~50%	>10%~20%	≤10%
允许的相对误差	±20%	±25%	±30%	±50%

6. 计算

单点校准：

$$C=\frac{C_sA}{A_s}$$

式中 C_s——基质匹配溶液中相应β-内酰胺类药物浓度，ng/mL；

C——供试试料溶液中相应β-内酰胺类药物浓度，ng/mL；

A_s——基质匹配溶液中相应β-内酰胺类药物峰面积；

A——供试试料溶液中相应β-内酰胺类药物峰面积。

或基质匹配标准曲线校准：由 $A_s=aC_s+b$，求得 a 和 b，则 $C=\frac{A-b}{a}$。

按下式计算供试试样中β-内酰胺类药物残留量：

$$X=\frac{CV}{m}$$

式中 X——供试试料中β-内酰胺类药物残留量，μg/kg；

V——浓缩后定容体积，mL；

m——供试试料质量，g；

1000——换算系数。

（四）动物性食品中四环素类药物残留量的测定——液相色谱法

本方法适用于猪、牛、羊、鸡的肌肉、肝脏和肾脏，猪和鸡的皮+脂肪和鸡蛋、牛奶、鱼肌肉、虾肌肉中土霉素、四环素、金霉素、多西环素残留量的检测。

1. 原理

试样中残留的四环素类药物，经 EDTA·2Na-Mcllvaine 缓冲溶液提取，HLB 固相萃取柱串联 LCX 固相萃取柱净化，高效液相色谱-紫外法测定，以外标法定量。

2. 试剂

Mcllvain 缓冲溶液（pH＝4.0）：取 0.1mol/L 枸橼酸溶液 1000mL、0.2mol/L 磷酸氢二钠溶液 625mL，混匀，用盐酸或氢氧化钠溶液调 pH 至 4.0±0.05。

EDTA·2Na-Mcllvaine 缓冲溶液：取乙二胺四乙酸二钠 60.5g，加 Mcllvaine 缓冲溶液 1625mL，溶解，混匀。

1mol/L 草酸-乙腈溶液：取 1mol/L 草酸溶液 20mL，用乙腈溶解并稀释至 100mL。

1mg/mL 土霉素、四环素、金霉素和多西环素标准贮备液：取盐酸土霉素（含量≥97.0%）、盐酸四环素（含量≥97.5%）、盐酸金霉素（含量≥93.1%）和盐酸多西环素（含量≥98.2%）标准品各约 10mg，精密称定，分别于 10mL 量瓶中，用甲醇溶解并稀释至刻度，配制成浓度为 1mg/mL 的土霉素、四环素、金霉素和多西环素标准贮备液，－20℃以下保存，有效期 1 个月。

10μg/mL 土霉素、四环素、金霉素和多西环素标准贮备液：准确量取 1mg/mL 土霉素、四环素、金霉素和多西环素标准贮备液各 1mL，于 100mL 容量瓶中，用甲醇溶解并稀释至刻度，配制成浓度为 10μg/mL 的土霉素、四环素、金霉素和多西环素混合标准工作液。2～8℃保存。现用现配。

3. 仪器

高效液相色谱仪：配紫外检测器；HLB 固相萃取柱：500mg/6mL，或相当者；LCX 固相萃取柱：500mg/6mL，或相当者。

4. 试样的制备

（1）组织　取适量新鲜或解冻的空白或供试组织（鱼，去鳞，去皮，沿脊背取肌肉；虾，去头，去壳，去肠线，取肌肉部分），绞碎，并使均质。牛奶：取适量新鲜或解冻的空白或供试牛奶，混合均匀。

（2）鸡蛋　取适量新鲜的供试鸡蛋，去壳，并使均质。取上述均质的供试样品，作为供试试料；取均质的空白样品，作为空白试料；取均质的空白样品，添加适宜浓度的标准溶液，作为空白添加试料。

5. 分析步骤

（1）提取

① 脂肪：称取试料（5±0.05）g，于 50mL 离心管中，加二氯甲烷 15mL，涡旋 1min，振荡 5min，加 EDTA·2Na-Mcllvaine 缓冲溶液 15mL，涡旋 1min，振荡 5min，8500r/min 离心 5min，取上清液。下层溶液加 EDTA·2Na-Mcllvaine 缓冲溶液 30mL 分两次萃取，合并三次上清液，中性滤纸过滤后，备用。

② 肌肉、肝脏、肾脏、牛奶、鸡蛋：称取试料（5±0.05）g，于 50mL 离心管中，加 EDTA·2Na-Mcllvaine 缓冲溶液 20mL，涡旋 1min，振荡 10min，加 0.34mol/L 硫酸溶液 5mL、7%钨酸钠溶液 5mL，涡旋 1min，8500r/min 离心 5min，取上清液。残渣用 EDTA·2Na-Mcllvaine 缓冲溶液 20mL、10mL 重复提取两次，合并三次上清液，中性滤纸过滤后，备用。

（2）净化　HLB 柱依次用甲醇 5mL、水 5mL 和 EDTA·2Na-Mcllvaine 缓冲溶液 5mL 活化，取备用液过柱，待全部备用液流出后，依次用水 10mL、5%甲醇溶液 10mL 淋洗，抽干 30s，用甲醇 6mL 洗脱，收集洗脱液于刻度试管中，加水 2mL，混匀，过甲醇 5mL、水 5mL 活化的 LCX 柱，待全部液体流出后，用水 5mL、甲醇 5mL 淋洗，抽干 1min，1mol/L 草酸-乙腈溶液 6mL 洗脱，收集洗脱液，于 40℃水浴氮气吹至 0.5～1.0mL，再加甲醇 0.4mL，用 0.01mol/L 草酸溶液定容至 2.0mL，滤过，高效液相色谱测定（上机溶液应在 24h 内完成测定）。

（3）标准曲线的制备　精密量取 10μg/mL 混合标准工作液适量，用 0.01mol/L 草酸溶液稀释成浓度为 0.05μg/mL、0.1μg/mL、0.2μg/mL、0.5μg/mL、1μg/mL、2μg/mL、5μg/mL 的系列混合标准液，供高效液相色谱测定。以测得峰面积为纵坐标、对应的标准溶液浓度为横坐标，绘制标准曲线。求回归方程和相关系数。

（4）测定

① 液相色谱参考条件　色谱柱：C_{18}（150mm×4.6mm，粒径 5μm），或相当者；流动相：A 为 0.01mol/L 三氟乙酸溶液，B 为乙腈；以 0.3mL/min 的流速，在 0min(95%A+5%B)、2.0min(85%A+15%B)、5.0min(60%A+40%B)、7.0min(5%A+95%B)、7.1min(95%A+5%B)、9.0min(95%A+5%B) 进行梯度洗脱；检测波长：350nm；进样量：50μL；柱温：30℃。

② 测定法　取试样溶液和相应的标准溶液，作单点或多点校准，按外标法以峰面积计算。标准溶液及试样溶液中四环素类药物响应值应在仪器检测的线性范围之内。

6. 计算

试料中相应的四环素类药物的残留量（μg/kg），按下式计算：

$$X=\frac{AC_sV}{A_sm}$$

式中　X——试料中相应的四环素类药物的残留量，μg/kg；

A——试料中相应的四环素类药物的峰面积；

A_s——标准溶液中相应的四环素类药物的峰面积；

C_s——标准溶液中相应的四环素类药物的浓度，μg/L；

V——最终试样定容体积，mL；

m——供试试料质量，g；

1000——换算系数。

（五）动物性食品中磺胺类、喹诺酮类和四环素类药物多残留的测定

本方法适用于牛、羊、猪和鸡的肌肉、肝脏和肾脏组织中四环素、金霉素、土霉素、强力霉素、乙酰磺胺、磺胺吡啶、磺胺嘧啶、磺胺甲噁唑、磺胺噻唑、磺胺甲嘧啶、磺胺甲基异噁唑、磺胺甲二唑、苯甲酰磺胺、磺胺异嘧啶、磺胺二甲嘧啶、磺胺间甲氧嘧啶、磺胺甲氧哒嗪、磺胺对甲氧嘧啶、磺胺氯哒嗪、磺胺邻二甲氧嘧啶、磺胺间二甲氧嘧啶、磺胺苯吡唑、酞磺胺噻唑、诺氟沙星、依诺沙星、环丙沙星、培氟沙星、洛美沙星、达氟沙星、恩诺沙星、氧氟沙星、麻保沙星、沙拉沙星、二氟沙星、噁喹酸和氟甲喹残留量的测定。

1. 原理

试料中残留的四环素类、磺胺类、喹诺酮类药物，用缓冲溶液提取，固相萃取净化，液相色谱-串联质谱法检测，外标法定量。

2. 试剂

磷酸盐缓冲液：取 0.05 mol/L 磷酸二氢钠溶液 190mL，用 0.05mol/L 磷酸氢二钠溶液稀释至 1000mL。

McIlvaine-Na_2EDTA 缓冲液：分别取柠檬酸 12.9g、磷酸氢二钠 10.9g、乙二胺四乙酸

二钠 39.2g，用水 900mL 溶解，用 1mol/L 的氢氧化钠溶液调 pH 至 5.0±0.2，用水稀释至 1000mL。

洗脱液：取甲醇 150mL，加乙酸乙酯 150mL、浓氨水 6mL，混匀。

复溶液：取水 40mL，加甲醇 5mL、乙腈 5mL、甲酸 0.05mL，混匀。

1 mg/mL 四环素类、磺胺类和喹诺酮类药物标准贮备液：精密称取相当于各药物 10mg 的四环素类、磺胺类和喹诺酮类药物对照品（含量≥95%），分别于 10mL 量瓶中，四环素类、磺胺类药物用甲醇溶解并稀释至刻度，喹诺酮类药物用 0.03mol/L 氢氧化钠溶液溶解并稀释至刻度，配制成浓度为 1mg/mL 的四环素类、磺胺类和喹诺酮类药物标准贮备液。−20℃以下保存，有效期 6 个月。

10μg/mL 四环素类、磺胺类和喹诺酮类药物混合标准工作液：分别精密量取 1mg/mL 四环素类、磺胺类和喹诺酮类药物标准贮备液各 0.1mL，于 10mL 量瓶中，用甲醇稀释至刻度，配制成浓度为 10μg/mL 的混合标准工作液。−20℃以下保存，有效期 1 个月。

1μg/mL 四环素类、磺胺类和喹诺酮类药物混合标准工作液：精密量取 10μg/mL 四环素类、磺胺类和喹诺酮类药物混合标准工作液 1mL，于 10mL 量瓶中，用甲醇稀释至刻度，配制成浓度为 1μg/mL 的混合标准工作液。−20℃以下保存，有效期 1 个月。

0.1μg/mL 四环素类、磺胺类和喹诺酮类药物混合标准工作液：精密量取 1μg/mL 混合标准工作液 1mL，于 10mL 量瓶中，用甲醇稀释至刻度，配制成浓度为 0.1μg/mL 的混合标准工作液。−20℃以下保存，有效期 1 个月。

3. 仪器

液相色谱-串联质谱仪：配电喷雾离子源；固相萃取装置。

4. 试样的制备

取适量新鲜或解冻的空白或供试组织，绞碎，并使均质。取均质的供试样品，作为供试试料；取均质的空白样品，作为空白试料。

5. 分析步骤

（1）基质匹配标准曲线的制备　精密量取 10μg/mL 混合标准工作液 10μL 和 20μL、1μg/mL 混合标准工作液 20μL 和 40μL、0.1μg/mL 混合标准工作液 0μL、20μL 和 40μL，分别加入 7 份经提取和净化的空白试料残渣中，45℃水浴氮气吹干，加复溶液溶解残余物并稀释至 1mL，配制成浓度为 0μg/L、5μg/L、10μg/L、50μg/L、100μg/L、250μg/L 和 500μg/L 的基质匹配系列混合标准溶液，过滤，供液相色谱-串联质谱测定。以测得特征离子峰面积为纵坐标、对应的标准溶液浓度为横坐标，绘制标准曲线。求回归方程和相关系数。

（2）提取　称取试料（1±0.02)g，于 50mL 离心管中，加入 Mcllvaine-Na_2EDTA 缓冲液 8mL，涡动 1min，超声 20min，于−2℃10000r/min 离心 5min，取上清液于另一 50mL 离心管中。残渣加入磷酸盐缓冲液 8mL 重复提取 1 次。合并两次提取液，混匀，备用。

（3）净化　HLB 固相萃取柱依次用甲醇 5mL 和水 5mL 活化，取备用液过柱，依次用水 5mL、20%甲醇水溶液 5mL 淋洗，抽干 5min。用洗脱液 10mL 洗脱。收集洗脱液，于 45℃水浴氮气吹干，用复溶液 1mL，涡动 1min 溶解残余物，14000r/min 离心 5min，滤膜过滤，供液相色谱-串联质谱测定。

（4）测定

① 色谱条件　色谱柱：C_{18}(50mm×2.1mm，粒径 1.7μm)，或相当者；流动相：A 为 0.1%甲酸水溶液；B 为 0.1%甲酸甲醇溶液；梯度洗脱：以 0.3mL/min 的流速，在 0min

(95%A+5%B)、2.0min(85%A+15%B)、5.0min(60%A+40%B)、7.0min(5%A+95%B)、7.1min(95%A+5%B)、9.0min(95%A+5%B)进行梯度洗脱；柱温：35℃；进样量10μL。

② 质谱条件　离子源：电喷雾离子源；扫描方式：正离子扫描；检测方式：多反应监测；电离电压：3.0kV；源温：100℃；雾化温度：450℃；锥孔气流速：30L/h；雾化气流速：1000L/h；测试药物定性、定量离子对及对应的锥孔电压、碰撞能量见表5-3。

表5-3　四环素类、磺胺类、喹诺酮类药物的定性、定量离子对及对应的锥孔电压、碰撞能量

药物	定性离子对 m/z	定量离子对 m/z	锥孔电压/V	碰撞能量/eV
四环素	445.1>410.2	445.1>410.2	25	19
	445.1>427.2			13
金霉素	479.1>444.2	479.1>444.2	27	23
	479.1>462.2			19
土霉素	461.1>426.2	461.1>426.2	23	20
	461.1>443.2			13
强力霉素	445.1>410.2	445.1>428.2	26	24
	445.1>428.2			19
乙酰磺胺	215.0>108.0	215.0>156.0	17	18
	215.0>156.0			11
磺胺吡啶	250.0>108.0	250.0>156.0	27	25
	250.0>156.0			16
磺胺嘧啶	251.0>92.0	251.0>156.0	23	27
	251.0>156.0			15
磺胺甲噁唑	254.0>92.0	254.0>92.0	27	26
	254.0>156.0			16
磺胺噻唑	256.0>92.0	256.0>156.0	26	25
	256.0>156.0			15
磺胺甲嘧啶	265.0>92.0	265.0>156.0	24	28
	265.0>156.0			15
磺胺甲基异噁唑	268.0>92.0	268.0>156.0	22	28
	268.0>156.0			16
磺胺甲二唑	271.0>92.0	271.0>92.0	19	30
	271.0>156.0			15
苯甲酰磺胺	277.0>108.0	277.0>156.0	14	22
	277.0>156.0			10
磺胺异嘧啶	279.0>124.0	279.0>124.0	30	21
	279.0>186.0			17
磺胺二甲嘧啶	279.0>92.0	279.0>186.0	30	28
	279.0>186.0			16
磺胺间甲氧嘧啶	281.0>92.0	281.0>156.0	28	31
	281.0>156.0			22
磺胺甲氧哒嗪	281.0>92.0	281.0>156.0	26	30
	281.0>156.0			17

续表

药物	定性离子对 m/z	定量离子对 m/z	锥孔电压/V	碰撞能量/eV
磺胺对甲氧嘧啶	281.0>92.0	281.0>156.0	25	29
	281.0>156.0			17
磺胺氯哒嗪	285.0>92.0	285.0>156.0	22	28
	285.0>156.0			15
磺胺邻二甲氧嘧啶	311.0>92.0	311.0>156.0	28	32
	311.0>156.0			17
磺胺间二甲氧嘧啶	311.0>92.0	311.0>156.0	28	32
	311.0>156.0			21
磺胺苯吡唑	315.0>92.0	315.0>158.0	32	42
	315.0>158.0			28
酞磺胺噻唑	404.0>149.0	404.0>256.0	27	32
	404.0>256.0			15
噁喹酸	262.0>216.0	262.0>244.0	24	28
	262.0>244.0			18
氟甲喹	262.0>202.0	262.0>244.0	26	32
	262.0>244.0			18
诺氟沙星	320.1>233.0	320.1>302.0	33	25
	320.1>302.0			19
依诺沙星	321.1>234.0	321.1>303.0	32	22
	321.1>303.0			20
环丙沙星	332.1>231.1	332.1>231.1	31	38
	332.1>314.1			22
培氟沙星	334.1>290.1	334.1>316.1	34	18
	334.1>316.1			20
洛美沙星	352.1>265.1	352.1>265.1	31	22
	352.1>308.1			16
达氟沙星	358.2>96.0	358.2>340.2	34	25
	358.2>340.2			23
恩诺沙星	360.2>245.0	360.2>316.1	34	26
	360.2>316.1			20
氧氟沙星	362.1>261.1	362.1>318.1	30	26
	362.1>318.1			20
麻保沙星	363.1>72.0	363.1>320.0	24	21
	363.1>320.0			15
沙拉沙星	386.2>299.1	386.2>299.1	33	27
	386.2>342.1			20
二氟沙星	400.2>299.0	400.2>356.1	37	30
	400.2>356.1			19

定性测定：通过样品色谱图的保留时间与标准品的保留时间、各色谱峰的特征离子与相应浓度标准品各色谱峰的特征离子相对照定性。样品与标准品的保留时间的相对偏差不大于2.5%；样品特征离子的相对丰度与浓度相当混合标准溶液的相对丰度一致，相对丰度偏差不超过表5-2的规定，则可判断样品中存在相应的被测物。

定量测定：取试样溶液和相应的标准工作液，按外标法定量，标准工作液及试样溶液中的四环素类、磺胺类、喹诺酮类药物响应值均应在仪器检测的线性范围内。

6. 计算

单点校准：$X=\frac{AC_sV}{A_sm}$

或基质匹配标准曲线校准：$X=\frac{CV}{m}$

式中 X——供试试料中相应的四环素类、磺胺类、喹诺酮类药物残留量，μg/kg；
A——试料溶液中相应的四环素类、磺胺类、喹诺酮类药物的峰面积；
C_s——对照溶液中相应的四环素类、磺胺类、喹诺酮类药物的浓度，μg/L；
C——从标准曲线得到相应的四环素类、磺胺类、喹诺酮类药物的浓度，μg/L；
V——试样最终定容体积，mL；
A_s——对照溶液中相应的四环素类、磺胺类、喹诺酮类药物的峰面积；
m——供试试料的质量，g。

第三节 食品中激素残留的检验

一、概述

在饲料中添加激素，可以达到促进畜禽生长、育肥及泌乳的目的，不仅缩短了动物生长时间，还可以降低动物饲养成本，使动物提前出栏，以获取经济利益。但研究表明，经常摄入激素含量较高的食物可导致儿童性早熟、诱发癌症、引起内分泌失调等问题出现。例如玉米赤酶醇，又称畜大壮，对促性腺激素结合受体等有抑制作用，对哺乳动物生殖系统具有显著的影响，并且在外部条件诱导下还可能致癌。因此我国农业部已于2002年禁止将玉米赤酶醇用于促进畜禽生长。除此之外，激素残留造成的乳腺癌、卵巢癌等疾病也受到各国广泛关注，使各国都加强了激素残留的监督检测。

二、食品中激素残留的检验

（一）畜禽肉中己烯雌酚的测定

1. 原理

试样匀浆后，经甲醇提取过滤，注入HPLC柱中，经紫外检测器鉴定。于波长230nm处测定吸光度，同条件下绘制工作曲线，己烯雌酚含量与吸光度值在一定浓度范围内成正比，试样与工作曲线比较定量。

2. 试剂

0.043mol/L磷酸二氢钠（$NaH_2PO_4 \cdot 2H_2O$）：取1g磷酸二氢钠溶于水成500mL。

己烯雌酚标准溶液：精密称取100mg己烯雌酚（DES）溶于甲醇，移入100mL容量瓶中，加甲醇至刻度，混匀，每毫升含DES1.0mg，贮于冰箱中。

己烯雌酚（DES）标准使用液：吸取10.00mLDES贮备液，移入100mL容量瓶中，加甲醇至刻度，混匀，每毫升含DES100μg。

3. 仪器

高效液相色谱仪：具紫外检测器，小型绞肉机，小型粉碎机，电动振荡机，离心机。

4. 分析步骤

（1）提取及净化　称取5g(±0.1g) 绞碎（小于5mm）肉试样，放入50mL具塞离心管中，加10.00mL甲醇，充分搅拌，振荡20min，于3000r/min离心10min，将上清液移出，残渣中再加10.00mL甲醇，混匀后振荡20min，于3000r/min离心10min，合并上清液，此时若出现混浊，需再离心10min，取上清液过0.5μm FH滤膜，备用。

（2）色谱条件

紫外检测器：检测波长230nm。

灵敏度：0.04AUFS。

流动相：甲醇+0.043mol/L磷酸二氢钠（70+30），用磷酸调pH=5（其中$NaH_2PO_4 \cdot 2H_2O$水溶液需过0.45μm滤膜）。

流速：1mL/min。

进样量：20μL。

色谱柱：CLC-ODS-C_{18}(5μm)6.2mm×150mm不锈钢柱。

柱温：室温。

（3）标准曲线绘制　称取5份（每份5.0g）绞碎的肉试样。放入50mL具塞离心管中，分别加入不同浓度的标准液（6.0μg/mL，12.0μg/mL，18.0μg/mL，24.0μg/mL）各1.0mL，同时做空白。其中甲醇总量为20.00mL，使其测定浓度为0.00μg/mL，0.30μg/mL，0.60μg/mL，0.90μg/mL，1.20μg/mL，按上述提取及净化方法处理。

（4）测定　分别取样20μL，注入HPLC柱中，可测得不同浓度DES标准溶液峰高，以DES浓度对峰高绘制工作曲线，同时取样液20μL，注入HPLC柱中，测得的峰高从工作曲线图中查相应含量，R_t=8.235min。

5. 计算

试样中己烯雌酚的含量按下式计算：

$$X=\frac{A\times 1000}{mV_2/V_1}\times\frac{1000}{1000\times 1000}$$

式中　X——试样中己烯雌酚的含量，mg/kg；

A——进样体积中己烯雌酚含量，ng；

m——试样的质量，g；

V_2——进样体积，μL；

V_1——试样甲醇提取液总体积，mL；

1000——换算系数。

（二）动物性食品中激素多残留的测定

本方法适用于猪肉、猪肝、鸡蛋、牛奶、牛肉、鸡肉和虾等动物性食品中50种激素残留的确证和定量测定。

1. 原理

试样中的目标化合物经均质、酶解，用甲醇-水溶液提取，经固相萃取富集净化，液相色谱-质谱/质谱仪测定，内标法定量。

2. 试剂

4.5U/mL β-葡萄糖醛酸酶、14U/mL 芳香基硫酸酯酶溶液。

乙酸-乙酸钠缓冲溶液（pH5.2）：称取 43.0g 乙酸钠，加入 22mL 乙酸，用水溶解并定容到 1000mL，用乙酸调节 pH 到 5.2。

甲醇-水溶液（1+1，体积比）：取 50mL 甲醇和 50mL 水混合。

标准品：去甲雄烯二酮、群勃龙、勃地酮、诺龙等 50 种激素，纯度均大于 97%。

同位素内标：炔诺孕酮-d_6、孕酮-d_9、甲地孕酮乙酸酯-d_3、甲羟孕酮-d_3 等。

标准储备液：分别准确称取 10.0mL 的标准品及内标于 10mL 容量瓶中，用甲醇溶液溶解并定容至刻度制成 1.0mg/mL 标准储备液，−18℃以下保存。

混合内标工作液：用甲醇将各标准储备液配制成浓度为 100μg/L 的混合内标液。

混合标准工作液：根据需要，用甲醇-水溶液将各标准储备液配制为适当浓度（0μg/L，5μg/L，1μg/L，2μg/L，5μg/L，10μg/L，20μg/L 和 40μg/L），标准工作液中含各内标液为 10μg/L。

氨基固相萃取柱（500mg，6mL），使用前用 6mL 二氯甲烷-甲醇溶液活化。

3. 仪器

液相色谱-串联四极杆质谱仪：配有电喷雾离子源。

4. 试样制备

（1）动物肌肉：从所取全部样品中取出具有代表性样品约 500g，剔除筋膜，虾去除头和壳，均分成两份，分别装入洁净的容器中，密封，于−18℃以下冷冻存放。

（2）牛奶：从所取全部样品中取出具有代表性样品约 500g，充分摇匀，均分成两份，分别装入洁净的容器中，密封，于 0～4℃下冷藏存放。

（3）鸡蛋：从所取全部样品中取出具有代表性样品约 500g，去壳后用组织捣碎机充分搅拌均匀，均分成两份，分别装入洁净的容器中，密封，于 0～4℃下冷藏存放。

5. 分析步骤

（1）提取　称取 5g 试样于 50mL 具塞塑料离心管中，准确加入内标液 100μL 和 10mL 乙酸-乙酸钠缓冲溶液，涡旋混匀，再加入 β-葡萄糖醛酸酶/芳香基硫酸酯酶溶液 100μL，于 37℃振荡解酶 12h。取出冷却至室温，加入 25mL 甲醇超声提取 30min，0～4℃下 1000r/min 离心 10min。将上清液转入洁净烧杯，加水 100mL，混匀后净化。

（2）净化　提取液以 2～3mL/min 的速度上样于活化过的 ENVI-Carb 固相萃取柱。将小柱减压抽干。再将活化好的氨基柱串接在 ENVI-Carb 固相萃取柱下方。用 6mL 二氯甲烷-甲醇溶液洗氨基柱，洗脱液在微弱的氮气流下吹干，用甲醇-水溶液溶解残渣，供仪器检测。

（3）测定

① 激素、孕激素、皮质醇激素测定

a. 液相色谱条件　色谱柱：ACQUITY UPLC^{TM} BEHC$_{18}$ 柱，2.1mm(内径)×100mm，1.7μm；流动相：A 为 0.1%甲酸水溶液，B 为甲醇，以 0.3mL/min 的流速，在 0min(50% A+50%B)、8min(36%A+64%B)、11min(16%A+84%B)、12.5min(0%A+100%B)、14.5min(0%A+100%B)、15min(50%A+50%B)、17min(50%A+50%B) 进行梯度洗脱；流速：0.3mL/min；柱温：40℃；进样量：10μL。

b. 雄激素、孕激素测定参考质谱条件　电离泵：电喷雾正离子模式；毛细管电压：

3.5kV；源温度：100℃；脱溶剂气流量：700L/h；碰撞室压力：0.31Pa(3.1×10^{-3}mbar)。

c.皮质醇激素测定参考质谱条件 电离泵：电喷雾正离子模式；毛细管电压：3.0kV；源温度：100℃；脱溶剂气流量：700L/h；碰撞室压力：0.31Pa(3.1×10^{-3}mbar)。

② 雌激素测定

a.雌激素测定液相色谱条件 色谱柱：ACQUITY UPLC™ BEHC_{18} 柱，2.1mm(内径)×100mm，1.7μm；流动相：A 为水；B 为乙腈。以 0.3mL/min 的流速，在 0min(65%A+35%B)、4min(50%A+50%B)、4.5min(0%A+100%B)、5.5min(0%A+100%B)、5.6min(65%A+35%B)、9min(65%A+35%B) 进行梯度洗脱；流速：0.3mL/min；柱温：40℃；进样量：10μL。

b.雌激素测定质谱条件 电离泵：电喷雾正离子模式；毛细管电压：3.0kV；源温度：100℃；脱溶剂气温度：450℃；脱溶剂流量：700L/h；碰撞室压力：0.31Pa(3.1×10^{-3}mbar)。

6.定性和定量

各测定目标化合物的定性以保留时间和与两对离子所对应的 LC-MS/MS 色谱峰相对丰度进行。要求被测试样中目标化合物的保留时间与标准溶液中目标化合物的保留时间一致，同时被测试样中目标化合物的两对离子对应的 LC-MS/MS 色谱峰丰度比标准溶液中目标化合物的色谱峰度比一致，允许的偏差见表 5-2。

本法采用内标法定量，每次测定前配制标准系列，按浓度由小到大的顺序，依次上机测试，得到目标物浓度与峰面积比的工作曲线。

7.计算

试样中检测目标残留物残留量按下列公式进行计算：

$$X_i=\frac{c_{si}V}{m}$$

式中 X_i——试样中检测目标化合物残留量，μg/kg；

C_{si}——由回归曲线计算得到的上机试样溶液中目标化合物含量，μg/L；

V——浓缩至干后试样的定容体积，mL；

m——试样的质量，g。

第四节 食品中 β-受体激动剂类残留的检验

一、概述

β-受体激动剂能够调节支气管扩张和平滑肌松弛，在临床上常被用于缓解哮喘症状，治疗呼吸系统疾病。20 世纪 80 年代早期，美国 Cyanamid 公司的研究表明饲喂 β-受体激动剂——盐酸克伦特罗能够调节动物的生长。在畜禽养殖中，当其应用剂量达到治疗量的 5～10 倍时，具有能量重分配作用，能促进肌肉发育和脂肪分解，提高胴体瘦肉比率，促进动物生长，降低饲养成本。因此，此类药物俗称为“瘦肉精”，但其会在动物组织中残留，尤以肝脏等内脏器官残留量较高，常造成急性或慢性食肉中毒，并对心血管系统和神经系统具有刺激作用，引起心悸、心慌、恶心、呕吐、肌肉颤抖等临床症状，摄入量过大时，还会危及生命，严重危害消费者的健康。

为了加强饲料、养殖环节及动物产品中 β-受体激动剂类药物的监控，我国制定了相关检测方法标准。

二、食品中 β-受体激动剂类残留的检验

（一）动物性食品中克伦特罗残留量的测定——气相色谱-质谱法

1. 原理

固体试样剪碎，用高氯酸溶液匀浆。液体试样加入高氯酸溶液，进行超声加热提取，用异丙醇＋乙酸乙酯（40＋60）萃取，有机相浓缩，经弱阳离子交换柱进行分离，用乙醇＋浓氨水（98＋2）溶液洗脱，洗脱液浓缩，经 *N*,*O*-双三甲基硅烷三氟乙酰胺（BSTFA）衍生后于气质联用仪上进行测定。以美托洛尔为内标，定量。

2. 试剂

克伦特罗（clenbuterol hydrochloride），纯度≥99.5%；美托洛尔（metoprolol），纯度≥99%；磷酸二氢钠；氢氧化钠；氧化钠；高氯酸；浓氨水；异丙醇；乙酸乙酯；甲醇：HPLC级；甲苯：色谱纯；乙醇；衍生剂：*N*,*O*-双三甲基硅烷三氟乙酰胺（BSTFA）；高氯酸溶液（0.1mol/L）；氢氧化钠溶液（1mol/L）；磷酸二氢钠缓冲液（0.1mol/L，pH＝6.0）；异丙醇＋乙酸乙酯（40＋60）；乙醇＋浓氨水（98＋2）。

美托洛尔内标标准溶液：准确称取美托洛尔标准品，用甲醇溶解配成浓度为 240mg/L 的内标储备液，贮于冰箱中，使用时用甲醇稀释成 2.4mg/L 的内标使用液。

克伦特罗标准溶液：准确称取克伦特罗标准品，用甲醇溶解配成浓度为 250mg/L 的标准储备液，贮于冰箱中，使用时用甲醇稀释成 0.5mg/L 的克伦特罗标准使用液。

弱阳离子交换柱（LC-WCX)(3mL)。

针筒式微孔过滤膜（0.45μm，水相)。

3. 仪器

气相色谱-质谱联用仪（GC/MS)；磨口玻璃离心管：11.5cm(长)×3.5cm(内径)，具塞；5mL 玻璃离心管；超声波清洗器；酸度计；离心机；振荡器；旋转蒸发器；涡旋式混合器；恒温加热器；N_2 蒸发器；匀浆器。

4. 分析步骤

（1）提取

① 肌肉、肝脏、肾脏试样：称取肌肉、肝脏或肾脏试样 10g（精确到 0.01g)，用 20mL 0.1mol/L 高氯酸溶液匀浆，置于磨口玻璃离心管中；然后置于超声波清洗器中超声 20min，取出置于 80℃水浴中加热 30min。取出冷却后离心（4500r/min)15min。倾出上清液，沉淀用 5mL 0.1mol/L 高氯酸溶液洗涤，再离心，将两次的上清液合并。用 1mol/L 氢氧化钠溶液调 pH 值至 9.5±0.1，若有沉淀产生，再离心（4500r/min）10min，将上清液转移至磨口玻璃离心管中，加入 8g 氯化钠，混匀，加入 25mL 异丙醇＋乙酸乙酯（40＋60），置于振荡器上振荡提取 20min。提取完毕放置 5min（若有乳化层稍离心一下）。用吸管小心将上层有机相移至旋转蒸发瓶中，用 20mL 异丙醇＋乙酸乙酯（40＋60）再重复萃取一次，合并有机相，于 60℃在旋转蒸发器上浓缩至近干。用 1mL 0.1mol/L 磷酸二氢钠缓冲液（pH6.0）充分溶解残留物，经针筒式微孔过滤膜过滤，洗涤三次后完全转移至 5mL 玻璃离心管中，并用 0.1mol/L 磷酸二氢钠缓冲液（pH6.0）定容至刻度。

② 尿液试样：用移液管量取尿液 5mL，加入 20mL0.1mol/L 高氯酸溶液，超声 20min 混匀。置于 80℃水浴中加热 30min。以下按上述“用 1mol/L 氢氧化钠溶液调 pH 值至 9.5±0.1”起开始操作。

③ 血液试样：将血液于 4500r/min 离心，用移液管量取上层血清 1mL 置于 5mL 玻璃

离心管中，加入 2mL0.1mol/L 高氯酸溶液，混匀，置于超声波清洗器中超声 20min，取出置于 80℃水浴中加热 30min。取出冷却后离心（4500r/min）15min。倾出上清液，沉淀用 1mL0.1mol/L 高氯酸溶液洗涤，离心（4500r/min）10min，合并上清液，再重复一遍洗涤步骤，合并上清液。向上清液中加入约 1g 氯化钠，加入 2mL 异丙醇＋乙酸乙酯（40＋60），在涡旋式混合器上振荡萃取 5min，放置 5min（若有乳化层稍离心一下），小心移出有机相于 5mL 玻璃离心管中，按以上萃取步骤重复萃取两次，合并有机相。将有机相在 N_2 浓缩器上吹干。用 1mL0.1mol/L 磷酸二氢钠缓冲液（pH6.0）充分溶解残留物，经针筒式微孔过滤膜过滤完全转移至 5mL 玻璃离心管中，并用 0.1mol/L 磷酸二氢钠缓冲液（pH6.0）定容至刻度。

（2）净化　依次用 10mL 乙醇、3mL 水、3mL0.1mol/L 磷酸二氢钠缓冲液（pH6.0）、3mL 水冲洗弱阳离子交换柱，取适量提取液至弱阳离子交换柱上，弃去流出液，分别用 4mL 水和 4mL 乙醇冲洗柱子，弃去流出液，用 6mL 乙醇＋浓氨水（98＋2）冲洗柱子，收集流出液。将流出液在 N_2 蒸发器上浓缩至干。

（3）衍生化　于净化、吹干的试样残渣中加入 100～500μL 甲醇、50μL 2.4mg/L 的内标工作液，在 N_2 蒸发器上浓缩至干，迅速加入 40μL 衍生剂（BSTFA），盖紧塞子，在涡旋式混合器上混匀 1min，置于 75℃的恒温加热器中衍生 90min。衍生反应完成后取出冷却至室温，在涡旋式混合器上混匀 30s，置于 N_2 蒸发器上浓缩至干。加入 200μL 甲苯，在涡旋式混合器上充分混匀，待气质联用仪进样。同时用克伦特罗标准使用液做系列同步衍生。

（4）气相色谱-质谱法测定参数

气相色谱柱：DB-5MS 柱，30m×0.25mm×0.25μm。

载气：He，柱前压：8psi（1psi＝6894.76Pa，下同）。

进样口温度：240℃。

进样量：1μL，不分流。

柱温程序：70℃保持 1min，以 18℃/min 速度升至 200℃，以 5℃/min 的速度再升至 245℃，再以 25℃/min 升至 280℃并保持 2min。

EI 源。

电子轰击能：70eV。

离子源温度：200℃。

接口温度：285℃。

溶剂延迟：12min。

EI 源检测特征质谱峰：克伦特罗，m/z86、187、243、262；美托洛尔，m/z72、223。

测定：吸取 1μL 衍生的试样液或标准液注入气质联用仪中，以试样峰（m/z86，187，243，262，264，277，333）与内标峰（m/z72，223）的相对保留时间定性，要求试样峰中至少有 3 对选择离子相对强度（与基峰的比例）不超过标准相应选择离子相对强度平均值的±20%或 3 倍标准差。以试样峰（m/z86）与内标峰（m/z72）的峰面积比单点或多点校准定量。

5. 计算

按内标法单点或多点校准计算试样中克伦特罗的含量。

$$X=\frac{Af}{m}$$

式中　X——试样中克伦特罗的含量，μg/kg 或 μg/L；

A——试样色谱峰与内标色谱峰的峰面积比值对应的克伦特罗质量，ng；

f——试样稀释倍数；

m——试样的取样量，g 或 mL。

（二）动物性食品中克伦特罗残留量的测定——高效液相色谱法

1. 原理

固体试样剪碎，用高氯酸溶液匀浆，液体试样加入高氯酸溶液，进行超声加热提取后，用异丙醇＋乙酸乙酯（40＋60）萃取，有机相浓缩，经弱阳离子交换柱进行分离，用乙醇＋氨（98＋2）溶液洗脱，洗脱液经浓缩，流动相定容后在高效液相色谱仪上进行测定，外标法定量。

2. 试剂

克伦特罗（clenbuterol hydrochloride），纯度≥99.5%；磷酸二氢钠；氢氧化钠；氯化钠；高氯酸；浓氨水；异丙醇；乙酸乙酯；甲醇：HPLC 级；乙醇；高氯酸溶液（0.1mol/L）；氢氧化钠溶液（1mol/L）；磷酸二氢钠缓冲液（0.1mol/L，pH＝6.0）；异丙醇＋乙酸乙酯（40＋60）；乙醇＋浓氨水（98＋2）；甲醇＋水（45＋55）。

克伦特罗标准溶液的配制：准确称取克伦特罗标准品用甲醇配成浓度为 250mg/L 的标准储备液，贮于冰箱中；使用时用甲醇稀释成 0.5mg/L 的克伦特罗标准使用液，进一步用甲醇＋水（45＋55）适当稀释。

弱阳离子交换柱（LC-WCX）3mL。

3. 仪器

水浴超声清洗器；磨口玻璃离心管：11.5cm（长）×3.5cm（内径），具塞；5mL 玻璃离心管；酸度计；离心机；振荡器；旋转蒸发器；涡旋式混合器；针筒式微孔过滤膜（0.45μm，水相）；N_2 蒸发器；匀浆器；高效液相色谱仪。

4. 分析步骤

（1）提取与净化　同动物性食品中克伦特罗残留量的气相色谱-质谱法测定的操作。

（2）试样测定前的准备　于净化、吹干的试样残渣中加入 100～500μL 流动相，在涡旋式混合器上充分振摇，使残渣溶解，液体浑浊时用 0.45μm 的针筒式微孔过滤膜过滤，上清液待进行液相色谱测定。

（3）液相色谱测定参考条件

色谱柱：BDS 或 ODS 柱，250mm×4.6mm，5μm。

流动相：甲醇＋水（45＋55）。

流速：1mL/min。

进样 A：20～50μL。

柱箱温度：25℃。

紫外检测器：244nm。

（4）测定　吸取 20～50μL 标准校正溶液及试样液注入液相色谱仪，以保留时间定性，用外标法单点或多点定量。

5. 计算

按外标法计算试样中克伦特罗的含量。

$$X=\frac{Af}{m}$$

式中　X——试样中克伦特罗的含量样，μg/kg 或 μg/L；

A——试样色谱峰与标准色谱峰的峰面积比值对应的克伦特罗的质量，ng；

f——试样稀释倍数；

m——试样的取样量，g 或 mL。

（三）动物性食品中克伦特罗残留量的测定——酶联免疫法

1. 原理

基于抗原抗体反应进行竞争性抑制测定。微孔板包被有针对克伦特罗 IgG 的包被抗体。克伦特罗抗体被加入，经过孵育及洗涤步骤后，加入竞争性酶标记物、标准或试样溶液。克伦特罗与竞争性酶标记物竞争克伦特罗抗体，没有与抗体连接的克伦特罗标记酶在洗涤步骤中被除去。将底物（过氧化尿素）和发色剂（四甲基联苯胺）加入到孔中孵育，结合的标记酶将无色的发色剂转化为蓝色的产物。加入反应停止液后使颜色由蓝转变为黄色。在 450nm 处测量吸光度值，吸光度比值与克伦特罗浓度的自然对数成反比。

2. 试剂

磷酸二氢钠、高氯酸、异丙醇、乙酸乙酯、高氯酸溶液（0.1mol/L）、氢氧化钠溶液（1mol/L）、磷酸二氢钠缓冲液（0.1mol/L，pH=6.0）、异丙醇+乙酸乙酯（40+60）、针筒式微孔过滤膜（0.45μm，水相）。

克伦特罗酶联免疫试剂盒：

96 孔板（12 条×8 孔）包被有针对克伦特罗 IgG 的包被抗体；

克伦特罗系列标准液（至少有 5 个倍比稀释浓度水平，外加 1 个空白）；

过氧化物酶标记物（浓缩液）；

克伦特罗抗体（浓缩液）；

酶底物：过氧化尿素；

发色剂：四甲基联苯胺；

反应停止液：1mol/L 硫酸；

缓冲液：酶标记物及抗体浓缩液稀释用。

3. 仪器

超声波清洗器；磨口玻璃离心管：11.5cm（长）×3.5cm（内径），具塞；酸度计；离心机；振荡器；旋转蒸发器；涡旋式混合器；匀浆器；酶标仪（配备 450nm 滤光片）；微量移液器：单道 20μL，50μL，100μL 和多道 50～250μL 可调。

4. 分析步骤

（1）提取与净化　同动物性食品中克伦特罗残留量的气相色谱-质谱法测定的操作。若尿液、血清或血浆浑浊，需先离心（3000r/min）10min，将上清液适当稀释后上酶标板进行酶联免疫法筛选实验。

（2）试剂的准备

① 竞争酶标记物：提供的竞争酶标记物为浓缩液。由于稀释的酶标记物稳定性不好，仅稀释实际需用量的酶标记物。在吸取浓缩液之前，要仔细振摇。用缓冲液以 1∶10 的比例稀释酶标记物浓缩液（如 400μL 浓缩液+4.0mL 缓冲液，足够 4 个微孔板条 32 孔用）。

② 克伦特罗抗体：提供的克伦特罗抗体为浓缩液，由于稀释的克伦特罗抗体稳定性变差，仅稀释实际需用量的克伦特罗抗体。在吸取浓缩液之前，要仔细振摇。用缓冲液以 1∶10 的比例稀释抗体浓缩液（如 400μL 浓缩液+4.0mL 缓冲液，足够 4 个微孔板条 32 孔用）。

③ 包被有抗体的微孔板条：将锡箔袋沿横向边压皱外沿剪开，取出需用数目的微孔板及框架，将不用的微孔板放进原锡箔袋中并且与提供的干燥剂一起重新密封，保存于 2～8℃。

④ 试样准备：取提取物 20μL 进行分析。高残留的试样用蒸馏水进一步稀释。

（3）测定　使用前将试剂盒在室温（19～25℃）下放置1～2h。

将标准和试样（至少按双平行实验计算）所用数目的孔条插入微孔架，记录标准和试样的位置。

加入100μL稀释后的抗体溶液到每一个微孔中。充分混合并在室温孵育15min。

倒出孔中的液体，将微孔架倒置在吸水纸上拍打（每行拍打3次）以保证完全除去孔中的液体。用250L蒸馏水充入孔中，再次倒掉微孔中液体，再重复操作两遍以上。

加入20μL的标准或处理好的试样到各自的微孔中。标准和试样至少做两个平行实验。

加入100μL稀释的酶标记物，室温孵育30min。

倒出孔中的液体，将微孔架倒置在吸水纸上拍打（每行拍打3次）以保证完全除去孔中的液体。用250μL蒸馏水充入孔中，再次倒掉微孔中液体，再重复操作两次以上。

加入50μL酶底物和50μL发色试剂到微孔中，充分混合并在室温暗处孵育15min。

加入100μL反应停止液到微孔中。混合好尽快在450nm波长处测量吸光度值。

5. 计算

用所获得的标准溶液和试样溶液吸光度值与空白溶液的比值进行计算。

$$\text{相对吸光度值}(\%)=B/B_0\times 100$$

式中　B——标准（或试样）溶液的吸光度值；

B_0——空白（浓度为0的标准溶液）的吸光度值。

将计算的相对吸光度值（%）对应克伦特罗浓度（ng/L）的自然对数作半对数坐标系统曲线图，校正曲线在0.004～0.054ng（200～2000ng/L范围内）呈线性，对应的试样浓度可从校正曲线算出。

$$X=\frac{Af}{m\times 1000}$$

式中　X——试样中克伦特罗的含量，μg/kg或μg/L；

A——试样的相对吸光度值（%）对应的克伦特罗含量，ng/L；

f——试样稀释倍数；

m——试样的取样量，g或mL；

1000——换算系数。

（四）动物性食品中多种β-受体激动剂残留量的测定——液相色谱-串联质谱法

本方法适用于猪肝和猪肉中沙丁胺醇、特布他林、塞曼特罗、塞布特罗、莱克多巴胺、克伦特罗、溴布特罗、苯氧丙酚胺、马布特罗、马贲特罗、溴代克伦特罗等残留量的检验。

1. 原理

试样中的残留物经酶解，用高氯酸调节pH，沉淀蛋白后离心，上清液用异丙醇-乙酸乙酯提取，再用阳离子交换柱净化，液相色谱-串联质谱法测定，内标法定量。

2. 试剂

0.2mol/L乙酸钠缓冲液：取136g乙酸钠，溶解于500mL水中，用适量乙酸调节pH至5.2；葡萄糖醛苷酶/芳基硫酸酯酶（glucurnldas/arylsulfatas）(95+5，体积比)：10000U/mg；

Oasis MCX离子交换柱：60 mg/3mL，使用前依次用3mL甲醇和3mL水活化；

标准储备溶液：准确称取适量的沙丁胺醇、特布他林、塞曼特罗、塞布特罗、莱克多巴胺、克伦特罗、溴布特罗、苯氧丙酚胺、马布特罗、马贲特罗、溴代克伦特罗标准品，用甲醇分别配制成100μg/mL的标准贮备液，保存于－18℃冰箱内，可使用1年；

标准储备溶液（1μg/mL）：分别准确1.00mL沙丁胺醇、特布他林、塞曼特罗、塞布特罗、莱克多巴胺、克伦特罗、溴布特罗、溴代克伦特罗至100mL容量瓶中，用甲醇稀释至刻度，−18℃避光保存；

同位素内标物：克伦特罗-D_9，沙丁胺醇-D_3，纯度大于98%；

同位素内标储备液：准确称取适量的克伦特罗-D_9、沙丁胺醇-D_3，用甲醇配成100μg/mL的标准储备液，保存于−18℃冰箱内，可使用1年；

同位素内标工作液（10ng/mL）：将上述同位素内标液用甲醇进行适当稀释。

3. 仪器

高效液相色谱-串联质谱联用仪：配有电喷雾离子源（ESI）。

4. 分析步骤

（1）提取　称取2g(精确到0.01g）经捣碎的样品于50mL乙酸钠缓冲液，充分混合均匀，再加50μLβ-葡萄糖醛苷酶/芳基硫酸酯酶，混合均匀后，37℃水浴水解12h。

添加100μL10ng/10mL的内标工作液于待测试样中。加盖置于水平振荡器振荡15min，离心10min，取4mL上清液加入0.1mol/L高氯酸溶液5mL，混合均匀，用高氯酸调节pH到1±0.3。5000r/min离心10min后，将全部上清液转移到50mL的离心管中，用10mol/L的氢氧化钠溶液调节pH到11。加入10mL饱和氯化钠溶液和10mL异丙醇-乙酸乙酯混合液，充分提取，在5000r/min下离心10min。

转移全部有机相，在40℃水浴下用氮气将其吹干。加入5mL乙酸钠缓冲液，超声混匀，使残渣充分溶解后备用。

（2）净化　将阳离子交换小柱连接到真空过柱装置。将上述残渣溶液上柱，依次用2mL水、2mL2%甲酸水溶液和2mL甲醇洗涤柱子并彻底抽干，最后用2mL的5%氨水甲醇溶液洗脱柱子上的待测成分，流速控制在0.5mL/min。洗脱液在40℃水浴下氮气吹干。

准确加入200μL0.1%甲酸/水-甲醇溶液，超声混匀。将溶液转移到15mL离心管中，15000r/min离心10min，上清液供液相色谱-串联质谱测定。

（3）测定

① 液相色谱-串联质谱条件

a.色谱柱：Waters ATLANTICs C_{18}柱，150mm×2.1mm(内径)，粒度5μm；流动相：A为0.1%甲酸/水，B为0.1%甲酸/乙腈，进行梯度淋洗。

b.流速：0.2mL/min；柱温：30℃；进样量：20μL；离子源：电喷雾，正离子模式；扫描方式：多反应检测；脱溶剂气、锥孔气、碰撞气均为高纯氮气或其他合适的高纯气体；毛细管电压、锥孔电压、碰撞能量等电压值优化至最优灵敏度；检测离子参数见表5-4。

表5-4　被测物的母离子、子离子和定量子离子参数表

被测物	母离子(m/z)	子离子(m/z)	定量子离子(m/z)	被测物	母离子(m/z)	子离子(m/z)	定量子离子(m/z)
沙丁胺醇	240	143、222	148	特布他林	226	152、125	152
塞曼特罗	202	160、143	160	塞布特罗	243	160、143	160
莱克多巴胺	302	164、284	164	克伦特罗	277	203、259	203
溴代克伦特罗	323	249、168	249	溴布特罗	367	293、349	293
苯氧丙酚胺	302	150、284	150	马布特罗	311	237、293	237
马贲特罗	325	237、217	237	克伦特罗-D_9	286	204	204
沙丁胺醇-D_3	343	151	151				

② 液相色谱-串联质谱测定　按照液相色谱-串联质谱条件测定样品和混合标准工作溶液，以色谱峰面积按内标法定量。在上述色谱条件下沙丁胺醇、特布他林、塞曼特罗、塞布特罗、莱克多巴胺、克伦特罗、溴代克伦特罗、溴布特罗、苯氧丙酚胺、马布特罗、马贲特罗和同位素内标沙丁胺醇-D_3、克伦特罗-D_9 的参考保留时间分别为 6.16min、6.24min、7.01min、11.07min、14.65min、15.66min、16.52min、17.47min、18.72min、18.77min、23.11min、6.10min 和 15.60min。

③ 液相色谱-串联质谱确证　按照液相色谱-串联质谱条件测定样品和标准工作溶液，如果检出的质量色谱峰保留时间与标准样品一致，并且在扣除背景后的样品谱图中，各定性离子的相对丰度与浓度接近的同样条件下得到的标准溶液谱图相比，误差不超过表 5-2 规定的范围，则可判定样品中存在对应的被测物。

5. 计算

按下列公式计算样品中沙丁胺醇、特布他林、塞曼特罗、塞布特罗、莱克多巴胺、克伦特罗、溴布特罗、苯氧丙酚胺、马布特罗、马贲特罗或溴代克伦特罗残留量。

$$X=\frac{cc_iAA_{si}V}{c_{si}A_iA_sm}$$

式中　X——样品中被测物残留量，μg/kg；

c——沙丁胺醇、特布他林、塞曼特罗、塞布特罗、莱克多巴胺、克伦特罗、溴布特罗、苯氧丙酚胺、马布特罗、马贲特罗或溴代克伦特罗标准工作溶液的浓度，μg/L；

c_{si}——标准工作溶液中内标物的浓度，μg/L；

c_i——样液中内标物的浓度，μg/L；

A_i——沙丁胺醇、特布他林、塞曼特罗、塞布特罗、莱克多巴胺、克伦特罗、溴布特罗、苯氧丙酚胺、马布特罗、马贲特罗或溴代克伦特罗标准工作溶液的峰面积；

A——样液中沙丁胺醇、特布他林、塞曼特罗、塞布特罗、莱克多巴胺、克伦特罗、溴布特罗、苯氧丙酚胺、马布特罗、马贲特罗或溴代克伦特罗的峰面积；

A_{si}——标准工作溶液中内标物的峰面积；

A_s——样液中内标物的峰面积；

V——样品定容体积，mL；

m——样品称样量，g。

（五）饲料中沙丁胺醇、莱克多巴胺和盐酸克伦特罗的测定——液相色谱-质谱联用法

本方法适合于配合饲料、浓缩饲料和添加剂预混合饲料中沙丁胺醇、莱克多巴胺和盐酸克伦特罗的测定。

1. 原理

试样经磷酸甲醇溶液提取，用固相萃取柱净化后，经反相 C_{18} 柱梯度洗脱分离，采用质谱检测器以三种物质的质量色谱峰保留时间和特征离子定性、确证，并用外标法定量。

2. 试剂

磷酸甲醇提取液：向 3.92g 浓磷酸中加入 200mL 水，用甲醇定容到 1000mL；SPE 小柱淋洗液与洗脱液；流动相：A 液（甲酸铵 3.65g 溶于 500mL 去离子水中，用甲酸调 pH 至 3.80），B 液（乙腈，色谱纯）；沙丁胺醇、莱克多巴胺和盐酸克伦特罗标准溶液。

标准储备液：称取沙丁胺醇、莱克多巴胺和盐酸克伦特罗各50mg，分别于50mL棕色容量瓶中，用甲醇溶解，并定容至刻度。冰箱中4℃保存，保存期一个月。

标准工作中间液：取沙丁胺醇、莱克多巴胺和盐酸克伦特罗标准贮备液各1mL于100mL容量瓶中，用冰醋酸溶液定容。

标准工作液：称取沙丁胺醇、莱克多巴胺和盐酸克伦特罗标准工作中间液各0.5mL，1.5mL，10mL于100mL容量瓶中，用冰醋酸溶液定容。

3. 仪器

混合型阳离子交换SPE小柱；固相萃取减压净化系统；液相色谱-质谱联用仪。

4. 分析步骤

（1）试样制备　按照GB/T 14699.1规定方法采样，采取样品量至少500g，以四分法缩减至200g，粉碎过40目筛，充分混匀，装瓶，备用。

（2）提取　准确称取试样（配合饲料5g，浓缩饲料2g，添加剂预混合饲料1g，准确至0.0001g）于50mL离心管，用磷酸甲醇提取液40mL，振荡提取30min，以3000r/min离心10min。上清液移入100mL容量瓶。残渣再用上述提取液40mL、20mL重复提取2次，每次振摇5～10min，以3000r/min离心10min，合并上清液于100mL容量瓶中。用提取液定容，混匀，过滤。

（3）净化

① 配合饲料和浓缩饲料　吸取一定体积试样提取液过滤于5mL试管中，置55℃水浴中以氮气吹至近干。同时将固相萃取柱固定于SPE减压净化系统上，依次用1mL甲醇和1mL水活化、平衡。向试管中加入冰醋酸溶液，涡旋振荡，然后全部加到小柱上，控制过柱速度不超过1mL/min，分别用1mL淋洗液和1mL甲酸淋洗液一次，最后用1mL洗脱液洗脱，洗脱速度不超过1mL/min。洗脱液于55℃水浴中，用氮气吹干，准确加入1.00mL冰醋酸溶解混匀，并转移到上机样品瓶中，盖好，备用。

② 添加剂预混合饲料　取提取液0.2mL，加硫酸钠溶液0.1mL，涡旋振荡，然后加入冰醋酸4mL，于离心机上以3000r/min离心10min，再取1mL上清液按照①中步骤过固相萃取柱净化。

（4）测定

① 色谱条件

色谱柱：C_{18}柱，内径2.1mm，柱长150mm，填充物粒度3μm。

柱温：室温。

流动相：流动相A为甲酸铵缓冲液，流动相B为乙腈。

梯度洗脱。每次进样间隔用流动相A+B=98+2，平衡10min。

流速：0.20mL/min。

进样体积：20μL。

② 质谱条件　采用电喷雾正离子（ESI+）模式做选择离子检测，选择离子为：

沙丁胺醇：m/z240，m/z222，m/z166；

莱克多巴胺：m/z302，m/z284，m/z164；

盐酸克伦特罗：m/z277，m/z259，m/z203；

源温度：120℃；

取样锥孔电压：25V；

萃取锥孔电压：5V；

脱溶剂氮气温度：300℃；

脱溶剂氮气流速：300L/h。

（5）定性和定量方法

① 定性：通过样品总离子流色谱图上沙丁胺醇（m/z240，m/z222，m/z160）、莱克多巴胺（m/z302，m/z284，m/z164）和盐酸克伦特罗（m/z277，m/z259，m/z203）的保留时间和各色谱峰对应的特征离子，与标准品相应的保留时间和各色谱峰对应的特征离子进行对照定性。样品与标准品保留时间的相对偏差不大于0.5％。

② 定量：采用M+1的准分子离子的色谱峰面积做单点校正定量。

5. 计算

试样中药物含量（X）以质量分数计算，数值以毫克每千克（mg/kg）表示，按下列公式计算：

$$X=\frac{A_x}{A_s}nc_s$$

式中　X——试样中药物含量，mg/kg；

A_x——待测试样测得的特征离子色谱峰面积；

A_s——标准溶液药物的特征离子色谱峰面积；

m——试样质量，g；

n——稀释倍数；

c_s——标准溶液中药物的浓度，μg/mL。

第六章
食品中化学致癌物质的检验

第一节　黄曲霉毒素的检验

一、概述

黄曲霉毒素（aflatoxin，AF 或 AFT）是黄曲霉和寄生曲霉的代谢产物。它是真菌毒素中的一类，具有相似的化学结构，目前已分离鉴定出 20 多种，主要是黄曲霉毒素 B_1、黄曲霉毒素 B_2、黄曲霉毒素 G_1、黄曲霉毒素 G_2 以及由黄曲霉毒素 B_1 和黄曲霉毒素 B_2 在体内经过羟化而衍生成的代谢产物黄曲霉毒素 M_1、黄曲霉毒素 M_2 等。黄曲霉毒素的基本结构为二呋喃香豆素衍生物，在紫外光下，黄曲霉毒素 B_1、黄曲霉毒素 B_2 发蓝紫色荧光，黄曲霉毒素 G_1、黄曲霉毒素 G_2 发黄绿色荧光。黄曲霉毒素耐热，可溶于氯仿、甲醇、丙酮等有机溶剂，不溶于水、石油醚、己烷和乙醚。一般在中性及酸性溶液中较稳定，在 pH9～10 的碱性溶液中迅速分解。

黄曲霉毒素在自然界中普遍存在，且具有化学性质稳定和耐高温等特点。黄曲霉毒素主要污染粮油食品，其中以花生和玉米污染最为严重，小麦、大米和高粱较少污染。一般热带和亚热带地区污染较重。

除粮油等食品外，黄曲霉毒素对动物性食品也有污染。当毒素存在于霉变饲料中，达到一定的有效浓度时，可引起畜禽中毒，$AFTB_1$ 和 $AFTM_1$ 能沉积在动物肝、肾、肌肉、奶及蛋中。

黄曲霉毒素的毒性主要表现为急性中毒、慢性中毒和致癌性三种。其中 AFB_1 属于剧毒类，它的毒性比敌敌畏高 100 倍，比砒霜高 68 倍，比氰化钾高 10 倍，仅次于肉毒毒素，是目前已知真菌毒素中毒性最强的一种。我国规定了食品中黄曲霉毒素 B_1 和 M_1 的限量标准。

具体见表 6-1。

表 6-1 食品中黄曲霉毒素 B_1 和 M_1 的限量标准

黄曲霉毒素名称	食品类别(名称)	最大残留限量/(μg/kg)
黄曲霉毒素 B_1 ($AFTB_1$)	谷物及其制品(小麦粉、麦片、其他去壳谷物)	5.0
	豆类及其制品(发酵豆制品)	5.0
	坚果及籽类(花生及其制品)	20
	油脂及其制品(花生油、玉米油)	20
	调味品(酱油、醋、酿造酱)	5.0
黄曲霉毒素 M_1 ($AFTM_1$)	乳及乳制品	0.5
	特殊膳食用食品	0.5

二、食品中黄曲霉毒素的检验

(一)同位素稀释液相色谱-串联质谱法

本方法适用于谷物及其制品、豆类及其制品、坚果及籽类、油脂及其制品、调味品、婴幼儿配方食品和婴幼儿辅助食品中 $AFTB_1$、$AFTB_2$、$AFTG_1$ 和 $AFTG_2$ 的测定。

1. 原理

试样中的黄曲霉毒素 B_1、黄曲霉毒素 B_2、黄曲霉毒素 G_1、黄曲霉毒素 G_2，用乙腈-水溶液或甲醇-水溶液提取，提取液用含 1% Triton X-100(或吐温-20)的磷酸盐缓冲溶液稀释后(必要时经黄曲霉毒素固相净化柱初步净化)，通过免疫亲和柱净化和富集，净化液浓缩、定容和过滤后经液相色谱分离，串联质谱检测，同位素内标法定量。

2. 试剂

标准储备溶液(10μg/mL)：分别称取 $AFTB_1$、$AFTB_2$、$AFTG_1$ 和 $AFTG_2$(纯度≥98%)1mg(精确至 0.01mg)，用乙腈溶解并定容至 100mL。此溶液浓度约为 10μg/mL。溶液转移至试剂瓶中，在−20℃下避光保存，备用。

混合标准工作液(100ng/mL)：准确移取混合标准储备溶液(1.0μg/mL)1.00mL 至 100mL 容量瓶中，乙腈定容。此溶液密封后，避光−20℃下保存，三个月有效。

混合同位素内标工作液(100ng/mL)：准确移取 0.5μg/mL $^{13}C_{17}$-$AFTB_1$、$^{13}C_{17}$-$AFTB_2$、$^{13}C_{17}$-$AFTG_1$ 和 $^{13}C_{17}$-$AFTG_2$(纯度≥98%)各 2.00mL，用乙腈定容至 10mL。在−20℃下避光保存，备用。

标准系列工作溶液：准确移取混合标准工作液(100ng/mL)10μL、50μL、100μL、200μL、500μL、800μL、1000μL 于 10mL 容量瓶中，加入 200μL100ng/mL 的同位素内标工作液，用初始流动相定容至刻度，配制浓度为 0.1ng/mL、0.5ng/mL、1.0ng/mL、2.0ng/mL、5.0ng/mL、8.0ng/mL、10.0ng/mL 的系列标准溶液。

3. 仪器

玻璃纤维滤纸：快速、高载量、液体中颗粒保留 1.6μm；液相色谱-串联质谱仪：带电喷雾离子源；液相色谱柱；免疫亲和柱：$AFTB_1$ 柱容量≥200ng，$AFTB_1$ 柱回收率≥80%，$AFTG_2$ 的交叉反应率≥80%；黄曲霉毒素专用型固相萃取净化柱或功能相的固相萃取柱(以下简称净化柱)：对复杂基质样品测定时使用。

4. 试样的制备

（1）液体样品（植物油、酱油、醋等） 采样量需大于1L，对于袋装、瓶装等包装样品需至少采集3个包装，将所有液体样品在一个容器中用匀浆机混匀后，其中任意的100g（mL）样品进行检测。

（2）固体样品（谷物及其制品、坚果及籽类、婴幼儿谷类辅助食品等） 采样量需大于1kg，用高速粉碎机将其粉碎，过筛，使其粒径小于2mm孔径试验筛，混合均匀后缩分至100g，储存于样品瓶中，密封保存，供检测用。

（3）半流体（腐乳、豆豉等） 采样量需大于1kg（L），对于袋装、瓶装等包装样品需至少采集3个包装（同一批次或号），用组织捣碎机捣碎混匀后，储存于样品瓶中，密封保存，供检测用。

5. 分析步骤

（1）提取

① 液体样品

a. 植物油脂：称取5g试样（精确至0.01g）于50mL离心管中，加入100μL同位素内标工作液振荡混合后静置30min。加入20mL乙腈-水溶液（84＋16）或甲醇-水溶液（70＋30），涡旋混匀，置于超声波/涡旋振荡器或摇床中振荡20min（或用均质器均质3min），在6000r/min下离心10min，取上清液备用。

b. 酱油、醋：称取5g试样（精确至0.01g）于50mL离心管中，加入125μL同位素内标工作液振荡混合后静置30min。用乙腈或甲醇定容至25mL（精确至0.1mL），涡旋混匀，置于超声波/涡旋振荡器或摇床中振荡20min（或用均质器均质3min），在6000r/min下离心10min（或均质后玻璃纤维滤纸过滤），取上清液备用。

② 固体样品

a. 一般固体样品：称取5g试样（精确至0.01g）于50mL离心管中，加入100μL同位素内标工作液振荡混合后静置30min。加入20.0mL乙腈-水溶液（84＋16）或甲醇-水溶液（70＋30），涡旋混匀，置于超声波/涡旋振荡器或摇床中振荡20min（或用均质器均质3min），在6000r/min下离心10min（或均质后玻璃纤维滤纸过滤），取上清液备用。

b. 婴幼儿配方食品和婴幼儿辅助食品：称取5g试样（精确至0.01g）于50mL离心管中，加入100μL同位素内标工作液振荡混合后静置30min。加入20.0mL乙腈-水溶液（50＋50）或甲醇-水溶液（70＋30）涡旋混匀，置于超声波/涡旋振荡器或摇床中振荡20min（或用均质器均质3min），在6000r/min下离心10min（或均质后玻璃纤维滤纸过滤），取上清液备用。

③ 半流体样品 称取5g试样（精确至0.01g）于50mL离心管中，加入100μL同位素内标工作液振荡混合后静置30min。加入20.0mL乙腈-水溶液（84＋16）或甲醇-水溶液（70＋30），置于超声波/涡旋振荡器或摇床中振荡20min（或用均质器均质3min），在6000r/min下离心10min（或均质后玻璃纤维滤纸过滤）取上清液备用。

（2）净化

① 上样液的准备：准确移取4mL上清液，加入46mL 1%Trition X-100（或吐温-20）的PBS（使用甲醇-水溶液提取时可减半加入）混匀。

② 免疫亲和柱的准备：将低温下保存的免疫亲和柱恢复至室温。

③ 试样的净化：待免疫亲和柱内原有液体流尽后，将上述样液移至50mL注射器筒中，调节下滴速度，控制样液以1～3mL/min的速度稳定下滴。待样液滴完后，往注射器筒内

加入 2×10mL 水，以稳定流速淋洗免疫亲和柱。待水滴完后，用真空泵抽干亲和柱。脱离真空系统，在亲和柱下部放置 10mL 刻度试管，取下 50mL 注射器筒，加入 2×1mL 甲醇洗脱亲和柱，控制 1～3mL/min 的速度下滴，再用真空泵抽干亲和柱，收集全部洗脱液至试管中。在 50℃下用氮气缓缓地将洗脱液吹至近干，加入 1.0mL 初始流动相，涡旋 30s 溶解残留物，0.22μm 滤膜过滤，收集滤液于进样瓶中以备进样。

(3) 液相色谱参考条件　流动相：A 相为 5mmol/L 乙酸铵溶液，B 相为乙腈-甲醇溶液(50+50)；梯度洗脱：32%B(0～0.5min)，45%B(3～4min)，100%B(4.2～4.8min)，32%B(5.0～7.0min)；色谱柱：C_{18} 柱（柱长 100mm，柱内径 2.1mm，填料粒径 1.7μm)，或相当者；流速：0.3mL/min；柱温：40℃；进样体积：10μL。

(4) 质谱参考条件　检测方式：多离子反应监测（MRM)；离子源控制条件参见表 6-2；离子选择参数参见表 6-3。

表 6-2　离子源控制条件

电离方式	ESI^+	电离方式	ESI^+
毛细管电压/kV	3.5	锥孔反吹气流量/(L/h)	50
锥孔电压/V	30	脱溶剂气温度/℃	500
射频透镜 1 电压/V	14.9	脱溶剂气流量/(L/h)	800
射频透镜 2 电压/V	15.1	电子倍增电压/V	650
离子源温度/℃	150		

表 6-3　离子选择参数

化合物名称	母离子 (m/z)	定量离子 (m/z)	定量离子碰撞能量/eV	定性离子 (m/z)	定性离子碰撞能量/eV	离子化方式
$AFTB_1$	313	285	22	241	38	ESI^+
$^{13}C_{17}$-$AFTB_1$	330	255	23	301	35	ESI^+
$AFTB_2$	315	287	25	259	28	ESI^+
$^{13}C_{17}$-$AFTB_2$	332	303	25	273	28	ESI^+
$AFTG_1$	329	243	25	283	25	ESI^+
$^{13}C_{17}$-$AFTG_1$	346	257	25	299	25	ESI^+
$AFTG_2$	331	245	30	285	27	ESI^+
$^{13}C_{17}$-$AFTG_2$	348	259	30	301	27	ESI^+

(5) 定性测定　试样中目标化合物色谱峰的保留时间与相应标准色谱峰的保留时间相比较，变化范围应在±2.5%之内。每种化合物的质谱定性离子必须出现，至少应包括一个母离子和两个子离子，而且同一检测批次，对同一化合物，样品中目标化合物的两个子离子的相对丰度比与浓度相当的标准溶液相比，其允许误差不超过第五章表 5-2 规定的范围。

(6) 标准曲线的制作　在 (3) (4) 的液相色谱-串联质谱仪分析条件下，将标准系列溶液由低到高浓度进样检测，以 $AFTB_1$、$AFTB_2$、$AFTG_1$ 和 $AFTG_2$ 色谱峰与各对应内标色谱峰的峰面积比值-浓度作图，得到标准曲线回归方程，其线性相关系数应大于 0.99。

(7) 试样溶液的测定　取 (2) 处理得到的待测溶液进样，内标法计算待测液中目标物质的质量浓度，按 6. 计算样品中待测物的含量。待测样液中的响应值应在标准曲线线性范围内，超过线性范围则应适当减少取样量重新测定。

6. 计算

试样中 $AFTB_1$、$AFTB_2$、$AFTG_1$ 和 $AFTG_2$ 的残留量按下列公式进行计算：

$$X=\frac{\rho V_1 V_3 \times 1000}{V_2 m \times 1000}$$

式中 X——试样中 $AFTB_1$、$AFTB_2$、$AFTG_1$ 或 $AFTG_2$ 的含量，μg/kg；

ρ——进样溶液中 $AFTB_1$、$AFTB_2$、$AFTG_1$ 或 $AFTG_2$ 按照内标法在标准曲线中对应的浓度，ng/mL；

V_1——试样提取液体积（植物油脂、固体、半固体按加入的提取液体积，酱油、醋按定容总体积），mL；

V_2——用于净化分取的样品体积，mL；

V_3——样品经净化洗脱后的最终定容体积，mL；

m——试样的称样量，g；

1000——换算系数。

（二）酶联免疫吸附筛查法

本方法适用于谷物及其制品、豆类及其制品、坚果及籽类、油脂及其制品、调味品、婴幼儿配方食品和婴幼儿辅助食品中 $AFTB_1$ 的测定。

1. 原理

试样中的黄曲霉毒素 B_1 用甲醇水溶液提取，经均质、涡旋、离心（过滤）等处理获取上清液。被辣根过氧化物酶标记或固定在反应孔中的黄曲霉毒素 B_1，与试样上清液或标准品中的黄曲霉毒素 B_1 竞争性结合特异性抗体。在洗涤后加入相应显色剂显色，经无机酸终止反应，于 450nm 或 630nm 波长下检测。样品中的黄曲霉毒素 B_1 与吸光度在一定浓度范围内呈反比。

2. 试剂

配制溶液所需试剂均为分析纯，水为 GB/T 6682 规定二级水；按照试剂盒说明书所述，配制所需溶液；所用商品化的试剂盒需按照酶联免疫试剂盒的质量判定方法验证合格后方可使用。

3. 仪器

微孔板酶标仪：带 450nm 与 630nm（可选）滤光片。

4. 分析步骤

（1）样品前处理

① 液态样品（油脂和调味品）：取 100g 待测样品摇匀，称取 5.0g 样品于 50mL 离心管中，加入试剂盒所要求提取液，按照试纸盒说明书所述方法进行检测。

② 固态样品（谷物、坚果和特殊膳食用食品）：称取至少 100g 样品，用研磨机进行粉碎，粉碎后的样品过 1～2mm 孔径试验筛。取 5.0g 样品于 50mL 离心管中，加入试剂盒所要求提取液，按照试纸盒说明书所述方法进行检测。

（2）样品检测　按照酶联免疫试剂盒所述操作步骤对待测试样（液）进行定量检测。

（3）酶联免疫试剂盒定量检测的标准工作曲线制作　按照试剂盒说明书提供的计算方法或者计算机软件，根据标准品浓度与吸光度变化关系制作标准工作曲线。

（4）待测液浓度计算　按照试剂盒说明书提供的计算方法以及计算机软件，将待测液吸光度代入标准工作曲线公式，计算得待测液浓度（ρ）。

5. 计算

食品中黄曲霉毒素 B_1 的含量按下列公式进行计算：

$$X=\frac{\rho V f}{m}$$

式中 X——试样中 $AFTB_1$ 的含量，μg/kg；

ρ——待测液中 $AFTB_1$ 的浓度，μg/L；

V——提取液体积（固态样品为加入提取液体积，液态样品为样品和提取液总体积），L；

f——在前处理过程中的稀释倍数；

m——试样的称样量，kg。

第二节　苯并（a）芘的检验

一、概述

苯并（*a*）芘［B(*a*)P］属于多环芳烃类（polycyclic aromatic hydrocarbons，PAHs）化合物，是最早发现和研究的致癌类化合物之一，目前已鉴定的致癌性 PAHs 及其衍生物达数百种。在众多的 PAHs 中，由于苯并（*a*）芘致癌性强、分布广、性质稳定。因此，常将苯并（*a*）芘作为 PAHs 类化合物的代表。

苯并（*a*）芘是一种由 5 个苯环构成的多环芳烃化合物，分子量为 252，常温下为针状结晶，颜色浅黄，性质稳定，沸点 310～312℃，熔点 178℃，在水中溶解度为 0.5～6μg/L，稍溶于甲醇和乙醇，溶于苯、甲苯、二甲苯和环己烷等有机溶剂中。

食品中苯并（*a*）芘主要来源包括熏烤、高温烹调、包装材料污染（油墨、石蜡油等）以及环境污染等。我国规定了食品中苯并（*a*）芘的限量标准，具体见表 6-4。

表 6-4　食品中苯并（*a*）芘的最大残留限量

名称	食品类别(名称)	最大残留限量/(μg/kg)
苯并(*a*)芘	谷物及其制品(稻谷、糙米、大米、小麦、小麦粉、玉米、玉米面)	5.0
	肉及肉制品(熏、烧、烤肉类)	5.0
	油脂及其制品	10

二、食品中苯并（*a*）芘的检验

我国食品安全国家标准规定食品中苯并（*a*）芘的检测方法为反相液相色谱法，本方法适用于谷物及其制品（稻谷、糙米、大米、小麦、小麦粉、玉米、玉米面、玉米渣、玉米片）、肉及肉制品（熏、烧、烤肉类）、水产动物及其制品（熏、烤水产品）、油脂及其制品中苯并（*a*）芘的测定。

1. 原理

试样经过有机溶剂提取，中性氧化铝或分子印迹小柱净化，浓缩至干，乙腈溶解，反相液相色谱分离，荧光检测器检测，根据色谱峰的保留时间定性，外标法定量。

2. 试剂

（1）标准溶液配制

① 苯并（*a*）芘标准储备液（100μg/mL）：准确称取苯并（*a*）芘（纯度≥99.0%）1mg（精确到0.01mg）于10mL容量瓶中，用甲苯溶解，定容。避光保存在0～5℃的冰箱中，保存期1年。

② 苯并（*a*）芘标准中间液（1.0μg/mL）：吸取0.10mL苯并（*a*）芘标准储备液（100μg/mL），用乙腈定容到10mL。避光保存在0～5℃的冰箱中，保存期1个月。

（2）苯并（*a*）芘标准工作液　把苯并（*a*）芘标准中间液（1.0μg/mL）用乙腈稀释得到0.5ng/mL、1.0ng/mL、5.0ng/mL、10.0ng/mL、20.0ng/mL的校准曲线溶液，临用现配。

3. 仪器

液相色谱仪：配有荧光检测器。

4. 分析步骤

（1）试样制备、提取及净化

① 谷物及其制品

a. 预处理：去除杂质，磨碎成均匀的样品，储于洁净的样品瓶中，并标明标记，于室温下或按产品包装要求的保存条件保存备用。

b. 提取：称取1g（精确到0.001g）试样，加入5mL正己烷，旋涡混合0.5min，40℃下超声提取10min，4000r/min离心5min，转移出上清液。再加入5mL正己烷重复提取一次。合并上清液，用下述净化方法之一进行净化。

c. 净化：采用中性氧化铝柱，用30mL正己烷活化柱子，待液面降至柱床时，关闭底部旋塞。将待净化液转移进柱子，打开旋塞，以1mL/min的速度收集净化液到茄形瓶，再转入50mL正己烷洗脱，继续收集净化液。将净化液在40℃下旋转蒸至约1mL，转移至色谱仪进样小瓶，在40℃氮气流下浓缩至近干。用1mL正己烷清洗茄形瓶，将洗涤液再次转移至色谱仪进样小瓶并浓缩至干。准确吸取1mL乙腈到色谱仪进样小瓶，涡旋复溶0.5min，过微孔滤膜后供液相色谱测定。

采用苯并（*a*）芘分子印迹柱，依次用5mL二氯甲烷及5mL正己烷活化柱子。将待净化液转移进柱子，待液面降至柱床时，用6mL正己烷淋洗柱子，弃去流出液。用6mL二氯甲烷洗脱并收集净化液到试管中。将净化液在40℃下氮气吹干，准确吸取1mL乙腈涡旋复溶0.5min，过微孔滤膜后供液相色谱测定。

② 熏、烧、烤肉类及熏、烤水产品

a. 预处理：肉去骨、鱼去刺、贝去壳，把可食部分绞碎均匀，储于洁净的样品瓶中，并标明标记，于－16～－18℃冰箱中保存备用。

b. 提取：同①中提取部分。

c. 净化：采用中性氧化铝柱时，除了正己烷洗脱液体积为70mL外，其余操作同①中净化方法。采用苯并（*a*）芘分子印迹柱时，同①中净化方法。

③ 油脂及其制品

a. 提取：称取0.4g（精确到0.001g）试样，加入5mL正己烷，涡旋混合0.5min，待净化。

b. 净化：除了最后用0.4mL乙腈涡旋复溶试样外，其余操作同①中中性氧化铝柱或苯并（*a*）芘分子印迹柱的净化方法。

试样制备时，不同试样的前处理需要同时做试样空白试验。

（2）仪器参考条件　色谱柱：C_{18}，柱长250mm，内径4.6mm，粒径5μm，或性能相当者；流动相：乙腈＋水＝88＋12；流速：1.0mL/min；荧光检测器：激发波长384nm，发射波长 406nm；柱温：35℃；进样量：20μL。

(3) 标准曲线的制作　将标准系列工作液分别注入液相色谱仪中，测定相应的色谱峰，以标准系列工作液的浓度为横坐标，以峰面积为纵坐标，得到标准曲线回归方程。

(4) 试样溶液的测定　将待测液进样测定，得到苯并（a）芘色谱峰面积。根据标准曲线回归方程计算试样溶液中苯并（a）芘的浓度。

5. 计算

试样中苯并（a）芘的含量按下列公式进行计算：

$$X=\frac{\rho V}{m}\times\frac{1000}{1000}$$

式中　X——试样中苯并（a）芘含量，μg/kg；

ρ——由标准曲线得到的样品净化溶液浓度，ng/mL；

V——试样最终定容体积，mL；

m——试样质量，g。

6. 说明

(1) 苯并（a）芘是一种已知的致癌物质，测定时应特别注意安全防护，应在通风柜中进行并戴手套，尽量减少暴露。如已接触皮肤，应采用 10%次氯酸钠水溶液浸泡和洗刷，在紫外光下观察皮肤上有无蓝紫色斑点，一直洗到蓝色斑点消失为止。

(2) 若试样为人造黄油等含水油脂制品，则会出现乳化现象，需要 4000r/min 离心 5min，转移出正己烷层待净化。

第三节　多氯联苯的检验

一、概述

多氯联苯（polychlorinated biphenyls，PCBs）是一种持久性有机污染物（persistent organic pollutant，POPs），又是典型的环境内分泌干扰物（endocrine disrupting chemicals，EDCs），也称为二噁英类似化合物。

PCBs 广泛用于电容器和变压器中的绝缘油、耐火增塑剂和液压油，以及润滑剂、密封剂、染料、杀虫剂（五氯酚及其钠盐）等的生产。PCBs 在大气、水体和土壤中具有持久性、生物蓄积性、长距离大气传输性等特性，是影响食品安全的重要的环境污染物。

自 1966 年瑞典科学家 Jensen 首次提出 PCBs 在食物链中具有生物富集作用，并且容易长期储存在哺乳动物脂肪组织内的研究结论后，PCBs 问题引起了各国的关注，随之进行了广泛的 PCBs 对生态系统和人类健康影响的研究。随着人们对健康的日益重视，该类污染物在毒性方面的研究近年来也越来越深入，多项研究证明多氯联苯属于致癌物质，由于其极难溶于水而易溶于脂肪和有机溶剂，并且极难分解，所以容易在生物体脂肪中大量富集，造成脑部、皮肤及内脏的疾病，并影响神经、生殖及免疫系统。我国规定的食品中多氯联苯最大残留限量如表 6-5 所示。

表 6-5　食品中多氯联苯的最大残留限量

名称	食品类别(名称)	最大残留限量/(mg/kg)
多氯联苯	水产动物及其制品	0.5

注：多氯联苯以 PCB28、PCB52、PCB101、PCB118、PCB138、PCB153 和 PCB180 总和计。

二、食品中多氯联苯的检验

我国食品安全国家标准规定食品中指示性多氯联苯含量的测定用稳定性同位素稀释的气相色谱-质谱法和气相色谱法，这两种方法适用于鱼类、贝类、蛋类、肉类、奶类及其制品等动物性食品和油脂类试样中指示性 PCBs 的测定。

（一）稳定性同位素稀释的气相色谱-质谱法

1. 原理

应用稳定性同位素稀释技术，在试样中加入$^{13}C_{12}$标记的 PCBs 作为定量标准，经过索氏提取后的试样溶液经柱色谱层析净化、分离，浓缩后加入回收内标，使用气相色谱-低分辨质谱联用仪，以四极杆质谱选择离子监测（SIM）或离子阱串联质谱多反应监测（MRM）模式进行分析，内标法定量。

2. 试剂

无水硫酸钠（Na_2SO_4）：优级纯。将市售无水硫酸钠装入玻璃色谱柱，依次用正己烷和二氯甲烷淋洗两次，每次使用的溶剂体积约为无水硫酸钠体积的两倍。淋洗后，将无水硫酸钠转移至烧瓶中，在 50℃下烘烤至干，然后在 225C 烘烤 8～12h，冷却后干燥器中保存。

色谱用硅胶（75～250μm）：将市售硅胶装入玻璃色谱柱中，依次用正己烷和二氯甲烷淋洗两次，每次使用的溶剂体积约为硅胶体积的两倍。淋洗后，将硅胶转移到烧瓶中，以铝箔盖住瓶口置于烘箱中 50℃烘烤至干，然后升温至 180℃烘烤 8～12h，冷却后装入磨口试剂瓶中，干燥器中保存。

44%酸化硅胶：称取活化好的硅胶 100g，逐滴加入 78.6g 硫酸，振摇至无块状物后，装入磨口试剂瓶中，干燥器中保存。

33%碱性硅胶：称取活化好的硅胶 100g，逐滴加入 49.2g 1mol/L 的氢氧化钠溶液，振摇至无块状物后，装入磨口试剂瓶中，干燥器中保存。

10%硝酸银硅胶：将 5.6g 硝酸银溶解在 21.5mL 去离子水中，逐滴加入 50g 活化硅胶中，振摇至无块状物后，装入棕色磨口试剂瓶中，干燥器中保存。

碱性氧化铝：色谱层析用碱性氧化铝，660℃烘烤 6h 后，装入磨口试剂瓶中，干燥器中保存。

标准溶液：定量内标标准溶液见表 6-6；回收率内标标准溶液见表 6-7。

表 6-6　GC-MS 方法中指示性多氯联苯定量内标的标准溶液

化合物	氯原子数	浓度/(mg/L)	化合物	氯原子数	浓度/(mg/L)
$^{13}C_{12}$-PCB28	3	2.0	$^{13}C_{12}$-PCB180	7	2.0
$^{13}C_{12}$-PCB52	4	2.0	$^{13}C_{12}$-PCB202	8	2.0
$^{13}C_{12}$-PCB118	5	2.0	$^{13}C_{12}$-PCB206	9	2.0
$^{13}C_{12}$-PCB153	6	2.0	$^{3}C_{12}$-PCB209	10	2.0

表 6-7　GC-MS 方法中指示性多氯联苯回收率内标的标准溶液

化合物	氯原子数	浓度/(mg/L)	化合物	氯原子数	浓度/(mg/L)
$^{13}C_{12}$-PCB101	5	2.0	$^{13}C_{12}$-PCB194	8	2.0

3. 仪器

气相色谱-四极杆质谱联用仪（GC-MS）或气相色谱-离子阱串联质谱联用仪（GC-MS/MS）；色谱柱：DB-5ms 柱，30m×0.25mm×0.25μm，或等效色谱柱。

4. 试样制备

用避光材料如铝箔、棕色玻璃瓶等包装现场采集的试样，并放入小型冷冻箱中运输到实验室，−10℃以下低温冰箱保存。固体试样如鱼、肉等可使用冷冻干燥或使用无水硫酸钠干燥并充分混匀。油脂类可直接溶于正己烷中进行净化处理。

5. 分析步骤

（1）提取　提取前，将一空纤维素或玻璃纤维提取套筒装入索氏提取器中，以正己烷＋二氯甲烷（50＋50）为提取溶剂，预提取 8h 后取出晾干。将预处理试样 5.0～10.0g 装入上述处理的提取套筒中，加入 $^{13}C_{12}$ 标记的定量内标，用玻璃棉盖住试样，平衡 30min 后装入索氏提取器，以适量正己烷＋二氯甲烷（50＋50）为提取溶剂，提取 18～24h，回流速度控制在 3～4 次/h。提取完成后，将提取液转移到茄形瓶中，旋转蒸发浓缩至近干。如分析结果以脂肪计，则需要测定试样的脂肪含量。脂肪含量的测定：浓缩前准确称重茄形瓶，将溶剂浓缩至干后准确称重茄形瓶，两次称重结果的差值为试样的脂肪量。测定脂肪量后，加入少量正己烷溶解瓶中残渣。

（2）净化

① 酸性硅胶柱净化

a. 净化柱装填：玻璃柱底端用玻璃棉封堵后从底端到顶端依次填入 4g 活化硅胶、10g 酸化硅胶、2g 活化硅胶、4g 无水硫酸钠。然后用 100mL 正己烷预淋洗。

b. 净化：将浓缩的提取液全部转移至柱上，用约 5mL 正己烷冲洗茄形瓶 3～4 次，洗液转移至柱上。待液面降至无水硫酸钠层时加入 180mL 正己烷洗脱，洗脱液浓缩至约 1mL。

如果酸化硅胶层全部变色，表明试样中脂肪量超过了柱子的负载极限。洗脱液浓缩后，制备一根新的酸性硅胶净化柱，重复上述操作，直至硫酸硅胶层不再全部变色。

② 复合硅胶柱净化

a. 净化柱装填：玻璃柱底端用玻璃棉封堵后从底端到顶端依次填入 1.5g 硝酸银硅胶、1g 活化硅胶、2g 碱性硅胶、1g 活化硅胶、4g 酸化硅胶、2g 活化硅胶、2g 无水硫酸钠。然后用 30mL 正己烷＋二氯甲烷（97＋3）预淋洗。

b. 净化：将经过①净化后浓缩洗脱液全部转移至柱上，用约 5mL 正己烷冲洗茄形瓶 3～4 次，洗液转移至柱上。待液面降至无水硫酸钠层时加入 50mL 正己烷＋二氯甲烷（97＋3）洗脱，洗脱液浓缩至约 1mL。

③ 碱性氧化铝柱净化

a. 净化柱装填：玻璃柱底端用玻璃棉封堵后从底端到顶端依次填入 2.5g 经过烘烤的碱性氧化铝、2g 无水硫酸钠。15mL 正己烷预淋洗。

b. 净化：将经过净化后浓缩洗脱液全部转移至柱上，用约 5mL 正己烷冲洗茄形瓶 3～4 次，洗液转移至柱上。当液面降至无水硫酸钠层时加入 30mL 正己烷（2×15mL）洗脱柱子，待液面降至无水硫酸钠层时加入 25mL 二氯甲烷＋正己烷（5＋95）洗脱。洗脱液浓缩至近干。

（3）上机分析前的处理　将净化后的试样溶液转移至进样小管中，在氮气流下浓缩，用少量正己烷洗涤茄形瓶 3～4 次，洗涤液也转移至进样内插管中，氮气浓缩至约 50μL，加入适量回收率内标，然后封盖待上机分析。

（4）仪器参考条件

① 色谱条件　色谱柱：采用 30m 的 DB-5ms（或相当于 DB-5ms 的其他类型）石英毛细管柱进行色谱分离，膜厚为 0.25μm，内径为 0.25mm；采用不分流方式进样时，进样口温度为 300℃；色谱柱升温程序如下：初始温度为 100℃保持 2min；15℃/min 升温至 180℃；3℃/min 升温至 240℃；10℃/min 升温至 285℃并保持 10min；使用高纯氦气（纯度＞99.999%）作为载气。

② 质谱参数　四极杆质谱仪。电离模式：电子轰击源（EI），能量为 70eV；离子检测方式：选择离子监测（SIM），检测 PCBs 时选择的特征离子为分子离子。离子源温度为 250℃，传输线温度为 280℃，溶剂延迟为 10min。

③ 离子阱质谱仪　电离模式：电子轰击源（EI），能量为 70eV。

离子检测方式：多反应监测（MRM），检测 PCBs 时选择的母离子为分子离子（M＋2 或 M＋4），子离子为分子离子丢掉两个氯原子后形成的碎片离子（M－2Cl）。离子阱温度为 220℃，传输线温度 280℃，歧盒（manifold）温度 40℃。

（5）灵敏度检查　进样 1μL(20pg)CS1 溶液，检查 GC-MS 灵敏度。要求 3～7 氯取代的各化合物检测离子的信噪比应达到 3 以上；否则，应重新进行仪器调谐，直至符合规定。

（6）PCBs 的定性和定量。

6. 计算

相对响应因子（RRF）按下列计算公式进行计算：

$$RRF_n=\frac{A_n c_s}{A_s c_n}$$

$$RRF_r=\frac{A_s c_r}{A_r c_s}$$

式中　RRF_n——目标化合物对定量内标的相对响应因子；

c_s——目标化合物的峰面积；

A_s——定量内标的峰面积；

c_n——目标化合物的浓度，μg/L；

RRF_r——定量内标对回收率内标的相对响应因子；

A_r——回收率内标的峰面积；

c_r——回收率内标的浓度，μg/L。

各化合物五个浓度水平的 RRF 值的相对标准偏差（RSD）应小于 20%。达到这个标准后，使用平均 RRF_n 和平均 RRF_r 进行定量计算。

试样中 PCBs 含量按下列计算公式进行计算：

$$c_n=\frac{A_n m_s}{A_s \cdot RRF_n \cdot m}$$

式中　RRF_n——目标化合物对定量内标的相对响应因子；

c_n——试样中 PCBs 的含量，μg/kg；

m_s——试样中加入定量内标的量，ng；

A_n——目标化合物的峰面积；

A_s——定量内标的峰面积；

m——取样量，g。

定量内标回收率按下列公式进行计算：

$$R=\frac{A_s m_r}{A_r \cdot RRF_r \cdot m_s}\times 100\%$$

式中　RRF_r——定量内标对回收率内标的相对响应因子；

A_s——定量内标的峰面积；

R——定量内标回收率，%；

m_r——试样中加入回收率内标的量，ng；

A_r——回收率内标的峰面积；

m_s——试样中加入定量内标的量，ng。

（二）气相色谱法

1. 原理

本方法以 PCB198 为定量内标，在试样中加入 PCB198，水浴加热振荡提取后，经硫酸处理、色谱柱层析净化，采用气相色谱-电子捕获检测器法测定，以保留时间定性，内标法定量。

2. 试剂

无水硫酸钠：将市售无水硫酸钠（优级纯）装入玻璃色谱柱，依次用正己烷和二氯甲烷淋洗两次，每次使用的溶剂体积约为无水硫酸钠体积的两倍。淋洗后，将无水硫酸钠转移至烧瓶中，在 50℃下烘烤至干，并在 225℃烘烤过夜，冷却后干燥器中保存。

碱性氧化铝：色谱层析用碱性氧化铝。将市售色谱填料在 660℃中烘烤 6h，冷却后于干燥器中保存。

标准溶液：指示性多氯联苯的系列标准溶液见表 6-8。

表 6-8　GC-ECD 方法中指示性多氯联苯的系列标准溶液

化合物	浓度/(μg/L)				
	CS1	CS2	CS3	CS4	CS5
PCB28	5	20	50	200	800
PCB52	5	20	50	200	800
PCB101	5	20	50	200	800
PCB118	5	20	50	200	800
PCB138	5	20	50	200	800
PCB153	5	20	50	200	800
PCB180	5	20	50	200	800
PCB198(定量内标)	50	50	50	50	50

3. 仪器

气相色谱仪，配电子捕获检测器（ECD）；色谱柱：DB-5ms 柱，30m×0.25mm×0.25μm 或等效色谱柱。

4. 分析步骤

(1) 提取

① 固体试样：称取试样 5～10g（精确到 0.1g），置具塞锥形瓶中，加入定量内标 PCB198 后，以适量正己烷＋二氯甲烷（50＋50）为提取溶液，于水浴振荡器上提取 2h，水浴温度为 40℃，振荡速度为 200r/min。

② 液体试样（不包括油脂类样品）：称取试样 10g（精确到 0.1g），置具塞离心管中，

加入定量内标 PCB198 和草酸钠 0.5g，加甲醇 10mL 摇匀，加 20mL 乙醚＋正己烷（25＋75）振荡提取 20min，以 3000r/min 离心 5min，取上清液过装有 5g 无水硫酸钠的玻璃柱；残渣加 20mL 乙醚＋正己烷（25＋75）重复以上过程，合并提取液。

将提取液转移到茄形瓶中，旋转蒸发浓缩至近干。如分析结果以脂肪计，则需要测定试样脂肪含量。

③ 试样脂肪的测定：浓缩前准确称取空茄形瓶重量，将溶剂浓缩至干后，再次准确称取茄形瓶及残渣重量，两次称重结果的差值即为试样的脂肪含量。

（2）净化

① 硫酸净化　将浓缩的提取液转移至 10mL 试管中，用约 5mL 正己烷洗涤茄形瓶 3～4 次，洗液并入浓缩液中，用正己烷定容至刻度，并加入 0.5mL 浓硫酸，振摇 1min，以 3000r/min 的转速离心 5min，使硫酸层和有机层分离。如果上层溶液仍然有颜色，表明脂肪未完全除去，再加入一定量的浓硫酸，重复操作，直至上层溶液呈无色。

② 碱性氧化铝柱净化

a. 净化柱装填：玻璃柱底端加入少量玻璃棉后，从底部开始，依次装入 2.5g 经过烘烤的碱性氧化铝、2g 无水硫酸钠，用 15mL 正己烷预淋洗。

b. 净化：将硫酸净化的浓缩液转移至层析柱上，用约 5mL 正己烷洗涤茄形瓶 3～4 次，洗液一并转移至层析柱中。当液面降至无水硫酸钠层时，加入 30mL 正己烷（2×15mL）洗脱；当液面降至无水硫酸钠层时，用 25mL 二氯甲烷＋正己烷（5＋95）洗脱。洗脱液旋转蒸发浓缩至近干。

③ 试样溶液浓缩　将上述试样溶液转移至进样瓶中，用少量正己烷洗茄形瓶 3～4 次，洗液并入进样瓶中，在氮气流下浓缩至 1mL，待 GC 分析。

（3）测定

① 色谱条件　色谱柱：DB-5ms 柱，30m×0.25mm×0.25μm 或等效色谱柱；

进样口温度：290℃；

升温程序：开始温度 90℃，保持 0.5min；以 15℃/min 升温至 200℃，保持 5min；以 2.5℃/min 升温至 250℃，保持 2min；以 20℃/min 升温至 265℃，保持 5min；

载气：高纯氮气（纯度＞99.999%），柱前压 67kPa（相当于 10psi）；

进样量：不分流进样 1μL；

色谱分析：以保留时间定性，以试样和标准的峰高或峰面积比较定量。

② PCBs 的定性分析　以保留时间或相对保留时间进行定性分析，所检测的 PCBs 色谱峰信噪比（S/N）大于 3。

5. 计算

（1）相对响应因子（RRF）　采用内标法，以相对响应因子（RRF）进行定量计算。以校正标准溶液进样，按下列公式计算 RRF：

$$\mathrm{RRF}=\frac{A_{\mathrm{n}}c_{\mathrm{s}}}{A_{\mathrm{s}}c_{\mathrm{n}}}$$

式中　RRF——目标化合物对定量内标的相对响应因子；

A_{n}——目标化合物的峰面积；

c_{s}——定量内标的浓度，μg/L；

A_{s}——定量内标的峰面积；

c_{n}——目标化合物的浓度，μg/L。

（2）含量计算　按下列公式计算试样中 PCBs 含量：

$$X_n = \frac{A_n m_s}{A_s \cdot RRF \cdot m}$$

式中 RRF——目标化合物对定量内标的相对响应因子；

X_n——目标化合物的含量，μg/kg；

A_n——目标化合物的峰面积；

m_s——试样中加入定量内标的量，ng；

A_s——定量内标的峰面积；

m——取样量，g。

第四节 二噁英的检验

一、概述

二噁英（dioxin）又称二氧杂芑，是一类无色无味、毒性极强的物质。二噁英是含氯产品生产过程中的副产品二噁英类物质的简称，它包括两组共210种化合物，一组包括75种氯代二苯并对二噁英（PCDDs），另一组包括135种氯代二苯并呋喃（PCDD/Fs）。这类物质非常稳定，熔点较高，极难溶于水，可以溶于大部分有机溶剂，是脂溶性物质，所以非常容易在生物体内积累，其中2,3,7,8-四氯二苯并二噁英（TCDD）是迄今为止所知的毒性最强的环境污染物之一。其毒性相当于氰化钾（KCN）的1000倍，它在啮齿类动物体内的半衰期为2～4周，在人体内的半衰期是5～10年，其毒性作用包括皮肤毒性、肝毒性、免疫毒性、生殖毒性、致癌性等。目前，最常见且最易受到二噁英污染的是鱼、肉、禽、蛋、乳及其制品，人体中的二噁英有90%来自膳食。我国目前虽然对食品中二噁英的检测制定了相关标准，但对食品中二噁英的限量标准仍存在空缺。

二、食品中二噁英残留的检验

食品安全国家标准中规定了食品中二噁英及其类似物毒性当量的测定，该方法适用于食品中17种2,3,7,8-取代的多氯代二苯并二噁英（PCDDs）、多氯代二苯并呋喃（PCDD/Fs）和12种二噁英样多氯联苯（DL-PCBs）含量及二噁英毒性当量（TEQ）的测定。

1. 原理

应用高分辨气相色谱-高分辨质谱联用技术，在质谱分辨率大于10000的条件下，通过精确质量测量监测目标化合物的两个离子，获得目标化合物的特异性响应。以目标化合物的同位素标记化合物为定量内标，采用稳定性同位素稀释法准确测定食品中2,3,7,8位氯取代的PCDD/Fs和DL-PCBs的含量；并以各目标化合物的毒性当量因子（TEF）与所测得的含量相乘后累加，得到样品中二噁英及其类似物的毒性当量（TEQ）。

2. 试剂

（1）PCDD/Fs标准溶液

① 校正和时间窗口确定的标准溶液（CS3WT溶液）：用壬烷配制，为含有天然和同位素标记PCDD/Fs（定量内标、净化标准和回收率内标）的溶液，用于方法的校正和确证，并可以用于DB-5ms毛细管柱（或等效柱）时间窗口确定和2,3,7,8-TCDD分离度的检查。

② 净化标准溶液：用壬烷配制的$^{37}Cl_4$-2,3,7,8-TCDD溶液（浓度为40μg/L±2μg/L）。

③ 同位素标记定量内标的储备溶液：用壬烷配制的$^{13}C_{12}$-PCDD/Fs溶液。

④ 回收率内标溶液：用壬烷配制的$^{13}C_{12}$-1,2,3,4-TCDD和$^{13}C_{12}$-1,2,3,7,8,9-HxCDD溶液。

⑤ 精密度和回收率检查标准溶液（PAR）：用壬烷配制的含天然PCDD/Fs溶液，用于方法建立时的初始精密度和回收率试验（IPR）及过程精密度和回收率试验（OPR）。

⑥ 校正标准溶液：为含有天然和同位素标记的PCDD/Fs系列校正溶液，其中CSL为浓度更低的天然PCDD/Fs校正溶液，用于质谱系统校正。测定校正标准溶液，可以获得天然与标记PCDD/Fs的相对响应因子（RRF）。此外，CS3用于已建立RRF的日常校正和校正曲线校验（VER）；CS1用于检查HRGC/HRMS必须具备的灵敏度。由于食品要求的灵敏度更低，可以使用CSL进行灵敏度检查。

（2）DL-PCBs标准溶液

① 时间窗口确定和定量内标溶液：用壬烷配制的含同位素标记DL-PCBs的溶液。

② 同位素标记的净化内标溶液：用壬烷配制含$^{13}C_{12}$-2,4,4′-TrPCB、$^{13}C_{12}$-2,3,3′,5,5′-PePCB和$^{13}C_{12}$-2,2′,3,3′,5,5′,6-HPCB溶液。

③ 同位素标记的回收率内标溶液：用壬烷配制含$^{13}C_{12}$-2,2′,5,5′-TePCB、$^{13}C_{12}$-2,2′,4′,5,5′-PePCB、$^{13}C_{12}$-2,2′,3′,4,4′,5′-HxPCB和$^{13}C_{12}$-2,2′,3,3′,4,4′,5,5′-OctaPCB溶液。

④ 精密度和回收率检查标准溶液（PAR）：用壬烷配制的含天然DL-PCBs溶液，用于方法建立时的初始精密度和回收率试验（IPR）及过程精密度和回收率试验（OPR）。

⑤ 校正标准溶液：为含有天然（目标化合物）和同位素标记（定量内标、净化标准和回收率内标）的DL-PCBs系列校正溶液。其中CS3用于已建立RRF的日常校正和校正曲线校验（VER），CS1用于检查HRGC-HRMS必须具备的灵敏度。

⑥ 高灵敏度检查的标准溶液：为天然DL-PCBs的溶液（浓度0.2μg/L）。

⑦ 校正检查的标准溶液：浓度相当于CS3，不含同位素标记，仅为天然DL-PCBs的溶液（50μg/L）。

（3）样品净化用吸附剂

① 氧化铝

a. 酸性氧化铝：在130℃下至少加热活化12h。

b. 碱性氧化铝：在600℃下至少加热活化24h。加热温度不能超过700℃，否则其吸附能力降低。活化后保存在130℃的密闭烧瓶中。应在烘烤后5天内使用。

② 硅胶

a. 规格：75～250μm或相当等级的硅胶。

b. 活性硅胶：使用前，取硅胶分别用甲醇、二氯甲烷清洗，在180℃下至少烘烤1h或150℃下至少烘烤4h(最多6h)。在干燥器中冷却，保存在带螺母密封的玻璃瓶中。

c. 酸化硅胶（44%，质量分数）：称取56g活性硅胶置于250mL具塞磨口旋转烧瓶中，在玻璃棒搅拌下加入44g硫酸，将烧瓶用旋转蒸发器旋转1～2h，使之混合均匀无结块，置干燥器内，可保存3周。

d. 碱化硅胶（33%，质量分数）：称取100g活性硅胶置于250mL具塞磨口旋转烧瓶中，在玻璃棒搅拌下逐滴加入49g NaOH溶液（1mol/L），将烧瓶用旋转蒸发器旋转1～2h，使之混合均匀无结块。将碱化硅胶置干燥器内保存。

e. 硝酸银硅胶：称取10g硝酸银置于100mL烧杯中，加水40mL溶解。将该溶液转移至250mL旋转烧瓶中，慢慢加入90g活性硅胶，在旋转蒸发器中旋转1～2h，使之干燥并混合均匀。取出后，在干燥器中冷却，置于褐色玻璃瓶内保存。

3. 仪器

高分辨气相色谱-高分辨质谱仪（HRGC-HRMS）：气相色谱柱，不同的目标物应选用不同的气相色谱柱，用于 PCDD/Fs 检测：DB-5ms（5%二苯基-95%二甲基聚硅氧烷）柱，60m×0.25mm×0.25μm 或等效色谱柱；RTX-2330（90%双氰丙基-10%苯基氰丙基聚硅氧烷），60m×0.25mm×0.1μm 或等效色谱柱。用于 DL-PCBs 检测：DB-5ms 柱，60m×0.25mm×0.25μm 或等效色谱柱。

恒温干燥箱：用于烘烤和贮存吸附剂，能够在 105～250℃范围内保持恒温（±5℃）。

玻璃层析柱：带聚四氟乙烯柱塞，150mm×8mm，300mm×15mm。

全自动样品净化系统（选用）：配备酸碱复合硅胶柱、氧化铝和活性炭净化柱。

凝胶色谱系统（GPC）（选用，手动或自动系统）：玻璃柱（内径 15～20mm），内装 50S-X3 凝胶。

高效液相色谱仪（HPLC）（选用）：包括泵、自动进样器、六通转换阀、检测器和馏分收集器，配备 Hypercarb（100mm×4.6mm，5μm）或相当色谱柱。

组织匀浆器、绞肉机、冻干机、旋转蒸发器、氮气浓缩器、超声波清洗器、振荡器、索氏提取器、天平（感量为 0.1g）。

4. 分析步骤

（1）样品采集与保存　现场采集的样品用避光材料如铝箔、棕色玻璃瓶等包装，置冷冻箱中运输到实验室，－10℃以下低温保存。

液体或固体样品，如鱼、肉、蛋、奶等经过匀浆使其匀质化后可使用冷冻干燥或无水硫酸钠干燥，混匀。油脂类样品可直接用正己烷溶解后进行净化分离。

（2）试样制备

① 溶剂和提取液的旋转蒸发浓缩　连接旋转蒸发器，将水浴锅预热至 45℃。在试验开始前，预先将 100mL 正己烷：二氯甲烷（1∶1，体积比）作为提取溶剂浓缩，以清洗整个旋转蒸发仪系统。将装有样品提取液的茄形瓶连接到旋转蒸发器上，缓慢抽真空。将茄形瓶降至水浴锅中，调节转速和水浴的温度（或真空度），当茄形瓶中溶剂约为 2mL 时，将茄形瓶从水浴锅中移开，停止旋转。

② 索氏抽提　提取前，在索氏抽提器中装入一支空的纤维素或玻璃纤维提取套筒，以正己烷：二氯甲烷（1∶1，体积比）为提取溶剂，预提取 8h 后取出晾干。

将处理好的样品装入提取套筒中。在提取套筒中加入适量 $^{13}C_{12}$ 标记的定量内标的储备溶液，用玻璃棉盖住样品，平衡 30min 后装入索氏提取器，以适量正己烷：二氯甲烷（1∶1，体积比）为溶剂提取 18～24h，回流速度控制在 3～4 次/h。

鱼、肉、蛋、奶等样品：称取 50～200g 样品（精确到 0.001g），经过冷冻干燥后，准确称重，计算含水量。根据估计的污染水平，称取适量试样（精确到 0.001g），加无水硫酸钠研磨，制成能自由流动的粉末。将粉末全部转移至处理好的提取套筒，置于索氏抽提器中进行提取。

提取后，将提取液转移到茄形瓶中，旋转蒸发浓缩至近干。茄形瓶中的残留物用少量正己烷溶解。若结果需报告脂肪含量，则需要测定样品的脂肪含量。测定脂肪含量后，可以加少量正己烷溶解，以备进行净化处理。

脂肪含量的测定：浓缩前准确称重茄形瓶，将溶剂浓缩至干后准确称重茄形瓶，两次称重结果的差值为试样的脂肪量。

脂肪含量按下列公式进行计算：

$$X_1=\frac{m_1}{m_2}\times 100\%$$

式中　X_1——脂肪含量，%；

　　m_1——试样的脂肪量，g；

　　m_2——试样的质量，g。

③ 液液萃取　依情况准确量取液体奶样样品 200～300mL，转移至大小合适的分液漏斗中，加入适量$^{13}C_{12}$标记的定量内标的储备溶液。按 20mg/g 样品的比例称取草酸钠，加少量水溶解后，将该溶液加入样品，充分振摇；加入与样品等体积的乙醇，再进行振摇。在样品-乙醇溶液中加入与样品等体积的乙醚∶正己烷（2∶3，体积比），振摇 1min。静置分层后，转移出有机相。然后在水相中加入与样品原始体积相同的正己烷，振摇 1min。静置分层后，转移出有机相。合并有机相，浓缩至小于 75mL。

转移提取液至 250mL 分液漏斗中，加入 30mL 蒸馏水振摇，弃去水相。转移上层有机相至 250mL 烧瓶中，加入适量无水硫酸钠，振摇。静置 30min 后，用一张经过甲苯淋洗过的滤纸过滤，滤液置于茄形瓶中。将提取液转移到茄形瓶中，旋转蒸发浓缩至近干。如需测定脂肪含量，则按上述步骤进行含量的测定。茄形瓶中的残留物用少量正己烷溶解以备净化。

（3）试样净化

① 酸化硅胶净化　在浓缩的样品提取液中加入 100mL 正己烷，并加入 50g 酸化硅胶，用旋转蒸发仪在 70℃条件下旋转加热 20min。静置 8～10min 后，将正己烷倒入茄形瓶中。用 50mL 正己烷洗瓶中硅胶，收集正己烷于茄形瓶中，重复 3 次。用旋转蒸发仪浓缩至 2～5mL。如果酸化硅胶的颜色较深，则应重复上述过程，直至酸化硅胶为浅黄色。

② 混合硅胶柱净化　层析柱的填充：取内径为 15mm 的玻璃柱，底部填以玻璃棉后，依次装入 2g 活性硅胶、5g 碱性硅胶、2g 活性硅胶、10g 酸化硅胶、2g 活性硅胶、5g 硝酸银硅胶、2g 活性硅胶和 2g 无水硫酸钠。干法装柱，轻敲层析柱，使其分布均匀。

用 150mL 正己烷预淋洗层析柱。当液面降至无水硫酸钠层上方约 2mm 时，关闭柱阀，弃去淋洗液，柱下放一茄形瓶。检查层析柱，如果出现沟流现象应重新装柱。将已浓缩的提取液加入柱中，打开柱阀使液面下降，当液面降至无水硫酸钠层时，关闭柱阀。用 5mL 的正己烷洗涤原茄形瓶 2 次，将洗涤液一并加入柱中，打开柱阀，使液面降至无水硫酸钠层。

如果仅测定 PCDD/Fs，则用 350mL 正己烷洗脱；如果同时测定 PCDD/Fs 和 DL-PCBs，则用 400mL 正己烷洗脱，收集洗脱液。将收集在茄形瓶中的洗脱液用旋转蒸发仪浓缩至 3～5mL，供下一步净化用。

③ 氧化铝柱净化

a. 氧化铝柱 1：取内径为 15mm 的玻璃柱，底部填以玻璃棉后，依次装入 25g 氧化铝、10g 无水硫酸钠。干法装柱，轻敲层析柱，使吸附剂分布均匀。用 150mL 正己烷预淋洗层析柱，当液面流至氧化铝上方约 2mm 时，关闭柱阀。弃去淋洗液，检查层析柱，如果出现沟流现象应重新填柱。加入经过混合硅胶柱净化的提取液，并用 5mL 正己烷分两次洗涤原茄形瓶，将洗涤液合并后上柱，重复洗涤一次。用 60mL 正己烷清洗烧瓶后淋洗氧化铝柱，弃去淋洗液。仅测定 PCDD/Fs 时：用 200mL 正己烷∶二氯甲烷（98∶2，体积比）淋洗干扰组分，弃去淋洗液。柱下放一茄形瓶，用 200mL 正己烷∶二氯甲烷（1∶1，体积比）洗脱，收集洗脱液，加入 3mL 的辛烷或壬烷，供 PCDD/Fs 分析用。同时测定 PCDD/Fs 和 DL-PCBs 时：柱下放一茄形瓶，用 90mL 甲苯洗脱，收集洗脱液，加入 3mL 的辛烷或壬烷，供 DL-PCBs 分析用。柱下放置另一茄形瓶，再用 200mL 正己烷∶二氯甲烷（1∶1，体积比）洗脱，收集洗脱液，加入 3mL 的辛烷或壬烷，供 PCDD/Fs 分析用。将收集在茄形瓶中的各洗脱液分别用旋转蒸发仪浓缩至 3～5mL，供下一步净化用。

b. 氧化铝柱 2：取内径为 6～7mm 的玻璃柱，底部填以玻璃棉后，依次装入 2.5g 氧化铝和 2g 无水硫酸钠。干法装柱，轻敲层析柱，使吸附剂分布均匀；用 20mL 正己烷预淋洗层析柱，弃去淋洗液。检查层析柱是否有沟流，如果出现沟流应重新填柱；加入经氧化铝柱 1 净化的提取液（PCDD/Fs 部分），使其完全渗入柱内；用 4mL 正己烷：二氯甲烷（98：2，体积比）冲洗原茄形瓶，将冲洗下来的溶液倒入柱内，让其完全渗入柱内；重复一次；用 40mL 的正己烷：二氯甲烷（98：2，体积比）(包括烧瓶清洗）淋洗，弃去淋洗液，柱下放一茄形瓶；用 30mL 正己烷：二氯甲烷（1：1，体积比）淋洗液洗脱 PCDD/Fs，收集洗脱液，加入 3mL 的辛烷或壬烷；用 30mL 正己烷：二氯甲烷（99：1，体积比）预淋洗层析柱，弃去淋洗液，柱下放一茄形瓶。检查层析柱是否有沟流现象，如果出现沟流应重新装柱；加入浓缩后的经氧化铝柱 1 净化的提取液（DL-PCBs 部分），让其完全渗入柱内；用 5mL 正己烷：二氯甲烷（1：1，体积比）洗涤原茄形瓶两次。当样品已完全渗入柱内，将冲洗下来的溶液倒入柱内，使其完全渗入柱内；用 15mL 正己烷：二氯甲烷（1：1，体积比）洗脱，收集洗脱液，加入 3mL 的辛烷或壬烷；将收集在茄形瓶中的各洗脱液分别用旋转蒸发仪浓缩至 3～5mL 左右，供进一步测定。

（4）微量浓缩与溶剂交换　将浓缩的提取液转移到带聚四氟乙烯硅胶垫的棕色螺口瓶中，置于氮气浓缩器下吹氮浓缩（可在 45℃的控温条件下进行)。

如果提取液浓缩后用于 HRGC/HRMS 分析，则将净化分离后得到的各馏分分别用旋转蒸发仪浓缩至 3～5mL，再在氮气下浓缩至 1～2mL，然后在氮气流下定量转移至装有 0.2mL 的锥形衬管的进样瓶中，并用正己烷洗涤浓缩蒸馏瓶，一并转入锥形衬管中。待浓缩至约 100μL，分别加入适量 PCDDs/Fs 和 DL-PCBs 回收率内标溶液，壬烷（可用辛烷代替）定容。继续在细小的氮气流下浓缩至溶剂只含壬烷或辛烷。样品溶液的最终体积可根据情况调整，大约为 20μL。将进样瓶密封，并标记样品编号。室温下暗处保存，供 HRGC/HRMS 分析用。如果样品当日不进行 HRGC/HRMS 分析，则于＜－10℃下保存。

（5）PCDD/Fs 测定

① 色谱参考条件　推荐筛选色谱柱为 DB-5ms 柱或等效柱，柱长 60m、内径 0.25mm、液膜厚度 0.25μm；对于 2,3,7,8-TCDF 的确证，推荐使用 DB-235ms 柱或等效柱，柱长 30m、内径 0.25mm、液膜厚度 0.25μm；也可以使用 RTX-2330 或等效柱，柱长 50～60m、内径 0.25mm、液膜厚度 0.20μm。

进样口温度：280℃。

传输线温度：310℃。

柱温：120℃（保持 1min)；以 43℃/min 升温速率升至 220℃（保持 15min)；以 2.3℃/min 升温速率升至 250℃，以 0.9℃/min 升温速率升至 260℃，以 20℃/min 升温速率升至 310℃保持 9min)。

载气：恒流，0.8mL/min。

② 质谱参数

a. 分辨率：在分辨率≥10000 的条件下，进样 PCDD/Fs 单标或目标化合物与相邻组分有干扰的混标溶液，得到其选择离子流图。

b. 质量校正：PCDD/Fs 分析的运行时间可能超过质谱仪的质量稳定期。这是由于质谱仪在高分辨模式下运行时，百万分之几的质量数偏移（如百万分之五质量数）可能对仪器的性能产生严重影响，为此，需要对偏移的质量进行校正。可以采用参考气（全氟煤油，

PFK；或全氟三丁胺，FC43）的质量数锁定进行质量偏移校正。

选择一个参考气离子碎片，如接近 m/z304（TCDF）的 m/z304.9824（PFK）信号，调整质谱以满足最小所需的 10000 分辨率（10%峰谷分离）。在给定的 GC 条件下，进样 1μL 或 2μL CS1 校正溶液，考察离子丰度比、最小水平、信噪比及绝对保留时间。

③ 定量测定 在样品提取前，定量添加 $^{13}C_{12}$ 标记的定量内标，以校正 PCDD/Fs 的回收率。根据测定的相对响应因子和样品取样量与 $^{13}C_{12}$ 标记定量内标加入量，按下列公式计算样品中目标化合物的浓度：

$$c_{ex}=\frac{(A_{1n}+A_{2n})m_1}{(A_{11}+A_{21})\cdot RRF\cdot m_2}$$

式中 c_{ex}——样品中 PCDD/Fs 的浓度，μg/kg；

A_{1n}——PCDD/Fs 的第一个质量数离子的峰面积；

A_{2n}——PCDD/Fs 的第二个质量数离子的峰面积；

m_1——样品提取前加入的 $^{13}C_{12}$ 标记定量内标量，ng；

A_{11}——$^{13}C_{12}$ 标记定量内标的第一个质量数离子的峰面积；

A_{21}——$^{13}C_{12}$ 标记定量内标的第二个质量数离子的峰面积；

RRF——相对响应因子；

m_2——试样量，g。

（6）DL-PCBs 测定

① 色谱参考条件

a. 色谱柱：DB-5ms 柱或等效柱，柱长 60m、内径 0.25mm、液膜厚度 0.25μm。

b. 进样口温度：290℃。

c. 接口温度：290℃。

d. 柱温：80℃（保持 2min）；以 15℃/min 升温速率升至 150℃；再以 2.5℃/min 升温速率升至 270℃（保持 3min），以 15℃/min 升温速率升至 330℃（保持 1min）。

e. 载气：恒流，1.2mL/min。

② 质谱参数

a. 分辨率：采用参考气（PFK 或 FC43）对质谱仪进行调谐，在 m/z300～350 质量范围内，监测 m/z330.9792 或 PFK 其他碎片离子，使质谱仪的分辨率达到 10000（10%峰谷）。分析过程中调节进入 HRMS 中参考气的量，要求所选择的锁定质量数信号强度不得超过检测器满量程的 10%。

b. 质量校正：采用 PFK（或其他参考气）锁定质量数对质谱仪的质量偏移进行校正。

在给定的 GC 条件下，进样 1μL 或 2μL CS1 校正标准溶液。测定各目标化合物峰面积，计算精确质量数离子的丰度比，并与理论值比较。CS1 标准溶液中所有的 PCBs 和标记化合物的离子丰度比应符合质量控制（QC）要求。

③ 定量测定 通过提取前在各份样品中添加已知量的 $^{13}C_{12}$ 标记定量内标，可修正 DL-PCBs 的回收率，因为天然 PCBs 与其标记物在提取、浓缩、GC 色谱行为上会具有相似的效应。只要 $^{13}C_{12}$ 标记物的添加量恒定，与校正数据相关的 RRF 可直接确定最终提取物中相应化合物的浓度。按下列公式计算样品中目标化合物的浓度：

$$c_{ex}=\frac{(A_{1n}+A_{2n})c_i}{(A_{1i}+A_{2i})\cdot RRF\cdot m_4}$$

式中 c_{ex}——样品中 DL-PCBs 的浓度，μg/kg；

A_{1n}——DL-PCBs 的第一个质量数离子的峰面积；

A_{2n}——DL-PCBs 的第二个质量数离子的峰面积；

c_i——加入 $^{13}C_{12}$ 标记定量内标量，ng；

A_{1i}——$^{13}C_{12}$ 标记定量内标的第一个质量数离子的峰面积；

A_{2i}——$^{13}C_{12}$ 标记定量内标的第二个质量数离子的峰面积；

RRF——相对响应因子；

m_2——试样量，g。

（7）毒性当量的计算　按照 WHO 规定的二噁英及其类似物的毒性当量因子和下列公式计算样品中的二噁英类化合物的毒性当量（TEQ）：

$$TEQ_i = TEF_i \cdot c_i$$

$$TEQ_{PCDDS} = \sum TEF_{iPCDDFs} \cdot c_{iPCDFs}$$

$$TEQ_{PCDD/Fs} = TEQ_{PCDDs} + TEQ_{PCDFs}$$

$$TEQ_{DL\text{-}PCBs} = \sum TEF_{iDL\text{-}PCBs} \times c_{iDL\text{-}PCBs}$$

$$TEQ_{(PCDD/Fs+DL\text{-}PCBs)} = TEQ_{PCDD/Fs} + TEQ_{DL\text{-}PCBs}$$

式中 TEQ_i——食品中 PCDD/Fs 或 DL-PCBs 中同系物的二噁英毒性当量（以 TEQ 计），μg/kg；

TEF_i——PCDD/Fs 或 DL-PCBs 中同系物的毒性当量因子；

c_i——食品中 PCDD/Fs 或 DL-PCBs 中同系物的浓度，μg/kg。

其余下标为特定 PCDD/Fs 或 DL-PCBs 的组合。

5. 说明

（1）分析过程中的干扰及消除　溶剂、试剂、玻璃器皿和其他样品处理用的物品若被污染或干扰过高，都会引起背景增加，以致得到错误的结果。因此，本方法需要使用高纯度的溶剂或采用全玻璃系统重蒸的溶剂。如有必要，柱填料应通过溶剂提取或洗脱纯化。

（2）在两个浓缩样品之间，分三次用 2～3mL 溶剂洗涤旋转蒸发仪接口，用烧杯收集废液。使浓缩在 15～20min 内完成。

（3）当已知样品含量或估计其含量较高时，应适当减少用于分析的试样量。所有试样、空白试验、初始精密度及回收率试验（IPR）、过程精密度及回收率试验（OPR）应具有相同的分析过程，以便检查污染来源及损失情况。

为了将 PCDD/Fs 和 DL-PCBs 从基质材料中充分地分离出来，可根据基质材料或干扰组分的具体情况选用不同的吸附剂进行净化。制备酸化硅胶以除去组织样品中的脂肪。凝胶渗透色谱可用来除去那些能导致气相色谱柱柱效降低的大分子干扰物（如蜂蜡等酸碱不能破坏的大分子），必要时可用手动层析柱对提取液进行初步净化。酸性、中性和碱性硅胶，氧化铝和弗罗里土可用于消除非极性和极性的干扰物质。活性炭柱能将 PCDD/Fs 以及非邻位氯取代的 PCB77、PCB126 和 PCB169 与其他同类物质和干扰物质分离，可在必要时使用。除了非邻位氯取代的 PCB77、PCB126 和 PCB169 外，其他 DL-PCBs 一般不需要活性炭柱净化。HPLC 可以特异性地分离某些类似物和同系物。

样品净化用吸附剂应在制备后尽快使用，如果经过一段较长时间的保存，应检验其活性。在装有氧化铝和硅胶等容器上应标识其制备日期或开封日期。如果标识不可辨认，应废弃吸附剂，重新制备。由于存在 PCBs 污染问题，有时适合于 PCDD/Fs 测定的试剂不一定适合 DL-PCBs 的测定，应该经过检查证实没有干扰后使用。

第五节　亚硝胺类化合物的检验

一、概述

亚硝胺类化合物是强致癌物，是最重要的化学致癌物之一。其性质稳定，不易水解，在中性和碱性环境中不易破坏，但在酸性溶液和紫外线作用下缓慢分解。二甲基亚硝胺可溶于水及有机溶剂，而其他亚硝胺只能溶于有机溶剂。

食品中天然存在的 *N*-亚硝基化合物含量极微，一般在 10μg/kg 以下。但由于其前提物质广泛存在于自然界，食品中的硝酸盐在细菌产生的硝基还原酶的作用下，可形成亚硝酸盐，而仲胺和亚硝酸盐在一定条件下可在体内、体外合成亚硝胺。因此各类食品中不同程度含有亚硝胺，尤其在熏腊食品中，含有大量的亚硝胺类物质。在人们日常膳食中，亚硝酸盐在人体胃部酸性环境下也可以转化为亚硝胺。因此，长期食用亚硝酸盐含量高的食品，或直接摄入含有亚硝胺的食品，有可能诱发癌症。

二、食品中亚硝胺类化合物的检验

适用于肉及肉制品、水产动物及其制品中 *N*-二甲基亚硝胺含量的测定。

（一）气相色谱-质谱法

1. 原理

试样中的 *N*-亚硝胺类化合物经水蒸气蒸馏和有机溶剂萃取后，浓缩至一定体积，采用气相色谱-质谱联用仪进行确认和定量。

2. 试剂

二氯甲烷（CH_2Cl_2）：色谱纯，每批应取 100mL 在 40℃水浴上用旋转蒸发仪浓缩至 1mL，在气相色谱-质谱联用仪上应无阳性响应，如有阳性响应，则需经全玻璃装置重蒸后再试，直至阴性。

N-亚硝胺标准溶液：用二氯甲烷将 *N*-亚硝胺标准品（纯度≥98.0%）配制成 1mg/mL 的溶液。*N*-亚硝胺、标准中间液、标准使用液：用二氯甲烷配制成 1μg/mL 的标准使用液。

3. 仪器

气相色谱-质谱联用仪；旋转蒸发仪；全玻璃水蒸气蒸馏装置或等效的全自动水蒸气蒸馏装置。

4. 分析步骤

(1) 提取　水蒸馏装置蒸馏：准确称取 200g（精确至 0.01g）试样，加入 100mL 水和 50g 氯化钠于蒸馏管中，充分混匀，检查气密性。在 500mL 平底烧瓶中加入 100mL 二氯甲烷及少量冰块用以接收冷凝液，冷凝管出口伸入二氯甲烷液面下，并将平底烧瓶置于冰浴中，开启蒸馏装置加热蒸馏，收集 400mL 冷凝液后关闭加热装置，停止蒸馏。

(2) 净化　在盛有蒸馏液的平底烧瓶中加入 20g 氯化钠和 3mL 的硫酸（1+3），搅拌使氯化钠完全溶解。然后将溶液转移至 500mL 分液漏斗中，振荡 5min，必要时放气，静置分层后，将二氯甲烷层转移至另一平底烧瓶中，再用 150mL 二氯甲烷分三次提取水层，合并 4 次二氯甲烷萃取液，总体积约为 250mL。

(3) 浓缩　将二氯甲烷萃取液用 10g 无水硫酸钠脱水后，进行旋转蒸发，40℃水浴上浓缩至 5～10mL 改氮吹，并准确定容至 1.0mL，摇匀后待测定。

（4）测定

① 气相色谱条件　毛细管气相色谱柱：INNOWAX 石英毛细管柱（柱长 30m，内径 0.25mm，膜厚 0.25μm）；进样口温度：220℃；程序升温条件：初始柱温 40℃，以 10℃/min 的速率升至 80℃，以 1℃/min 的速率升至 100℃，再以 20℃/min 的速率升至 240℃，保持 2min；载气：氦气；流速：1.0mL/min；进样方式：不分流进样；进样体积：1.0μL。

② 质谱条件　选择离子检测。9.9min 开始扫描 *N*-二甲基亚硝胺，选择离子为 15.0，42.0，43.0，44.0，74.0；电子轰击离子化源（EI），电压：70eV；离子化电流：300μA；离子源温度：230℃；接口温度：30℃；离子源真空度：1.33×10^{-4}Pa。

③ 标准曲线的制作　分别准确吸取 *N*-亚硝胺的混合标准储备液（1μg/mL）配制标准系列的浓度为 0.01μg/mL、0.02μg/mL、0.05μg/mL、0.1μg/mL、0.2μg/mL、0.5μg/mL 的混合标准系列溶液，进样分析，用峰面积对浓度进行线性回归，表明在给定的浓度范围内 *N*-亚硝胺呈线性，回归方程中 y 为峰面积，x 为浓度（μg/mL）。

④ 试样溶液的测定　将试样溶液注入气相色谱-质谱联用仪中，得到某一特定监测离子的峰面积，根据标准曲线计算试样溶液中 *N*-二甲基亚硝胺含量（μg/mL）。

5. 计算

试样中 *N*-二甲基亚硝胺含量按下列公式计算：

$$X=\frac{h_1}{h_2}\rho\times\frac{V}{m}\times1000$$

式中　X——试样中 *N*-二甲基亚硝胺的含量，μg/kg 或 μg/L；

h_1——浓缩液中该某一 *N*-亚硝胺化合物的峰面积；

h_2——*N*-亚硝胺标准的峰面积；

ρ——标准溶液中 *N*-亚硝胺化合物的浓度，μg/mL；

V——试液（浓缩液）的体积，mL；

m——试样的质量或体积，g 或 mL；

1000——换算系数。

（二）气相色谱-热能分析仪法

1. 原理

试样经水蒸气蒸馏，样品中的 *N*-二甲基亚硝胺随着蒸气通过二氯甲烷吸收，再以二氯甲烷液液萃取、分离，供气相色谱-热能分析仪（GC-TEA）测定。

GC-TEA 测定原理：自气相色谱柱分离后的 *N*-二甲基亚硝胺在热解室中经特异性催化裂解产生一氧化氮（NO）基团，后者与臭氧反应生成激发态 NO^*。当激发态 NO^* 返回基态时发射出近红外光（600～2800nm），并被光电倍增管检测（600～800nm）。由于特异性催化裂解，加上 CTR 过滤器除去杂质，使热能分析仪只能检测 NO 基团，而成为 *N*-亚硝胺类化合物的特异性检测器。

2. 试剂

二氯甲烷（CH_2Cl_2）：色谱纯，每批应取 100mL 在 40℃水浴上用旋转蒸发仪浓缩至 1mL，在热能分析仪上应无阳性响应，如有阳性响应，则需经全玻璃装置重蒸后再试，直至阴性。

N-亚硝胺标准溶液：用二氯甲烷配制成 1mg/mL 的溶液。

N-亚硝胺标准中间液、标准使用液：用二氯甲烷配制成 1μg/mL 的标准使用液。

硫酸溶液（1+3）：量取 30mL 硫酸，缓缓倒入 90mL 冷水中，一边搅拌使得充分散热，冷却后小心混匀。

3. 仪器

气相色谱仪（GC）；热能分析仪（TEA）；全玻璃水蒸气蒸馏装置或等效的全自动水蒸气蒸馏装置；旋转蒸发仪；氮吹仪；制冰机；电子天平。

4. 分析步骤

（1）提取　水蒸馏装置蒸馏：准确称取 200g（精确至 0.01g）试样，加入 100mL 水和 50g 氯化钠于蒸馏管中，充分混匀，检查气密性。在 500mL 平底烧瓶中加入 100mL 二氯甲烷及少量冰块用以接收冷凝液，冷凝管出口伸入二氯甲烷液面下，并将平底烧瓶置于冰浴中，开启蒸馏装置加热蒸馏，收集 400mL 冷凝液后关闭加热装置，停止蒸馏。

（2）净化　在盛有蒸馏液的平底烧瓶中加入 20g 氯化钠和 3mL 的硫酸（1+3），搅拌使氯化钠完全溶解。然后将溶液转移至 500mL 分液漏斗中，振荡 5min，必要时放气，静置分层后，将二氯甲烷层转移至另一平底烧瓶中，再用 150mL 二氯甲烷分三次提取水层，合并 4 次二氯甲烷萃取液，总体积约为 250mL。

（3）浓缩　将二氯甲烷萃取液用 10g 无水硫酸钠脱水后，进行旋转蒸发，40℃水浴上浓缩至 5～10mL 改氮吹，并准确定容至 1.0mL，摇匀后待测定。

（4）测定

① 气相色谱条件　色谱柱：VF-WAX 毛细管色谱柱（柱长 30m，内径 0.32mm，膜厚 0.25μm，固定液为聚乙二醇）或相当型号色谱柱；进样口温度：120℃；程序升温条件：初始温度 60℃保留 2min，6℃/min 升至 150℃，20℃/min 升至 200℃，保留 5min；载气：氮气（≥99.999%）；流速：1.0mL/min；进样方式：不分流进样；进样体积：2μL。

② 热能分析仪条件　接口温度：250℃；热解室温度：500℃；真空度：59.85～66.5Pa；氧气压力：13.79kPa；臭氧水平：244(22.8V)。

③ 标准曲线的制作　分别准确吸取 200μL、400μL、600μL、800μL、1000μL*N*-二甲基亚硝胺标准工作液（1μg/mL）于 1.0mL 容量瓶中用二氯甲烷定容至 1.0mL，其浓度分别为 0.2μg/mL、0.4μg/mL、0.6μg/mL、0.8μg/mL、1.0μg/mL。

将上述浓度梯度 *N*-二甲基亚硝胺标准系列工作液分别注入 GC-TEA 中，用保留时间定性，测定 *N*-二甲基亚硝胺的峰面积。以 *N*-二甲基亚硝胺标准工作液的浓度为横坐标（μg/mL），以 *N*-二甲基亚硝胺的峰面积为纵坐标，绘制标准曲线。

④ 试样溶液的测定　将试样溶液注入 GC-TEA 中，用保留时间定性，测定 *N*-二甲基亚硝胺的峰面积，根据标准曲线法计算得到试样溶液中 *N*-二甲基亚硝胺的浓度（μg/mL）。

5. 计算

试样中 *N*-二甲基亚硝胺含量按下列公式计算：

$$X=\frac{\rho V 1000}{m}$$

式中　X——试样中 *N*-二甲基亚硝胺的含量，μg/kg；

ρ——试液中 *N*-二甲基亚硝胺的浓度，μg/mL；

V——试液定容体积，mL；

1000——换算系数；

m——试样的质量，g。

第七章 食品中添加剂的检验

第一节　概述

食品添加剂一词始于西方工业革命，它的直接应用研究可追溯到一万年以前。我国在远古时代就有在食品中使用天然色素的记载，如《神农本草》《本草图经》中即有用栀子染色的记载；在周朝时即已开始使用肉桂增香；北魏时期的《食经》《齐民要术》中亦有用盐卤、石膏凝固豆浆等的记载。随着食品工业的发展，食品添加剂是食品加工过程中不可缺少的基料，因此，食品添加剂的质量直接影响食品的质量。随着毒理学研究方法的改进和发展，原来认为无害的某些食品添加剂，近年来也发现可能存在“三致”等各种潜在的危害。为了将其潜在危害降低到最低限度，保证食品质量，保障食用者的健康，必须对食品中食品添加剂的含量进行分析检测。

一、食品添加剂的概念及分类

（一）概念

世界各国对食品添加剂的定义不尽相同，因此所规定的食品添加剂的种类亦不尽相同。我国《食品添加剂使用标准》(GB 2760—2014) 中食品添加剂是为改善食品品质和色、香、味，以及为防腐、保鲜和加工工艺的需要而加入食品中的人工合成或者天然物质。食品用香料、胶基糖果中基础剂物质、食品工业用加工助剂也包括在内。FAO/WHO 对食品添加剂的定义是：食品添加剂是指食品在生产、加工和保存过程中，有意识添加到食物中，期望达到某种目的的物质。这些物质本身不作为食用目的，也不一定具有营养价值，但必须对人体无害。食品添加剂具有增强食品的营养价值、改善食品的感官性状、抑制食品中微生物的繁殖、防止食品腐败、满足食品加工工艺过程的特殊需要等作用。这些物质在产品中必须不影响食品的营养价值，并且有增强食品感官性状或提高食品质量的作用。

（二）分类

食品添加剂的种类很多，按其来源可分为天然食品添加剂和化学合成食品添加剂。前者品种少，工艺性能差，后者品种齐全，工艺性能好。但化学合成食品添加剂的毒性大于天然食品添加剂，特别是因添加剂本身质量不纯，混有有害物质或用量过大时易造成危害。目前使用的多属于化学合成添加剂，但正在推广使用天然食品添加剂。

食品添加剂种类繁多，各国允许使用的食品添加剂种类各不相同。据统计，目前国际上使用的食品添加剂种类已达 14000 多种，其中直接使用的大约为 4000 多种，FAO/WHO 推荐使用的食品添加剂有 400 多种（不包括香精、香料）；我国《食品添加剂使用标准》中包括传统意义的食品添加剂 2337 个品种，涉及 16 大类食品、22 个功能类别。

1. 根据来源分类

食品添加剂根据其来源可分为两大类。

（1）天然食品添加剂　利用分离提取的方法，从天然的动物、植物体等原料中分离纯化后得到的食品添加剂。

（2）人工合成食品添加剂　利用各种有机、无机物通过化学合成的方法而得到的食品添加剂。目前使用的添加剂大部分属于这一类。

2. 根据功能分类

我国《食品添加剂使用标准》将食品添加剂按功能分为酸度调节剂、抗结剂、消泡剂、抗氧化剂、漂白剂、膨松剂、胶基糖果中基础剂物质、着色剂、护色剂、乳化剂、酶制剂、增味剂、面粉处理剂、被膜剂、水分保持剂、防腐剂、稳定剂和凝固剂、甜味剂、增稠剂、食品用香料、食品工业用加工助剂和其他 22 类。每种添加剂在食品中常常具有一种或多种功能。在实际生产中应根据需要和食品添加剂的使用标准予以选择。

3. 根据安全性评价分类

食品法典委员会（CAC）下设的食品添加剂法典委员会（Codex Committee on Food Additives，CCFA）曾在 FAO/WHO 食品添加剂专家委员会（joint FAO/WHO expert committee on food additives，JECFA）讨论的基础上将食品添加剂分为 A、B、C 3 类，每类再细分为 2 类。

A 类　指 JECFA 已经制定人体每日允许摄入量（acceptable daily intake，ADI）或暂定 ADI 值的食品添加剂，其中：

A_1 类　经 JECFA 评价，认为毒理学性质清楚，可以使用，已制定出 ADI 值。

A_2 类　JECFA 已制定暂定 ADI 值，但毒理学资料不够完善，暂时允许用于食品。

B 类　JECFA 曾进行过安全性评价，但未建立 ADI 值，或者未进行过安全评价者，其中：

B_1 类　JECFA 曾进行过评价，由于毒理学资料不足，未制定 ADI 值。

B_2 类　JECFA 未进行过评价者。

C 类　JECFA 曾认为在食品中使用不安全，或应该严格限制作为某些食品的特殊用途者，其中：

C_1 类　JECFA 根据毒理学资料认为在食品中使用不安全者。

C_2 类　ECFA 根据毒理学资料认为应严格控制在某些食品中作特殊应用者。

人们对食品添加剂的安全性认识是逐步深入的，随着毒理学和分析测试技术的发展和有关观测数据的积累，食品添加剂的安全评价类别也可能随着变化。

二、食品添加剂的使用原则

（一）食品添加剂使用时应符合的基本要求

（1）不应对人体产生任何健康危害；

（2）不应掩盖食品腐败变质；

（3）不应掩盖食品本身或加工过程中的质量缺陷或以掺杂、掺假、伪造为目的而使用食品添加剂；

（4）不应降低食品本身的营养价值；

（5）在达到预期效果的前提下尽可能降低在食品中的使用量。

（二）可使用食品添加剂的情况

（1）保持或提高食品本身的营养价值；

（2）作为某些特殊膳食用食品的必要配料或成分；

（3）提高食品的质量和稳定性，改进其感官特性；

（4）便于食品的生产、加工、包装、运输或者贮藏。

（三）食品添加剂质量标准

按照 GB 2760—2014 使用的食品添加剂应当符合相应的质量规格要求。

（四）带入原则

（1）在下列情况下食品添加剂可以通过食品配料（含食品添加剂）带入食品中。

① 根据 GB 2760—2014，食品配料中允许使用该食品添加剂；

② 食品配料中该添加剂的用量不应超过允许的最大使用量；

③ 应在正常生产工艺条件下使用这些配料，并且食品中该添加剂的含量不应超过由配料带入的水平；

④ 由配料带入食品中的该添加剂的含量应明显低于直接将其添加到该食品中通常所需要的水平。

（2）当某食品配料作为特定终产品的原料时，批准用于上述特定终产品的添加剂允许添加到这些食品配料中，同时该添加剂在终产品中的量应符合标准的要求。在所述特定食品配料的标签上应明确标示该食品配料用于上述特定食品的生产。

三、食品添加剂对食品的污染及检测意义

（一）食品添加剂对食品的污染

（1）食品添加剂本身不符合卫生要求：食品生产单位购进并添加一些不符合卫生要求的产品，而导致食品的污染。

（2）食品添加剂使用不当：国家标准中和 FAO/WHO 对各种食品添加剂的使用范围和最大允许使用量均作了明确规定，若不按规定滥用食品添加剂，即可造成对食品的污染和对人类的危害。

（二）食品中添加剂的检测意义

目前，国内外使用化学制品作为食品添加剂都比较谨慎，对其品种和使用量均有选择和限制，并对添加的对象亦有规定，目的就是控制食品添加剂对食品的污染。但是也有一些食品生产者为获取暴利，滥用、超范围或过量使用食品添加剂，可能引起中毒，严重地影响消费者的身体健康。而且绝大多数食品添加剂是化学合成的，有的具有一定的毒性，有的在食

品中起变态反应，或转化成其他有毒物质，有些物质有“三致”作用。即使认为是安全的食品添加剂，它们终究不是食品的正常成分。

因此，对食品中的添加剂进行检测，以维护消费者的利益，保障人民的身体健康具有重要的意义。

第二节 食品中护色剂的测定

一、概述

护色剂（colour fixatives）是能与肉及肉制品中呈色物质作用，使之在食品加工、保藏等过程中不致分解、破坏，呈现良好色泽的物质。又称为发色剂。

新鲜的肉中含有还原型的肌红蛋白而呈紫红色，但还原型的肌红蛋白很不稳定，其中的二价铁离子易氧化为三价铁离子，成为高铁肌红蛋白呈褐色。为了保持肉类制品中鲜红的色泽，通常使用硝酸盐或亚硝酸盐等作为护色剂。硝酸盐可在细菌的作用下，还原为亚硝酸盐，亚硝酸盐在酸性条件下（如肌肉中的乳酸）形成亚硝酸，亚硝酸很不稳定，在室温下可分解硝酸和亚硝基。亚硝基与肉中肌红蛋白结合生成亚硝基肌红蛋白，使肉品呈鲜艳的亮红色；而生成的硝酸氧化性很强，不仅能氧化亚硝基，还能抑制亚硝基肌红蛋白的生成。因此，使用硝酸盐与亚硝酸盐的同时常常加入抗坏血酸类及烟酰胺等还原性物质作为发色助剂，以防止亚硝基的氧化，同时也能使高铁肌红蛋白还原成还原型的肌红蛋白。另外，烟酰胺还能与肌红蛋白生成稳定的烟酰胺肌红蛋白。亚硝酸盐既使食品具有独特风味，又具有一定的抑菌作用，尤其是抑制肉毒梭菌的生长。因此又是防腐剂。

蔬菜是富含硝酸盐的食品，当蔬菜贮存和加工不良的条件下，蔬菜中的硝酸盐在硝酸盐还原酶的作用下可转变为亚硝酸盐，一般在不新鲜的蔬菜、变质的酱腌菜、腌制初期的腌菜、保存不好的熟菜中都可检出。

亚硝酸盐具有一定的毒性，摄入过多对人体健康产生危害，体内过量的亚硝酸盐，可使血液中二价铁离子氧化为三价铁离子，使正常血红蛋白转变为高铁血红蛋白，失去携氧能力，出现亚硝酸盐中毒症状。亚硝酸又是致癌性 *N*-亚硝基化合物的前体物质，研究证明人体内和食物中的亚硝酸盐只要与胺类或酰胺类同时存在，就可能形成致癌性亚硝基化合物。因此，严格控制其使用量和摄入量，是预防亚硝酸盐对人体危害的重要措施。

二、食品中亚硝酸盐和硝酸盐的测定

（一）离子色谱法

1. 原理

试样经沉淀蛋白质、除去脂肪后，采用相应的方法提取和净化，以氢氧化钾溶液为淋洗液，阴离子交换柱分离，电导检测器检测。以保留时间定性，外标法定量。

2. 试剂

（1）亚硝酸盐标准储备液（100mg/L，以 NO_2^- 计，下同）：准确称取 0.1500g 于 110～120℃干燥至恒重的亚硝酸钠，用水溶解并转移至 1000mL 容量瓶中，加水稀释至刻度，混匀。

（2）硝酸盐标准储备液（1000mg/L，以 NO_3^- 计，下同）：准确称取 1.3710g 于 110～120℃干燥至恒重的硝酸钠，用水溶解并转移至 1000mL 容量瓶中，加水稀释至刻度，混匀。

(3) 亚硝酸盐和硝酸盐混合标准中间液：准确移取亚硝酸根离子（NO_2^-）和硝酸根离子（NO_3^-）的标准储备液各 1.0mL 于 100mL 容量瓶中，用水稀释至刻度，此溶液每升含亚硝酸根离子 1.0mg 和硝酸根离子 10.0mg。

(4) 亚硝酸盐和硝酸盐混合标准使用液：移取亚硝酸盐和硝酸盐混合标准中间液，加水逐级稀释，制成系列混合标准使用液，亚硝酸根离子浓度分别为 0.02mg/L、0.04mg/L、0.06mg/L、0.08mg/L、0.10mg/L、0.15mg/L、0.20mg/L；硝酸根离子浓度分别为 0.2mg/L、0.4mg/L、0.6mg/L、0.8mg/L、1.0mg/L、1.5mg/L、2.0mg/L。

3. 仪器

所有玻璃器皿使用前均需依次用 2mol/L 氢氧化钾和水分别浸泡 4h，然后用水冲洗 3～5 次，晾干备用。

(1) 离子色谱仪：包括电导检测器，配自抑制器，高容量阴离子交换柱，50μL 定量杯。

(2) 净化柱：包括 C_{18} 柱、Ag 柱和 Na 柱或等效柱。

4. 分析步骤

(1) 试样预处理

① 蔬菜、水果：将新鲜蔬菜、水果试样用自来水洗净后，用水冲洗，晾干后，取可食部切碎混匀。将切碎的样品用四分法取适量，用食物粉碎机制成匀浆，备用。如需加水应记录加水量。

② 粮食及其他植物样品：除去可见杂质后，取有代表性试样 50～100g，粉碎后，过 0.30mm 孔筛，混匀，备用。

③ 肉类、蛋、水产及其制品：用四分法取适量或取全部，用食物粉碎机制成匀浆备用。

④ 乳粉、豆奶粉、婴儿配方粉等固态乳制品（不包括干酪）：将试样装入能够容纳 2 倍试样体积的带盖容器中，通过反复摇晃和颠倒容器使样品充分混匀直到使试样均一化。

⑤ 发酵乳、乳、炼乳及其他液体乳制品：通过搅拌或反复摇晃和颠倒容器使试样充分混匀。

⑥ 干酪：取适量的样品研磨成均匀的泥浆状。为避免水分损失，研磨过程中应避免产生过多的热量。

(2) 提取

① 蔬菜、水果等植物性试样：称取试样 5g（精确至 0.001g，可适当调整试样的取样量，以下相同）。置于 150mL 具塞锥形瓶中，加入 80mL 水、1mL1mol/L 氢氧化钾溶液，超声提取 30min，每隔 5min 振摇一次，保持固相完全分散。于 75℃水浴中放置 5min，取出放置至室温，定量转移至 100mL 容量瓶中，加水稀释至刻度，混匀。溶液经滤纸过滤后，取部分溶液于 10000r/min 离心 15min，上清液备用。

② 肉类、蛋类、鱼类及其制品等称取试样匀浆 5g（精确至 0.001g），置于 150mL 具塞锥形瓶中，加入 80mL 水，以下按照本节离子色谱法中 4.(2) ①“超声提取 30min，……，上清液备用”操作。

③ 腌鱼类、腌肉类及其他腌制品，称取试样匀浆 2g（精确至 0.001g），置于 150mL 具塞锥形瓶中，加入 80mL 水，以下按照本节离子色谱法中 4.(2) ①“超声提取 30min，……，上清液备用”操作。

④ 乳：称取试样 10g（精确至 0.01g），置于 100mL 具塞锥形瓶中，加水 80mL，摇匀，超声 30min，加入 3%乙酸溶液 2mL，于 4℃放置 20min，取出放置至室温，加水稀释至刻度。溶液经滤纸过滤，滤液备用。

⑤ 乳粉及干酪：称取试样 2.5g（精确至 0.01g），置于 100mL 具塞锥形瓶中，加水 80mL，摇匀，超声 30min，取出放置至室温，定量转移至 100mL 容量瓶中，加入 3%乙酸溶液 2mL，加水稀释至刻度，混匀。于 4℃放置 20min，取出放置至室温，溶液经滤纸过滤后，上清液备用。

⑥ 取上述备用溶液约 15mL，通过 0.22μm 水性滤膜针头滤器、C_{18} 柱，弃去前面 3mL（如果氯离子大于 100mg/L，则需要依次通过针头滤器、C_{18} 柱、Ag 柱和 Na 柱，弃去前面 7mL），收集后面洗脱液待测。

固相萃取柱使用前需进行活化，C_{18} 柱（1.0mL）、Ag 柱（1.0mL）和 Na 柱（1.0mL），其活化过程为：C_{18} 柱（1.0mL）使用前依次用 10mL 甲醇、15mL 水通过，静置活化 30min。Ag 柱（1.0mL）和 Na 柱（1.0mL）用 10mL 水通过，静置活化 30min。

（3）仪器参考条件

① 色谱柱：氢氧化物选择性，可兼容梯度洗脱的二乙烯基苯-乙基苯乙烯共聚物基质，烷醇基季铵盐功能团的高容量阴离子交换柱，4mm×250mm（带保护柱 4mm×50mm），或性能相当的离子色谱柱。

② 淋洗液

a. 氧氧化钾溶液：浓度为 6～70mmol/L；洗脱梯度为 6mmol/L 30min，70mmol/L 5min，6mmol/L 5min；流速 1.0mL/min。

b. 粉状婴幼儿配方食品：氢氧化钾溶液，浓度为 5～50mmol/L；洗脱梯度为 5mmol/L 33min，50mmol/L 5min，5mmol/L 5min；流速 1.3mL/min。

③ 抑制器。

④ 检测器：电导检测器，检测池温度为 35℃；或紫外检测器，检测波长为 226nm。

⑤ 进样体积：50μL（可根据试样中被测离子含量进行调整）。

（4）测定

① 标准曲线的制作：将标准系列工作液分别注入离子色谱仪中，得到各浓度标准工作液色谱图，测定相应的峰高（μS）或峰面积，以标准工作液的浓度为横坐标，以峰高（μS）或峰面积为纵坐标，绘制标准曲线。

② 试样溶液的测定：将空白和试样溶液注入离子色谱仪中，得到空白和试样溶液的峰高（μS）或峰面积，根据标准曲线得到待测液中亚硝酸根离子或硝酸根离子的浓度。

5. 计算

试样中亚硝酸盐（以 NO_2^- 计）或硝酸盐（以 NO_3^- 计）含量按下式计算：

$$X=\frac{(\rho-\rho_0)Vf\times 1000}{m\times 1000}$$

式中　X——试样中亚硝酸根离子或硝酸根离子含量，mg/kg；

ρ——测定用试样溶液中亚硝酸根离子或硝酸根离子浓度，mg/L；

ρ_0——试样空白液中亚硝酸根离子或硝酸根离子浓度，mg/L；

V——试样溶液体积，mL；

1000——转换系数；

f——试样溶液稀释倍数；

m——试样取样量，g。

试样中测得的亚硝酸根离子含量乘以换算系数 1.5，即得亚硝酸盐（按亚硝酸钠计）含量；试样中测得的硝酸根离子含量乘以换算系数 1.37，即得硝酸盐（按硝酸钠计）含量。

（二）分光光度法

1. 原理

亚硝酸盐采用盐酸萘乙二胺法测定，硝酸盐采用镉柱还原法测定。

试样经沉淀蛋白质、除去脂肪后，在弱酸条件下，亚硝酸盐与对氨基苯磺酸重氮化后，再与盐酸萘乙二胺偶合形成紫红色染料，外标法测得亚硝酸盐含量。采用镉柱将硝酸盐还原成亚硝酸盐，测得亚硝酸盐总量，由测得的亚硝酸盐总量减去试样中亚硝酸盐含量，即得试样中硝酸盐含量。

2. 试剂

除非另有规定，本办法所用试剂均为分析纯。水为 GB/T 6682 规定的一级水。

（1）乙酸锌溶液（220 g/L）：称取 220.0g 乙酸锌，先加 30mL 冰醋酸溶解，用水稀释至 1000mL。

（2）氨缓冲溶液（pH 9.6～9.7）：量取 30mL 盐酸，加 100mL 水，混匀后加 65mL 氨水，再加水稀释至 1000mL，混匀。调节 pH 至 9.6～9.7。

（3）氨缓冲液的稀释液：量取 50mL 氨缓冲溶液，加水稀释至 500mL，混匀。

（4）对氨基苯磺酸溶液（4g/L）：称取 0.4g 对氨基苯磺酸，溶于 100mL 20%（体积分数）盐酸中，置棕色瓶中，混匀，避光保存。

（5）盐酸萘乙二胺溶液（2g/L）：称取 0.2g 盐酸萘乙二胺，溶于 100mL 水中，混匀，置棕色瓶中，避光保存。

（6）亚硝酸钠标准溶液（200μg/mL，以亚硝酸钠计）：准确称取 0.1000g 于 110～120℃干燥恒重的亚硝酸钠，加水溶解移入 500mL 容量瓶中，加水稀释至刻度，混匀。

（7）亚硝酸钠标准使用液（5.0μg/mL）：临用前，吸取亚硝酸钠标准溶液 2.50mL，置于 100mL 容量瓶中，加水稀释至刻度。

（8）硝酸钠标准溶液（200μg/mL，以亚硝酸钠计）：准确称取 0.1232g 110～120℃干燥恒重的硝酸钠，加水溶解，移入 500mL 容量瓶中，加水稀释至刻度。

（9）硝酸钠标准使用液（5.0μg/mL）：临用前，吸取硝酸钠标准溶液 2.50mL，置于 100mL 容量瓶中，加水稀释至刻度。

3. 仪器

（1）分光光度计。

（2）镉柱或镀铜镉柱。

① 海绵状镉的制备：镉粒直径 0.3～0.8mm。

将适量的锌棒放入烧杯中，用 40g/L 硫酸镉溶液浸没锌棒。在 24h 之内，不断将锌棒上的海绵状镉轻轻刮下。取出残余锌棒，使镉沉底，倾去上层溶液。用水冲洗海绵状镉 2～3 次后，将镉转移至搅拌器中，加 400mL 盐酸（0.1mol/L），搅拌数秒，以得到所需粒径的镉颗粒。将制得的海绵状镉倒回烧杯中，静置 3～4h，其间搅拌数次，以除去气泡。倾去海绵状镉中的溶液，并可按下述方法进行镉粒镀铜。

② 镉粒镀铜：将制得的镉粒置锥形瓶中（所用镉粒的量以达到要求的镉柱高度为准），加足量的盐酸（2mol/L）浸没镉粒，振荡 5min，静置分层，倾去上层溶液，用水多次冲洗镉粒。在镉粒中加入 20g/L 硫酸铜溶液（每克镉粒约需 2.5mL），振荡 1min，静置分层，倾去上层溶液后，立即用水冲洗镀铜镉粒（注意镉粒要始终用水浸没），直至冲洗的水中不再有铜沉淀。

③ 镉柱的装填：用水装满镉柱玻璃管（如图 7-1 所示），并装入 2cm 高的玻璃棉做垫，

将玻璃棉压向柱底时，应将其中所包含的空气全部排出，在轻轻敲击下加入海绵状镉至8～10cm高［见图7-1(a)］或15～20cm［见图7-1(b)］，上面用1cm高的玻璃棉覆盖，若使用装置图7-1(b)，则上置一贮液漏斗，末端要穿过橡皮塞与镉柱玻璃管紧密连接。

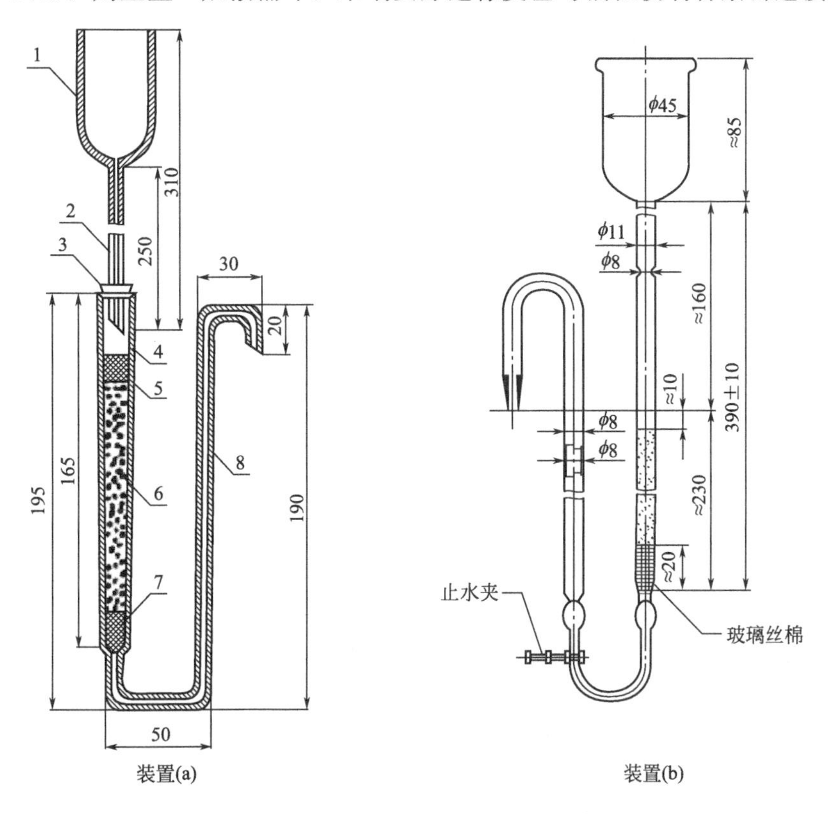

图7-1　镉柱示意图

1—贮液漏斗，内径35mm，外径37mm；2—进液毛细管，内径0.4mm，外径6mm；3—橡皮塞；4—镉柱玻璃管，内径12mm，外径16mm；5,7—玻璃棉；6—海绵状镉；8—出液毛细管，内径2mm，外径8mm

如无上述镉柱玻璃管时，可以25mL酸式滴定管代用，但过柱时要注意始终保持液面在镉层之上。

当镉柱填装好后，先用25mL盐酸（0.1mol/L）洗涤，再以水洗两次，每次25mL，镉柱不用时用水封盖，随时都要保持水平面在镉层之上，不得使镉层夹有气泡。

④ 镉柱每次使用完毕后，应先以25mL盐酸（0.1mol/L）洗涤，再以水洗两次，每次25mL，最后用水覆盖镉柱。

⑤ 镉柱还原效率的测定：吸取20mL硝酸钠标准使用液，加入5mL氨缓冲液的稀释液，混匀后注入贮液漏斗，使流经镉柱还原，用一个100mL的容量瓶收集洗提液。洗提液的流量不应超过6mL/min，在贮液杯将要排空时，用约15mL水冲洗杯壁。冲洗水流尽后，再用15mL水重复冲洗，第2次冲洗水也流尽后，将贮液杯灌满水，并使其以最大流量流过柱子。当容量瓶中的洗提液接近100mL时，从柱子下取出容量瓶，用水定容至刻度，混匀。取10.0mL还原后的溶液（相当10μg亚硝酸钠）于50mL比色管中，以下按照本节分光光度法中4（3）自“吸取0mL、0.20mL、0.40mL、0.60mL、0.80mL、1.00mL……”起操作，根据标准曲线计算测得结果，与加入量一致，还原效率应大于95%为符合要求。

⑥ 还原效率按下式计算：

$$X=\frac{m_1}{10}\times 100\%$$

式中 X——还原效率，%；

m_1——测得亚硝酸钠的含量，μg；

10——测定用溶液相当亚硝酸钠的含量，μg。

如果还原效率小于95%时，将镉柱中的镉粒倒入锥形瓶中，加入足量的盐酸（2mol/L）中，振荡数分钟，再用水反复冲洗。

4. 分析步骤

（1）试样的预处理　同本节离子色谱法中的4.（1）。

（2）提取

① 干酪：称取试样2.5g（精确至0.001g），置于150mL具塞锥形瓶中，加水80mL，摇匀，超声30min，取出放置至室温，定量转移至100mL容量瓶中，加入3%乙酸溶液2mL，加水稀释至刻度，混匀。于4℃放置20min，取出放置至室温，溶液经滤纸过滤，滤液备用。

② 液体乳制品：称取试样90g（精确至0.001g），置于250mL具塞锥形瓶中，加12.5mL饱和硼砂溶液，加入70℃左右的水约60mL，混匀，于沸水浴中加热15min，取出置冷水浴中冷却，并放置至室温。定量转移上述提取液至200mL容量瓶中，加入5mL 106g/L亚铁氰化钾溶液，摇匀，再加入5mL 220g/L乙酸锌溶液，以沉淀蛋白质。加水至刻度，摇匀，放置30min，除去上层脂肪，上清液用滤纸过滤，滤液备用。

③ 乳粉：称取试样10g（精确至0.001g），置于150mL具塞锥形瓶中，以下按照本节分光光度法中4.（2）②自"加12.5mL饱和硼砂溶液，……"起操作。

④ 其他样品：称取5g（精确至0.001g）匀浆试样（如制备过程中加水，应按加水量折算），置于250mL具塞锥形瓶中，以下按照本节分光光度法中4.（2）②自"加12.5mL饱和硼砂溶液……"起操作。

（3）亚硝酸盐的测定　吸取40.0mL上述滤液于50mL带塞比色管中，另吸取0mL、0.20mL、0.40mL、0.60mL、0.80mL、1.00mL、1.50mL、2.00mL、2.50mL亚硝酸钠标准使用液（相当于0μg、1.0μg、2.0μg、3.0μg、4.0μg、5.0μg、7.5μg、10.0μg、12.5μg亚硝酸钠），分别置于50mL带塞比色管中。于标准管与试样管中分别加入2mL 4g/L对氨基苯磺酸溶液，混匀，静置3～5min后各加入1mL 2g/L盐酸萘乙二胺溶液，加水至刻度，混匀，静置15min，用1cm比色杯，以零管调节零点，于波长538nm处测吸光度，绘制标准曲线比较。同时做试剂空白。

（4）硝酸盐的测定

① 镉柱还原　先以25mL氨缓冲液的稀释液冲洗镉柱，流速控制在3～5mL/min（以滴定管代替的可控制在2～3mL/min）。

吸取20mL滤液于50mL烧杯中，加5mL pH9.6～9.7氨缓冲溶液，混合后注入贮液漏斗，使流经镉柱还原，当贮液杯中的样液流尽后，加15mL水冲洗烧杯，再倒入贮液杯中。冲洗水流完后，再用15mL水重复1次。当第2次冲洗水快流尽时，将贮液杯装满水，以最大流速过柱。当容量瓶中的洗提液接近100mL时，取出容量瓶，用水定容至刻度，混匀。

② 亚硝酸钠总量的测定　吸取10～20mL还原后的样液于50mL比色管中。以下按照本节分光光度法4.（3）自"吸取0mL、0.20mL、0.40mL、0.60mL、0.80mL、1.00mL……"起操作。

5. 计算

（1）亚硝酸盐（以亚硝酸钠计）的含量按下式计算：

$$X_1=\frac{m_2\times 1000}{m_3\times \frac{V_1}{V_0}\times 1000}$$

式中　X_1——试样中亚硝酸钠的含量，mg/kg；

m_2——测定用样液中亚硝酸钠的质量，μg；

1000——转换系数；

m_3——试样质量，g；

V_1——测定用样液体积，mL；

V_0——试样处理液总体积，mL。

（2）硝酸盐（以硝酸钠计）的含量按下式计算：

$$X_2=\left(\frac{m_4\times 1000}{m_5\times \frac{V_3}{V_2}\times \frac{V_5}{V_4}\times 1000}-X_1\right)\times 1.232$$

式中　X_2——试样中硝酸钠的含量，mg/kg；

m_4——经镉粉还原后测得总亚硝酸钠的质量，μg；

1000——转换系数；

m_5——试样的质量，g；

V_3——测总亚硝酸钠的测定用样液体积，mL；

V_2——试样处理液总体积，mL；

V_5——经镉柱还原后样液的测定用体积，mL；

V_4——经镉柱还原后样液总体积，mL；

X_1——试样中亚硝酸钠的含量，mg/kg；

1.232——亚硝酸钠换算成硝酸钠的系数。

（三）紫外分光光度法

适用于蔬菜、水果中硝酸盐的测定。

1. 原理

用 pH9.6～9.7 的氨缓冲液提取样品中硝酸根离子，同时加活性炭去除色素类，加沉淀剂去除蛋白质及其他干扰物质，利用硝酸根离子和亚硝酸根离子在紫外区 219nm 处具有等吸收波长的特性，测定提取液的吸光度，其测得结果为硝酸盐和亚硝酸盐吸光度的总和，鉴于新鲜蔬菜、水果中亚硝酸盐含量甚微，可忽略不计。测定结果为硝酸盐的吸光度，可从工作曲线上查得相应的质量浓度，计算样品中硝酸盐的含量。

2. 试剂

除非另有说明，本方法所用试剂均为分析纯。水为 GB/T 6682 规定的一级水。

（1）氨缓冲溶液（pH 9.6～9.7）：量取 20mL 盐酸，加入到 500mL 水中，混合后加入 50mL 氨水，用水定容至 1000mL。调 pH 至 9.6～9.7。

（2）硝酸盐标准储备液（500mg/L，以硝酸根计）：称取 0.2039g 于 110～120℃干燥至恒重的硝酸钾，用水溶解并转移至 250mL 容量瓶中，加水稀释至刻度，混匀。此溶液硝酸根质量浓度为 500mg/L，于冰箱内保存。

（3）硝酸盐标准曲线工作液：分别吸取 0mL、0.2mL、0.4mL、0.6mL、0.8mL、

1.0mL 和 1.2mL 硝酸盐标准储备液于 50mL 容量瓶中，加水定容至刻度，混匀。此标准系列溶液硝酸根质量浓度分别为 0mg/L、2.0mg/L、4.0mg/L、6.0mg/L、8.0mg/L、10.0mg/L 和 12.0mg/L。

3. 仪器

（1）紫外分光光度计。

（2）可调式往返振荡机。

4. 分析步骤

（1）试样制备　选取一定数量有代表性的样品，先用自来水冲洗，再用水清洗干净，晾干表面水分，用四分法取样，切碎，充分混匀，于组织捣碎机中匀浆（部分少汁样品可按一定质量比例加入等量水），在匀浆中加 1 滴正辛醇消除泡沫。

（2）提取　称取 10g（精确至 0.01g）匀浆试样（如制备过程中加水，应按加水量折算）于 250mL 锥形瓶中，加水 100mL，加入 5mL 氨缓冲溶液（pH＝9.6～9.7）、2g 粉末状活性炭。振荡（往复速度为 200 次/min）30min。定量转移至 250mL 容量瓶中，加入 2mL 150g/L 亚铁氰化钾溶液和 2mL 300g/L 硫酸锌溶液，充分混匀，加水定容至刻度，摇匀，放置 5min，上清液用定量滤纸过滤，滤液备用。同时做空白实验。

（3）测定　根据试样中硝酸盐含量的高低，吸取上述滤液 2～10mL 于 50mL 容量瓶中，加水定容至刻度，混匀。用 1cm 石英比色皿，于 219nm 处测定吸光度。

（4）标准曲线的制作　将标准曲线工作液用 1cm 石英比色皿，于 219nm 处测定吸光度。以标准溶液质量浓度为横坐标、吸光度为纵坐标绘制工作曲线。

5. 计算

硝酸盐（以硝酸根计）的含量按下式计算：

$$X=\frac{\rho V_1 V_3}{m V_2}$$

式中　X——试样中硝酸盐的含量，mg/kg；

ρ——由工作曲线获得的试样溶液中硝酸盐的质量浓度，mg/L；

V_1——提取液定容体积，mL；

V_3——待测液定容体积，mL；

m——试样的质量，g；

V_2——吸取的滤液体积，mL。

第三节　食品中防腐剂的测定

一、概述

防腐剂（preservative）是指防止食品腐败变质、延长食品储存期的物质。

防腐剂是人类使用最悠久、最广泛的食品添加剂。一般分为酸型防腐剂、酯型防腐剂、无机防腐剂和生物防腐剂四类。全世界使用的防腐剂约 60 种，我国允许使用的防腐剂有 30 多种，主要有苯甲酸（钠）、山梨酸（钾）、丙酸钠、丙酸钙、对羟基苯甲酸酯类等。其作用机制是破坏微生物的细胞膜，从而抑制微生物的发育和繁殖。防腐剂大多数是人工合成的，如果超过标准使用就会对人体健康造成一定的危害。因此，我国食品添加剂使用标准规定了其在适用食品中的最大使用量。

二、食品中苯甲酸和山梨酸的测定

（一）液相色谱法

1. 原理

样品经水提取，高脂肪样品经正己烷脱脂、高蛋白样品经蛋白沉淀剂沉淀蛋白，采用液相色谱分离、紫外检测器检测，外标法定量。适用于食品中苯甲酸、山梨酸和糖精钠的测定。

2. 试剂

（1）乙酸铵溶液（20mmol/L）：称取 1.54g 乙酸铵，加入适量水溶解，用水定容至 1000mL，经 0.22μm 水相微孔滤膜过滤后备用。

（2）甲酸-乙酸铵溶液（2mmol/L 甲酸＋20mmol/L 乙酸铵）：称取 1.54g 乙酸铵，加入适量水溶解，再加入 75.2μL 甲酸，用水定容至 1000mL，经 0.22μm 水相微孔滤膜过滤后备用。

（3）苯甲酸、山梨酸和糖精钠（以糖精计）标准储备溶液（1000mg/L）：分别准确称取苯甲酸钠、山梨酸钾和糖精钠 0.118g、0.134g 和 0.117g（精确到 0.0001g），用水溶解并分别定容至 100mL。于 4℃贮存，保存期为 6 个月。当使用苯甲酸和山梨酸标准品时，需要用甲醇溶解并定容。

注：糖精钠含结晶水，使用前需在 120℃烘 4h，干燥器中冷却至室温后备用。

（4）苯甲酸、山梨酸和糖精钠（以糖精计）混合标准中间溶液（200mg/L）：分别准确吸取苯甲酸、山梨酸和糖精钠标准储备溶液各 10.0mL 于 50mL 容量瓶中，用水定容。于 4℃贮存，保存期为 3 个月。

（5）苯甲酸、山梨酸和糖精钠（以糖精计）混合标准系列工作溶液：分别准确吸取苯甲酸、山梨酸和糖精钠混合标准中间溶液 0mL、0.05mL、0.25mL、0.50mL、1.00mL、2.50mL、5.00mL 和 10.0mL，用水定容至 10mL，配制成质量浓度分别为 0mg/L、1.00mg/L、5.00mg/L、10.0mg/L、20.0mg/L、50.0mg/L、100mg/L 和 200mg/L 的混合标准系列工作溶液。临用现配。

3. 仪器

高效液相色谱仪：配紫外检测器。

4. 分析步骤

（1）试样制备　取多个预包装的饮料、液态奶等均匀样品直接混合；非均匀的液态、半固态样品用组织匀浆机匀浆；固体样品用研磨机充分粉碎并搅拌均匀；奶酪、黄油、巧克力等采用 50～60℃加热熔融，并趁热充分搅拌均匀。取其中的 200g 装入玻璃容器中，密封，液体试样于 4℃保存，其他试样于－18℃保存。

（2）试样提取

① 一般性试样　准确称取约 2g（精确到 0.001g）试样于 50mL 具塞离心管中，加水约 25mL，涡旋混匀，于 50℃水浴超声 20min，冷却至室温后加亚铁氰化钾溶液 2mL 和乙酸锌溶液 2mL，混匀，于 8000r/min 离心 5min，将水相转移至 50mL 容量瓶中，于残渣中加水 20mL，涡旋混匀后超声 5min，于 8000r/min 离心 5min，将水相转移到同一 50mL 容量瓶中，并用水定容至刻度，混匀。取适量上清液过 0.22μm 滤膜，待液相色谱测定。

注：碳酸饮料、果酒、果汁、蒸馏酒等测定时可以不加蛋白沉淀剂。

② 含胶基的果冻、糖果等试样　准确称取约 2g（精确到 0.001g）试样于 50mL 具塞离心管中，加水约 25mL，涡旋混匀，于 70℃水浴加热溶解试样，于 50℃水浴超声 20min，之后的操作同本节液相色谱法中 4(2) ①。

③ 油脂、巧克力、奶油、油炸食品等高油脂试样　准确称取约 2g（精确到 0.001g）试样于 50mL 具塞离心管中，加正己烷 10mL，于 60℃水浴加热约 5min，并不时轻摇以溶解脂肪，然后加氨水溶液（1＋99)25mL、乙醇 1mL，涡旋混匀，于 50℃水浴超声 20min，冷却至室温后，加亚铁氰化钾溶液 2mL 和乙酸锌溶液 2mL，混匀，于 8000r/min 离心 5min，弃去有机相，水相转移至 50mL 容量瓶中，残渣同本节液相色谱法中分析步骤 4(2) ①再提取一次后测定。

(3) 仪器参考条件　色谱柱：C_{18} 柱，柱长 250mm，内径 4.6mm，粒径 5μm，或等效色谱柱。流动相：甲醇＋乙酸铵溶液＝5＋95。流速：1mL/min。检测波长：230nm。进样量：10μL。

注：当存在干扰峰或需要辅助定性时，可以采用加入甲酸的流动相来测定，如流动相：甲醇＋甲酸-乙酸铵溶液＝8＋92。

(4) 标准曲线的制作　将混合标准系列工作溶液分别注入液相色谱仪中，测定相应的峰面积，以混合标准系列工作溶液的质量浓度为横坐标，以峰面积为纵坐标，绘制标准曲线。

(5) 试样溶液的测定　将试样溶液注入液相色谱仪中，得到峰面积，根据标准曲线得到待测液中苯甲酸、山梨酸和糖精钠（以糖精计）的质量浓度。

5. 计算

试样中苯甲酸、山梨酸和糖精钠（以糖精计）的含量按下式计算：

$$X=\frac{\rho V}{m\times 1000}$$

式中　X——试样中待测组分含量，g/kg；

ρ——由标准曲线得出的试样液中待测物的质量浓度，mg/L；

V——试样定容体积，mL；

m——试样质量，g；

1000——由 mg/kg 转换为 g/kg 的换算因子。

（二）气相色谱法

1. 原理

试样经盐酸酸化后，用乙醚提取苯甲酸、山梨酸，采用气相色谱-氢火焰离子化检测器进行分离测定，外标法定量。适用于酱油、水果汁、果酱中苯甲酸、山梨酸的测定。

2. 试剂

(1) 无水硫酸钠（Na_2SO_4）：500℃烘 8h，于干燥器中冷却至室温后备用。

(2) 氯化钠溶液（40g/L)：称取 40g 氯化钠，用适量水溶解，加盐酸溶液 2mL，加水定容到 1L。

(3) 苯甲酸、山梨酸标准储备溶液（1000mg/L)：分别准确称取苯甲酸、山梨酸各 0.1g（精确到 0.0001g)，用甲醇溶解并分别定容至 100mL。转移至密闭容器中，于－18℃贮存，保存期为 6 个月。

(4) 苯甲酸、山梨酸混合标准中间溶液（200mg/L)：分别准确吸取苯甲酸、山梨酸标准储备溶液各 10.0mL 于 50mL 容量瓶中，用乙酸乙酯定容。转移至密闭容器中，于－18℃

贮存，保存期为3个月。

（5）苯甲酸、山梨酸混合标准系列工作溶液：分别准确吸取苯甲酸、山梨酸混合标准中间溶液0mL、0.05mL、0.25mL、0.50mL、1.00mL、2.50mL、5.00mL和10.0mL，用正己烷-乙酸乙酯混合溶剂（1＋1）定容至10mL，配制成质量浓度分别为0mg/L、1.00mg/L、5.00mg/L、10.0mg/L、20.0mg/L、50.0mg/L、100mg/L和200mg/L的混合标准系列工作溶液。临用现配。

3. 仪器

气相色谱仪：带氢火焰离子化检测器（FID）。

4. 分析步骤

（1）试样制备　取多个预包装的样品，其中均匀样品直接混合，非均匀样品用组织匀浆机充分搅拌均匀，取其中的200g装入洁净的玻璃容器中，密封，水溶液于4℃保存，其他试样于－18℃保存。

（2）试样提取　准确称取约2.5g（精确至0.001g）试样于50mL离心管中，加0.5g氯化钠、0.5mL盐酸溶液（1＋1）和0.5mL乙醇，用15mL和10mL乙醚提取两次，每次振摇1min，于8000r/min离心3min。每次均将上层乙醚提取液通过无水硫酸钠滤入25mL容量瓶中。加乙醚清洗无水硫酸钠层并收集至约25mL刻度，最后用乙醚定容，混匀。准确吸取5mL乙醚提取液于5mL具塞刻度试管中，于35℃氮吹至干，加入2mL正己烷-乙酸乙酯（1＋1）混合溶液溶解残渣，待气相色谱测定。

（3）仪器参考条件　色谱柱：聚乙二醇毛细管气相色谱柱，内径320μm，长30m，膜厚度0.25μm，或等效色谱柱。载气：氮气，流速3mL/min。空气：400L/min。氢气：40L/min。进样口温度：250℃。检测器温度：250℃。柱温程序：初始温度80℃，保持2min，以15℃/min的速率升温至250℃，保持5min。进样量：2μL。分流比：10：1。

（4）标准曲线的制作　将混合标准系列工作溶液分别注入气相色谱仪中，以质量浓度为横坐标，以峰面积为纵坐标，绘制标准曲线。

（5）试样溶液的测定　将试样溶液注入气相色谱仪中，得到峰面积，根据标准曲线得到待测液中苯甲酸、山梨酸的质量浓度。

5. 计算

试样中苯甲酸、山梨酸含量按下式计算：

$$X=\frac{\rho V\times 25}{m\times 5\times 1000}$$

式中　X——试样中待测组分含量，g/kg；

ρ——由标准曲线得出的样液中待测物的质量浓度，mg/L；

V——加入正己烷-乙酸乙酯（1＋1）混合溶剂的体积，mL；

25——试样乙醚提取液的总体积，mL；

m——试样的质量，g；

5——测定时吸取乙醚提取液的体积，mL；

1000——由mg/kg转换为g/kg的换算因子。

6. 说明

通过无水硫酸钠过滤后的乙醚提取液应达到去除水分的目的，否则乙醚提取液挥去乙醚后仍残留水分会影响测定结果。

三、食品中对羟基苯甲酸酯类的测定

1. 原理

试样酸化后，对羟基苯甲酸酯类用乙醚提取，浓缩近干用乙醇复溶，并利用氢火焰离子化检测器气相色谱法进行分离测定，保留时间定性，外标法定量。适用于酱油、醋、饮料及果酱中对羟基苯甲酸甲酯、对羟基苯甲酸乙酯、对羟基苯甲酸丙酯、对羟基苯甲酸丁酯的测定。

2. 试剂

（1）单个对羟基苯甲酸酯类标准储备液（1.00mg/mL）：准确称取对羟基苯甲酸甲酯、对羟基苯甲酸乙酯、对羟基苯甲酸丁酯、对羟基苯甲酸丙酯标准物质各 0.0500g 于 50.0mL 容量瓶中，用无水乙醇溶解并定容至刻度，置 4℃左右冰箱保存，可保存 1 个月。

（2）对羟基苯甲酸酯类标准中间液（100μg/mL）：分别准确吸取单个对羟基苯甲酸酯类标准储备液 1.0mL 于 10.0mL 容量瓶中，用无水乙醇稀释至刻度，摇匀。临用时配制。

（3）对羟基苯甲酸酯类标准工作液 1～5：分别吸取对羟基苯甲酸酯类标准中间液 0.40mL、1.0mL、2.0mL、5.0mL、10.0mL 于 10.0mL 容量瓶中，用无水乙醇稀释并定容。此即为 4.0μg/mL、10.0μg/mL、20.0μg/mL、50.0μg/mL、100μg/mL 的标准工作液 1～5 的浓度，临用时配制。

（4）对羟基苯甲酸酯类标准工作液 6 和标准工作液 7（200μg/mL、300μg/mL）：分别吸取单个对羟基苯甲酸酯类标准储备液 2.0mL、3.0mL 于 10.0mL 容量瓶中，用无水乙醇稀释至刻度，摇匀。临用时配制。

3. 仪器

气相色谱仪：配有氢火焰离子化检测器（FID）。

4. 分析步骤

（1）试样制备

① 酱油、醋、饮料：一般液体试样摇匀后可直接取样。称取 5g（精确至 0.001g）试样于小烧杯中，并转移至 125mL 分液漏斗中，用 10mL 饱和氯化钠溶液分次洗涤小烧杯，合并洗涤液于 125mL 分液漏斗，加入 1mL1∶1 盐酸酸化，摇匀，分别以 75mL、50mL、50mL 无水乙醚提取三次，每次 2min，放置片刻，弃去水层，合并乙醚层于 250mL 分液漏斗中，加入 10mL 饱和氯化钠溶液洗涤一次，再分别以碳酸氢钠溶液 30mL、30mL、30mL 洗涤三次，弃去水层。用滤纸吸去漏斗颈部水分，将有机层经过无水硫酸钠（约 20g）滤入浓缩瓶中，在旋转蒸发仪上浓缩近干，用氮气除去残留溶剂，准确加入 2.0mL 无水乙醇溶解残留物，供气相色谱用。

② 果酱：称取 5g（精确至 0.001g）事先均匀化的果酱试样于 100mL 具塞试管中，加入 1mL1∶1 盐酸酸化，10mL 饱和氯化钠溶液，涡旋混匀 1～2min，使其为均匀溶液，再分别以 50mL、30mL、30mL 无水乙醚提取三次，每次 2min，用吸管转移至 250mL 分液漏斗中，加入 10mL 饱和氯化钠溶液洗涤一次，再分别以碳酸氢钠溶液 30mL、30mL、30mL 洗涤三次，弃去水层。用滤纸吸去漏斗颈部水分，将有机层经过无水硫酸钠（约 20g）滤入浓缩瓶中，在旋转蒸发仪上浓缩近干，用氮气除去残留溶剂，准确加入 2.0mL 无水乙醇溶解残留物，供气相色谱用。

（2）仪器参考条件

① 色谱柱：弱极性石英毛细管柱，柱固定液为（5%）苯基-（95%）甲基聚硅氧烷，30m×0.32mm（内径），0.25μm（膜厚），或等效柱。

② 程序升温条件：初始温度 100℃，保持 1.00min，以 20.0℃/min 的速率升温至 170℃，以 12.0℃/min 的速率升温至 220℃，保持 1.00min；以 10.0℃/min 的速率升温至 250℃，保持 6.00min。

③ 进样口：温度 220℃；进样量 1μL，分流比 10∶1（分流比可根据色谱条件调整）。

④ 检测器：氢火焰离子化检测器（FID），温度 260℃。载气：氮气，纯度 99.99%，流量 2.0mL/min，尾吹 30mL/min（载气流量大小可根据仪器条件进行调整）。

⑤ 氢气 40mL/min；空气 450mL/min（氢气、空气流量大小可根据仪器条件进行调整）。

（3）标准曲线的制作　将 1.0μL 的标准系列工作液［本节对羟基苯甲酸酯类的测定中 2.（3）和 2.（4）］分别注入气相色谱仪中，测定相应的不同浓度标准的峰面积，以标准工作液的浓度为横坐标，以峰面积为纵坐标，绘制标准曲线。

（4）试样溶液的测定　将上述 1.0μL 的试样溶液注入气相色谱仪中，以保留时间定性，得到相应的峰面积，根据标准曲线得到待测液中组分浓度；试样待测液响应值若超出标准曲线线性范围，应用乙醇稀释后再进样分析。

5. 计算

试样中对羟基苯甲酸含量按下式计算：

$$X_i=\frac{cVf}{m}$$

式中　X_i——试样中对羟基苯甲酸的含量，mg/kg；

c——由标准曲线计算出进样液中对羟基苯甲酸酯类的浓度，μg/mL；

V——定容体积，mL；

f——对羟基苯甲酸酯类转换为对羟基苯甲酸的换算系数；

m——试样质量，g。

说明：0.9078——对羟基苯甲酸甲酯转换为对羟基苯甲酸的换算系数；0.8312——对羟基苯甲酸乙酯转换为对羟基苯甲酸的换算系数；0.7665——对羟基苯甲酸丙酯转换为对羟基苯甲酸的换算系数；0.7111——对羟基苯甲酸丁酯转换为对羟基苯甲酸的换算系数。

第四节　食品中甜味剂的测定

一、概述

甜味剂（sweetener）是指赋予食品甜味的物质。甜味剂是世界各地使用最多的一类食品添加剂，在食品工业中占有十分重要的地位。甜味剂种类较多，按照其化学结构和性质可分为糖类甜味剂和非糖类甜味剂；按来源可分为人工合成甜味剂和天然甜味剂；按营养价值可分为营养型甜味剂和非营养型甜味剂。

天然甜味剂是指从植物组织中提取出来的甜味物质，主要有糖醇类和非糖醇类两类。人工合成甜味剂是指一些具有甜味的非糖类化学物质，甜度一般比蔗糖高数十倍甚至数百倍，不具有任何营养价值，主要有糖精、环己基氨基磺酸钠、天门冬酰苯丙氨酸甲酯、阿力甜、乙酰磺胺酸钾和三氯蔗糖等。近年来，陆续发现某些人工合成甜味剂对人体具有潜在的危害。

二、食品中环己基氨基磺酸钠的测定

（一）气相色谱法

适用于饮料类、蜜饯凉果、果丹类、话化类、带壳及脱壳熟制坚果与籽类、水果罐头、果酱、糕点、面包、饼干、冷冻饮品、果冻、复合调味料、腌渍的蔬菜、腐乳食品中环己基氨基磺酸钠的测定，但不适用于白酒中该化合物的测定。

1. 原理

食品中的环己基氨基磺酸钠用水提取，在硫酸介质中环己基氨基磺酸钠与亚硝酸反应，生成环己醇亚硝酸酯，利用气相色谱氢火焰离子化检测器进行分离及分析，保留时间定性，外标法定量。

2. 试剂

（1）环己基氨基磺酸标准储备液（5.00mg/mL）：精确称取 0.5612g 环己基氨基磺酸钠标准品，用水溶解并定容至 100mL，混匀，此溶液 1.00mL 相当于环己基氨基磺酸 5.00mg（环己基氨基磺酸钠与环己基氨基磺酸的换算系数为 0.8909）。置于 1～4℃冰箱保存，可保存 12 个月。

（2）环己基氨基磺酸标准使用液（1.00mg/mL）：准确移取 20.0mL 环己基氨基磺酸标准储备液用水稀释并定容至 100mL，混匀。置于 1～4℃冰箱保存，可保存 6 个月。

3. 仪器

气相色谱仪：配有氢火焰离子化检测器（FID）。

4. 分析步骤

（1）试样溶液的制备

① 液体试样处理

a. 普通液体试样：摇匀后称取 25.0g 试样（如需要可过滤），用水定容至 50mL 备用。

b. 含二氧化碳的试样：称取 25.0g 试样于烧杯中，60℃水浴加热 30min 以除二氧化碳，放冷，用水定容至 50mL 备用。

c. 含酒精的试样：称取 25.0g 试样于烧杯中，用氢氧化钠溶液（40g/L）调至弱碱性 pH7～8，60℃水浴加热 30min 以除酒精，放冷，用水定容至 50mL 备用。

② 固体、半固体试样处理

a. 低脂、低蛋白样品（果酱、果冻、水果罐头、果丹类、蜜饯凉果、浓缩果汁、面包、糕点、饼干、复合调味料、带壳熟制坚果和籽类、腌渍的蔬菜等）：称取打碎、混匀的样品 3.00～5.00g 于 50mL 离心管中，加 30mL 水，振摇，超声提取 20min，混匀，离心（3000r/min）10min，过滤，用水分次洗涤残渣，收集滤液并定容至 50mL，混匀备用。

b. 高蛋白样品（酸乳、雪糕、冰淇淋等奶制品及豆制品、腐乳等）：冰棒、雪糕、冰淇淋等分别放置于 250mL 烧杯中，待熔化后搅匀称取；称取样品 3.00～5.00g 于 50mL 离心管中，加 30mL 水，超声提取 20min，加 2mL 亚铁氰化钾溶液，混匀，再加入 2mL 硫酸锌溶液，混匀，离心（3000r/min）10min，过滤，用水分次洗涤残渣，收集滤液并定容至 50mL，混匀备用。

c. 高脂样品（奶油制品、海鱼罐头、熟肉制品等）：称取打碎、混匀的样品 3.00～5.00g 于 50mL 离心管中，加入 25mL 石油醚，振摇，超声提取 3min，再混匀，离心（1000r/min 以上）10min，弃石油醚，再用 25mL 石油醚提取一次，弃石油醚，60℃水浴挥发去除石油醚，残渣加 30mL 水，混匀，超声提取 20min，加 2mL 亚铁氰化钾溶液，混匀，再加入 2mL 硫酸锌溶液，混匀，离心（3000r/min）10min，过滤，用水洗涤残渣，收集滤液并定容至 50mL，混匀备用。

③ 衍生化 准确移取液体试样溶液 4.（1）①、固体、半固体试样溶液 4.（1）②10.0mL 于 50mL 带盖离心管中。离心管置试管架上冰浴中 5min 后，准确加入 5.00mL 正庚烷，加入 2.5mL 亚硝酸钠溶液、2.5mL 硫酸溶液，盖紧离心管盖，摇匀，在冰浴中放置 30min，其间振摇 3～5 次；加入 2.5g 氯化钠，盖上盖后置涡旋混合器上振动 1min（或振摇 60～80 次），低温离心（3000r/min）10min 分层或低温静置 20min 至澄清分层后取上清液放置 1～4℃冰箱冷藏保存以备进样用。

（2）标准溶液系列的制备及衍生化 准确移取 1.00mg/mL 环己基氨基磺酸标准溶液 0.50mL、1.00mL、2.50mL、5.00mL、10.0mL、25.0mL 于 50mL 容量瓶中，加水定容。配成标准溶液系列浓度为：0.01mg/mL、0.02mg/mL、0.05mg/mL、0.10mg/mL、0.20mg/mL、0.50mg/mL。临用时配制以备衍生化用。

准确移取标准系列溶液 10.0mL 同 4.（1）③衍生化。

（3）测定

① 色谱条件

a. 色谱柱：弱极性石英毛细管柱（内涂 5%苯基甲基聚硅氧烷，30m×0.53mm×1.0μm）或等效柱。

b. 柱温升温程序：初温 55℃保持 3min，10℃/min 升温至 90℃保持 0.5min，20℃/min 升温至 200℃保持 3min。

c. 进样口：温度 230℃；进样量 1μL，不分流/分流进样，分流比 1∶5（分流比及方式可根据色谱仪器条件调整）。

d. 检测器：氢火焰离子化检测器（FID），温度 260℃。

e. 载气：高纯氮气，流量 12.0mL/min，尾吹 20mL/min。

f. 氢气 30mL/min；空气 330mL/min。

载气、氢气、空气流量大小可根据仪器条件进行调整。

② 色谱分析 分别吸取 1μL 经衍生化处理的标准系列各浓度溶液上清液 4.（2），注入气相色谱仪中，可测得不同浓度被测物的响应值峰面积，以浓度为横坐标，以环己醇亚硝酸酯和环己醇两峰面积之和为纵坐标，绘制标准曲线。

在完全相同的条件下进样 1μL 经衍生化处理的试样待测液上清液 4.（1）③，保留时间定性，测得峰面积，根据标准曲线得到样液中的组分浓度；试样上清液响应值若超出线性范围，应用正庚烷稀释后再进样分析。平行测定次数不少于两次。

5. 计算

试样中环己基氨基磺酸含量按下式计算：

$$X=\frac{c}{m}V$$

式中 X——试样中环己基氨基磺酸的含量，g/kg；

c——由标准曲线计算出定容样液中环己基氨基磺酸的浓度，mg/mL；

m——试样的质量，g；

V——试样的最后定容体积，mL。

（二）高效液相色谱法

适用于饮料类、蜜饯凉果、果丹类、话化类、带壳及脱壳熟制坚果与籽类、配制酒、水果罐头、果酱、糕点、面包、饼干、冷冻饮品、果冻、复合调味料、腌渍的蔬菜、腐乳食品中环己基氨基磺酸钠的测定。

1. 原理

食品中的环己基氨基磺酸钠用水提取后，在强酸性溶液中与次氯酸钠反应，生成N,N-二氯环己胺，用正庚烷萃取后，利用高效液相色谱法检测，保留时间定性，外标法定量。

2. 试剂

（1）次氯酸钠溶液：用次氯酸钠稀释，保存于棕色瓶中，保持有效氯含量50g/L以上，混匀，市售产品需及时标定，临用时配制。

（2）环己基氨基磺酸标准储备液（5.00mg/mL）和环己基氨基磺酸标准中间液（1.00mg/mL）：同本节气相色谱法。

（3）环己基氨基磺酸标准曲线系列工作液：分别吸取环己基氨基磺酸标准中间液（1.00mg/mL）0.50mL、1.0mL、2.5mL、5.0mL、10.0mL至50mL容量瓶中，用水定容。该标准系列浓度分别为10.0μg/mL、20.0μg/mL、50.0μg/mL、100μg/mL、200μg/mL。临用现配。

3. 仪器

液相色谱仪，配有紫外检测器或二极管阵列检测器。

4. 分析步骤

（1）试样溶液的制备

① 固体类和半固体类试样处理　称取均质后试样5.00g于50mL离心管中，加入30mL水，混匀，超声提取20min，离心（3000r/min）20min，将上清液转出，用水洗涤残渣并定容至50mL备用。含高蛋白类样品可在超声提取时加入2.0mL硫酸锌溶液（300g/L）和2.0mL亚铁氰化钾溶液（150g/L）。含高脂质类样品可在提取前先加入25mL石油醚（沸程为30～60℃）振摇后弃去石油醚层除脂。

② 液体类试样处理

a. 普通液体试样：摇匀后可直接称取样品25.0g，用水定容至50mL备用（如需要可过滤）。

b. 含二氧化碳的试样：称取25.0g试样于烧杯中，60℃水浴加热30min以除二氧化碳，放冷，用水定容至50mL备用。

c. 含酒精的试样：称取25.0g试样于烧杯中，用氢氧化钠溶液调至弱碱性pH7～8，60℃水浴加热30min以除酒精，放冷，用水定容至50mL备用。

d. 含乳类饮料：称取试样25.0g于50mL离心管中，加入3.0mL硫酸锌溶液（300g/L）和3.0mL亚铁氰化钾溶液（150g/L），混匀，离心分层后，将上清液转出，用水洗涤残渣并定容至50mL备用。

③ 衍生化　准确移取10mL已制备好的试样溶液4.（1）①或4.（1）②，加入2.0mL硫酸溶液（1+1）、5.0mL色谱纯正庚烷和1.0mL次氯酸钠溶液，剧烈振荡1min，静置分层，除去水层后在正庚烷层中加入25mL碳酸氢钠溶液（50g/L），振荡1min。静置取上层有机相经0.45μm微孔有机相滤膜过滤，滤液进样用。

（2）仪器参考条件　色谱柱：C_{18}柱，5μm，150mm×3.9mm（id），或同等性能的色谱柱。流动相：乙腈+水（70+30）。流速：0.8mL/min。进样量：10μL。柱温：40℃。检测器：紫外检测器或二极管阵列检测器。检测波长：314nm。

（3）标准曲线的制作　移取10mL环己基氨基磺酸标准系列工作液按4.（1）③衍生化。取过0.45μm微孔有机相滤膜后的溶液10μL分别注入液相色谱仪中，测定相应的峰面积，以标准工作溶液的浓度为横坐标，以环己基氨基磺酸钠衍生化产物 N,N-二氯环己胺峰面积为纵坐标，绘制标准曲线。

（4）样品的测定　将衍生后试样溶液 10μL 注入液相色谱仪中，保留时间定性，测得峰面积，根据标准曲线得到试样定容溶液中环己基氨基磺酸的浓度，平行测定次数不少于两次。

5. 计算

试样中环己基氨基磺酸含量按下式计算：

$$X=\frac{cV}{m\times1000}$$

式中　X——试样中环己基氨基磺酸的含量，g/kg；

c——由标准曲线计算出试样定容溶液中环己基氨基磺酸的浓度，μg/mL；

V——试样的最后定容体积，mL；

m——试样的质量，g；

1000——由 μg/g 换算成 g/kg 的换算因子。

（三）液相色谱-质谱/质谱法

1. 原理

酒样经水浴加热除去乙醇后以水定容，用液相色谱-质谱/质谱仪测定其中的环己基氨基磺酸钠，外标法定量。

2. 试剂

（1）10mmol/L 乙酸铵溶液：称取 0.78g 乙酸铵，用水溶解并稀释至 1000mL，摇匀后经 0.22μm 水相滤膜过滤备用。

（2）环己基氨基磺酸标准工作液（10μg/mL）：用水将 1.00mL 标准中间液（1.00mg/mL）定容至 100mL。放置于 1～4℃冰箱可保存一周。

（3）环己基氨基磺酸标准曲线系列工作液：分别吸取适量体积的标准工作液（2），用水稀释，配成浓度分别为 0.01μg/mL、0.05μg/mL、0.1μg/mL、0.5μg/mL、1.0μg/mL、2.0μg/mL 的系列标准工作溶液。使用前配制。

3. 仪器

液相色谱-质谱/质谱仪，配有电喷雾（ESI）离子源。

4. 分析步骤

（1）试样溶液制备　称取酒样 10.0g，置于 50mL 烧杯中，于 60℃水浴上加热 30min，残渣全部转移至 100mL 容量瓶中，用水定容并摇匀，经 0.22μm 水相微孔滤膜过滤后备用。

（2）仪器参考条件

① 色谱参考条件　色谱柱：C_{18} 柱，1.7μm，100mm×2.1mm（id），或同等性能的色谱柱。流动相：甲醇、10mmol/L 乙酸铵溶液，梯度洗脱。流速：0.25mL/min。进样量：10μL。柱温：35℃。

② 质谱操作条件　离子源：电喷雾电离源（ESI）。

扫描方式：多反应监测（MRM）扫描。

质谱参考条件：

(a) 离子源温度：110℃；(b) 脱溶剂气温度：450℃；(c) 脱溶剂气（N_2）流量：700L/h；(d) 锥孔气（N_2）流量：50L/h；(e) 分辨率：Q1（单位质量分辨）Q3（单位质

量分辨)；(f) 碰撞气及碰撞室压力：氩气，3.6×10^{-3}mPa；(g) 负离子模式的毛细管电压：2.8kV；(h) 正离子模式的毛细管电压：3.5kV。

质谱调谐参数应优化至最佳条件，确保环己基氨基磺酸钠在正离子模式下的灵敏度达到最佳状态，并调节正、负模式下定性离子的相对丰度接近。环己基氨基磺酸钠参考保留时间，定性、定量离子对及锥孔电压、碰撞能量如表 7-1 所示。

表 7-1 环己基氨基磺酸钠参考保留时间，定性、定量离子对及锥孔电压，碰撞能量

名称	保留时间/min	定性离子对 m/z	定量离子对 m/z	锥孔电压/V	碰撞能量/eV	驻留时间/ms
环己基氨基磺酸钠	4.02	178>79.9(ESI^-)	178>79.9(ESI^-)	35	25	100
		202>122(ESI^+)			10	400

(3) 标准曲线的制作　将配制好的环己基氨基磺酸标准曲线系列工作液按照浓度由低到高的顺序进样测定，以环己基氨基磺酸钠定量离子的色谱峰面积对相应的浓度作图，得到标准曲线回归方程。

(4) 定性测定　在相同的试验条件下测定试样溶液 4.(1)，若试样溶液质量色谱图中环己基氨基磺酸钠的保留时间与标准溶液一致（变化范围在±2.5%以内)，且试样定性离子的相对丰度与浓度相当的标准溶液中定性离子的相对丰度，其偏差不超过表 5-2 的规定，则可判定样品中存在环己基氨基磺酸钠。

(5) 定量测定　将试样溶液注入液相色谱-质谱/质谱仪中，得到环己基氨基磺酸钠定量离子峰面积，根据标准曲线计算试样溶液中环己基氨基磺酸的浓度，平行测定次数不少于两次。

5. 计算

试样中环己基氨基磺酸含量按下式计算：

$$X=\frac{cV}{m}$$

式中　X——试样中环己基氨基磺酸的含量，mg/kg；

c——由标准曲线计算出的试样溶液中环己基氨基磺酸的浓度，μg/mL；

V——试样的定容体积，mL；

m——试样的质量，g。

三、食品中阿斯巴甜和阿力甜的测定

1. 原理

根据阿斯巴甜和阿力甜易溶于水、甲醇和乙醇等极性溶剂而不溶于脂溶性溶剂的特点，蔬菜及其制品、水果及其制品、食用菌和藻类、谷物及其制品、焙烤食品、膨化食品和果冻试样用甲醇水溶液在超声波振荡下提取；浓缩果汁、碳酸饮料、固体饮料类、餐桌调味料和除胶基糖果以外的其他糖果试样用水提取；乳制品、含乳饮料类和冷冻饮品试样用乙醇沉淀蛋白后用乙醇水溶液提取；胶基糖果用正己烷溶解胶基并用水提取；脂肪类乳化制品、可可制品、巧克力及巧克力制品、坚果与籽类、水产及其制品、蛋制品用水提取，然后用正己烷除去脂类成分。各提取液在液相色谱 C_{18} 反相柱上进行分离，在波长 200nm 处检测，以色谱峰的保留时间定性，外标法定量。

2. 试剂

(1) 阿斯巴甜和阿力甜的标准储备液（0.5mg/mL)：各称取 0.025g（精确至 0.0001g)

阿斯巴甜和阿力甜，用水溶解并转移至 50mL 容量瓶中并定容至刻度，置于 4℃左右的冰箱保存，有效期为 90d。

（2）阿斯巴甜和阿力甜混合标准工作液系列：将阿斯巴甜和阿力甜标准储备液用水逐级稀释成混合标准系列，阿斯巴甜和阿力甜的浓度均分别为 100μg/mL、50μg/mL、25μg/mL、10.0μg/mL、5.0μg/mL。置于 4℃左右的冰箱保存，有效期为 30d。

3. 仪器

液相色谱仪：配有二极管阵列检测器或紫外检测器。

4. 分析步骤

（1）试样制备及前处理

① 碳酸饮料、浓缩果汁、固体饮料、餐桌调味料和除胶基糖果以外的其他糖果称取约 5g（精确到 0.001g）碳酸饮料试样于 50mL 烧杯中，在 50℃水浴上除去二氧化碳，然后将试样全部转入 25mL 容量瓶中，备用；称取约 2g 浓缩果汁试样（精确到 0.001g）于 25mL 容量瓶中，备用；称取约 1g 的固体饮料或餐桌调味料或绞碎的糖果试样（精确到 0.001g）于 50mL 烧杯中，加 10mL 水后超声波振荡提取 20min，将提取液移入 25mL 容量瓶中，烧杯中再加入 10mL 水超声波振荡提取 10min，提取液移入同一 25mL 容量瓶，备用。将上述容量瓶的液体用水定容，混匀，4000r/min 离心 5min，上清液经 0.45μm 水系滤膜过滤后用于色谱分析。

② 乳制品、含乳饮料和冷冻饮品　含有固态果肉的液态乳制品用食品加工机进行匀浆；干酪等固态乳制品，用食品加工机按试样与水的质量比 1∶4 进行匀浆。

分别称取约 5g 液态乳制品、含乳饮料、冷冻饮品、固态乳制品匀浆试样（精确到 0.001g）于 50mL 离心管，加入 10mL 乙醇，盖上盖子；对于含乳饮料和冷冻饮品试样，首先轻轻上下颠倒离心管 5 次（不能振摇），对于乳制品，先将离心管涡旋混匀 10s，然后静置 1min，4000r/min 离心 5min，上清液滤入 25mL 容量瓶，沉淀用 8mL 乙醇-水（2＋1）洗涤，离心后上清液转移入同一 25mL 容量瓶，用乙醇-水（2＋1）定容，经 0.45μm 有机系滤膜过滤后用于色谱分析。

③ 果冻　可吸果冻和透明果冻，用玻棒搅匀，含有水果果肉的果冻需要用食品加工机进行匀浆。

称取约 5g（精确到 0.001g）制备均匀的果冻试样于 50mL 的比色管中，加入 25mL80％的甲醇水溶液，在 70℃的水浴上加热 10min，取出比色管，趁热将提取液转入 50mL 容量瓶，再用 15mL80％的甲醇水溶液分两次清洗比色管，并每次振摇约 10s，并转入同一个 50mL 的容量瓶，冷却至室温，用 80％的甲醇水溶液定容到刻度，混匀，4000r/min 离心 5min，将上清液经 0.45μm 有机系滤膜过滤后用于色谱分析。

④ 蔬菜及其制品、水果及其制品、食用菌和藻类　水果及其制品试样如有果核，首先去掉果核。

对于较干、较硬的试样，用食品加工机按试样与水的质量比为 1∶4 进行匀浆，称取约 5g（精确到 0.001g）匀浆试样于 25mL 的离心管中，加入 10mL 70％的甲醇水溶液，摇匀，超声 10min，4000r/min 离心 5min，上清液转入 25mL 容量瓶，再加 8mL 50％的甲醇水溶液重复操作一次，上清液转入同一个 25mL 容量瓶，最后用 50％的甲醇水溶液定容，经 0.45μm 有机系滤膜过滤后用于色谱分析。

对于含糖多的、较黏的、较软的试样，用食品加工机按试样与水的质量比为 1∶2 进行匀浆，称取约 3g（精确到 0.001g）匀浆试样于 25mL 的离心管中；对于其他试样，用食品加工机按试样与水的质量比1∶1进行匀浆，称取约2g（精确到0.001g）匀浆试样于25mL的离心管中；然后向离心管加入10mL 60%的甲醇水溶液，摇匀，超声10min，4000r/min离心5min，上清液转入25mL容量瓶，再加10mL 50%的甲醇水溶液重复操作一次，上清液转入同一个25mL容量瓶，最后用50%的甲醇水溶液定容，经0.45μm有机系滤膜过滤后用于色谱分析。

⑤ 谷物及其制品、焙烤食品和膨化食品　试样用食品加工机进行均匀粉碎，称取1g（精确到0.001g）粉碎试样于50mL离心管中，加入12mL50%甲醇水溶液，涡旋混匀，超声振荡提取10min，4000r/min离心5min，上清液转移入25mL容量瓶中，再加10mL50%甲醇水溶液，涡旋混匀，超声振荡提取5min，4000r/min离心5min，上清液转入同一25mL容量瓶中，用蒸馏水定容，经0.45μm有机系滤膜过滤后用于色谱分析。

⑥ 胶基糖果、脂肪类乳化制品、可可制品、巧克力及巧克力制品、坚果与籽类、水产及其制品和蛋制品

a.胶基糖果：用剪刀将胶基糖果剪成细条状，称取约3g（精确到0.001g）剪细的胶基糖果试样，转入100mL的分液漏斗中，加入25mL水剧烈振摇约1min，再加入30mL正己烷，继续振摇直至口香糖全部溶解（约5min），静置分层约5min，将下层水相放入50mL容量瓶，然后加入10mL水到分液漏斗，轻轻振摇约10s，静置分层约1min，再将下层水相放入同一容量瓶中，再加入10mL水重复一次操作，最后用水定容至刻度，摇匀后过0.45μm水系滤膜后用于色谱分析。

b.脂肪类乳化制品、可可制品、巧克力及巧克力制品、坚果与籽类、水产及其制品、蛋制品：用食品加工机按试样与水的质量比为1∶4进行匀浆，称取约5g（精确到0.001g）匀浆试样于25mL离心管中，加入10mL水超声振荡提取20min，静置1min，4000r/min离心5min，上清液转入100mL的分液漏斗中，离心管中再加入8mL水超声振荡提取10min，静置和离心后将上清液再次转入分液漏斗中，向分液漏斗加入15mL正己烷，振摇30s，静置分层约5min，将下层水相放入25mL容量瓶，用水定容至刻度，摇匀后过0.45μm水系滤膜后用于色谱分析。

（2）仪器参考条件　色谱柱：C_{18}，柱长250mm，内径4.6mm，粒径5μm。柱温：30℃。流动相：甲醇-水（40＋60）或乙腈-水（20＋80）。流速：0.8mL/min。进样量：20μL。检测器：二极管阵列检测器或紫外检测器。检测波长：200nm。

（3）标准曲线的制作　将标准系列工作液分别在上述色谱条件下测定相应的峰面积（峰高），以标准工作液的浓度为横坐标，以峰面积（峰高）为纵坐标，绘制标准曲线。

（4）试样溶液的测定　在相同的液相色谱条件下，将试样溶液注入液相色谱仪中，以保留时间定性，以试样峰高或峰面积与标准比较定量。

5.计算

试样中阿斯巴甜或阿力甜的含量按下式计算：

$$X=\frac{\rho V}{m\times 1000}$$

式中　X——试样中阿斯巴甜或阿力甜的含量，g/kg；

ρ——由标准曲线计算出进样液中阿斯巴甜或阿力甜的浓度，μg/mL；

V——试样的最后定容体积，mL；

m——试样质量，g；

1000——换算系数。

第五节　食品中抗氧化剂的测定

一、概述

抗氧化剂（antioxidant）是指能防止或延缓油脂或食品成分氧化分解、变质，提高食品稳定性的物质。油脂及富含脂类食品在储存过程中易氧化酸败，以及由氧化酸败所引起的褪色、变色、维生素破坏等。因此，在食品加工过程中，合理地加入抗氧化剂可以延缓或防止油脂酸败的发生。按照抗氧化剂的溶解性可分为水溶性和脂溶性两类，前者主要是对食品有护色作用，防止氧化变色，如异抗坏血酸等；后者主要是防止油脂氧化，如叔丁基羟基茴香醚等。按照其来源可分为天然抗氧化剂和化学合成抗氧化剂，天然抗氧化剂如维生素 E、茶多酚等；合成抗氧化剂如叔丁基对甲酚、没食子酸丙酯等。

天然抗氧化剂的效果不如化学合成抗氧化剂。目前使用较多的是合成抗氧化剂，但各种合成抗氧化剂的安全性一直是十分敏感的问题。从目前抗氧化剂的应用来看，单一成分的抗氧化剂的抗氧化效果弱于混合抗氧化剂，且单一成分的抗氧化效果评价由于实验方法的不同而表现出较大的差异。

二、食品中抗氧化剂的测定

（一）高效液相色谱法

1. 原理

油脂样品经有机溶剂溶解后，使用凝胶渗透色谱（GPC）净化；固体类食品样品用正己烷溶解，用乙腈提取，固相萃取柱净化。高效液相色谱法测定，外标法定量。本法适用于食品中没食子酸丙酯（PG）、2,4,5-三羟基苯丁酮（THBP）、叔丁基对苯二酚（TBHQ）、去甲二氢愈创木酸（NDGA）、叔丁基对羟基茴香醚（BHA）、2,6-二叔丁基对甲基苯酚（BHT）、2,6-二叔丁基-4-羟甲基苯酚（Ionox-100）、没食子酸辛酯（OG）、没食子酸十二酯（DG）的测定。

2. 试剂

（1）正己烷（C_6H_{14}）：分析纯，重蒸。

（2）无水硫酸钠（Na_2SO_4）：分析纯，650℃灼烧 4h，贮存于干燥器中，冷却后备用。

（3）乙腈饱和的正己烷溶液：正己烷中加入乙腈至饱和。

（4）正己烷饱和的乙腈溶液：乙腈中加入正己烷至饱和。

（5）抗氧化剂标准物质混合储备液：准确称取 0.1g（精确至 0.1mg）固体抗氧化剂标准物质，用乙腈溶于 100mL 棕色容量瓶中，定容至刻度，配制成浓度为 1000mg/L 的标准物质混合储备液，0～4℃避光保存。

（6）抗氧化剂标准混合使用液：移取适量体积的浓度为 1000mg/L 的抗氧化剂标准物质混合储备液分别稀释至浓度为 20mg/L、50mg/L、100mg/L、200mg/L、400mg/L 的标准混合使用液。

3. 仪器

（1）高效液相色谱仪。

（2）凝胶渗透色谱仪。

4. 分析步骤

（1）试样制备　固体或半固体样品粉碎混匀，然后用对角线法取四分之二或六分之二，或根据试样情况取有代表性试样，密封保存；液体样品混合均匀，取有代表性试样，密封保存。

（2）测定步骤

① 提取

a. 固体类样品：称取 1g（精确至 0.01g）上述制备的试样于 50mL 离心管中，加入 5mL 乙腈饱和的正己烷溶液，涡旋 1min 充分混匀，浸泡 10min。加入 5mL 饱和氯化钠溶液，用 5mL 正己烷饱和的乙腈溶液涡旋 2min，3000r/min 离心 5min，收集乙腈层于试管中，再重复使用 5mL 正己烷饱和的乙腈溶液提取 2 次，合并 3 次提取液，加 0.1%甲酸溶液调节 pH=4，待净化。同时做空白试验。

b. 油类：称取 1g（精确至 0.01g）上述制备的试样于 50mL 离心管中，加入 5mL 乙腈饱和的正己烷溶液溶解样品，涡旋 1min，静置 10min，用 5mL 正己烷饱和的乙腈溶液涡旋提取 2min，3000r/min 离心 5min，收集乙腈层于试管中，再重复使用 5mL 正己烷饱和的乙腈溶液提取 2 次，合并 3 次提取液，待净化。同时做空白试验。

② 净化　在 C_{18} 固相萃取柱中装入约 2g 的无水硫酸钠，用 5mL 甲醇活化萃取柱，再以 5mL 乙腈平衡萃取柱，弃去流出液。将所有提取液①倾入柱中，弃去流出液，再以 5mL 乙腈和甲醇的混合溶液洗脱，收集所有洗脱液于试管中，40℃下旋转蒸发至干，加 2mL 乙腈定容，过 0.22μm 有机系滤膜，供液相色谱测定。

③ 凝胶渗透色谱法（纯油类样品可选）　称取上述制备的试样 10g（精确至 0.01g）于 100mL 容量瓶中，以乙酸乙酯和环己烷混合溶液定容至刻度，作为母液；取 5mL 母液于 10mL 容量瓶中以乙酸乙酯和环己烷混合溶液定容至刻度，待净化。取 10mL 待测液加入凝胶渗透色谱（GPC）进样管中，使用 GPC 净化［凝胶渗透色谱净化参考条件如下。凝胶渗透色谱柱：300mm×20mm 玻璃柱，BioBeads（S-X3），40～75μm；柱分离度：玉米油与抗氧化剂（PG、THBP、TBHQ、OG、BHA、Ionox-100、BHT、DG、NDGA）的分离度>85%；流动相：乙酸乙酯：环己烷=1∶1（体积比）；流速：5mL/min；进样量：2mL；流出液收集时间：7～17.5min；紫外检测器波长：280nm］，收集流出液，40℃下旋转蒸发至干，加 2mL 乙腈定容，过 0.22μm 有机系滤膜，供液相色谱测定。

（3）液相色谱仪条件　色谱柱：C_{18} 柱，柱长 250mm，内径 4.6mm，粒径 5μm，或等效色谱柱；流动相 A：0.5%甲酸水溶液，流动相 B：甲醇；洗脱梯度：0～5min，流动相 A50%，5～15min，流动相 A 从 50%降至 20%，15～20min，流动相 A20%，20～25min，流动相 A 从 20%降至 10%，25～27min，流动相 A 从 10%增至 50%，27～30min，流动相 A50%；柱温：35℃；进样量：5μL；检测波长：280nm。

（4）标准曲线的制作　将系列浓度的标准工作液分别注入液相色谱仪中，测定相应的抗氧化剂，以标准工作液的浓度为横坐标，以响应值（如：峰面积、峰高、吸收值等）为纵坐标，绘制标准曲线。

（5）试样溶液的测定　将试样溶液注入高效液相色谱仪中，得到相应色谱峰的响应值，根据标准曲线得到待测液中抗氧化剂的浓度。

5. 计算

试样中抗氧化剂含量按下式计算：

$$X_i=\rho_i\times\frac{V}{m}$$

式中　X_i——试样中抗氧化剂含量，mg/kg；

ρ_i——从标准曲线上得到的抗氧化剂溶液浓度，μg/mL；

V——样液最终定容体积，mL；

m——称取的试样质量，g。

（二）液相色谱-串联质谱法

1. 原理

油脂样品经有机溶剂溶解后，使用凝胶渗透色谱（GPC）净化；固体类食品样品用正己烷溶解，用乙腈提取，固相萃取柱净化。液相色谱-串联质谱联用仪测定，外标法定量。适用于食品中 THBP、PG、OG、NDGA、DG 的测定。

2. 试剂

（1）标准物质储备液：准确称取 0.1g（精确至 0.1mg）固体抗氧化剂标准物质，用乙腈溶于 100mL 棕色容量瓶中，定容至刻度，配制成浓度为 1000mg/L 的标准储备液，0～4℃避光保存。

（2）标准物质中间液：移取标准物质储备液 1.0mL 于 100mL 容量瓶中，用乙腈定容，配制成浓度为 10mg/L 的混合标准中间液，0～4℃避光保存。

（3）标准物质使用液：移取适量体积的标准物质中间液分别稀释至浓度为 0.01mg/L、0.02mg/L、0.05mg/L、0.1mg/L、0.2mg/L、0.5mg/L、1mg/L、2mg/L 的混合标准使用液。

3. 仪器

（1）液相色谱-串联质谱仪。

（2）凝胶渗透色谱仪。

4. 分析步骤

① 试样制备和测定步骤　同本节高效液相色谱法。

② 液相色谱-串联质谱仪条件　色谱柱：C_{18} 键合硅胶色谱柱，柱长 50mm，内径 2.0mm，粒径 1.8μm，或等效色谱柱；流动相 A：水，流动相 B：乙腈；流速：0.2mL/min；洗脱梯度：0～3min，流动相 B 从 10%至 30%，3～5min，流动相 B30%，5～10min，流动相 B 从 30%至 80%，10～12min，流动相 B80%，12～12.01min，流动相 B 从 80%至 10%，12.01～14min，流动相 B10%；柱温：35℃；进样量：2μL；电离源模式：电喷雾离子化；喷雾流速：3L/min；干燥气流速：15L/min；离子喷雾电压：3500V；食品中抗氧化剂的监测离子对、碰撞能量、驻留时间和保留时间如表 7-2。

表 7-2　食品中抗氧化剂的监测离子对、碰撞能量、驻留时间和保留时间

抗氧化剂名称	母离子 m/z	子离子 m/z	碰撞能量/eV	驻留时间/ms	保留时间/min
THBP	195	125	20	25	6.175
		166	22		
PG	211	125	23	25	4.932
		168.9	18		
OG	281.1	124	31	25	9.327
		169	21		

续表

抗氧化剂名称	母离子 m/z	子离子 m/z	碰撞能量/eV	驻留时间/ms	保留时间/min
NDGA	301.1	122.1	29	25	8.136
		108	30		
DG	337.2	124	33	25	11.456
		169	26		

③ 定性测定　在相同试验条件下进行样品测定时，如果检出的色谱峰的保留时间与标准样品相一致，并且在扣除背景后的样品质谱图中，所选择的离子均出现，而且所选择的离子丰度比与标准样品相一致如表 5-2，则可判断样品中存在这种抗氧化剂。

④ 标准曲线的制作　将标准系列工作液进行液相色谱-串联质谱仪测定，以定量离子对峰面积对应标准溶液浓度绘制标准曲线。

⑤ 试样溶液的测定　将试样溶液进行液相色谱-串联质谱仪测定，根据标准曲线得到待测液中抗氧化剂的浓度。

5. 计算

试样中抗氧化剂含量按下式计算：

$$X_i=\rho_i\times\frac{V}{m}$$

式中　X_i——试样中抗氧化剂含量，mg/kg；

ρ_i——从标准曲线上得到的抗氧化剂溶液浓度，μg/mL；

V——样液最终定容体积，mL；

m——称取的试样质量，g。

（三）气相色谱-质谱法

1. 原理

油脂样品经有机溶剂溶解后，使用凝胶渗透色谱（GPC）净化；固体类食品样品用正己烷溶解，用乙腈提取，固相萃取柱净化。气相色谱-质谱联用仪测定，外标法定量。适用于食品中 BHA、BHT、TBHQ、Ionox-100 的测定。

2. 试剂

（1）抗氧化剂标准物质储备液：准确称取 0.1g（精确至 0.1mg）固体抗氧化剂标准物质，用乙腈溶于 100mL 棕色容量瓶中，定容至刻度，配制成浓度为 1000mg/L 的标准储备液，0～4℃避光保存。

（2）抗氧化剂标准混合使用液：移取适量体积的浓度为 1000mg/L 的抗氧化剂标准物质储备液混合后，分别稀释至浓度为 1mg/L、2mg/L、5mg/L、10mg/L、20mg/L、50mg/L、100mg/L、200mg/L 的标准混合使用液。

3. 仪器

（1）气相色谱-质谱联用仪。

（2）凝胶渗透色谱仪。

4. 分析步骤

（1）试样制备和测定步骤同本节高效液相色谱法。

（2）气相色谱-质谱仪条件　色谱柱：5%苯基-甲基聚硅氧烷毛细管柱，柱长 30m，内径 0.25mm，膜厚 0.25μm，或等效色谱柱；色谱柱升温程序：70℃保持 1min，然后以 10℃/min 程序升温至 200℃保持 4min，再以 10℃/min 升温至 280℃保持 4min；载气：氦气，纯度≥99.999%，流速 1mL/min；进样口温度：230℃；进样量：1μL；进样方式：无分流进样，1min 后打开阀；电子轰击源：70eV；离子源温度：230℃；GC-MS 接口温度：280℃；溶剂延迟 8min；选择离子监测：每种化合物分别选择 1 个定量离子、2～3 个定性离子。每组所有需要检测离子按照出峰顺序，分时段分别检测。食品中抗氧化剂的保留时间、定量离子、定性离子、驻留时间如表 7-3。

表 7-3　食品中抗氧化剂的保留时间、定量离子、定性离子、驻留时间

抗氧化剂名称	保留时间/min	定量离子	定性离子 1	定性离子 2	驻留时间/ms
BHA	11.981	165(100)	137(76)	180(50)	20
BHT	12.251	205(100)	145(13)	220(25)	20
TBHQ	12.805	151(100)	123(100)	166(47)	20
Ionox-100	15.598	221(100)	131(8)	236(23)	20

（3）定性测定　在相同试验条件下进行样品测定时，如果检出的色谱峰保留时间与标准样品相一致，并且在扣除背景后的样品质谱图中，所选择的离子均出现，而且所选择的离子丰度比与标准样品相一致（如表 4-4），则可判断样品中存在这种抗氧化剂。

（4）标准曲线的制作　将标准系列工作液进行气相色谱-质谱联用仪测定，以定量离子峰面积对应标准溶液浓度绘制标准曲线。

（5）试样溶液的测定　将试样溶液注入气相色谱-质谱联用仪中，得到相应色谱峰响应值，根据标准曲线得到待测液中抗氧化剂的浓度。

5. 计算

试样中抗氧化剂含量按下式计算：

$$X_i=\rho_i \times \frac{V}{m}$$

式中　X_i——试样中抗氧化剂含量，mg/kg；

ρ_i——从标准曲线上得到的抗氧化剂溶液浓度，μg/mL；

V——样液最终定容体积，mL；

m——称取的试样质量，g。

（四）气相色谱法

1. 原理

试样中的叔丁基羟基茴香醚（BHA）和 2,6-二叔丁基对甲酚（BHT）用石油醚提取，通过层析柱使 BHA 与 BHT 净化，浓缩后，经气相色谱分离后用氢火焰离子化检测器检测，根据试样峰高与标准峰高比较定量。

2. 试剂

（1）硅胶 G：60～80 目于 120℃活化 4h 放干燥器备用。

（2）弗罗里硅土：60～80 目于 120℃活化 4h 放干燥器备用。

（3）BHA、BHT 混合标准储备液：准确称取 BHA、BHT（纯度为 99.0%）各 0.1g 混合后用二硫化碳溶解，定容至 100mL 容量瓶中，此溶液分别为每毫升含 1.0mg BHA、

BHT，置冰箱中保存。

（4）BHA、BHT混合标准使用液：吸取标准储备液4.0mL于100mL容量瓶中，用二硫化碳定容至100mL，此溶液分别为每毫升含0.04mg BHA、BHT，置冰箱中保存。

3. 仪器

（1）气相色谱仪：附FID检测器。

（2）层析柱：1cm×30cm玻璃柱，带活塞。

（3）气相色谱柱：柱长1.5m、内径3mm的玻璃柱内涂装质量分数为10%的QF-1Gas Chrom Q（80～100目）。

4. 分析步骤

（1）试样的制备　称取500g含油脂较多的试样，含脂肪少的试样取1000g，然后用对角线取四分之二或六分之二，或根据试样情况取有代表性试样，在玻璃乳钵中研碎，混合均匀后放置广口瓶内保存于冰箱中。

（2）脂肪的提取

① 含油脂高的试样（如桃酥等）：称取50.0g，混合均匀，置于250mL具塞锥形瓶中，加50mL石油醚（沸程30～60℃），放置过夜，用快速滤纸过滤后，减压回收溶剂，残留脂肪备用。

② 含油脂中等的试样（如蛋糕、江米条等）：称取100g左右，混合均匀，置于500mL具塞锥形瓶中，加100～200mL石油醚（沸程30～60℃），放置过夜，用快速滤纸过滤后，减压回收溶剂，残留脂肪备用。

③ 含油脂少的试样（如面包、饼干等）：称取250～300g，混合均匀后，置于500mL具塞锥形瓶中，加入适量石油醚浸泡试样，放置过夜，用快速滤纸过滤后，减压回收溶剂，残留脂肪备用。

（3）层析柱制备：于层析柱底部加入少量玻璃棉、少量无水硫酸钠，称取硅胶-弗罗里硅土（6+4）共10g，用石油醚湿法混合装柱，柱顶部再加入少量无水硫酸钠。

（4）试样净化

① 称取（2）提取的脂肪0.50～1.00g，用25mL石油醚溶解移入（3）制备的层析柱上，再以100mL二氯甲烷分五次淋洗，合并淋洗液，减压浓缩近干时，用二硫化碳定容至2mL，该溶液为待测溶液。

② 植物油试样：称取混合均匀试样2.00g置于50mL烧杯中，加30mL石油醚溶解，转移到（3）制备的层析柱上，再用10mL石油醚分数次洗涤烧杯并转移到层析柱，用100mL二氯甲烷分五次淋洗，合并淋洗液，减压浓缩近干，用二硫化碳定容至2.0mL，该溶液为待测溶液。

（5）色谱条件　色谱柱：长1.5m、内径3mm玻璃柱，质量分数为10% QF-1的Gas Chrom Q（80～100目）。检测器：FID。温度：检测室200℃，进样口200℃，柱温140℃。载气流量：氮气70mL/min；氢气50mL/min；空气500mL/min。

（6）测定　注入气相色谱3.0μL标准使用液，绘制色谱图，分别量取各组分峰高或面积，进3.0μL试样待测溶液（应视试样含量而定），绘制色谱图，分别量取峰高或面积，与标准峰高或面积比较计算含量。

5. 计算

待测溶液BHA（或BHT）的质量按下式进行计算：

$$m_1=\frac{h_i}{h_s}\times\frac{V_m}{V_i}V_sc_s$$

式中 m_1——待测溶液中 BHA（或 BHT）的质量，mg；

h_i——注入色谱试样中 BHA（或 BHT）的峰高或面积；

h_s——标准使用液中 BHA（或 BHT）的峰高或面积；

V_i——注入色谱试样溶液的体积，mL；

V_m——待测试样定容的体积，mL；

V_s——注入色谱中标准使用液的体积，mL；

c_s——标准使用液的浓度，mg/mL。

试样中以脂肪计 BHA（或 BHT）的含量按下式计算：

$$X_i=\frac{m_1\times1000}{m_2\times1000}$$

式中 X_i——试样中以脂肪计 BHA（或 BHT）的含量，g/kg；

m_1——待测溶液中 BHA（或 BHT）的质量，mg；

m_2——油脂（或试样中脂肪）的质量，g；

1000——换算系数。

6. 说明

抗氧化剂在层析柱中停留时间不宜太长，以每分钟 72 滴左右淋洗速度较好。

（五）薄层色谱法

1. 原理

用甲醇提取油脂或食品中的抗氧化剂，用薄层色谱定性，根据其在薄层板上显色后的最低检出量比较而概略定量，对高脂肪食品中的 BHT、BHA、PG 能定性检出。

2. 试剂

BHT、BHA、PG 混合标准液：分别准确称取 BHT、BHA、PG（纯度为 99.9%以上）各 10mg，分别用丙酮溶解，转入三个 10mL 容量瓶中，用丙酮稀释至刻度。每毫升含 1.0mg BHT、BHA、PG，吸取 BHT（1.0mg/mL）1.0mL，BHA（1.0mg/mL）、PG（1.0mg/mL）溶液各 0.3mL 置同一 5mL 容量瓶中，用丙酮稀释至刻度。此溶液每毫升含 0.2mgBHT、0.06mgBHA 和 0.06mgPG。

3. 仪器

具刻度尾管的浓缩瓶。

4. 分析步骤

（1）提取

① 植物油：称取 5.00g 植物油置于 10mL 具塞离心管中，加入 5.0mL 甲醇，密塞振摇 5min，放置 2min，离心（3000～3500r/min）5min，吸取上清液置于 25mL 容量瓶中，如此重复提取共 5 次，合并每次甲醇提取液，用甲醇稀释至刻度。吸取 5.0mL 甲醇提取液置一浓缩瓶中，于 40℃水浴上减压浓缩至 0.5mL，供薄层色谱用。

② 猪油：称取 5.00g 猪油置 50mL 具磨口的锥形瓶中，加入 25mL 甲醇，装上冷凝管，于 75℃水浴上放置 5min，待猪油完全熔化后将锥形瓶连同冷凝管一起自水浴中取出，振摇 30s，再放入水浴 30s；如此振摇三次后放入 75℃水浴，使油层与甲醇层分清后，将锥形瓶

连同冷凝管一起置冰水浴中冷却，猪油凝固，甲醇提取液通过滤纸滤入 50mL 容量瓶中，再从冷凝管顶端加入 25mL 甲醇，重复振摇提取 1 次，合并两次甲醇提取液，将该容量瓶置暗处放置，待升至室温后，用甲醇稀释至刻度。吸取 10mL 甲醇提取液置一浓缩瓶中，于 40℃水浴上减压浓缩至 0.5mL，留作薄层色谱用。

③ 食品（油炸花生米、酥糖、巧克力、饼干）：按本节气相色谱法中 4.（2）提取脂肪，并称取 2.00g 的脂肪，视提取出的油脂是植物油还是动物性脂肪而决定提取方法。可按本法 4.（1）①或 4.（1）②操作。

（2）测定

① 薄层板的制备

a. 硅胶 G 薄层板：称取 4.0g 硅胶 G 置玻璃乳钵中，加 10mL 水，研磨至黏稠状，铺成 5cm×20cm 的薄层板三块，置空气中干燥后于 80℃烘 1h，存放于干燥器中。

b. 聚酰胺薄层板：称取 2.4g 聚酰胺粉、0.60g 可溶性淀粉置于玻璃乳钵中，加约 15mL 水，研磨至浆状，铺成 10cm×20cm 的薄层板三块，置空气中干燥后于 80℃烘 1h，置干燥器中保存。

② 点样

a. 用 10μL 微量注射器在 5cm×20cm 的硅胶 G 薄层板上距下端 2.5cm 处点三点：标准溶液 5.0μL、试样提取液 6.0～30μL、试样提取液 6.0～30μL 加标准溶液 5.0μL。

b. 另取一块硅胶 G 薄层板点三点：标准溶液 5.0μL、试样提取液 1.5～3.6μL、试样提取液 1.5～3.6μL 加标准溶液 5.0μL。

c. 用 10μL 微量注射器在 10cm×20cm 的聚酰胺薄层板上距下端 2.5cm 处点三点：标准溶液 5.0μL、试样提取液 10.0μL、试样提取液 10.0μL 加标准溶液 5.0μL，边点样边用吹风机吹干，点上一滴吹干后再继续滴加。

③ 显色

a. 溶剂系统

（a）硅胶 G 薄层板：正己烷-二氧六环-乙酸（42＋6＋3）；异辛烷-丙酮-乙酸（70＋5＋12）。

（b）聚酰胺薄层板：ⓐ甲醇-丙酮-水（30＋10＋10）；ⓑ甲醇-丙酮-水（30＋10＋12.5）ⓒ甲醇-丙酮-水（30＋10＋15）。

对甲醇-丙酮-水系统，芝麻油只能用ⓐ，菜籽油用ⓑ，食品用ⓒ。

展开系统中水的比例对花生油、豆油、猪油中 PG 的分离无影响。

将点好样的薄层板置预先经溶剂饱和的展开槽内展开 16cm。

b. 展开　硅胶 G 薄层板自层析槽中取出，薄层板置通风橱中挥干至 PG 标准点显示灰黑色斑点，即可认为溶剂已基本挥干，喷显色剂，置 110℃烘箱中烘 10min，比较色斑颜色及深浅，趁热将薄层板置氨蒸气槽中放置 30s，观察各色斑颜色变化。

聚酰胺薄层板自层析槽中取出，薄层板置通风橱中吹干，喷显色剂，再通风挥干，直至 PG 斑点清晰。

④ 评定

a. 定性：根据试样中显示出的 BHT、BHA、PG 点与标准 BHT、BHA、PG 点比较 R_f 值及显色后斑点的颜色反应定性。如果样品液点显示检出某种抗氧化剂，则试样中抗氧化剂的斑点应与加入内标的抗氧化剂斑点重叠。

当点大量样液时由于杂质多，使试样中抗氧化剂点的 R_f 值略低于标准点，这时应在试样点上滴加标准溶液作内标，比较 R_f 值，如表 7-4。

表 7-4 BHT、BHA、PG 在薄层板上的 R_f 值、最低检出量及斑点颜色

抗氧化剂	硅胶 G 板结果			聚酰胺板结果		
	R_f 值	最低检出量/μg	斑点颜色	R_f 值	最低检出量/μg	斑点颜色
BHT	0.73	1.00	橘红→紫红	—	—	—
BHA	0.37	0.30	紫红→蓝紫	0.52	0.30	灰棕
PG	0.04	0.30	灰→黄棕	0.66	0.30	蓝

注：PG 在硅胶 G 板上定性及半定量不可靠，有干扰，且 R_f 值太小，应进一步用聚酰胺板展开。

b. 概略定量及限度试验　根据薄层板上样液点抗氧化剂所显示的斑点深浅与标准抗氧化剂斑点比较而估计含量，如果在②点样 a 的硅胶 G 薄层板上，试样中各抗氧化剂所显斑点浅于标准抗氧化剂斑点，则试样中各抗氧化剂含量在本方法的定性检出限量以下（BHT 点样量为 30.0μL，BHA、PG 点样量为 6.0μL）。如果在②点样 b 的硅胶 G 薄层板上，试样中各抗氧化剂所显斑点浅于标准抗氧化剂斑点，则试样中各抗氧化剂含量不超过食品添加剂使用标准（BHA、PG 点样量为 1.5μL，BHT 点样量为 3.6μL）。如果试样点斑点颜色深于标准点，可稀释后重新点样，估计含量。

5. 计算

（1）试样中抗氧化剂 BHT、BHA、PG（以脂肪计）的含量按正式进行计算：

$$X=\frac{m_1 D\times 1000}{m_2\times\frac{V_2}{V_1}\times 1000\times 1000}$$

式中　X——试样中抗氧化剂 BHT、BHA、PG（以脂肪计）的含量，g/kg；

m_1——薄层板上测得试样点抗氧化剂的质量，μg；

V_1——供薄层层析用点样液定容后的体积，mL；

V_2——滴加样液的体积，mL；

D——样液的稀释倍数；

m_2——定容后的薄层层析用样液相当于试样的脂肪质量，g；

1000——换算系数。

（2）试样中各抗氧化剂定性检出限度，如表 7-5 所示。

表 7-5 试样中各抗氧化剂定性检出限度

试样	BHT	BHA	PG
	检出限度/(mg/kg)		
油炸花生米	25	10	10
酥　　糖	10	10	10
饼　　干	10	10	10
巧　克　力	25	25	25
油　　脂	25	25	25

6. 说明

本法对油脂中 BHT、BHA、PG 进行概略定量是以各抗氧化剂在硅胶板上和聚酰胺板上最低检出标准斑点与试样 BHT、BHA、PG 的斑点比较。增大点样量，杂质点干扰较明

显，尤其对硅胶板上的BHA，薄层板必须涂布均匀。

（六）比色法

1. 原理

试样通过水蒸气蒸馏，使BHT分离，用甲醇吸收，遇邻联二茴香胺与亚硝酸钠溶液变成橙红色，用三氯甲烷提取，与标准比较定量。

2. 试剂

（1）邻联二茴香胺溶液：称取125mg邻联二茴香胺于50mL棕色容量瓶中，加25mL甲醇，振摇使全部溶解，加50mg活性炭，振摇5min过滤，取20.0mL滤液，置于另一50mL棕色容量瓶中，加盐酸（1＋11）至刻度。临用时现配并避光保存。

（2）BHT标准溶液：准确称取0.0500gBHT，用少量甲醇溶解，移入100mL棕色容量瓶中，并稀释至刻度，避光保存。此溶液每毫升相当于0.50mgBHT。

（3）BHT标准使用液：临用时吸取1.0mL BHT标准溶液，置于50mL棕色容量瓶中，加甲醇至刻度，混匀，避光保存。此溶液每毫升相当于10.0μgBHT。

3. 仪器

（1）水蒸气蒸馏装置。

（2）甘油浴。

（3）分光光度计。

4. 分析步骤

（1）试样处理　称取2～5g试样（约含0.40mg BHT）于100mL蒸馏瓶中，加16.0g无水氯化钙粉末及10.0mL水，当甘油浴温度达到165℃恒温时，将蒸馏瓶浸入甘油浴中，连接好水蒸气发生装置及冷凝管，冷凝管下端浸入盛有50mL甲醇的200mL容量瓶中，进行蒸馏，蒸馏速度每分钟1.5～2.0mL，在50～60min内收集约100mL馏出液（连同原盛有的甲醇共约150mL，蒸气压不可太高，以免油滴带出），以温热的甲醇分次洗涤冷凝管，洗液并入容量瓶中并稀释至刻度。

（2）测定　准确称取25.0mL上述处理后的试样溶液，移入用黑纸（布）包扎的100mL分液漏斗中，另准确吸取0mL、1.0mL、2.0mL、3.0mL、4.0mL、5.0mL BHT标准使用液（相当于0μg、10.0μg、20.0μg、30.0μg、40.0μg、50.0μgBHT），分别置于黑纸（布）包扎的60mL分液漏斗中，加入50%甲醇至25mL。分别加入5mL邻联二茴香胺溶液，混匀，再各加2mL亚硝酸钠溶液（3g/L），振摇1min，放置10min，再各加10mL三氯甲烷，剧烈振摇1min，静止3min后，将三氯甲烷层分入黑纸（布）包扎的10mL比色管中，管中预先放入2mL甲醇，混匀。用1cm比色杯，以三氯甲烷调节零点，于波长520nm出测吸光度，绘制标准曲线比较。

5. 计算

$$X=\frac{m_2\times 1000}{m_1\times \dfrac{V_2}{V_1}\times 1000\times 1000}$$

式中　X——试样中BHT的含量，g/kg；

m_2——测定用样液中BHT的质量，μg；

m_1——试样质量，g；

V_1——蒸馏后样液总体积，mL；

V_2——测定用吸取样液的体积，mL；

1000——换算系数。

第六节　食品中漂白剂的测定

一、概述

漂白剂（bleaching agent）是指能够破坏、抑制食品的发色因素，使其褪色或使食品免于褐变的物质。根据其作用原理可分为氧化型漂白剂和还原型漂白剂。氧化型漂白剂是借助于本身强烈的氧化能力将有色物质氧化分解而漂白，如过氧化氢和漂白粉等；还原型漂白剂是通过还原作用使有色物质褪色，如亚硫酸及其盐类，这些漂白剂用于食品中解离成亚硫酸，具有漂白、脱色、防腐和抗氧化作用。食品中应用的主要是还原型漂白剂，但用量过大会破坏食品的营养成分。

二、食品中二氧化硫的测定

1. 原理

在密闭器中对试样进行酸化、蒸馏，蒸馏物用乙酸铅溶液吸收。吸收后的溶液用浓盐酸酸化，碘标准溶液滴定，根据所消耗的碘标准溶液量计算出试样中的二氧化硫含量。

2. 试剂

（1）淀粉指示液（10g/L）：称取 1g 可溶性淀粉，用少许水调成糊状，缓缓倾入 100mL 沸水中，边加边搅拌，煮沸 2min，放冷备用，此溶液应临用时新配。

（2）硫代硫酸钠标准溶液（0.1mol/L）：称取 25g 含结晶水的硫代硫酸钠或 16g 无水硫代硫酸钠溶于 1000mL 新煮沸放冷的水中，加入 0.4g 氢氧化钠或 0.2g 碳酸钠，摇匀，贮存于棕色瓶内，放置两周后过滤，用重铬酸钾标准溶液标定其准确浓度。或购买有证书的硫代硫酸钠标准溶液。

（3）碘标准溶液[$c(1/2I_2)=0.1000$mol/L]：称取 13g 碘和 35g 碘化钾，加水约 100mL，溶解后加入 3 滴盐酸，用水稀释至 1000mL，过滤后转入棕色瓶。使用前用硫代硫酸钠标准溶液标定。

（4）重铬酸钾标准溶液[$c(1/6K_2Cr_2O_7)=0.1000$mol/L]：准确称取 4.9031g 已于 120℃±2℃电烘箱中干燥至恒重的重铬酸钾，溶于水并转移至 1000mL 量瓶中，定容至刻度。或购买有证书的重铬酸钾标准溶液。

（5）碘标准溶液[$c(1/2I_2)=0.01000$mol/L]：将 0.1000mol/L 碘标准溶液用水稀释 10 倍。

3. 分析步骤

（1）试样制备　果脯、干菜、米粉类、粉条和食用菌适当剪成小块，再用剪切式粉碎机剪碎，搅均匀，备用。

（2）样品蒸馏　称取 5g 均匀样品（精确至 0.001g，取样量可视含量高低而定），液体样品可直接吸取 5.00～10.00mL 样品，置于蒸馏烧瓶中。加入 250mL 水，装上冷凝装置，冷凝管下端插入预先备有 25mL 乙酸铅吸收液的碘量瓶的液面下，然后在蒸馏瓶中加入 10mL 盐酸溶液，立即盖塞，加热蒸馏。当蒸馏液约 200mL 时，使冷凝管下端离开液面，再蒸馏 1min。用少量蒸馏水冲洗插入乙酸铅溶液的装置部分。同时做空白试验。

(3) 滴定 向取下的碘量瓶中依次加入10mL浓盐酸、1mL淀粉指示剂(10g/L)。摇匀之后用碘标准滴定溶液滴定至溶液颜色变蓝且在30s内不褪色为止，记录消耗的碘标准滴定溶液体积。

4. 计算

$$X=\frac{(V-V_0)\times 0.032c\times 1000}{m}$$

式中 X——试样中的二氧化硫总含量（以 SO_2 计），g/kg或g/L；

V——滴定试样所用的碘标准溶液的体积，mL；

V_0——空白试验所用的碘标准溶液的体积，mL；

0.032——1mL碘标准溶液[$c(1/2I_2)=1.0$mol/L]相当于二氧化硫的质量，g；

c——碘标准溶液浓度，mol/L；

m——样品质量或体积，g或mL；

1000——换算系数。

5. 说明

(1) 碘易挥发，其标准溶液在保存时要密封，贮存于棕色瓶放置暗处，避免碘溶液见光遇热浓度发生变化；应避免碘溶液与橡皮等有机物接触。在良好的保存条件下，碘标准溶液的有效期一个月。

(2) 配制碘标准溶液时可加少量的盐酸使溶液偏酸性，可使碘化钾试剂中可能存在的 KIO_3 在酸性条件下与KI作用生成碘。

(3) 碘和碘化钾研磨溶解后，切勿用滤纸过滤，以免滤纸被碘氧化。

第七节 食品中着色剂的测定

一、概述

着色剂（coloring agent）是赋予食品色泽和改善食品色泽的物质。因本身具有色泽，又称为色素。按照来源可分为天然色素和化学合成色素两类。天然色素是从动植物、微生物或其代谢产物中提取出来的有机着色剂，如番茄红素、类胡萝卜素等。天然色素相对安全，但其具有溶解性、稳定性较差，着色力弱，分散性不好，难以任意调配颜色，成本较高等缺点，不能满足目前食品生产的需要。合成色素一般色泽鲜艳、性质稳定、着色力强、易于溶解、可以随意调色、价格低廉等，因此，应用比较广泛。但是合成色素的毒性一般要高于天然色素。因此，这里主要介绍食品中合成色素的检测。

二、食品中着色剂的测定

适用于饮料、配制酒、硬糖、蜜饯、淀粉软糖、巧克力豆及着色糖衣制品中合成着色剂（不含铝色锭）的测定。

1. 原理

食品中人工合成着色剂用聚酰胺吸附法或液-液分配法提取，制成水溶液，注入高效液相色谱仪，经反相色谱分离，根据保留时间定性，与峰面积比较定量。

2. 试剂

(1) 乙酸铵溶液(0.02mol/L)：称取1.54g乙酸铵，加水至1000mL，溶解，经0.45μm

滤膜过滤。

（2）氨水溶液：量取氨水 2mL，加水至 100mL，混匀。

（3）柠檬酸溶液：称取 20g 柠檬酸，加水至 100mL，溶解混匀。

（4）无水乙醇-氨水-水溶液（7＋2＋1，体积比）：量取无水乙醇 70mL、氨水溶液 20mL、水 10mL，混匀。

（5）三正辛胺＋正丁醇溶液（5%）：量取三正辛胺 5mL，加正丁醇至 100mL，混匀。

（6）聚酰胺粉（尼龙 6）：过 200μm（目）筛。

（7）pH6 的水：水加柠檬酸溶液调 pH 到 6。

（8）pH4 的水：水加柠檬酸溶液调 pH 到 4。

（9）合成着色剂标准储备液（1.0mg/mL）：准确称取按其纯度折算为 100%质量的柠檬黄、日落黄、苋菜红、胭脂红、新红、赤藓红、亮蓝各 0.1g（精确至 0.0001g），置 100mL 容量瓶中，加 pH6 的水至刻度。

（10）合成着色剂标准使用液（50.0μg/mL）：临用时将标准储备液加水稀释 20 倍，经 0.45μm 微孔滤膜过滤。

3. 仪器

高效液相色谱仪，带二极管阵列或紫外检测器。

4. 分析步骤

（1）试样制备

① 果汁饮料及果汁、果味碳酸饮料等：称取 20～40g（精确至 0.001g），放入 100mL 烧杯中。含二氧化碳试样加热或超声驱除二氧化碳。

② 配制酒类：称取 20～40g（精确至 0.001g），放入 100mL 烧杯中，加小碎瓷片数片，加热驱除乙醇。

③ 硬糖、蜜饯类、淀粉软糖等：称取 5～10g（精确至 0.001g）粉碎样品，放入 100mL 烧杯中，加水 30mL，温热溶解，若样品溶液 pH 较高，用柠檬酸溶液调 pH 到 6 左右。

④ 巧克力豆及着色糖衣制品：称取 5～10g（精确至 0.001g），放入 100mL 烧杯中，用水反复洗涤色素，直到试样无色素为止，合并色素漂洗液为试样溶液。

（2）色素提取

① 聚酰胺吸附法：试样溶液加柠檬酸溶液调 pH 到 6，加热至 60℃，将 1g 聚酰胺粉加少许水调成粥状，倒入试样溶液中，搅拌片刻，以 G3 垂熔漏斗抽滤，用 60℃pH 为 4 的水洗涤 3～5 次，然后用甲醇-甲酸溶液（6＋4，体积比）洗涤 3～5 次（含赤藓红的试样用本法中 4（2）②处理），再用水洗至中性，用乙醇-氨水-水混合溶液解吸 3～5 次，直至色素完全解吸，收集解吸液，加乙酸中和，蒸发至近干，加水溶解，定容至 5mL。经 0.45μm 微孔滤膜过滤，进高效液相色谱仪分析。

②液-液分配法（适用于含赤藓红的试样）：将制备好的试样溶液放入分液漏斗中，加 2mL 盐酸、三正辛胺-正丁醇溶液（5%）10～20mL，振摇提取，分取有机相，重复提取直至有机相无色，合并有机相，用饱和硫酸钠溶液洗 2 次，每次 10mL，分取有机相，放蒸发皿中，水浴加热浓缩至 10mL，转移到分液漏斗中，加 10mL 正己烷，混匀，加氨水溶液提取 2～3 次，每次 5mL，合并氨水溶液层（含水溶性酸性色素），用正己烷洗 2 次，氨水层加乙酸调成中性，水浴加热蒸发至近干，加水定容至 5mL。经 0.45μm 微孔滤膜过滤，进高效液相色谱仪分析。

（3）高效液相色谱条件　色谱柱：C_{18}，4.6mm×250mm，5μm。进样量：10μL。柱

温：35℃。二极管阵列检测器波长范围：400～800nm，或紫外检测器检测波长：254nm。流动相：0.02mol/L乙酸铵溶液-甲醇，流速1.0mL/min，梯度洗脱。

（4）测定　将试样提取液和合成着色剂标准使用液分别注入高效液相色谱仪，根据保留时间定性，外标峰面积法定量。

5. 计算

试样中着色剂含量按下式计算：

$$X=\frac{cV\times1000}{m\times1000\times1000}$$

式中　X——试样中着色剂的含量，g/kg；

c——进样液中着色剂的浓度，μg/mL；

V——试样稀释总体积，mL；

m——试样质量，g；

1000——换算系数。

第八章
常见食品的检验

第一节　食用油脂的检验

一、概述

天然油脂在生物界分布十分广泛，某些植物种子以及动物组织中油脂的含量相当丰富。食用油脂按其来源可分为植物油脂和动物油脂。植物油脂如：豆油、菜籽油、花生油、棉籽油、芝麻油、葵花籽油、玉米胚芽油、米糠油等。动物油脂如：猪油、黄油、牛油、羊油等。

食用油脂主要是由多种饱和及不饱和的脂肪酸组成的甘油三酯，并包含其他多种组分的混合物。这些组分包括游离脂肪酸、磷脂、植物甾醇、脂溶性维生素、色素、氧化产物、微量金属、水分等。经过精炼的油脂，上述附加组分显著减少。

食用油脂是人类膳食的重要组成部分。油脂在人体中的作用大致可分为四个方面：供给热量；供给必需脂肪酸；供给脂溶性维生素，并作为脂溶性维生素的吸收媒介；赋予食物特有的风味，增进人们的食欲。此外，油脂在体内还具有能调节体内水分蒸发、保护内脏、保温、节约蛋白质的消耗及部分代替维生素 B 的作用等。油脂在贮藏中最突出的问题是酸败变苦。酸败变苦的根本原因是脂肪在酶或微生物等的作用下水解或与空气接触发生氧化作用，由此引起一系列化学变化，最后产生醛、酮类等物质。促进这种化学变化的因素主要是水分、空气、温度、杂质、光、金属等。食用油脂应当符合国家安全标准的要求，原料优良，具有完善的加工工艺。因此，对生产加工、储运和销售过程中油脂进行监测具有重要的意义。

二、食用油脂的检验

（一）感官检验

1. 色泽

将样品混合并过滤，然后倒入 50mm×100mm 烧杯中，油量高度不得小于 5mm，在室温下先对着自然光观察，然后再置于白色背景前借其反射光线观察并按下列词句记述：白色、灰白色、柠檬色、淡黄色、黄色、橙色、棕黄色、棕色、棕红色、棕褐色等。

2. 气味及滋味

将样品倒入 150mL 烧杯中，置于水浴上，加热至 50℃，以玻璃棒迅速搅拌。嗅其气味，并蘸取少许样品，辨尝其滋味，然后按正常、焦煳、酸败、苦辣等词句记述。

（二）理化检验

1. 酸价的测定

（1）冷溶剂指示剂滴定法

本法适用于常温下能够被冷溶剂完全溶解成澄清溶液的食用油脂样品，适用范围包括食用植物油（辣椒油除外）、食用动物油、食用氢化油、起酥油、人造奶油、植脂奶油、植物油料共计 7 类。

① 原理　用有机溶剂将油脂试样溶解成样品溶液，再用氢氧化钾或氢氧化钠标准滴定溶液中和滴定样品溶液中的游离脂肪酸，以指示剂相应的颜色变化来判定滴定终点，最后通过滴定终点消耗的标准滴定溶液的体积计算油脂试样的酸价。

② 仪器　滴定管。

③ 试剂　乙醚-异丙醇混合液：乙醚＋异丙醇＝1＋1，500mL 的乙醚与 500mL 的异丙醇充分互溶混合，用时现配。

④ 分析步骤

a. 试样制备　若食用油脂样品常温下呈液态，且为澄清液体，则充分混匀后直接取样，否则按照国家标准的相关要求进行除杂和脱水干燥处理；若食用油脂样品常温下为固态或为经乳化加工的食用油脂，按照国家标准的要求进行制备。

b. 试样称量　根据制备试样的颜色和估计的酸价称量试样。试样称样量和滴定液浓度应使滴定液用量在 0.2～10mL 之间（扣除空白后）。若检测后，发现样品的实际称样量与该样品酸价对应的应有称样量不符，应调整称样量后重新检测。

c. 试样测定　取一个干净的 250mL 的锥形瓶，按照要求用天平称取制备的油脂试样，其质量 m 单位为克。加入乙醚-异丙醇混合液 50～100mL 和 3～4 滴的酚酞指示剂，充分振摇溶解试样。再用装有标准滴定溶液的刻度滴定管对试样溶液进行手工滴定，当试样溶液初现微红色，且 15s 内无明显褪色时，为滴定的终点。立刻停止滴定，记录下此滴定所消耗的标准滴定溶液的体积（mL），此数值为 V。对于深色泽的油脂样品，可用百里香酚酞指示剂或碱性蓝 6B 指示剂取代酚酞指示剂，滴定时，当颜色变为蓝色时为百里香酚酞的滴定终点，碱性蓝 6B 指示剂的滴定终点为由蓝色变红色。米糠油（稻米油）的冷溶剂指示剂法测定酸价只能用碱性蓝 6B 指示剂。

d. 空白试验　另取一个干净的 250mL 锥形瓶，准确加入与试样测定时相同体积、相同种类的有机溶剂混合液和指示剂，振摇混匀。然后用装有标准滴定溶液的滴定管进行手工滴定，当溶液初现微红色，且 15s 内无明显褪色时，为滴定的终点。立刻停止滴定，记录下此滴定所消耗的标准滴定溶液的体积（mL），此数值为 V_0。对于冷溶剂指示剂滴定法，也可在配制好的试样溶解液中滴加数滴指示剂，然后用标准滴定溶液滴定试样溶解液至相应的颜色变化且15s内无明显褪色后停止滴定，表明试样溶解液的酸性正好被中和。然后以这种酸性被中和的试样溶解液溶解油脂试样，再用同样的方法继续滴定试样溶液至相应的颜色变化且15s内无明显褪色后停止滴定，记录下此滴定所消耗的标准滴定溶液的体积（mL），此数值为 V，如此无需再进行空白试验，即 $V_0=0$。

⑤ 计算

$$X=\frac{(V-V_0)c\times 56.1}{m}$$

式中　X——样品的酸价，mg/g；

V——试样测定所消耗的标准滴定溶液的体积，mL；

V_0——相应的空白测定所消耗的标准滴定溶液的体积，mL；

c——氢氧化钾标准溶液的实际质量浓度，mol/L；

m——样品质量，g；

56.1——与1.0mL氢氧化钾标准滴定溶液[c(KOH)=1.000mol/L]相当的氢氧化钾质量，mg。

⑥ 说明

a. 测定深色油的酸价，可减少试样用量，或适当增加混合溶剂的用量。

b. 酸价高的油脂可减少试样或增大碱标准溶液浓度。

c. 油脂中游离脂肪酸含量的多少，是油脂品质好坏的重要指标之一。精制的新鲜油脂常是中性，含有少量脂肪酸，酸价较小；未经精炼的粗制油脂酸价往往较高。此外，油脂在储存、运输期间，由于含有过量的水分和杂质，水解而产生游离脂肪酸，致使酸价增高。

（2）冷溶剂自动电位滴定法

本法适用于常温下能够被冷溶剂完全溶解成澄清溶液的食用油脂样品和含油食品中提取的油脂样品。

① 原理　从食品样品中提取出油脂（纯油脂试样可直接取样）作为试样，用有机溶剂将油脂试样溶解成样品滴定溶液，再用氢氧化钾或氢氧化钠标准滴定溶液中和滴定样品溶液中的游离脂肪酸，同时测定过程中样品溶液pH的变化并绘制相应的pH-滴定体积实时变化曲线及其一阶微分曲线，以游离脂肪酸发生中和反应所引起的“pH突跃”为依据判定滴定终点，最后通过滴定终点消耗的标准溶液的体积计算油脂试样的酸价。

② 试剂　液氮（N_2），纯度>99.99%。

③ 仪器和设备

a. 自动电位滴定仪　具备自动pH电极校正功能、动态滴定模式功能；由微机控制，能实时自动绘制和记录滴定时的pH-滴定体积实时变化曲线及相应的一阶微分曲线；滴定精度应达0.01mL/滴，电信号测量精度达到0.1mV；配备20mL的滴定液加液管；滴定管的出口处配备防扩散头。

b. 非水相酸碱滴定专用复合pH电极　采用Ag/AgCl内参比电极，具有移动套管式隔膜和电磁屏蔽功能。内参比液为2mol/L氯化锂-乙醇溶液。

④ 操作方法　试样的制备和称量同第一法。

取一个干净的200mL的烧杯，按照要求用天平称取制备的油脂试样，其质量 m 的单位为克。准确加入乙醚-异丙醇混合液50～100mL，再加入1颗干净的聚四氟乙烯磁力搅拌子，将此烧杯放在磁力搅拌器上，以适当的转速搅拌至少20s，使油脂试样完全溶解并形成样品溶液，维持搅拌状态。然后，将已连接在自动电位滴定仪上的电极和滴定管插入样品溶液中，注意应将电极的玻璃泡和滴定管的防扩散头完全浸没在样品溶液的液面以下，但又不可与烧杯壁、烧杯底和旋转的搅拌子触碰，同时打开电极上部的密封塞。启动自动电位滴定仪，用标准滴定溶液进行滴定，测定时自动电位滴定仪的参数条件如下：

——滴定速度：启用动态滴定模式控制。

——最小加液体积：0.01～0.06mL/滴（空白试验：0.01～0.03mL/滴）。

——最大加液体积：0.1～0.5mL（空白试验：0.01～0.03mL）。

——信号漂移：20～30mV。

——启动实时自动监控功能，由微机实时自动绘制相应的pH-滴定体积实时变化曲线及对应的一阶微分曲线。

——终点判定方法：以游离脂肪酸发生中和反应时，其产生的“S”形pH-滴定体积实时变化曲线上的“pH突跃”导致的一阶微分曲线的峰顶点所指示的点为滴定终点。过了滴定终点后自动电位滴定仪会自动停止滴定，滴定结束，并自动显示出滴定终点所对应的消耗的标准滴定溶液的体积（mL），即滴定体积V；若在整个自动电位滴定测定过程中，发生多次不同pH范围“pH突跃”的油脂试样（如米糠油等），则以“突跃”起点的pH最符合或接近于pH7.5～9.5范围的“pH突跃”作为滴定终点判定的依据；若产生“直接突跃”型pH-滴定体积实时变化曲线，则直接以其对应的一阶微分曲线的顶点为滴定终点判定的依据；若在一个“pH突跃”上产生多个一阶微分峰，则以最高峰作为滴定终点判定的依据。

每个样品滴定结束后，电极和滴定管应用溶剂冲洗干净，再用适量的蒸馏水冲洗后方可进行下一个样品的测定；搅拌子先后用溶剂和蒸馏水清洗干净并用纸巾拭干后方可重复使用。

空白试验：另取一个干净的200mL的烧杯，准确加入与试样测定时相同体积、相同种类有机溶剂混合液，然后按照试样测量中相关的自动电位滴定仪参数进行测定。获得空白测定的“直接突跃”型pH-滴定体积实时变化曲线及对应的一阶微分曲线，以一阶微分曲线的顶点所指示的点为空白测定的滴定终点，获得空白测定的消耗标准滴定溶液的体积为V_0（mL）。

⑤ 计算　同本节冷溶剂指示剂滴定法。

(3) 热乙醇指示剂滴定法

本法适用于常温下不能被冷溶剂完全溶解成澄清溶液的食用油脂样品。

① 原理　将固体油脂试样同乙醇一起加热至70℃以上（但不超过乙醇的沸点），使固体油脂试样熔化为液态，同时通过振摇形成油脂试样的热乙醇悬浊液，使油脂试样中的游离脂肪酸溶解于热乙醇，再趁热用氢氧化钾或氢氧化钠标准滴定溶液中和滴定热乙醇悬浊液中的游离脂肪酸，以指示剂相应的颜色变化来判定滴定终点，然后通过滴定终点消耗的标准溶液的体积计算油脂样品的酸价。

② 试剂、仪器　同本节冷溶剂指示剂滴定法。

③ 分析步骤　试样制备和称量同本节冷溶剂指示剂滴定法。

取一个干净的250mL的锥形烧瓶，按照要求用天平称取制备的油脂试样，其质量m的单位为克。另取一个干净的250mL的锥形烧瓶，加入50～100mL的95%乙醇，再加入0.5～1mL的酚酞指示剂。然后，将此锥形烧瓶放入90～100℃的水浴中加热直到乙醇微沸。取出该锥形烧瓶，趁乙醇的温度还维持在70℃以上时，立即用装有标准滴定溶液的刻度滴定管对乙醇进行滴定。当乙醇初现微红色，且15s内无明显褪色时，立刻停止滴定，乙醇的酸性被中和。将此中和乙醇溶液趁热立即倒入装有试样的锥形烧瓶中，然后放入90～100℃的水浴中加热直到乙醇微沸，其间剧烈振摇锥形烧瓶形成悬浊液。最后取出该锥形烧瓶，趁热，立即用装有标准滴定溶液的刻度滴定管对试样的热乙醇悬浊液进行滴定，当试样溶液初现微红色，且 15s 内无明显褪色时，为滴定的终点，立刻停止滴定，记录下此滴定所消耗的标准滴定溶液的体积（mL），此数值为 V。

对于深色泽的油脂样品，可适当加大乙醇和指示剂的用量，可用百里香酚酞指示剂（或碱性蓝 6B 指示剂）取代酚酞指示剂，滴定时，当其颜色变为蓝色时为百里香酚酞的滴定终点，碱性蓝 6B 指示剂的滴定终点为由蓝色变红色。

热乙醇指示剂滴定法无需进行空白试验，即 $V_0=0$。

④ 计算　同本节冷溶剂指示剂滴定法。

2. 过氧化值的测定

油脂与空气中的氧发生氧化作用生成的过氧化物是油脂氧化的初期产物。有些油脂可能尚没有酸败现象，但已有较高的过氧化值，这表示油脂已开始酸败。故过氧化值的增加是油脂开始酸败的象征，它和油脂新鲜程度密切相关。

（1）滴定法

本法适用于食用动植物油脂、食用油脂制品，以小麦粉、谷物、坚果等植物性食品为原料经油炸、膨化、烘烤、调制、炒制等加工工艺而制成的食品，以及以动物性食品为原料经速冻、干制、腌制等加工工艺而制成的食品。

① 原理　制备的油脂试样在三氯甲烷和冰醋酸中溶解，其中的过氧化物与碘化钾反应生成碘，用硫代硫酸钠标准溶液滴定析出的碘。用过氧化物相当于碘的质量分数或 1kg 样品中活性氧的毫摩尔数表示过氧化值的量。

② 试剂

a. 饱和碘化钾溶液：称取 20g 碘化钾，加入 10mL 新煮沸冷却的水，摇匀后贮于棕色瓶中，存放于避光处备用。要确保溶液中有饱和碘化钾结晶存在。使用前检查：在 30mL 三氯甲烷-冰醋酸混合液中添加 1.00mL 碘化钾饱和溶液和 2 滴 1%淀粉指示剂，若出现蓝色，并需用 1 滴以上的 0.01mol/L 硫代硫酸钠溶液才能消除，此碘化钾溶液不能使用，应重新配制。

b. 1%淀粉指示剂：称取 0.5g 可溶性淀粉，加少量水调成糊状。边搅拌边倒入 50mL 沸水，再煮沸搅匀后，放冷备用。临用前配制。

③ 分析步骤　称取 2.00～3.00g 混匀（必要时过滤）的样品，置于 250mL 碘量瓶中，加 30mL 三氯甲烷-冰醋酸混合液，使样品完全溶解。加入 1.00mL 饱和碘化钾溶液，紧密塞好瓶塞，并轻轻振摇 0.5min，然后在暗处放置 3min。取出加 100mL 水，摇匀，后立即用硫代硫酸钠标准溶液（过氧化值估计值在 0.15g/100g 及以下时，用 0.002mol/L 标准溶液；过氧化值估计值大于 0.15g/100g 时，用 0.01mol/L 标准溶液）滴定析出的碘，滴定至淡黄色时，加 1mL 淀粉指示剂，继续滴定并强烈振摇至溶液蓝色消失为终点。同时进行空白试验。空白试验所消耗 0.01mol/L 硫代硫酸钠溶液体积 V_2 不得超过 0.1mL。

④ 计算　用过氧化物相当于碘的质量分数表示过氧化值时

$$X_1=\frac{(V_1-V_2)c\times 0.1269}{m}\times 100$$

式中　X_1——样品的过氧化值，g/100g；

V_1——样品消耗硫代硫酸钠标准溶液体积，mL；

V_2——试剂空白消耗硫代硫酸钠标准溶液体积，mL；

c——硫代硫酸钠标准溶液的浓度，mol/L；

m——样品质量，g；

0.1269——与 1.00mL 硫代硫酸钠标准滴定溶液[$c(1/2Na_2S_2O_3)=1.000mol/L$]相当于

碘的质量，g。

⑤ 说明

a. 加入碘化钾后，静置时间长短以及加水量多少，对测定结果均有影响。操作过程中注意条件一致。

b. 淀粉指示剂最好在接近终点时加入，即在硫代硫酸钠标准溶液滴定碘至浅黄色时再加入淀粉，否则碘和淀粉吸附太牢，终点时颜色不易褪去，致使终点出现过迟，引起误差。

c. 三氯甲烷不得含有光气等氧化物，否则应进行处理。

d. 过氧化值的表示单位：本方法采用 100g 油脂在一定条件下所能游离出 KI 中碘的质量（g）；用 1kg 样品中活性氧的毫摩尔数表示过氧化值时，按下式计算：

$$X_2=\frac{(V-V_0)c}{2m}\times 1000$$

式中 X_2——过氧化值，mmol/kg；

V——试样消耗的硫代硫酸钠标准溶液体积，mL；

V_0——空白试验消耗的硫代硫酸钠标准溶液体积，mL；

c——硫代硫酸钠标准溶液的浓度，mol/L；

m——试样质量，g；

1000——换算系数。

（2）电位滴定法

适用于动植物油脂和人造奶油，测量范围是 0～0.38g/100g。

① 原理　制备的油脂试样溶解在异辛烷和冰醋酸中，试样中过氧化物与碘化钾反应生成碘，反应后用硫代硫酸钠标准溶液滴定析出的碘，用电位滴定仪确定滴定终点。用过氧化物相当于碘的质量分数或 1kg 样品中活性氧的毫物质的量表示过氧化值。

② 试剂

a. 异辛烷-冰醋酸混合液（40＋60）：量取 40mL 异辛烷，加 60mL 冰醋酸，混匀。

b. 0.1mol/L 硫代硫酸钠标准溶液：称取 26g 五水合硫代硫酸钠，加 0.2g 无水碳酸钠，溶于 1000mL 水中，缓缓煮沸 10min，冷却。放置两周后过滤、标定。

③ 仪器和设备　电位滴定仪：精度为±2mV；能实时显示滴定过程的电位值-滴定体积变化曲线；配备复合铂环电极或其他具有类似指示功能的氧化还原电极以及 10mL、20mL 的带防扩散滴定头的滴定管。

④ 分析步骤　称取油脂试样 5g（精确至 0.001g）于电位滴定仪的滴定杯中，加入 50mL 异辛烷-冰醋酸混合液，轻轻振摇使试样完全溶解。如果试样溶解性较差（如硬脂或动物脂肪），可先向滴定杯中加入 20mL 异辛烷，轻轻振摇使样品溶解，再加 30mL 冰醋酸后混匀。

向滴定杯中准确加入 0.5mL 饱和碘化钾溶液，开动磁力搅拌器，在合适的搅拌速度下反应 60s±1s。立即向滴定杯中加入 30～100mL 水，插入电极和滴定头，设置好滴定参数，运行滴定程序，采用动态滴定模式进行滴定并观察滴定曲线和电位变化，硫代硫酸钠标准溶液加液量一般控制在 0.05～0.2mL/滴。到达滴定终点后，记录滴定终点消耗的标准溶液体积 V。每完成一个样品的滴定后，须将搅拌器或搅拌磁子、滴定头和电极浸入异辛烷中清洗表面的油脂。

同时进行空白试验。采用等量滴定模式进行滴定并观察滴定曲线和电位变化，硫代硫酸钠标准溶液加液量一般控制在 0.005mL/滴。到达滴定终点后，记录滴定终点消耗的标准溶液体积 V_0。空白试验所消耗 0.01mol/L 硫代硫酸钠溶液体积 V_0 不得超过 0.1mL。

⑤ 计算　同本节冷溶剂指示剂滴定法。

3. 羰基价的测定

油脂氧化所生成的过氧化物，进一步分解为含羰基的化合物，这些二次分解产物的量以羰基价表示。羰基价的大小则代表油脂酸败的程度。油脂和含油脂的食品的羰基价受存放、加工条件的影响甚大，随加热时间的增长而增加，是油脂氧化酸败的灵敏指标。

(1) 原理　油脂中的羰基化合物和2,4-二硝基苯肼反应生成腙，在碱性溶液中形成褐红色或酒红色的醌离子，在440nm下测定吸光度，可以计算羰基价。

(2) 仪器：分光光度计。

(3) 试剂

① 精制乙醇：取1000mL无水乙醇，置于2000mL圆底烧瓶中，加入5g铝粉、10g氢氧化钾，接好标准磨口的回流冷凝管，水浴中加热回流1h，然后用全玻璃蒸馏装置，蒸馏收集馏出液。

② 精制苯：2,4-二硝基苯肼溶液：称取50mg 2,4-二硝基苯肼，溶于100mL苯中。

③ 氢氧化钾-乙醇溶液：称取4g氢氧化钾，加100mL精制乙醇使其溶解，置冷暗处过夜，取上部澄清液使用。溶液变黄褐色则应重新配制。

(4) 分析步骤　称取0.025～0.5g油样（精确至0.1mg）：羰基价低于30mmol/kg的油样称取0.1g，羰基价30～60mmol/kg的油样称取0.05g，羰基价高于60mmol/kg的油样，称取0.025g；置于25mL具塞试管中，加5mL苯溶解油样，加3mL三氯乙酸溶液及5mL 2,4-二硝基苯肼溶液，仔细振摇混匀。

在60℃水浴中加热30min，反应后取出用流水冷却至室温，沿试管壁缓慢加入10mL氢氧化钾-乙醇溶液，使成为两液层，涡旋振荡混匀后，放置10min。

以1cm比色杯，用试剂空白调节零点，于波长440nm处测吸光度。

(5) 计算

$$X=\frac{A}{854m}\times1000$$

式中　X——样品的羰基价，meq/kg；

A——测定时样液吸光度；

m——样品质量，g；

854——各种醛的毫克当量吸光系数的平均值；

1000——换算系数。

(6) 说明

① 2,4-二硝基苯肼较难溶于苯，配制时应充分搅动。必要时过滤使溶液中无固形物。

② 氢氧化钾-乙醇溶液极易变褐，并且新配制的溶液往往混浊，一般是配制后过夜，取上清液使用，也可用玻璃纤维滤膜过滤。

4. 丙二醛的测定

(1) 高效液相色谱法

① 原理　试样先用酸液提取，再将提取液与硫代巴比妥酸（TBA）作用生成有色化合物，采用高效液相色谱-二极管阵列检测器测定，外标法定量。

② 试剂　硫代巴比妥酸（TBA）水溶液：准确称取0.288g（精确至0.001g）硫代巴比妥酸溶于水中，并稀释至100mL（如不易溶解，可加热超声至全部溶解，冷却后定容至100mL），相当于0.02mol/L。

③ 仪器　高效液相色谱：配有二极管阵列检测器。

④ 分析步骤　试样制备：称取均匀的样品 5g（精确至 0.01g），置入 100mL 具塞锥形瓶中，准确加入 50mL 三氯乙酸混合液，摇匀，加塞密封，置于恒温振荡器上 50℃振摇 30min，取出，冷却至室温，用双层定量慢速滤纸过滤，弃去初滤液，续滤液备用。

准确移取滤液和标准系列溶液各 5mL 分别置于 25mL 具塞比色管内，加入 5mL 硫代巴比妥酸（TBA）水溶液，加塞，混匀，置于 90℃水浴内反应 30min，取出，冷却至室温，取适量上层清液过滤膜上机分析。

分别吸取标准系列工作液和待测试样的衍生溶液注入高效液相色谱仪中，测定相应的峰面积，以标准工作液的浓度为横坐标，以峰面积响应值为纵坐标，绘制标准曲线。根据标准曲线得到待测液中丙二醛的浓度。

⑤ 计算　试样中丙二醛的含量按下式计算：

$$X=\frac{cV\times1000}{m\times100}$$

式中　X——试样中丙二醛含量，mg/kg；

c——从标准系列曲线中得到的试样溶液中丙二醛的浓度，μg/mL；

V——试样溶液定容体积，mL；

m——最终试样溶液所代表的试样质量，g；

1000——换算系数。

(2) 分光光度法

本法适用于动植物油脂中丙二醛的测定。

① 原理　丙二醛经三氯乙酸溶液提取后，与硫代巴比妥酸（TBA）作用生成粉红色化合物，测定其在 532nm 波长处的吸光度值，与标准系列比较定量。

② 仪器　分光光度计。

③ 试剂

a. 三氯乙酸混合液：准确称取 37.50g（精确至 0.01g）三氯乙酸及 0.50g（精确至 0.01g）乙二胺四乙酸二钠，用水溶解，稀释至 500mL。

b. 硫代巴比妥酸（TBA）水溶液：准确称取 0.288g（精确至 0.001g）硫代巴比妥酸溶于水中，并稀释至 100mL（如不易溶解，可加热超声至全部溶解，冷却后定容至 100mL），相当于 0.02mol/L。

④ 分析步骤

a. 样品制备：称取样品 5g（精确到 0.01g）置入 100mL 具塞锥形瓶中，准确加入 50mL 三氯乙酸混合液，摇匀，加塞密封，置于恒温振荡器上 50℃振摇 30min，取出，冷却至室温，用双层定量慢速滤纸过滤，弃去初滤液，续滤液备用。准确移取上述滤液和标准系列溶液各 5mL 分别置于 25mL 具塞比色管内，另取 5mL 三氯乙酸混合液作为样品空白，分别加入 5mL 硫代巴比妥酸（TBA）水溶液，加塞，混匀，置于 90℃水浴内反应 30min，取出，冷却至室温。

b. 测定：以样品空白调节零点，于 532nm 处 1cm 光径测定样品溶液和标准系列溶液的吸光度值，以标准系列溶液的质量浓度为横坐标、吸光度值为纵坐标，绘制标准曲线。

⑤ 计算

$$X=\frac{cV\times1000}{m\times1000}$$

式中　X——试样中丙二醛含量，mg/kg；

c——从标准系列曲线中得到的试样溶液中丙二醛的浓度，μg/mL；

V——试样溶液定容体积，mL；

m——最终试样溶液所代表的试样质量，g；

1000——换算系数。

⑥ 说明

a. 最大吸收波长一般在538nm，但也可稍有移动，必要时为532～538nm。

b. 样品中如含有甲醛、乙醛、戊二醛、糠醛、蔗糖、果糖等物质，则能与硫代巴比妥酸作用，生成有色复合物，干扰结果。

c. 试样萃取时需保持熔化状态，熔化温度不要超过70℃，以免样品继续氧化。

d. 样品振摇时要防止三氯乙酸混合液外溢，以免影响测定结果。

第二节 肉与肉制品的检验

一、概述

（一）肉的概念

对于肉的概念，要根据其在不同的行业、不同的加工利用场合来理解其含义，才能了解肉的食用价值。从广义来讲，凡是适合人类作为食品的动物机体的所有构成部分都可称为肉。在肉品工业和商品学中，肉则专指去毛或皮、头、蹄、尾和内脏的家畜胴体或称白条肉；把去掉羽毛、内脏及爪的家禽胴体称为光禽；而将头、蹄、内脏及爪统称为副产品或下水。因此，胴体所包容的肌肉、脂肪、骨、软骨、筋膜、神经、脉管和淋巴结等都列入肉的概念。而在肉制品中所说的肉，仅指肌肉以及其中的各种软组织，不包括骨及软骨组织。精肉则是指不带骨的肉，即去掉可见脂肪、筋膜、血管、神经的骨骼肌。

在屠宰加工和肉的冷冻加工过程中，根据肉的温度将肉分为热鲜肉、冷却肉、冷冻肉等。

从生物学角度来看，肉是由肌肉组织、脂肪组织、结缔组织及骨组织等组成的，其中肌肉组织占50%～60%，脂肪组织占20%～30%，结缔组织占9%～14%，骨组织占15%～22%。其组成比例依家畜的种类、品种、年龄、性别、营养状况、育肥程度而有所差异。

从生物化学的角度来看，肉是由水、含氮有机化合物、脂肪酸的甘油酯、碳水化合物、有机盐、无机盐、多种金属及各种酶组成的复杂构成物。同一动物的不同部位以及不同种类动物体的同名部位的肌肉群，在构造上是各不相同的，所以肉在质量上是多种多样的，决定着不同的食用价值和不同的加工过程。

（二）鲜肉在保藏中的变化

肉在保存过程中，一般经过僵值（rigor）、成熟（ripening）、自溶（autolysis）和腐败（spoilage）4个连续的变化过程。前两个阶段是新鲜的；自溶出现后，肉即开始轻度腐败变质。市售鲜肉大都是在成熟阶段。在成熟和自溶阶段的分解产物，为腐败微生物生长、繁殖提供了良好的营养物质。微生物的大量繁殖导致肉发生更复杂的分解，主要是在微生物蛋白酶（protease）和肽链内切酶（endopeptidase）等作用下，使氨基酸脱氨、脱羧生成吲哚、甲基吲哚、酚、腐胺、尸胺、酪胺、组胺、色氨、氨、硫化氢、甲烷、硫醇、二氧化碳及各种含氮酸和脂肪酸类，引起肉类蛋白质的腐败。

肉的腐败变质（meat spoilage）除蛋白质的分解外，还有其他化学成分的分解，如脂类及糖类受微生物酶的作用生成各种类型的低级产物，脂类可在脂酶的作用下、水解成甘油，甘油二酯或甘油一酯以及相应的脂肪酸，最后通过氧化作用生成低分子酸、醇、酯等；磷脂类经酶解后形成脂肪酸、甘油、磷酸和胆碱，后者又进一步转化为三甲胺、甲胺、毒蕈碱和神经碱；糖类在相应酶的作用下形成醛、酮、羧酸直至二氧化碳和水。

肉类腐败的原因虽然是多方面的，但主要是微生物的分解作用，使肉中的营养成分分解成低分子代谢产物，这些低分子代谢产物的含量与肉的腐败程度成正相关。因此，可以通过对某些低分子代谢产物如氨及胺类化合物、硫化氢等的测定来判定肉的新鲜度。

二、鲜（冻）肉的检验

（一）概念

（1）鲜畜、禽肉：活畜（猪、牛、羊、兔等）、禽（鸡、鸭、鹅等）宰杀、加工后，不经过冷冻处理的肉。屠宰前的活畜、禽应经动物卫生监督机构检疫、检验合格。一般鲜肉需经冷却成熟处理。成熟的鲜肉表面形成干膜、富有弹性，刀切有肉汁渗出，有特殊的芳香味，呈酸性反应。

（2）冻畜、禽肉：活畜（猪、牛、羊、兔等）、禽（鸡、鸭、鹅等）宰杀、加工后，在≤－18℃冷冻处理的肉。

肉品冷冻时需经过预冷，再进一步于低温下急冻，使深层肉温达－6℃以下。低温能抑制多数微生物的生长发育，并能延缓酶的反应速度，达到保持肉品质量的目的。但是低温不能抑制所有微生物的生长，特别是霉菌和嗜冷菌。

除微生物的作用外，贮藏较久的冻肉脂肪会发生明显的氧化性变质（酸败）。

鉴别鲜（冻）肉质量的方法，分为感官检查和理化检验两个方面。

（二）感官检查

畜禽肉在保藏时，可能会发生自溶，甚至腐败变质，在这些变化过程中，由于组织成分的分解，使肉的感官性状发生令人难以接受的改变，如强酸味、臭味、异常色泽、黏液的形成、组织结构的崩解等。因此，借助人的嗅觉、视觉、触觉、味觉鉴定肉的卫生质量，简便易行。在感官指标中，肉及肉制品的气味、色泽和状态等指标，是相当直观的质量指标，真实地反映了其在屠宰加工过程的情况、贮藏运输时的温度环境，以及库存时日，甚至更深层地表达了其成分之间的关系是否保持或接近动物活体时的状况。人的感觉器官是相当灵敏的，肉开始变质时产生的极微量的硫醇和胺类等异臭物质，在一般仪器条件下，用实验室方法常难于检出，但是人们通过嗅觉就能明确地感到它们的存在。因此，对肉及肉制品进行感官检查和品评，具有重要的意义。

（三）鲜肉的理化检验

1. 挥发性盐基氮的测定

（1）挥发性盐基氮的产生及毒性　挥发性盐基氮（volatile basic nitrogen，VBN）也称挥发性碱性总氮（total volatile basic nitrogen，TVBN）。所谓 VBN 系指食品水浸液在碱性条件下能与水蒸气一起蒸馏出来的总氮量，即在此条件下能形成 NH_3 的含氮物（含氨态氮、氨基态氮等）的总称。

肉类食品由于酶和细菌的作用，使肉中蛋白质、脂肪及糖类等发生分解变化而腐败变质。在肉品腐败的过程中，其中蛋白质分解产生氨（NH_3）和胺类（R—NH_2）等碱性含氮的有毒物质，如酪胺、组胺、尸胺、腐胺和色胺等，统称为肉毒胺。它们具有一定的毒性，可引起食物中毒，如酪胺能引起血管收缩，组胺能使血管扩张，尸胺、腐胺等也能引起明显的中毒反应。大多数肉毒胺有很强的耐热性，需在 100℃加热 1.5h 才能破坏。

肉毒胺可以与在腐败过程中同时分解产生的有机酸结合，形在盐基态氮（$NH_4^+ \cdot R$），而聚集在肉品当中。因其具有挥发性，因此称为挥发性盐基氮。肉品中所含挥发性盐基氮的量，随着其腐败的进行而增加，与腐败程度之间有明确的对应关系。故测定挥发性盐基氮的含量是衡量肉品质量（新鲜度）的重要标志之一。

（2）采样方法及部位　从肉尸的下列部位采取样重200g左右：

① 从第四、五颈椎相对部位的颈部肌肉采样（因为在屠宰加工过程中，颈部易污染；且颈部肌肉组织的肉层薄并为多层肌肉，细菌易沿肌层结缔组织间隙向深层侵入，较易腐败）。

② 肩部肌肉：从肩胛附近表层采取。

③ 股部深层肌肉：代表深层肌肉状态。

如果被检肉不是整个肉尸而是一部分，则在感官上有变化的部位或可疑部位采样。

（3）肉品中挥发性盐基氮的测定方法

第一法　半微量定氮法

① 原理　挥发性盐基氮是动物性食品由于酶和细菌的作用，在腐败过程中，使蛋白质分解而产生氨以及胺类等碱性含氮物质。挥发性盐基氮具有挥发性，在碱性溶液中蒸出，利用硼酸溶液吸收后，用标准酸溶液滴定计算挥发性盐基氮含量。

② 试剂　氧化镁混悬液（10g/L）：称取1.0g氧化镁，加入100mL水，振摇成混悬液。

③ 仪器　半微量定氮器。

④ 分析步骤　鲜（冻）肉取瘦肉部分，鲜（冻）海产品和水产品取可食部分，绞碎搅匀。制成品直接绞碎搅匀。肉糜、肉粉、肉松、鱼粉、鱼松、液体样品可直接使用。皮蛋（松花蛋）、咸蛋等腌制蛋去蛋壳，去蛋膜，按蛋∶水＝2∶1的比例加入水，用搅拌机绞碎搅匀成匀浆。鲜（冻）样品称取试样20g，肉粉、肉松、鱼粉、鱼松等干制品称取试样10g，精确至0.001g，液体样品吸取10.0mL或25.0mL，置于具塞锥形瓶中，准确加入100.0mL水，不时振摇，试样在样液中分散均匀，浸渍30min后过滤。皮蛋、咸蛋样品称取蛋匀浆15g（计算含量时，蛋匀浆的质量乘以2/3即为试样质量），精确至0.001g，置于具塞锥形瓶中，准确加入100.0mL三氯乙酸溶液，用力充分振摇1min，静置15min待蛋白质沉淀后过滤。滤液应及时使用，不能及时使用的滤液置冰箱内0～4℃冷藏备用。对于蛋白质胶质多、黏性大、不容易过滤的特殊样品，可使用三氯乙酸溶液替代水进行实验。蒸馏过程泡沫较多的样品可滴加1～2滴消泡硅油。

向接收瓶内加入10mL硼酸溶液、5滴混合指示液，并使冷凝管下端插入液面下，准确吸取10.0mL滤液，由小玻杯注入反应室，以10mL水洗涤小玻杯并使之流入反应室内，随后塞紧棒状玻塞。再向反应室内注入5mL氧化镁混悬液，立即将玻塞盖紧，并加水于小玻杯以防漏气。夹紧螺旋夹，开始蒸馏。蒸馏5min后移动蒸馏液接收瓶，液面离开冷凝管下端，再蒸馏1min。然后用少量水冲洗冷凝管下端外部，取下蒸馏液接收瓶。以盐酸或硫酸标准滴定溶液（0.0100mol/L）滴定至终点。使用1份甲基红乙醇溶液与5份溴甲酚绿乙醇溶液混合指示液，终点颜色至紫红色。使用2份甲基红乙醇溶液与1份亚甲基蓝乙醇溶液混合指示液，终点颜色至蓝紫色。同时做试剂空白。

⑤ 计算

$$X=\frac{(V_1-V_0)c\times 14}{m\times\frac{V}{V_2}}\times 100$$

式中　X——样品中挥发性盐基氮的含量，mg/100g；

V_1——测定用样液消耗盐酸或硫酸标准溶液体积，mL；

V_0——试剂空白消耗盐酸或硫酸标准溶液体积，mL；

c——盐酸或硫酸标准溶液的实际浓度，mol/L；

14——与 1.00mL 盐酸标准溶液[c(HCl)=0.1000mol/L]或硫酸标准溶液[$c(1/2H_2SO_4)$=0.1000mol/L]相当的氮的质量，mg；

m——样品的质量，g；

V——准确吸取的滤液体积，mL，本方法中 V=10；

V_2——样液总体积，mL，本方法中 V_2=100。

⑥ 说明　肉类中挥发性盐基氮遇弱碱剂氧化镁时即游离而被蒸馏出来，氨被硼酸吸收，生成硼酸铵，使吸收液由酸性变为碱性，混合指示剂由紫色变为绿色，然后用盐酸标准溶液滴定，使混合指示液再由绿色返至紫色，即为终点。根据盐酸标准溶液消耗量按公式计算即得。

应注意半微量蒸馏器在使用前要用蒸馏水并通入水蒸气对其内室充分洗涤后，开始作空白试验。操作结束后用稀硫酸溶液并通入水蒸气，洗净其内室残留物，然后用蒸馏水再同样洗涤。并且进行样品蒸馏时，每个样品测定之间应用蒸馏水洗涤 2～3 次蒸馏器。

在进行滴定终点观察时，空白试验与样品试验应色调一致。

半微量定氮法挥发完全，重现性稳定。

只有当空白试验稳定后，才能开始正式试验。

挥发性盐基氮≤15mg/100g。

第二法　微量扩散法

① 原理　挥发性含氮物质可在碱性溶液中释出，在扩散皿中于 37℃时挥发后吸收于吸收液中，用标准酸滴定，计算含量。

② 试剂

a. 饱和碳酸钾溶液：称取 50g 碳酸钾，加入 50mL 水，微加热助溶。使用时取上清液。

b. 水溶性胶：称取 10g 阿拉伯胶，加 10mL 水，再加 5mL 甘油及 5g 无水碳酸钾（或无水碳酸钠），研匀。

③ 仪器　扩散皿（标准型）：玻璃质，内外室总直径 61mm，内室直径 35mm；外室深度 10mm，内室深度 5mm；外室壁厚 3mm，内室壁厚 2.5mm，加磨砂厚玻璃盖。

④ 分析步骤　鲜（冻）肉取瘦肉部分，鲜（冻）海产品和水产品取可食部分，绞碎搅匀。制成品直接绞碎搅匀。肉糜、肉粉、肉松、鱼粉、鱼松、液体样品可直接使用。皮蛋（松花蛋）、咸蛋等腌制蛋去蛋壳，去蛋膜，按蛋：水=2：1 的比例加入水，用搅拌机绞碎搅匀成匀浆。鲜（冻）样品称取试样 20g，肉粉、肉松、鱼粉、鱼松等干制品称取试样 10g，皮蛋、咸蛋样品称取蛋匀浆 15g（计算含量时，蛋匀浆的质量乘以 2/3 即为试样质量），精确至 0.001g，液体样品吸取 10.0mL 或 25.0mL，置于具塞锥形瓶中，准确加入 100.0mL 水，不时振摇，试样在样液中分散均匀，浸渍 30min 后过滤，滤液应及时使用，不能及时使用的滤液置冰箱内 0～4℃冷藏备用。

将水溶性胶涂于扩散皿的边缘，在皿中央内室加入硼酸溶液 1mL 及 1 滴混合指示剂。在皿外室准确加入滤液 1.0mL，盖上磨砂玻璃盖，磨砂玻璃盖的凹口开口处与扩散皿边缘仅留能插入移液器枪头或滴管的缝隙，透过磨砂玻璃盖观察水溶性胶密封是否严密，如有密封不严处，需重新涂抹水溶性胶。然后从缝隙处快速加入 1mL 饱和碳酸钾溶液，立刻平推磨砂琉璃盖，将扩散皿盖严密，于桌子上以圆周运动方式轻轻转动，使样液和饱和碳酸钾溶液充分混合，然后于 37℃±1℃温箱内放置 2h，放凉至室温，揭去盖，用盐酸或硫酸标准滴定溶液（0.0100mol/L）滴定。使用 1 份甲基红乙醇溶液与 5 份溴甲酚绿乙醇溶液混合指示液，终点颜色至紫红色。使用 2 份甲基红乙醇溶液与 1 份亚甲基蓝乙醇溶液混合指示液，终点颜色至蓝紫色。同时做试剂空白。

⑤ 计算同半微量定氮法。

⑥ 说明 反应原理与半微量定氮法相同。以蒸馏吸收的操作改由扩散皿中外室挥发而内室吸收，然后向内室滴定，计算即得。

扩散皿洗涤时，先经皂液煮洗后再经稀酸液中和处理，然后再用蒸馏水冲洗，烘干后才能使用。

第三法 自动凯氏定氮仪法

① 试剂 吸收液：20g/L 硼酸溶液。称取 20g 硼酸，加水溶解后并稀释至 1000mL。

② 仪器 自动凯氏定氮仪。

③ 分析步骤 标准溶液使用盐酸标准滴定溶液（0.1000mol/L）或硫酸标准滴定溶液（0.1000mol/L）。带自动添加试剂、自动排废功能的自动定氮仪，关闭自动排废、自动加碱和自动加水功能，设定加碱、加水体积为 0mL。

硼酸接收液加入设定为 30mL。

蒸馏设定：设定蒸馏时间 180s 或蒸馏体积 200mL，以先到者为准。

滴定终点设定：采用自动电位滴定方式判断终点的定氮仪，设定滴定终点 pH＝4.65。采用颜色方式判断终点的定氮仪，使用混合指示液，30mL 的硼酸接收液滴加 10 滴混合指示液。

鲜（冻）肉去除皮、脂肪、骨、筋腱，取瘦肉部分，鲜（冻）海产品和水产品去除外壳、皮、头部、内脏、骨刺，取可食部分，绞碎搅匀。制成品直接绞碎搅匀。肉糜、肉粉、肉松、鱼粉、鱼松、液体样品等均匀样品可直接使用。皮蛋（松花蛋）、咸蛋等腌制蛋去蛋壳、去蛋膜，按蛋∶水＝2∶1 的比例加入水，用搅拌机绞碎搅匀成匀浆。皮蛋、咸蛋样品称取蛋匀浆 15g（计算含量时，蛋匀浆的质量乘以 2/3 即为试样质量），其他样品称取试样 10g，精确至 0.001g，液体样品吸取 10.0mL，于蒸馏管内，加入 75mL 水，振摇，使试样在样液中分散均匀，浸渍 30min。

按照仪器操作说明书的要求运行仪器，通过清洗、试运行，使仪器进入正常测试运行状态，首先进行试剂空白测定，取得空白值。

在装有已处理试样的蒸馏管中加入 1g 氧化镁，立刻连接到蒸馏器上，按照仪器设定的条件和仪器操作说明书的要求开始测定。

测定完毕及时清洗和疏通加液管路和蒸馏系统。

④ 计算

$$X=\frac{(V_1-V_0)c\times 14}{m}\times 100$$

式中 X——样品中挥发性盐基氮的含量，mg/100g；

V_1——测定用样液消耗盐酸或硫酸标准溶液体积，mL；

V_0——试剂空白消耗盐酸或硫酸标准溶液体积，mL；

c——盐酸或硫酸标准溶液的实际浓度，mol/L；

14——与 1.00mL 盐酸标准溶液[$c(HCl)=0.1000mol/L$]或硫酸标准溶液[$c(1/2H_2SO_4)=0.1000mol/L$]相当的氮的质量，mg；

m——样品的质量，g。

2. 肉品的 pH 测定

(1) 肉中 pH 的测定。肉浸液的 pH 值可以作为判断肉品新鲜度的参考指标之一。牲畜生前肌肉的 pH 为 7.1～7.2。屠宰后由于肌肉中肌糖原酵解，产生了大量的乳酸；三磷酸腺苷（ATP）也分解出磷酸。乳酸和磷酸逐渐聚积，使肉的 pH 下降。如宰后 1h 的热鲜肉，其 pH 可降至 6.2～6.3；经过 24h 后可降至 5.6～6.0。此 pH 在肉品工业中叫做“排酸值”，它能一直维持到肉品发生腐败分解前。所以新鲜肉的肉浸液，其 pH 一般在 5.8～6.4 范围之内。

（2）测定 pH 的意义及其局限性。肉腐败时，由于蛋白质在细菌酶的作用下，被分解为氨和胺类化合物等碱性物质，因而使肉逐渐趋于碱性，pH 增高，可达到 6.7 或 6.7 以上。由此可见，肉的 pH 可以表示肉的新鲜程度。但是，pH 不能作为判定肉品新鲜度的绝对指标，因为其他因素能影响 pH 的变化。如屠宰前处于过度疲劳、虚弱或患病的牲畜，由于生前能量消耗过大，肌肉中所贮存的糖原减少，所以宰后肌肉中产生的乳酸量也较低，此种肉的 pH 显得较高。

（3）肉品 pH 值的测定。目前测定肉中 pH 值的方法有 pH 试纸法、比色法和酸度计测定法，其中以酸度计法较为准确，操作简便。

3. 肉品中的过氧化物酶测定

肉中过氧化物酶的测定意义：正常动物的机体中含有一种过氧化物酶，在有过氧化氢存在时，可以使过氧化氢分解而放出氧气。并且这种过氧化物酶只在健康牲畜的新鲜肉中才经常存在。当肉处于腐败状态时，尤其是当牲畜宰前因某种疾病使机体机能发生高度障碍而死亡或被迫施行急宰时，肉中过氧化物酶的含量减少，甚至全无。因此，对肉中过氧化物酶的测定，不仅可以测知肉品的新鲜程度，而且能推知屠畜宰前的健康状况。测定肉中过氧化物酶的方法有应用 10%愈创木酊，有应用 1∶500 联苯胺乙醇溶液，也有应用 1∶500 甲-萘酚乙醇溶液作试剂者。本书介绍联苯胺法。

① 原理　根据过氧化物酶能从过氧化氢中裂解出氧的特性，在肉浸液中加入过氧过氢和某种容易被氧化的指示剂后，肉浸液中的过氧化物酶从过氧化氢中裂解出氧，将指示剂氧化而改变颜色。测定时，一般多用联苯胺作指示剂，联苯胺被氧化为淡蓝绿色的二酰亚胺代对苯醌蓝绿色化合物，根据显色时间判定肉品新鲜程度。此化合物经过一定时间后变成褐色，所以判定时间要掌握好，不可超过 3min。

② 试剂

a. 0.2%联苯胺-乙醇溶液（95%乙醇）：棕色瓶内保存，有效期不超过一个月。

b. 1%过氧化氢溶液：取 30%过氧化氢 1mL 与 29mL 蒸馏水混合，现用现配。

③ 分析步骤　制备肉浸液：同“挥发性盐基氮的测定”。

取两支小试管，一支用吸管加入肉浸液 2mL，另一支加入蒸馏水 2mL 作为对照。于试管中各加入 0.2%联苯胺-乙醇溶液 5 滴，充分振荡后，各加入 1%过氧化氢溶液 2 滴，稍加振荡，立即观察在 3min 内溶液颜色变化的速度和程度，按判定标准进行判定。

④ 判定标准　根据肉浸液呈色反应的时间来判定肉品的新鲜度，若 30～90s 呈蓝绿色（以后变为褐色），说明有过氧化物酶存在，是健康新鲜肉。

4. 肉中的粗氨测定

（1）测定的意义　肉类腐败时，蛋白质分解生成氨和铵盐等物质，称为粗氨。肉中的粗氨随着腐败程度的加深而相应增多。因此，测定氨和铵盐可用作鉴定肉类腐败程度的标志之一。

（2）方法的局限性　不能把氨测定的阳性结果作为肉类腐败的绝对标志。因为动物机体在正常状态下含有少量氨，并以谷氨酰胺的形式贮积于组织之中，谷氨酰胺的含量直接影响测定结果；另外，疲劳牲畜的肌肉中，氨的含量可能比正常时增大一倍，因此屠畜宰前的疲劳程度也间接地影响测定结果。

（3）肉中粗氨的测定 肉中粗氨的测定采用纳斯勒试剂法。纳氏试剂无论对肉中游离的氨或结合的氨均能起反应，是测定氨的专用试剂。

① 原理 氨和铵盐在碱性环境中与纳斯勒试剂反应，可生成黄色或橙色沉淀。纳氏试剂无论对游离氨或结合氨均能起反应。肉浸液中氨类物质的含量越多，则黄色沉淀物（碘化二亚汞铵）产生得越多，故可判定肉品的新鲜度。

② 试剂 纳氏试剂：17g 升汞（$HgCl_2$）溶解在 300mL 水中；另把 35g 碘化钾溶解在 100mL 水中。将升汞溶液倒入碘化钾溶液中至成红色不溶沉淀为止，然后加入 600mL 20%氢氧化钠溶液及其余的升汞溶液。将试剂静置一昼夜，小心将上清液（几乎无色或微黄色）移入棕色瓶中，塞好橡皮塞，保存于阴凉处。

③ 分析步骤 制备肉浸液同“挥发性盐基氮的测定”。

取两支小试管，在一支内加入肉浸液 1mL，在另一支内加入煮沸两次冷却的无氨蒸馏水作为对照。轮流向两试管内滴加纳氏试剂上清液，每加一滴后都要振荡，同时观察比较两管中溶液颜色的变化；各滴入 10 滴为止。

④ 判定标准 若肉浸液透明度无变化，则为完全新鲜肉。

5. 肉品中的硫化氢测定

（1）测定的意义 在组成肉类的氨基酸中，有一些含巯基（—SH）的氨基酸。在肉腐败分解的过程中，它们在细菌产生的脱巯基酶作用下发生分解，释放出 H_2S。因此测定 H_2S 的存在与否，可判断肉品的新鲜度。

（2）方法的局限性 在完全新鲜的肉里（特别是猪肉）也时常发现含有硫化氢，这是由于动物生前肝脏中产生并通过血液运送到肌肉组织中；而在腐败肉里因受含巯基氨基酸的限制，并不始终都含硫化氢。因此，当肉发生腐败时，仅用一种检查方法往往不能得出正确结果，必须运用各种不同的检查方法，根据 pH 值的测定、氨的测定、过氧化物酶试验、硫化氢测定和球蛋白沉淀试验等指标的测定结果进行综合判定。

（3）肉中硫化氢的测定 肉中 H_2S 的测定采用乙酸铅试纸法，根据乙酸铅与硫化氢作用发生显色反应，生成黑色的硫化铅的性质，来检定 H_2S 的存在，从而判定肉品的质量。

① 原理 硫化氢在碱性环境中与乙酸铅发生反应生成黑色的硫化铅。因此，测定肉中硫化氢与乙酸铅反应呈色的深浅可判定肉品的新鲜度。

② 试剂 碱性乙酸铅溶液：向 10%乙酸铅溶液加入 10%氢氧化钠溶液，直至析出沉淀为止。

③ 分析步骤 将被检肉剪成绿豆至黄豆大小的碎块，置于 50～100mL 具塞锥形瓶中，至瓶容积的三分之一，并尽量使其平铺于瓶底。用一在碱性乙酸铅溶液中浸湿的滤纸条悬挂于瓶口与瓶盖之间，以瓶盖固定滤纸条。要求滤纸条紧接肉块表面而又未与肉块接触即可。在室温下静置 30min 后，观察瓶内滤纸条的颜色变化（冬天可浸于 50～60℃温水中，以促进反应的加快）。

④ 判定标准

a. 新鲜肉：滤纸条无变化。

b. 新鲜度可疑肉：滤纸条的边缘变成淡褐色。

c. 腐败肉：滤纸条的下部变为褐色或黑褐色。

6. 肉中球蛋白沉淀试验

（1）测定的意义 肌肉中的球蛋白在碱性环境中呈可溶解状态，而在酸性条件下不溶。

新鲜肉呈酸性反应，因此肉浸液中无球蛋白存在。而腐败的肉，由于大量有机碱的生成而呈碱性，其肉浸液中溶解有球蛋白；腐败得越重，溶液中球蛋白的量就越多。因此，可根据肉浸液中有无球蛋白和球蛋白的多少来检验肉品的质量。

（2）方法的局限性　与 pH 值一样，宰前患病或过度疲劳的牲畜，肉中呈碱性反应，可使球蛋白试验显阳性结果。

（3）肉中球蛋白的测定　采用重金属离子沉淀法测定肉中的球蛋白。重金属离子可使蛋白质变性而产生沉淀，从而判断溶液中球蛋白的有无与多寡。一般使用的重金属盐为硫酸铜，亦可使用氯化汞（测定鱼肉）。本书介绍硫酸铜沉淀法。

① 原理　根据蛋白质在碱性溶液中能与重金属离子结合形成蛋白质盐而沉淀的性质，采用 $CuSO_4$ 作试剂，Cu^{2+} 与溶液中的球蛋白结合生成蛋白质盐而沉淀。

② 试剂　10％硫酸铜溶液。

③ 分析步骤　样品处理同“肉品的 pH 测定”。

取两支 5mL 试管，一支加 2mL 肉浸液，另一支加入 2mL 蒸馏水作为对照。然后向上述两试管中各滴入 5 滴 10％硫酸铜溶液，充分振荡后观察现象。

④ 判定标准

a. 新鲜肉：液体呈淡蓝色，并完全透明；

b. 次鲜肉：液体呈轻度混浊，或有少量混悬物；

c. 腐败肉：液体混浊，并有白色沉淀。

肉除了新鲜度的理化检验外，还要进行汞的测定，其测定方法按“GB 5009.17”操作。

三、肉制品的检验

1. 腌腊肉制品

（1）食盐的测定

① 原理　样品中食盐采用炭化浸出法或灰化浸出法将其浸出。以铬酸钾为指示液，用硝酸银标准溶液滴定，根据硝酸银标准溶液的消耗量计算含量。

② 试剂　$c(AgNO_3)=0.100$mol/L 硝酸银标准滴定溶液。

③ 分析步骤

a. 样品处理

(a) 炭化浸出法：称取 1.00～2.00g 切碎均匀的样品，置于瓷蒸发皿中，用小火炭化完全，炭化成分用玻棒轻轻研碎，然后加 25～30mL 水，用小火煮沸冷却后，过滤于 100mL 容量瓶中，并以热水少量分次洗涤残渣及容器，洗液并入容量瓶中，冷至室温，加水至刻度，混匀备用。

(b) 灰化浸出法：称取 1.00～10.00g 切碎均匀的样品，在瓷蒸发皿中，先以小火炭化，再移入马弗炉中于 500～550℃灰化，冷却后取出，残渣用 50mL 热水分数次浸渍溶解，每次浸渍后过滤于 250mL 容量瓶中，冷至室温，加水至刻度，混匀备用。

b. 滴定　吸取 25.00mL 滤液于瓷蒸发皿中，加 1mL 50g/L 铬酸钾溶液，搅匀，用 $c(AgNO_3)=0.1000$mol/L 硝酸银标准滴定溶液滴定至初现橘红色即为终点，同时作试剂空白试验。

c. 计算

$$X=\frac{(V_1-V_0)c\times 0.0585}{m_1\times \frac{V_2}{V_3}}\times 100$$

式中　X——样品中食盐的含量（以氯化钠计），g/100g；

V_1——样品消耗硝酸银标准溶液的体积，mL；
V_0——试剂空白消耗硝酸银标准溶液的体积，mL；
V_2——滴定时吸取的样品滤液的体积，mL；
V_3——样品处理时定容的体积，mL；
c——硝酸银标准溶液的实际浓度，mol/L；
0.0585——与1.00mL硝酸银标准溶液[$c(AgNO_3)$=1.000mol/L]相当的氯化钠的质量，g；
m——样品质量，g。

④ 说明　样品经炭化或灰化，并浸出食盐后，在中性溶液中与滴定的硝酸银作用，生成氯化银白色沉淀，其反应式为：$Cl^- + Ag^+ \longrightarrow AgCl\downarrow$，当溶液中的$Cl^-$完全作用后，稍过量的硝酸银即与指示剂铬酸钾作用，生成砖红色的铬酸银沉淀，其反应式为：$2AgNO_3 + K_2CrO_4 \longrightarrow Ag_2CrO_4\downarrow + 2KNO_3$。根据硝酸银标准溶液消耗量计算即得。

此沉淀滴定操作在中性溶液中进行，如在酸性或碱性溶液中滴定，会使结果偏高。

(2) 三甲胺的测定

食品安全国家标准中规定食品中三甲胺的测定采用顶空气相色谱-质谱联用法和顶空气相色谱法，这两种方法适用于水产动物及其制品和肉与肉制品中三甲胺的测定。这是介绍顶空气相色谱-质谱联用法。

① 原理　试样经5%三氯乙酸溶液提取，提取液置于密封的顶空瓶中，在碱液作用下三甲胺盐酸盐转化为三甲胺，在40℃经过40min的平衡，三甲胺在气液两相中达到动态的平衡，吸取顶空瓶内气体注入气相色谱-质谱联用仪进行检测，以保留时间（RT）、辅助定性离子（m/z59和m/z42）和定量离子（m/z58）进行定性，以外标法进行定量。

② 试剂

a. 三甲胺标准储备液：称取三甲胺盐酸盐标准品0.0162g，用5%三氯乙酸溶液溶解并定容至100mL，等同浓度为100μg/mL的三甲胺标准储备液，在4℃条件下保存。

b. 三甲胺标准使用溶液：吸取一定体积的三甲胺标准储备液用5%三氯乙酸溶液逐级稀释成浓度分别为1.0μg/mL、2.0μg/mL、5.0μg/mL、10.0μg/mL、20.0μg/mL、40.0μg/mL的三甲胺标准使用溶液。

③ 仪器

a. 气相色谱-质谱联用仪：配有分流/不分流进样口和电子轰击电离源（EI源）。

b. 顶空瓶：容积20mL，配有聚四氟乙烯硅橡胶垫和密封帽，使用前在120℃烘烤2h。

④ 分析步骤

a. 试样制备

(a) 试样预处理与保存：对于畜禽肉类及其肉制品，去除脂肪和皮，对于鱼和虾等动物水产及其制品，需要去鳞或去皮，所有样品取肌肉部分约100g，用绞肉机绞碎或用刀切细，混匀。制备好的试样若不立即测定，应密封在聚乙烯塑料袋中并于−18℃冷冻保存，测定前于室温下放置解冻即可。

(b) 试样提取：称取约10g（精确至0.001g）制备好的样品于50mL的塑料离心管中，加入20mL 5%三氯乙酸溶液，用均质机均质1min，以4000r/min离心5min，在玻璃漏斗加上少许脱脂棉，将上清液滤入50mL容量瓶，残留物再分别用15mL和10mL 5%三氯乙酸溶液重复上述提取过程两次，合并滤液并用5%三氯乙酸溶液定容至50mL。

(c) 提取液顶空处理：准确吸取提取液2.0mL于20mL顶空瓶中，压盖密封，用医用塑料注射器准确注入5.0mL 50%氢氧化钠溶液，备用。

(d) 标准溶液顶空处理：分别取各标准使用液 2.0mL 至 20mL 顶空瓶中，压盖密封，用医用塑料注射器分别准确注入 5.0mL 50%氢氧化钠溶液，备用。

b. 仪器参考条件

(a) 色谱条件如下：

石英毛细管色谱柱：30m(长)×0.25mm(内径)×0.25μm（膜厚），固定相为聚乙二醇，或其他等效的色谱柱；载气：高纯氦气；流量 1.0mL/min；进样口温度 220℃；分流比：10∶1；升温程序：40℃保持 3min，以 30℃/min 速率升至 220℃，保持 1min。

(b) 质谱条件如下：

离子源：电子轰击电离源（EI 源）；温度：220℃；离子化能量：70eV；传输线温度：230℃；

溶剂延迟：1.5min；扫描方式：选择离子扫描（SIM）。

c. 测定

(a) 顶空进样：将制备好的试样在 40℃平衡 40min。在 b. 的色谱、质谱条件下，用进样针抽取顶空瓶内液上气体 100μL，注入 GC-MS 中进行测定。

(b) 定性测定：以选择离子方式采集数据，以试样溶液中三甲胺的保留时间（RT）、辅助定性离子（m/z59 和 m/z42）、定量离子（m/z58）以及辅助定性离子与定量离子的峰度比（Q）与标准溶液的进行比较定性。试样溶液中三甲胺的辅助定性离子和定量离子峰度比（$Q_{样品}$）与标准溶液中三甲胺的辅助定性离子和定量离子峰度比（$Q_{标准}$）的相对偏差控制在±15%以内。

(c) 定量测定：采用外标法定量。以标准溶液中三甲胺的峰面积为纵坐标，以标准溶液中三甲胺的浓度为横坐标，绘制校准曲线，用校准曲线计算试样溶液中三甲胺的浓度。

⑤ 计算

试样中的三甲胺的含量按下式计算：

$$X_1=\frac{cV}{m}$$

式中 X_1——试样中三甲胺含量，mg/kg；

c——从校准曲线得到的三甲胺浓度，mg/mL；

V——试样溶液定容体积，mL；

m——试样质量，g。

试样中三甲胺氮的含量按下式计算：

$$X_2=\frac{X_1\times 14.01}{59.11}$$

式中 X_2——试样中三甲胺氮的含量，mg/kg；

X_1——试样中三甲胺含量，mg/kg；

14.01——氮的相对原子质量；

59.11——三甲胺的相对分子质量。

2. 熟肉制品

以鲜（冻）畜、禽产品为主要原料加工制成的产品，包括酱卤肉制品类、熏肉类、烧肉类、烤肉类、油炸肉类、西式火腿类、肉灌肠类、发酵肉制品类、熟肉干制品和其他熟肉制品。

感官要求：具有产品应有的色泽，具有产品应有的滋味和气味，无异味，无异臭。具有产品应有的状态，无正常视力可见外来异物，无焦斑和霉斑。

检验方法：取适量试样置于洁净的白色盘（瓷盘或同类容器）中，在自然光下观察色泽和状态。闻其气味，用温开水漱口，品其滋味。

第三节 乳与乳制品的检验

一、概述

乳是哺乳动物产仔后，从乳腺分泌的一种白色或稍带微黄色的不透明液体。是一种既有充分的营养价值，又易于消化吸收的食品。

乳与乳制品的品种主要有生乳、巴氏杀菌乳、灭菌乳、调制乳、发酵乳、乳粉、炼乳、奶油、干酪及其他乳制品。乳及乳制品在生产、加工、贮藏、运输和销售等任一个环节的不规范操作会出现安全问题。

乳及乳制品富含多种营养成分，适宜微生物的生长繁殖。微生物污染乳及乳制品后，在其中大量繁殖并分解营养成分，极易腐败变质。

一些对人体有害的物质，如真菌毒素、有害元素和农药残留等，可通过饲料及饮水进入乳畜体内，并经乳排出体外，导致乳的污染。患病乳畜使用抗生素等兽药及人畜共患传染病的病原体等也会造成乳及乳制品的污染。此外，乳与乳制品的掺伪也会造成乳及乳制品的污染。因此，必须对乳与乳制品进行检验，以确保广大消费者的食用安全。

（一）乳的物理性状

牛乳具有牛乳固有的纯香味。其中乳糖和一部分可溶性盐类可形成真正的溶液状态；而蛋白质则与不溶性盐类形成胶体悬浮液，脂肪则形成乳浊液状态的胶体性液体，水分作为分散介质，构成一种均匀稳定的悬浮状态和乳浊状态的胶体溶液。

（1）色泽　新鲜牛乳是一种乳白色或稍带黄色的不透明液体。这是由乳的成分对光的反射和折射所致。微黄色是由于乳中含有核黄素、乳黄素和胡萝卜素。

奶油的黄色则与季节、饲料以及牛的品种有较大的关系。

（2）滋味和气味　正常的鲜乳具有特殊香味，尤其是加热之后香味更浓厚。这是由于乳中含有挥发性脂肪酸和其他挥发性物质所致。但乳的气味受外界因素影响较大，应注意环境卫生。

新鲜纯净的乳稍有甜味，是因为乳中含有乳糖。

（3）pH和酸度　正常乳的pH值为6.5～6.7，酸度为12～18°T（指滴定酸度）。乳的酸度分为自然酸度和发酵酸度，二者之和称为总酸度。乳的总酸度对乳品的加工和乳的卫生检验都具有一定的意义。鲜乳酸度过高，除明显降低乳对热的稳定性外，还会降低乳粉的保存性和溶解度，同时对其他乳制品的品质也有一定的影响。

（4）相对密度　正常乳的相对密度为1.028～1.032。乳中的非脂干物质比水重，所以乳中的非脂类干物质愈多，则相对密度愈大。初乳的相对密度为1.038。乳中加水时相对密度会降低。

（5）冰点和沸点　乳的冰点平均为0.56℃。牛乳中每加入1%的水，冰点约上升0.00054℃。

乳的沸点在常压下为100.17℃，随着其中干物质含量的增多而升高，当乳浓缩一倍时，沸点即上升0.5℃。

（二）乳的化学组成

组成乳的化学成分主要有：水分、蛋白质、脂肪、乳糖、无机盐类、磷脂、维生素、酶、免疫体、色素、气体以及其他的微量成分。

牛乳中蛋白质比人乳多，乳糖含量比人乳少；矿物质中钙的含量比人乳多，而铁的含量比人乳少。

（1）水分　乳的主要组成成分，约占87%～89%。水中溶解有有机物、矿物质和气体。水分又可分为游离水、结晶水和结合水。绝大部分是游离水，它是乳汁的分散介质，与许多理化过程及生物学过程有关。结晶水在乳糖结晶时与乳糖晶体并存，此水占量很小。结合水和蛋白质、乳糖、某些盐类相互结合并存，它不能溶解其他物质，在0℃时不冻结；由于结合水的存在，使奶粉的生产中不能得到绝对脱水的产品，以致奶粉经常保留3%左右的水分。

（2）干物质　将乳干燥至恒量时所得的残余物叫乳的干物质，常乳中干物质的含量为11%～14%。干物质包含着除了随水蒸气挥发的物质外的所有营养成分。

（3）气体　乳中存在的气体，二氧化碳最多，氮次之，氧最少。乳中气体含量的多少，取决于乳与空气接触面积的大小，一般约占乳容积的7%。乳在加热时，气体含量将减少，可溶性碳酸含量降低，致使乳的酸度降低。通常加热过的乳，酸度要比生乳低1～2°T。

（4）脂肪　脂肪是乳的重要成分之一，由于多种因素的影响使它在乳中的含量变动范围较大，一般在3%～5%之间。乳脂肪不仅对乳的风味有影响，同时它也是奶油、全脂乳粉及干酪等的主要成分。

乳脂肪以微小的球状（直径2～5μm）呈乳浊液分散在乳中，每个微小的乳脂肪球被磷脂蛋白形成的薄膜所包裹，所以并不会融合成大球，致使乳、稀奶油和其他乳制品中的脂肪乳浊液趋于稳定。乳脂肪球周围的膜只有在化学作用或机械搅拌的条件下才会遭到破坏，使乳脂肪结合在一起。

由于脂肪较水和其他物质轻，当乳静置较长时间后脂肪球会逐渐浮到乳的表面。有些少数民族就利用此种特性土法生产奶油。

（5）蛋白质　乳中含有三种主要蛋白质，其中酪蛋白的含量最多，白蛋白次之，球蛋白最少。

① 酪蛋白不溶于水和酒精。酪蛋白在新鲜的乳中与钙结合，以酪蛋白酸钙和磷酸三钙的复合体存在，微粒直径为20～200μm，可以用弱酸或凝乳酶使其凝固。

② 白蛋白为含巯基的蛋白质，它不含磷，能溶于水，在酸和凝乳酶的作用下不沉淀，但加热到70℃以上时变性凝固。变质的乳白蛋白在酸性条件下沉淀。

③ 球蛋白在乳中处于溶解于水的状态，在酸性条件下加热至75℃时即行沉淀。乳中尚有免疫性球蛋白，多存在于初乳和病畜乳中。

乳白蛋白、乳球蛋白及免疫性球蛋白都溶于乳清中，因而又有乳清蛋白之称。

（6）乳糖　乳糖是一种双糖，属于还原糖类。乳糖为乳汁中特有。乳糖的甜度较蔗糖差。此外乳中还有少量的葡萄糖。

（7）矿物质　乳中含有初生仔畜所必需的一切矿物质。主要是钙、磷、钾，此外还有铁、镁、铜、锌、锰等微量元素。

（8）维生素　乳中含有对人体营养所必需的各种维生素。主要有维生素A、D、E、B_1、B_2、C等，另外还有维生素B_6、B_{12}、PP等。

乳中维生素含量随饲料和个体特性而有差异。通常夏季放牧时含量较多，冬季舍饲时含量少。把奶煮沸时，维生素A、C和B族等会被破坏而损失一部分；在空气中久置也会造成维生素的破坏。

（9）酶　乳中酶的主要来源是由乳腺分泌和微生物产生的。在乳中常见的酶有：还原酶、过氧化物酶、磷酸酶、蛋白分解酶、解脂酶等。

（10）色素 乳中主要含有胡萝卜素和核黄素。夏季放牧季节乳中的色素较冬季舍饲时多。

（三）乳的营养价值

乳的组成成分中含有人体生长发育所必需的全部营养物质。1kg 的牛乳发热量相当于 0.5kg 鲜鸡蛋、0.21kg 牛肉。尤其重要的是乳的各种成分几乎能全部被人体消化和吸收。

（1）乳蛋白质的营养价值 乳蛋白质的消化率极高，据试验，酪蛋白的消化率为 95%，水溶性白蛋白和球蛋白的消化率为 97%。此外，乳蛋白质的氨基酸组成中含有人体必需的全部氨基酸，属于全价蛋白质，并且比例适当，因此乳蛋白质具有极高的生物学价值。

（2）乳脂肪的营养价值 乳脂肪是乳中的高价值部分，是重要的营养素之一。乳脂肪主要由三脂肪酸甘油酯组成，其脂肪酸的种类达二十余种，主要是软脂酸和油酸，并且低熔点的油酸占半数以上。一般食用脂肪的熔点越低，其消化利用率就越高；乳中的脂肪熔点（28.4～33.3℃）低于人的体温，因此消化吸收率极高。另外，当脂肪在水中不能自然形成良好的乳浊液时，食用之后就难于消化吸收；而乳脂肪本身已形成很好的乳化状态，故非常容易消化吸收，其消化率可达 98%。

牛乳脂肪含有人体必需的脂肪酸，其中花生四烯酸占乳脂的 3%，亚麻二烯酸占 4%，但最重要的必需脂肪酸亚油酸的含量（2.8%）远低于人乳（8.3%）。另外，乳脂中胆固醇的含量较高，因此动脉粥样硬化和高血脂患者不宜食用。

（3）乳糖的营养价值 乳糖在机体中被其酶分解为单糖，易被机体吸收，其吸收率为 98%。乳糖是细胞原生质的组成部分。乳糖对儿童大脑的发育是不可缺少的。乳糖的另一个特性是能够调节胃肠功能，促进乳酸菌的生长繁殖、抑制腐败菌的生长，有利于钙和其他矿物质的吸收。

（4）矿物质的营养价值 乳中含有人体所必需的无机盐类。其中以磷、钙、镁为主。铁虽然含量很少，但可被机体充分吸收利用。它们在机体的生长发育中均有相当重要的作用。

（5）维生素及酶的营养价值 维生素和酶没有直接的营养价值，但维生素为人体所必需，是其他营养成分不可代替的；酶对乳的贮存及加工有着相当重要的意义。

二、乳的检验

（一）感官检查

呈乳白色或稍带微黄色的均匀流体。无沉淀，无凝块，无机械杂质，无黏稠和浓厚现象，具有消毒牛乳固有的纯香味，无其他任何外来滋味和气味。

（二）理化检验

1. 相对密度的测定

同绪论三、（二）中测定食品相对密度的方法。

2. 脂肪的测定

第一法 碱水解法

适用于巴氏杀菌乳、灭菌乳、生乳、发酵乳、调制乳、乳粉、炼乳、奶油、稀奶油、干酪和婴幼儿配方食品中脂肪的测定。

（1）原理 用乙醚和石油醚抽提样品的碱水解液，通过蒸馏或蒸发去除溶剂，测定溶于溶剂中的抽提物的质量。

（2）试剂 除非另有规定，本方法所用试剂均为分析纯，水为 GB/T 6682 规定的三级水。

盐酸（6mol/L）：量取 50mL 盐酸（12mol/L）缓慢倒入 40mL 水中，定容至 100mL，混匀。

（3）仪器

① 离心机：可用于放置抽脂瓶或管，转速为 500～600r/min，可在抽脂瓶外端产生 80g～90g 的重力场。

② 抽脂瓶：抽脂瓶应带有软木塞或其他不影响溶剂使用的瓶塞（如硅胶或聚四氟乙烯）。软木塞应先浸于乙醚中，后放入 60℃或 60℃以上的水中保持至少 15min，冷却后使用。不用时需浸泡在水中，浸泡用水每天更换一次。

（4）分析步骤

① 用于脂肪收集的容器（脂肪收集瓶）的准备：于干燥的脂肪收集瓶中加入几粒沸石，放入烘箱中干燥 1h。使脂肪收集瓶冷却至室温，称量，精确至 0.1mg。

② 空白试验：空白试验与样品检验同时进行，使用相同步骤和相同试剂，但用 10mL 水代替试样。

③ 测定：巴氏杀菌乳、灭菌乳、生乳、发酵乳、调制乳。

a. 称取充分混匀试样 10g（精确至 0.0001g）于抽脂瓶中。

b. 加入 2.0mL 氨水，充分混合后立即将抽脂瓶放入（65±5）℃的水浴中，加热 15～20min，不时取出振荡。取出后，冷却至室温。静止 30s 后可进行下一步骤。

c. 加入 10mL 乙醇，缓和但彻底地进行混合，避免液体太接近瓶颈。如果需要，可加入两滴刚果红溶液。

d. 加入 25mL 乙醚，塞上瓶塞，将抽脂瓶保持在水平位置，小球的延伸部分朝上夹到摇混器上，按约 100 次/min 振荡 1min，也可采用手动振摇方式。但均应注意避免形成持久乳化液。抽脂瓶冷却后小心地打开塞子，用少量的混合溶剂冲洗塞子和瓶颈，使冲洗液流入抽脂瓶。

e. 加入 25mL 石油醚，塞上重新润湿的塞子，轻轻振荡 30s。

f. 将加塞的抽脂瓶放入离心机中，在 500～600r/min 下离心 5min。否则将抽脂瓶静止至少 30min，直到上层液澄清，并明显与水相分离。

g. 小心地打开瓶塞，用少量的混合溶剂冲洗塞子和瓶颈内壁，使冲洗液流入抽脂瓶。如果两相界面低于小球与瓶身相接处，则沿瓶壁边缘慢慢地加入水，使液面高于小球和瓶身相接处（见图 8-1），以便于倾倒。

h. 将上层液尽可能地倒入已准备好的加入沸石的脂肪收集瓶中，避免倒出水层（见图 8-2）。

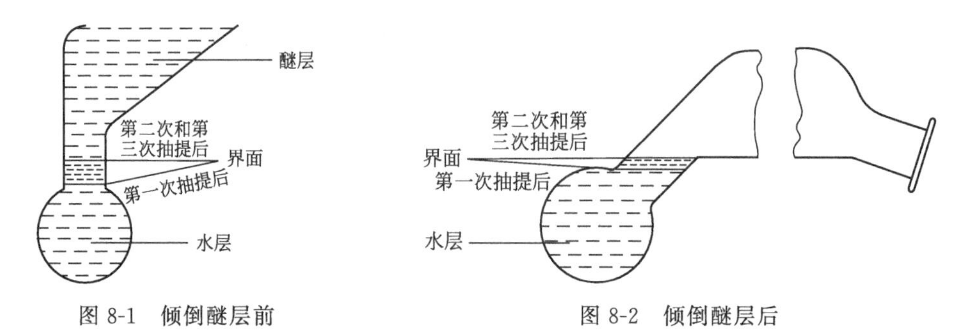

图 8-1 倾倒醚层前　　图 8-2 倾倒醚层后

i. 用少量混合溶剂冲洗瓶颈外部，冲洗液收集在脂肪收集瓶中。要防止溶剂溅到抽脂瓶的外面。

j. 向抽脂瓶中加入 5mL 乙醇，用乙醇冲洗瓶颈内壁，进行混合。重复 c. ～h. 操作，再进行第二次抽提，但只用 15mL 乙醚和 15mL 石油醚。

k. 重复 b. ～h. 操作，再进行第三次抽提，但只用 15mL 乙醚和 15mL 石油醚。

l. 合并所有提取液，既可采用蒸馏的方法除去脂肪收集瓶中的溶剂，也可于沸水浴上蒸发至干来除掉溶剂。蒸馏前用少量混合溶剂冲洗瓶颈内部。

m. 将脂肪收集瓶放入 (102±2)℃的烘箱中加热 1h，取出脂肪收集瓶，冷却至室温，称量，精确至 0.1mg。

n. 重复 m. 操作，直到脂肪收集瓶两次连续称量差值不超过 0.5mg，记录脂肪收集瓶和抽提物的最低质量。

o. 为验证抽提物是否全部溶解，向脂肪收集瓶中加入 25mL 石油醚，微热，振摇，直到脂肪全部溶解。如果抽提物全部溶于石油醚中，则含抽提物的脂肪收集瓶的最终质量和最初质量之差，即为脂肪含量。

p. 若抽提物未全部溶于石油醚中，或怀疑抽提物是否全部为脂肪，则用热的石油醚洗提。小心地倒出石油醚，不要倒出任何不溶物，重复此操作 3 次以上，再用石油醚冲洗脂肪收集瓶口的内部。最后，用混合溶剂冲洗脂肪收集瓶口的外部，避免溶液溅到瓶的外壁。将脂肪收集瓶放入 (102±2)℃的烘箱中，加热 1h，按 m. 和 n. 所述操作。

q. 取 n. 中测得的质量和 p. 测得的质量之差作为脂肪的质量。

(5) 计算　样品中脂肪含量按下式计算：

$$X=\frac{(m_1-m_2)-(m_3-m_4)}{m}\times 100$$

式中　X——样品中脂肪的含量，g/100g；

m——样品的质量，g；

m_1——n. 步骤中测得的脂肪收集瓶和抽提物的质量，g；

m_2——脂肪收集瓶的质量，或在有不溶物存在下，p. 步骤中测得的脂肪收集瓶和不溶物的质量，g；

m_3——空白试验中，脂肪收集瓶和 n. 步骤中测得的抽提物的质量，g；

m_4——空白试验中脂肪收集瓶的质量，或在有不溶物存在时，p. 步骤中测得的脂肪收集瓶和不溶物的质量，g。

(6) 说明

① 做空白试验，以消除环境及温度对检验结果的影响。

进行空白试验时在脂肪收集瓶中放入 1g 新鲜的无水奶油。必要时，于每 100mL 溶剂中加入 1g 无水奶油后重新蒸馏，重新蒸馏后必须尽快使用。

② 空白试验与样品测定同时进行，对于存在非挥发性物质的试剂，可用与样品测定同时进行的空白试验值进行校正。抽脂瓶与天平室之间的温差可对抽提物的质量产生影响。在理想的条件下（试剂空白值低，天平室温度相同，脂肪收集瓶充分冷却），该值通常小于 0.5mg。在常规测定中，可忽略不计。

如果全部试剂空白残余物大于 0.5mg，则分别蒸馏 100mL 乙醚和石油醚，测定溶剂残余物的含量。用空的抽脂瓶测得的量和每种溶剂的残余物的含量都不应超过 0.5mg。否则应更换不合格的试剂或对试剂进行提纯。

③ 提取时加入乙醇的目的是沉淀蛋白质以防止乳化，并溶解醇溶性物质；使卵磷脂等

物质溶于乙醇，防止其进入水醚层形成胶状物质，影响测定结果。加入石油醚的作用是降低乙醚的极性，驱除溶于乙醚的水分，使乙醚和水分层，避免水溶性物质进入醚层。

④ 抽取物应全部是脂溶性成分，否则测定结果偏高。

第二法　盖勃法

本法适用于巴氏杀菌乳、灭菌乳、生乳中脂肪的测定。

(1) 原理　在乳中加入硫酸破坏乳胶质性和覆盖在脂肪球上的蛋白质外膜，离心分离脂肪后测量其体积。

(2) 试剂　硫酸（H_2SO_4）。

(3) 仪器　盖勃氏乳脂计，最小刻度 0.1%。

(4) 分析步骤　于乳脂计中先加入 10mL 硫酸，再沿着管壁小心准确加入 10.75mL 样品，使样品与硫酸不要混合，然后加 1mL 异戊醇，塞上橡皮塞，使管口向下，同时用布包裹以防冲出，用力振摇使呈均匀棕色液体，静置数分钟（管口向下），置 65～70℃水浴中 5min，取出后放乳脂离心机中以 1000r/min 的转速离心 5min，再置 65～70℃水浴中，注意水浴水面应高于乳脂计脂肪层，5min 后取出，立即读数，即为脂肪的百分数。

(5) 说明

① 加入硫酸，可破坏牛乳胶质性，破坏覆盖在脂肪球上的蛋白质外膜，在离心作用下，脂肪集中浮在上层。

② 加入异戊醇促使脂肪从蛋白质中游离出来。振摇、加热和离心，都是为了使脂肪完全而迅速地分离。操作过程中，应严格试剂添加次序和异戊醇的添加量。由于异戊醇溶解度低，相对密度又与乳脂肪相近，若加量过多影响结果的正确性。读取脂肪层体积时，温度必须控制在 65～70℃的范围内。

③ 乳脂计的刻度 0～8 的容积为 1.0mL，因此 1 刻度为 0.125mL。牛乳脂肪密度（60℃时）为 0.9g/mL。0.125mL（即 1 刻度）牛乳脂肪的质量为 0.1125g，测定时取牛乳 11.0mL，实际从吸管放入乳脂计中的牛乳为 10.9mL，牛乳的平均密度取 1.032g/mL 时，所取试样为 $10.9\times1.032=11.25$g。所以 1 刻度脂肪相当牛乳含脂肪 1%，即$\frac{0.1125}{11.25}\times100\%=1\%$。

3. 酸度的测定

第一法　酚酞指示剂法

本法适用于生乳及乳制品、淀粉及其衍生物、粮食及制品酸度的测定。

(1) 原理　试样经过处理后，以酚酞作为指示剂，用 0.1000mol/L 氢氧化钠标准溶液滴定至中性，消耗氢氧化钠溶液的体积，经计算确定试样的酸度。

(2) 试剂

① 氢氧化钠标准溶液（0.1000mol/L）。

② 参比溶液　将 3g 七水硫酸钴溶解于水中，并定容至 100mL。

(3) 分析步骤

① 乳粉

a. 试样制备：将样品全部移入到约两倍于样品体积的洁净干燥容器中（带密封盖），立即盖紧容器，反复旋转振荡，使样品彻底混合。在此操作过程中，应尽量避免样品暴露在空气中。

b. 测定：称取 4g 样品（精确到 0.01g）于 250mL 锥形瓶中。用量筒量取 96mL 约 20℃的水，使样品复溶，搅拌，然后静置 20min。

向一只装有 96mL 约 20℃的水的锥形瓶中加入 2.0mL 参比溶液，轻轻转动，使之混合，得到标准参比颜色。如果要测定多个相似的产品，则此参比溶液可用于整个测定过程，但时间不得超过 2h。

向另一只装有样品溶液的锥形瓶中加入 2.0mL 酚酞指示液，轻轻转动，使之混合。用 25mL 碱式滴定管向该锥形瓶中滴加氢氧化钠溶液，边滴加边转动烧瓶，直到颜色与参比溶液的颜色相似，且 5s 内不消退，整个滴定过程应在 45s 内完成。滴定过程中，向锥形瓶中吹氮气，防止溶液吸收空气中的二氧化碳。记录所用氢氧化钠溶液的体积（V_1，mL），精确至 0.05mL，代入公式进行计算。

c. 空白滴定：用 96mL 水做空白实验，读取所消耗氢氧化钠标准溶液的体积（V_0，mL）。空白所消耗的氢氧化钠的体积应不小于零，否则应重新制备和使用符合要求的蒸馏水。

② 乳及其他乳制品

a. 制备参比溶液：向装有等体积相应溶液的锥形瓶中加入 2.0mL 参比溶液，轻轻转动，使之混合，得到标准参比颜色。如果要测定多个相似的产品，则此参比溶液可用于整个测定过程，但时间不得超过 2h。

b. 巴氏杀菌乳、灭菌乳、生乳、发酵乳：称取 10g（精确到 0.001g）已混匀的试样，置于 150mL 锥形瓶中，加 20mL 新煮沸冷却至室温的水，混匀，加入 2.0mL 酚酞指示液，混匀后用氢氧化钠标准溶液滴定，边滴加边转动烧瓶，直到颜色与参比溶液的颜色相似，且 5s 内不消退，整个滴定过程应在 45s 内完成。滴定过程中，向锥形瓶中吹氮气，防止溶液吸收空气中的二氧化碳。记录消耗的氢氧化钠标准滴定溶液体积（V_2，mL），代入公式进行计算。

c. 奶油：称取 10g（精确到 0.001g）已混匀的试样，置于 250mL 锥形瓶中，加 30mL 中性乙醇-乙醚混合液，混匀，加入 2.0mL 酚酞指示液，混匀后用氢氧化钠标准溶液滴定，边滴加边转动烧瓶，直到颜色与参比溶液的颜色相似，且 5s 内不消退，整个滴定过程应在 45s 内完成。滴定过程中，向锥形瓶中吹氮气，防止溶液吸收空气中的二氧化碳。记录消耗的氢氧化钠标准滴定溶液体积（V_2，mL），代入公式进行计算。

d. 炼乳：称取 10g（精确到 0.001g）已混匀的试样，置于 250mL 锥形瓶中，加 60mL 新煮沸冷却至室温的水溶解，混匀，加入 2.0mL 酚酞指示液，混匀后用氢氧化钠标准溶液滴定，边滴加边转动烧瓶，直到颜色与参比溶液的颜色相似，且 5s 内不消退，整个滴定过程应在 45s 内完成。滴定过程中，向锥形瓶中吹氮气，防止溶液吸收空气中的二氧化碳。记录消耗的氢氧化钠标准滴定溶液体积（V_2，mL），代入公式进行计算。

e. 干酪素：称取 5g（精确到 0.001g）经研磨混匀的试样于锥形瓶中，加入 50mL 水，于室温下（18～20℃）放置 4～5h，或在水浴锅中加热到 45℃并在此温度下保持 30min，再加 50mL 水，混匀后，通过干燥的滤纸过滤。吸取滤液 50mL 于锥形瓶中，加入 2.0mL 酚酞指示液，混匀后用氢氧化钠标准溶液滴定，边滴加边转动烧瓶，直到颜色与参比溶液的颜色相似，且 5s 内不消退，整个滴定过程应在 45s 内完成。滴定过程中，向锥形瓶中吹氮气，防止溶液吸收空气中的二氧化碳。记录消耗的氢氧化钠标准滴定溶液体积（V_3，mL），代入公式进行计算。

f. 空白滴定：用等体积的水做空白实验，读取耗用氢氧化钠标准溶液的体积（V_0，mL）（适用于 b.、d.、e.）。用 30mL 中性乙醇-乙醚混合液做空白实验，读取耗用氢氧化钠标准溶液的体积（V_0，mL）（适用于 c.）。空白所消耗的氢氧化钠的体积应不小于零，否则应重新制备和使用符合要求的蒸馏水或中性乙醇-乙醚混合液。

（4）计算　乳粉试样中的酸度数值以（°T）表示，按下式计算：

$$X_1=\frac{c_1(V_1-V_0)\times 12}{m_1(1-w)\times 0.1}$$

式中 X_1——试样的酸度，°T [以100g干物质为12%的复原乳所消耗的0.1mol/L氢氧化钠体积（mL）计，mL/100g]；

c_1——氢氧化钠标准溶液的浓度，mol/L；

V_1——滴定时所消耗氢氧化钠标准溶液的体积，mL；

V_0——空白实验所消耗氢氧化钠标准溶液的体积，mL；

12——12g乳粉相当100mL复原乳（脱脂乳粉应为9，脱脂乳清粉应为7）；

m_1——称取样品的质量，g；

w——试样中水分的质量分数，g/100g；

$1-w$——试样中乳粉的质量分数，g/100g；

0.1——酸度理论定义氢氧化钠的摩尔浓度，mol/L。

巴氏杀菌乳、灭菌乳、生乳、发酵乳、奶油和炼乳试样中的酸度数值以（°T）表示，按下式计算：

$$X_2=\frac{c_2(V_2-V_0)\times 100}{m_2\times 0.1}$$

式中 X_2——试样的酸度，°T [以100g样品所消耗的0.1mol/L氢氧化钠体积（mL）计，mL/100g]；

c_2——氢氧化钠标准溶液的摩尔浓度，mol/L；

V_2——滴定时所消耗氢氧化钠标准溶液的体积，mL；

V_0——空白实验所消耗氢氧化钠标准溶液的体积，mL；

100——100g试样；

m_2——试样的质量，g；

0.1——酸度理论定义氢氧化钠的摩尔浓度，mol/L。

干酪素试样中的酸度数值以（°T）表示，按下式计算：

$$X_3=\frac{c_3(V_3-V_0)\times 100\times 2}{m_3\times 0.1}$$

式中 X_3——试样的酸度，°T [以100g样品所消耗的0.1mol/L氢氧化钠体积（mL）计，mL/100g]；

c_3——氢氧化钠标准溶液的摩尔浓度，mol/L；

V_3——滴定时所消耗氢氧化钠标准溶液的体积，mL；

V_0——空白实验所消耗氢氧化钠标准溶液的体积，mL；

100——100g试样；

2——试样的稀释倍数；

m_3——试样的质量，g；

0.1——酸度理论定义氢氧化钠的摩尔浓度，mol/L。

（5）说明　牛乳的蛋白质同时含氨基和羧基，另一方面含酸性磷酸盐，对酚酞呈酸性反应，所以正常生牛乳的酸度在12～18°T。在微生物的作用下，乳糖分解成乳酸，酸度增高反映了微生物在生长繁殖。因此测定牛乳酸度可判断其新鲜程度，酸度高于正常值视为不新鲜乳。

第二法　pH计法

本法适用于乳粉酸度的测定。

（1）原理　中和试样溶液至 pH 为 8.30 所消耗的 0.1000mol/L 氢氧化钠体积，经计算确定其酸度。

（2）仪器　pH 计：带玻璃电极和适当的参比电极。

（3）分析步骤

a. 试样制备　将样品全部移入到约两倍于样品体积的洁净干燥容器中（带密封盖），立即盖紧容器，反复旋转振荡，使样品彻底混合。在此操作过程中，应尽量避免样品暴露在空气中。

b. 测定　称取 4g 样品（精确到 0.01g）于 250mL 锥形瓶中。用量筒量取 96mL 约 20℃ 的水，使样品复溶，搅拌，然后静置 20min。用滴定管向锥形瓶中滴加氢氧化钠标准溶液，直到 pH 稳定在 8.30±0.01 处 4～5s。滴定过程中，始终用磁力搅拌器进行搅拌，同时向锥形瓶中吹氮气，防止溶液吸收空气中的二氧化碳。整个滴定过程应在 1min 内完成。记录所用氢氧化钠溶液的体积（V_6，mL），精确至 0.05mL，代入公式进行计算。

c. 空白滴定　用 100mL 蒸馏水做空白实验，读取所消耗氢氧化钠标准溶液的体积（V_0，mL）。

（4）计算　乳粉试样中的酸度数值以（°T）表示，按下式计算：

$$X_6=\frac{c_6(V_6-V_0)\times 12}{m_6(1-w)\times 0.1}$$

式中　X_6——试样的酸度，°T；

c_6——氢氧化钠标准溶液的浓度，mol/L；

V_6——滴定时所消耗氢氧化钠标准溶液的体积，mL；

V_0——空白实验所消耗氢氧化钠标准溶液的体积，mL；

12——12g 乳粉相当 100mL 复原乳（脱脂乳粉应为 9，脱脂乳清粉应为 7）；

m_6——称取样品的质量，g；

w——试样中水分的质量分数，g/100g；

$1-w$——试样中乳粉的质量分数，g/100g；

0.1——酸度理论定义氢氧化钠的摩尔浓度，mol/L。

第四节　蛋与蛋制品的检验

禽蛋中含有丰富的营养成分，有很高的营养价值，但同时又具有怕热、怕冻、怕潮湿、怕异味、怕挤压碰撞、怕蚊蝇叮的易损易腐特点。鲜蛋很容易受微生物的侵蚀，一旦微生物侵入后，在条件适宜时就会迅速繁殖，加上本身各种酶的作用，即可引起蛋内发生一系列变化，使蛋腐败，产生腐毒碱，食后能引起中毒。

人们常吃的鲜蛋有鸡蛋、鸭蛋、鹅蛋、鸽蛋、鹌鹑蛋及火鸡蛋等，以鸡蛋最为普遍。各种蛋在结构、营养成分和质量变化上大致相同。鲜蛋除了供人们直接食用外，还加工成各种蛋制品，以达到长期贮存、增加风味的目的。常见的蛋制品有干蛋类（干蛋粉、干蛋白、干蛋黄等），冰蛋类（冰全蛋、冰蛋白、冰蛋黄等），再制蛋（皮蛋、咸蛋、糟蛋）等。

一、概述

（一）蛋的构造

禽蛋主要由蛋壳、蛋白及蛋黄三部分构成。其中蛋壳的重量约占 8%～12%，蛋白约占 55%～66%，蛋黄占 30%～33%。

（1）蛋壳部分：蛋壳部分主要由蛋壳、壳上膜、壳内膜、气室构成，它在禽蛋的外层，无食用价值，但起着保护内容物的作用。

① 蛋壳：蛋壳是包裹在蛋内容物外面的石灰质硬壳，一般呈白色或淡褐色。蛋壳有透视性，在灯光或阳光下可观察蛋的内部。其纵轴耐压力较横轴为强，所以装运时，蛋应竖直放置，以免压碎。

② 壳上膜：也称蛋壳外膜，这是由输卵管中的黏液干固后形成的，是覆盖在蛋壳表面的一层胶质性干燥黏液，呈白色粉状物。它的作用是保护禽蛋不受微生物的侵袭，并防止蛋内水分过度蒸发，避免禽蛋重量减轻。但此膜易溶于水，故水洗和久藏可使其失去保护作用。壳上膜是否存在可鉴别蛋的新陈。

③ 壳内膜：在蛋壳的内表面衬有纤维质构成的网状薄膜，叫壳内膜，分内外两层。内层包裹蛋白，叫蛋白膜，结构较疏松，细菌能自由通过。外层紧贴于蛋壳内壁，叫蛋壳膜，结构致密，网眼极细，细菌不易通过，只有蛋白分解酶将其溶解破坏后，才能进入蛋内。

④ 气室：在蛋的钝端，蛋壳膜与蛋白膜彼此分离，形成空隙，叫气室。新生的蛋，两层膜紧密黏合在一起，没有气室。冷却后蛋内容物收缩而形成气室。随着保存时间的延长，蛋中水分向外蒸发，空气经气孔进入蛋壳，气室逐渐扩大。气室的大小可作为蛋新鲜度的主要标志之一。

（2）蛋白部分：蛋白位于蛋白膜的内层，系一种无色而透明的胶体黏稠液状物，并具分层结构。各层的密度变化较大。第一层是紧贴蛋壳膜的稀薄层；第二层是浓密层；第三层是内稀薄层；第四层是紧贴蛋黄膜的浓密层。一般鲜蛋的浓密蛋白约占蛋白重量的50%～60%；但随着蛋的陈旧，浓密层逐渐变稀，稀薄层变得更稀，不仅重量减轻，密度降低，而且难于固定蛋黄位置，随之出现靠黄蛋、贴皮蛋。浓密蛋白中富含溶菌酶，具有一定的杀菌作用，在蛋白存放变稀的过程中，所含溶菌酶也随之消失，因此入侵的细菌得以顺利地生长繁殖，使蛋的变质加剧。

（3）蛋黄部分：位于蛋的中心，它包括系带、蛋黄膜、蛋黄液和胚胎。

① 系带：在蛋黄的两边各有一条浓厚的带状物即为系带。系带由致密的蛋白质组成，呈螺旋带状，用以固定蛋黄的位置。它具有弹性，受酶的作用发生水解，逐渐变细以至消失，蛋黄位置随之移动，致使蛋变陈旧或变质，故系带的状况也可说明蛋的鲜陈。

② 蛋黄膜：蛋黄与蛋白之间有一透明薄膜，叫蛋黄膜。具有韧性，弹力很强，使蛋黄体紧缩呈球形，起着防止蛋黄与蛋白相混的作用，但蛋黄膜的弹性随着蛋的陈旧而逐渐减弱以至消失，致使蛋黄与蛋白混合，出现散黄。

③ 蛋黄液：为黏稠而极富营养的胶态液，呈弱酸性。蛋黄液有黄色、淡黄色和黄白色三种，形成彼此相间的轮层。整个蛋黄的颜色决定于季节和家禽日粮胡萝卜素的含量。一般夏季颜色较深，冬季颜色较淡。但随着存放时间的延长，一旦系带变细、蛋白变稀，难于固定蛋黄于中心时，蛋黄便上浮，而形成靠黄蛋或贴皮蛋。因此，观察蛋黄的位置可以反映蛋的质量变化。

④ 胚胎：蛋黄表面有一色淡而体细小的物质，叫胚胎。它的密度较蛋黄小，故位于蛋黄上部。如保存的温度较高，胚胎则发育变化，蛋的食用价值降低。

（二）蛋的化学组成

蛋内含有水分、蛋白质、脂肪、碳水化合物、矿物质和维生素以及人体所必需的各种氨基酸等，是具有高度营养价值的动物性食品之一。蛋内各种营养成分的含量，受家禽的种类、品种、饲料、产蛋期、饲养管理条件及其他因素的影响，变化很大。

（1）蛋壳的化学组成：蛋壳的主要成分是碳酸钙（约占蛋壳重的94%），此外还有少量的角质蛋白、碳酸镁、磷酸钙、磷酸镁及色素等。

（2）蛋白的化学组成：蛋白的成分一般来说水分占86.2%，干物质占13.8%，其中蛋白质12.3%，糖类0.7%，矿物质0.6%，脂肪0.2%，此外还有维生素、色素和酶等。

（3）蛋黄的化学组成：蛋黄的组成成分是水分49.5%；干物质50.5%，其中主要为蛋白质、脂肪、糖类、矿物质，还有维生素、色素和多种酶。蛋黄的含水量远比蛋白少，干物质则约为蛋白的四倍，其组成较蛋白更复杂，营养也更丰富。

（三）蛋的营养价值及理化特性

1. 蛋的营养价值

禽蛋中包含着自胚胎发育至长成幼雏所必需的全部营养成分，故具有很高的营养价值。禽蛋中含有多种蛋白质，其中占蛋白比重最大的卵白蛋白和卵黄中的卵黄磷蛋白及卵黄球蛋白，都是全价蛋白质，含有人体所必需的各种氨基酸，因此消化率很高。其营养价值比牛奶高，为已知天然食物中最优良的蛋白质之一。蛋内蛋氨酸、色氨酸、赖氨酸含量丰富，可以补充日常生活中其他食品之不足。此外，还有对婴儿是必需的组氨酸。因此，禽蛋是人体重要的天然蛋白质来源之一。

蛋中脂肪主要集中在蛋黄中呈乳化液，分散成细小颗粒，极易被消化吸收，消化率达95%。由于它含有卵磷脂、脑磷脂和神经磷脂，这些成分对人体脑和神经组织的发育具有重要意义。但蛋中胆固醇含量较高，每个蛋约含200～300mg。

蛋中含有1.1%的无机物，以磷、铁为主，大都集中于蛋黄中。磷是构成骨骼的一种主要成分，铁是构成血红蛋白的主要成分，且在质量上易被人体吸收，所以蛋黄是婴幼儿铁的良好来源。禽蛋中也含有人体所必需的微量元素。

禽蛋中含有各种维生素，而且数量丰富。除维生素C的含量较少外，其他如维生素A、B_1和D都是人体和儿童生长发育所必需的。

禽蛋的蛋白中尚含有蛋白酶、二肽酶、溶菌酶等，与蛋白的变化密切相关。

综上所述，禽蛋中含有大量的蛋白质、脂肪、维生素以及无机盐等，作为一种天然的单一食品，可以说具有很高的营养价值。其缺点为维生素C不足；无机物中钙的含量较低；此外，几乎不含碳水化合物等。

2. 蛋的理化特性

① 相对密度　蛋各部分的相对密度都不相同。新鲜全蛋为1.078～1.094；陈蛋的相对密度逐渐减轻。

② 黏度　禽蛋各部分的黏度也不相同。新鲜鸡蛋的黏度：蛋白为3.5～10.5mPa·s（厘泊），蛋黄为110.0～250.0mPa·s。陈蛋的黏度由于蛋白质的分解及表面张力的下降而减低。

③ 氢离子浓度　新鲜蛋白的pH值为6.0～7.7；贮存期间，由于二氧化碳逸出，pH值逐渐升高，至10天左右可达9.0～9.7。新鲜蛋黄的pH值为6.32，贮藏期间变化缓慢。

④ 蛋的热变性和冰结点　新鲜鸡蛋白的热凝固温度为62～64℃，平均63℃；蛋黄为68～71.5℃，平均为69.5℃，热凝固温度与其中所含的各种蛋白质有关，如卵白蛋白的热凝固温度为60～64℃，卵黏蛋白与卵球蛋白为60～70℃，卵类黏蛋白则不凝固。

蛋白的冰结点为－0.42～－0.45℃，蛋黄为－0.57～－0.59℃。

⑤ 蛋黄和蛋白间的渗透作用　蛋黄与蛋白之间隔一层薄膜，两者之间除有机和无机成分不同外，水分含量也相差很大。因此，两者之间的水分和盐类要起渗透作用。蛋经贮存后，蛋黄中的水分逐渐增多，且温度越高，增加越快。而盐类则以相反方向渗透。

二、鲜蛋类的检验

各种家禽生产的、未经加工或仅用冷藏法、液浸法、涂膜法、消毒法、气调法、干藏法等储藏方法处理的带壳蛋。

鉴别鲜蛋质量的方法，分为感官检查、灯光透视检验法、盐水密度法、荧光检验法等。

1. 感官检查

凭借检查人员的感觉器官来鉴别蛋的质量，主要靠眼看、手摸、耳听、鼻嗅四种方法，以进行综合判定。外观检查方法简便，但对蛋的鲜陈好坏只能鉴别大概情况。

(1) 检查方法：取带壳鲜蛋在灯光下透视观察。去壳后置于白色瓷盘中，在自然光下观察色泽和状态。闻其气味。

(2) 判定标准

① 新鲜蛋：蛋壳表面常有一层粉状物，蛋壳完整清洁，无粪污、无斑点；蛋壳无皱褶而平滑，壳壁坚实，相碰时发清脆而不发哑声；手感发沉。

② 劣质蛋：外观往往在形态、色泽、清洁度、完整性等方面有一定的缺陷，如腐败蛋外壳常呈灰白色，受潮霉蛋外壳多污秽不洁，常有大理石样斑纹；曾孵化或漂洗的蛋，外壳异常平滑，气孔较显露。有的蛋壳破损、流清，有的蛋壳外甚至可嗅到腐败气味。

2. 灯光透视检验法

利用照蛋器的灯光来透视检蛋，可见到气室的大小、内容物的澄明程度、蛋黄移动的影子，以及蛋内有无污斑、黑点和异物等。灯光照蛋方法简便灵巧，对鲜蛋的质量有决定性把握。

(1) 测定方法

① 照蛋：在暗室中将蛋的大头紧贴照蛋器的洞口上，使蛋的纵轴与照蛋器约成30°倾斜，先观察气室大小和内容物的澄明程度，然后上下左右轻轻转动，根据蛋内容物移动情况来判断气室的稳定状态和蛋黄、胚盘的稳定程度，以及蛋内有无污斑、黑点和游动异物等。

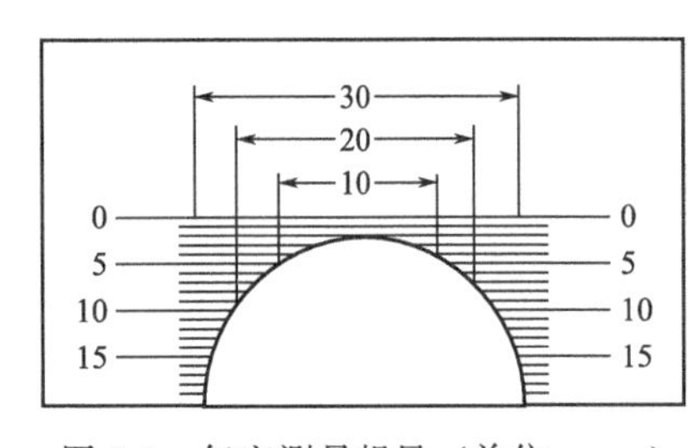

图 8-3 气室测量规尺（单位：mm）

② 气室测量：蛋在贮存过程中，由于蛋内水分不断蒸发，致使气室空间日益增大。因此测定气室的高度，有助于判定蛋的新鲜程度。

气室的测量是用特制的气室测量规尺测量后，加以计算来完成。气室测量规尺（如图 8-3）是一个刻有平行刻线的半圆形切口的透明塑料板。测量时，先将气室测量规尺固定在照蛋孔上缘，将蛋的大头端向上正直地嵌入半圆形的切口内，在照蛋的同时即可测出气室的高度与气室的直径。读取气室左右两端落在规尺刻线上的数值（即气室左、右边的高度），按下式计算

$$气室高度=\frac{气室左边的高度+气室右边的高度}{2}$$

(2) 判定标准

① 最新鲜蛋：透视全蛋呈橘红色，蛋黄不显影，内容物不流动，气室高4mm以内。

② 新鲜蛋：透视全蛋呈红黄色，蛋黄所在处颜色稍浓，微见内容物转动，气室高5～7mm以内，系产后约两周以内的蛋，可供冷冻。

③ 普通蛋：内容物呈红黄色，蛋黄显影清楚，而能转动，且位置上移，不再居中央。气室高10mm以内，且能移动，系产后2～3个月左右的蛋，不宜冷冻。

④ 可食蛋：因浓密蛋白完全水解，卵黄显见，易摇动，且上浮而接近气室，气室移动，高达 10mm 以上，只作普通食用蛋，不宜作加工原料。

⑤ 陈旧蛋：因蛋黄破裂与蛋白掺混，透视呈暗红色，气室增大，可能占据全蛋的 1/2。如内容物发臭，则不宜食用。

⑥ 腐败蛋：透视时呈暗黑色，内容物发臭，不准食用。

3. 盐水密度法

（1）方法原理：鸡蛋的相对密度平均为 1.0845。在贮存时，由于蛋内水分不断蒸发，相对密度逐渐减小，所以测定蛋的相对密度可以推知其新陈。若鸡蛋的相对密度在 1.04 以下，则说明该蛋存放较久；若相对密度到 1.015 时，则可推知该蛋已完全腐败。蛋的相对密度依其在不同相对密度的食盐水中的浮沉判断。但本法不适用于测定贮藏蛋，只适用于抽查，因为经过检验的鲜蛋不能久存。

（2）测定方法：把鸡蛋投入相对密度 1.073 的食盐水中，观察其浮沉情况；再把鸡蛋移入相对密度 1.080 和相对密度 1.060 的食盐水中，作同样观察。

（3）判定标准

① 在相对密度 1.073 的食盐水中下沉的蛋，为新鲜蛋。

② 当移入相对密度 1.080 的食盐水中仍下沉的蛋，为最新鲜蛋。

③ 在相对密度 1.073 和 1.080 的食盐水中都悬浮不沉，而只在相对密度 1.060 食盐水中下沉的蛋，表明该蛋介于新陈之间，为次鲜蛋。

④ 如在上述三种食盐水中都悬浮不沉，则为陈蛋或腐败蛋。

（相对密度 1.060 食盐水：8%氯化钠溶液；相对密度 1.073 食盐水：10%氯化钠溶液；相对密度 1.080 食盐水：11%氯化钠溶液。）

4. 荧光检验法

（1）方法原理：用紫外光照射，观察蛋壳光谱的变化，来鉴别蛋的鲜陈。这种荧光灯发射的紫外光线照在蛋上，由于鲜蛋内容物的变化（腐败、产生氨类物质等），将会引起光谱的变化。鲜蛋的内容物吸收紫外光后发射出红光；不新鲜蛋的内容物吸收紫外光，发出比紫外光波长稍长的紫光。由于蛋的新鲜度不同，其发射光就在红光与紫光之间变化。

（2）测定方法：将荧光灯置暗室中，鲜蛋放于灯下，观察其颜色。

（3）判定标准

① 鲜蛋：深红色；

② 次蛋：橘红色或淡红色；

③ 变质蛋：紫青色或淡紫色。

三、蛋制品的检验

液蛋制品：以鲜蛋为原料，经去壳、加工处理后制成的蛋制品，如全蛋液、蛋黄液、蛋白液等。

干蛋制品：以鲜蛋为原料，经去壳、加工处理、脱糖、干燥等工艺制成的蛋制品，如全蛋粉、蛋黄粉、蛋白粉等。

冰蛋制品：以鲜蛋为原料，经去壳、加工处理、冰冻等工艺制成的蛋制品，如冰全蛋、冰蛋黄、冰蛋白等。

再制蛋：以鲜蛋为原料，添加或不添加辅料，经盐、碱、糟、卤等不同工艺加工而制成的蛋制品，如皮蛋、鲜蛋、咸蛋黄、糟蛋、卤蛋等。

（一）感官检验

1. 鲜蛋的感官要求

灯光透视时整个蛋呈微红色，去壳后蛋黄呈橘黄色至橙色，蛋白澄清、透明、无其他异常颜色，蛋液具有固有的蛋腥味，无异味，蛋壳清洁完整，无裂痕，无霉斑，灯光透视时蛋内无黑点及异物，去壳后蛋黄呈完整并带有韧性，蛋白稠稀分明，无正常视力可见外来异物。

2. 蛋制品的感官要求

具有正常产品的色泽和滋味、气味，无异味，具有产品正常的形状、状态，无霉变、酸败、生虫及其他危害食品安全的异物。

（二）理化检验

1. 水分

(1) 甲法：按直接干燥法操作。

(2) 乙法：称取样品约 1.50g 于已恒量的称量瓶中，置于 (120±2)℃恒温干燥箱内干燥 2h，取出，移入干燥器内放置 30min，待冷后一次称量，计算同甲法。

(3) 说明

① 水分是所有蛋制品均需检验的重要项目之一，如水分含量太少，使产品增加成本，且影响产品质量；如水分含量过高，产品不宜长期贮存，易腐败变质。

② 甲法和乙法适用于 95～105℃和 120℃情况下，不含或含其他挥发性物质甚微的食品。甲法为仲裁法，乙法为快速法。烘 120℃时，干蛋粉准确烘 30min，干蛋白准确烘 1h；冰蛋品与湿蛋品准确烘 2h。

③ 收到样品后，应尽快测定水分，因水分挥发会影响测定结果。

④ 直接干燥法：在 100℃恒温箱内烘干。干蛋粉烘 3h，干蛋白烘 4h，冰蛋品及湿蛋品烘约 5h。在烘前最好将样品平铺皿底，再将皿盖盖好称量。

⑤ 冰蛋品和湿蛋品在测定水分时，样品应掺海砂，其目的是使样品中的水分易于逸散。样品掺海砂时要拌匀研细，平铺皿底。

2. 脂肪（三氯甲烷冷浸法）

(1) 原理　三氯甲烷浸出物，以脂肪计。

(2) 试剂　中性三氯甲烷：内含 1%无水乙醇。取三氯甲烷，以等量的水洗一次，同时按三氯甲烷体积 20：1 的比例加入 100g/L 氢氧化钠溶液，洗涤两次，静置分层。倾出洗涤液，再用等量的水洗涤 2～3 次，至呈中性。将三氯甲烷用无水氯化钙脱水后，于 80℃水浴上进行蒸馏，接取中间馏出液并检查是否为中性。于每 100mL 三氯甲烷加入无水乙醇 1mL，贮于棕色瓶中。

(3) 仪器

① 脂肪浸抽管：玻璃质，管长 150mm，内径 18mm，底部填脱脂棉。

② 脂肪瓶：标准磨口，容量约 150mL。

(4) 分析步骤

① 甲法：称取均匀样品 2～2.5g 于 100mL 烧杯中，加无水硫酸钠粉末 15g，以玻璃棒搅匀，充分研细，谨慎移入脂肪浸抽管中，用少许脱脂棉拭净烧杯及玻璃棒上附着的样品，将脱脂棉一并移入脂肪浸抽管内。用 100mL 中性三氯甲烷分 10 次浸洗管内样品，使油洗净为止。将三氯甲烷滤入已知质量的脂肪瓶中，移脂肪瓶于水浴上，接冷凝器收回三氯甲烷。

将脂肪瓶置于70～75℃恒温真空干燥箱内干燥4h（开始30min内抽气至真空度53.3kPa，以后至少间隙抽三次，每次至真空度93.3kPa以上），取出，移入干燥器内放置30min，称量，以后每干燥1h（抽气两次）称1次，至先后两次称量相差不超过2mg。

② 乙法：同甲法取样、浸抽、回收三氯甲烷。然后将脂肪瓶于78～80℃干燥2h，取出放干燥器内30min称量，以后每干燥1h称量一次，至前后两次称量相差不超过2mg。

（5）计算　甲、乙法计算方法相同。

$$X=\frac{m_2-m_3}{m_1}\times 100$$

式中　X——样品中脂肪含量，g/100g；

m_1——样品质量，g；

m_2——脂肪瓶加脂肪质量，g；

m_3——脂肪瓶质量，g。

（6）说明

① 提取脂肪所用溶剂以三氯甲烷提取效果最好。蛋品中的脂肪易溶于三氯甲烷中，加入极性大的无水乙醇（1%），促使蛋品中的脂肪浸抽得更完全。

② 用无水硫酸钠脱去冰蛋品中的水分，要用较粗玻璃棒搅拌均匀，充分研细（不得有粗颗粒存在）。最好称好即拌，否则时间长，水分蒸发而不易拌匀。无水硫酸钠要一匙一匙地加，边加边拌，拌匀拌干为止。无损地移入脂肪浸抽管中，用玻璃棒将管内混合物稍微推紧，取脱脂棉拭净烧杯和玻璃棒上附着的样品，一并放入管内。在将三氯甲烷注入浸抽管时，须将附着在管壁的试样冲到管底，务使全部试样浸透，防止样品上浮，每次加入三氯甲烷时，必须严格掌握，管中液体完全滤净后再加第二次，否则结果偏低。

3. 游离脂肪酸

甲法

（1）原理　将蛋中油脂用三氯甲烷提取后以乙醇钠标准溶液滴定，测定其游离脂肪酸（以油酸计）含量。

（2）试剂　乙醇钠标准溶液[$c(CH_3CH_2ONa)=0.05mol/L$]：量取800mL无水乙醇，置于锥形瓶中，将1g金属钠切成碎片，分次加入无水乙醇中，待作用完毕后，摇匀，密塞，静置过夜，将澄清液倾入棕色瓶中。并按下法标定。

准确称取约0.2g在105～110℃干燥至恒量的基准邻苯二甲酸氢钾，加50mL新煮沸过的冷水，振摇使溶解，加3滴酚酞指示液，用0.05mol/L乙醇钠标准溶液滴定至初现粉红色半分钟不褪，同时做试剂空白试验。

$$c=\frac{m}{(V_1-V_2)\times 0.2040}$$

式中　c——乙醇钠标准滴定溶液的实际浓度，mol/L；

m——邻苯二甲酸氢钾的质量，g；

V_1——邻苯二甲酸氢钾消耗乙醇钠溶液的体积，mL；

V_2——试剂空白消耗乙醇钠溶液的体积，mL；

0.2040——1mL乙醇钠标准溶液[$c(CH_3CH_2ONa)=1.000mol/L$]相当邻苯二钾酸氢钾的质量，g。

（3）分析步骤　将测定脂肪后所得干燥浸出物，以30mL中性三氯甲烷溶解，加3

滴酚酞指示液，用 0.05mol/L 乙醇钠标准溶液滴定，至溶液呈现粉红色半分钟不褪为终点。

（4）计算

$$X=\frac{Vc\times 0.2820}{m}\times 100$$

式中 X——样品中游离脂肪酸的含量（以油酸计），g/100g；

V——样品消耗乙醇钠标准溶液的体积，mL；

c——乙醇钠标准滴定溶液的实际浓度，mol/L；

m——测定脂肪时所得干燥浸出物的质量，g；

0.2820——1mL 乙醇钠标准溶液[$c(CH_3CH_2ONa)$=1.000mol/L]相当油酸的质量，g。

（5）说明

① 配制乙醇钠溶液时，钠与乙醇作用放出氢气，故应离火远些。金属钠与切下的表面碎片应放回原煤油中保存，切勿接触水，以免着火，配制时戴上眼镜与手套做好防护。乙醇钠溶液浓度易变，需每周标定一次。

② 因配制乙醇钠溶液较为危险，本法可用中性乙醇-乙醚（1+1）混合溶液溶解一定量脂肪后，用 0.1000mol/L 氢氧化钾标准溶液滴定，其结果与乙醇钠法结果一致。

乙法

$$\text{游离脂肪酸(以油酸计)}=\text{酸价}\times 0.503$$

式中 酸价——蛋品中 1g 油脂所含游离脂肪酸被中和所需氢氧化钾的量，mg；

0.503——酸价与游离脂肪酸的关系系数，为经验数值。

第五节 水产品的检验

一、概述

水产类食品种类繁多，主要是各种鱼类，其次有甲壳类（蟹、虾等）、软体类、贝壳类（牡蛎、蚶、蛤、蛏、贻贝、河蚌等）。

水产类食品是营养丰富的动物性食品，是优质蛋白质的重要来源，富含全价蛋白质、脂肪、碳水化合物、维生素和多种无机物质。鱼肉具有脂肪含量少、水分较多、肌肉纤维细而短、容易被消化吸收的特点。

但是，鱼类等水产品又具有容易腐败及被致腐菌污染的特点。鱼类等体内含有很多对人体有害的化学物质；有些鱼类含有生物毒素，食后会引起中毒；一些能感染人的寄生虫存在于鱼蟹等体内。因此，必须对水产品进行卫生检验。

（一）鱼肉的理化性状

1. 鱼体外观

鱼体由头、躯干及尾等三部分组成，体形通常呈纺锤形，但也有左右、上下扁平或细长等形状者。鱼类皮肤可分为表皮和真皮两种。表皮由数层表皮细胞组成，其中分布有分泌黏液的黏液腺；真皮由数层结缔组织所形成，形成由石灰质沉积而成的鳞片。头部有口、眼、鼻腔和腮，两侧各有一块相当硬的骨质腮盖。躯干和尾部，附有成对或单个的鳍，鳍可分为胸鳍、腹鳍、背鳍、臀鳍和尾鳍。

2. 鱼肉的主要化学成分

鱼贝肉一般由水分（70%～85%）、蛋白质（15%～20%）、脂质（1%～10%）、碳水化合物（0.5%～1.0%）及灰分（1.0%～1.5%）等化学成分所组成。但鱼的种类繁多，彼此间多有区别，且因年龄、性别、季节和营养状态不同而有所变动。

（1）蛋白质　鱼肉蛋白质与哺乳动物一样，由肌原纤维蛋白、肌浆蛋白和基质蛋白所构成，其中肌原纤维蛋白占70%～80%，较哺乳动物多，肌浆蛋白占17%～25%；基质蛋白占3%～5%，比哺乳动物少，此即成为鱼肉比畜肉软的原因之一。肌原纤维蛋白是构成鱼肉蛋白的主要成分，同哺乳动物相比，量虽多但不稳定，加热或冻结时易变性。肌浆蛋白因鱼种而异，因此可以用肌浆蛋白质的电泳图来判别鱼种。

鱼肉蛋白质的氨基酸组成，各类鱼差别不大，都含有大量的必需氨基酸。水产动物的肌肉浸出物成分从广义上讲，指用热水从鱼肉中所提取出来的成分；而一般多指狭义讲的，即指煮沸鱼肉的浸出液，从所溶解的物质中除去蛋白质所残留的有机物，包括无机物，在新鲜鱼肉里含2%～5%。其中主要成分为含氮化合物，其中的浸出物有：牛磺酸、天门冬氨酸、谷氨酸、脯氨酸、甘氨酸、丙氨酸、缬氨酸、亮氨酸、酪氨酸、赖氨酸、组氨酸、精氨酸等，另外还有三甲胺氧化物（TMAO)、肌酸、尿素、肌苷酸等。

三甲胺氧化物不含于淡水鱼中，而存在于海水鱼中，其作用为缓冲海水的渗透压。而海水鱼随着鱼体鲜度的降低产生一种特有的挥发性腥臭，其原因是细菌的分解作用而产生三甲胺（TMA）所致。

新鲜的乌贼、章鱼、扇贝、鲍鱼、鲤鱼等含有大量的三磷酸腺苷（ATP)，当鱼贝类死后，在其体内受到分解酶的作用，逐渐分解为二磷酸腺苷（ADP)、一磷酸腺苷（AMP)、肌苷酸（IMP)，而这些变化还是可逆的。

肌苷酸同谷氨酸一起是构成鱼肉味道的主要成分。而肌苷酸在肉中进一步被分解为肌苷和次黄嘌呤。因此，当鲜度降低时，不仅丧失了鱼肉的味道，而且由于次黄嘌呤的蓄积致使鱼肉的味道变苦。

根据上述分析，尤其当变化到肌苷以下的过程后，其反应是不可逆的。因此，可以利用肌苷的含量变化科学地测定鱼的鲜度。

（2）脂肪　鱼肉的脂肪含量少，而脂肪与畜肉的不同之处是不饱和脂肪酸含量多，通常在室温下呈液态，且易氧化。鱼类脂肪中的不饱和脂肪酸有：9-十四碳烯酸、十六碳烯酸、花生烯酸、二十四碳-6-烯酸等。鱼体由于中性脂肪层薄，微生物易侵入。抹香鲸脑底的蜡呈液态存在，鲨鱼的肝内也有蜡的成分。除此外，在深海鱼的脂肪中，蜡的成分含量多，当人多量食入后可导致下痢。

鱼的油脂易氧化，易产生酸败臭味，因而在水产品加工中，防止蜡质的氧化亦非常重要。如在鱼的体表形成冰膜而隔绝氧化是保存鱼体的一种方法。过氧化物不但有毒性，还能产生褐色或赤褐色的变色物质，即引起所谓的黄变。因此在加工制作时，有必要从鱼肉中除去油脂的成分。

（3）糖类及有机酸　水产动物肌肉中含有多糖类的糖原，一般鱼类肌肉中含1%左右。自渔获后，由于糖解作用（获得能量的糖质代谢）激烈进行的结果，鱼类肌肉中的糖原几乎全部变为乳酸；乳酸的一部分进一步分解为低分子的化合物。由于产生乳酸的结果，使肌肉pH值下降很多，最低达5.6～5.8。软体动物的贝类体内含糖原达1%～8%之多。

琥珀酸分布于鱼类肌肉中，特别是贝类肌肉中含量更多，与贝肉味道有密切关系。此外，尚有焦葡萄酸、苹果酸和柠檬酸等少量存在于水产动物肌肉中。

（4）色素　鱼有白色肉鱼和红色肉鱼之分；红色肌肉中含有肌肉红色素，是由肌红蛋白和血红蛋白所组成，其中80%～90%为肌红蛋白。鱼类血液色素与哺乳动物同为含有铁质的血红蛋白；但软体动物、苔足动物则有含铜的血蓝蛋白，是乌贼、章鱼及虾、蟹等的血液色素。鱼类皮肤有黑色、黄色、红色及白色等数种色素细胞，主要色素有黑蛋白、各种类胡萝卜素及胆汁色素。

（二）鱼类的腐败变质

1. 鱼体死亡后的变化

鱼类捕获死亡后变化大致可分为四个阶段：黏液分泌、死后僵硬、自溶作用及腐败变质。

（1）黏液分泌阶段　鱼在濒死期体表可分泌一层主要为黏蛋白的黏液，以抵抗有毒物的侵蚀，此即鱼体自身的最后保护功能。

（2）死后僵硬阶段　鱼体死亡后体内糖原分解产生乳酸，pH 下降致使肌肉蛋白脱水凝固而坚实且失去弹性，致使鱼体呈现僵硬现象。此时鱼体处于鲜度Ⅰ期。

（3）自溶作用阶段　自溶作用即鱼体自身分解、消化的过程，乃是由于肌肉和其他组织中所含各种酶类的作用使其本身进行自然分解的现象。自溶作用的开始阶段鱼体即处于鲜度Ⅱ期。

（4）腐败变质阶段　由于自溶作用的进一步发展，微生物繁殖也更旺盛，致使蛋白质分解至更低级的产物，如氨、腐胺、尸胺、硫化氢等。此即微生物作用而引起的腐败过程，亦是腐败变质阶段与自溶阶段的本质区别。

2. 鱼类的腐败

鱼类腐败主要是蛋白质的分解，因此其分解产物与其他肉类的分解产物大体相同，主要有氨、胺类、三甲胺、硫化氢、吲哚、粪臭素以及脂肪氧化生成物等。另外肌苷酸被分解可产生肌苷，且此产物产生于挥发性盐基氮之前。

由于水体环境的不同和鱼体品种的不同，其主要分解产物在量和质上亦有差别。因而可根据具体情况对分解产物进行测定，从而科学地判定出鱼体的新鲜程度。

二、水产品的检验

（一）样品的采集

根据样品包装方式的不同，采取不同的比例进行样品的采集。

（1）包装鱼：不论何种包装的鱼，在采样前应先检查其包装情况，然后从同批货物中抽检整包装的 5%，再从每个包装的不同部位抽取几条作为检样。

（2）散装鱼：从同批、同类品种的上、中、下的同一平面上分五点取样（三层五点法）。

（3）需送实验室作理化检验者，其检样的采取根据鱼的大小而定：鱼重不超过 100g 时，检样重量不超过 1kg；鱼重在 2kg 以下时，取 1～2 条作检样；鱼重 2～5kg 时，取 1～2 条作检样，但只取每条鱼的一侧；鱼重 5kg 以上时，从两条鱼取检样，分别从每条鱼的近头部、中部、靠近尾部处横断切取约长 3cm 的肌肉组织共 6 块作检样，总重量不超过 1kg。

（二）感官检查

1. 感官要求

检验方法：取适量样品于白瓷盘上，在自然光下观察色泽和状态，闻其气味。

要求：具有水产品应有的色泽；具有水产品应有的气味，无异味；具有水产品正常的组织状态，肌肉紧密、有弹性。

2. 感官检查方法

（1）观察鱼鳞是否附着鱼体，以及色泽、黏液多少和透明程度等，以测知鱼体表层组织是否处于完好状态。

（2）观察鱼体是否保持固有的色泽和光泽，以测定鱼皮肤上所含各种色素是否受氧、氨作用而分解变化；同时检视腹部有无膨胀和肛门突出现象。

（3）用手指按压鱼体的背部肌肉，观察弹性是否良好，以测知肌肉组织是否完好。

（4）用手指或手掌托住鱼体的中部，观察头、尾的下垂情况，作鱼的僵硬度检查。

（5）观察眼球是否饱满、透明，以及角膜的透明度，以测知眼球周围的结缔组织和眼球内部的黏蛋白质是否有分解情况。

（6）观察鳃的颜色是否鲜红，以测知鱼鳃内的血红蛋白是否受氧、氨的作用而分解变化。

（7）气味检查：直接嗅闻体表、鳃、肌肉和内脏的气味；也可用木签刺入肌肉深部，拔出后立即嗅闻。必要时尚可取鱼肉放于水中煮沸后进行嗅检。

（8）内脏检查：用剪刀刺入泄殖孔，顺白线切至头部，然后由泄殖孔向背侧切开，直至侧线上方，再顺着切开腹壁至头部，将全部内脏暴露出来，主要检查肝、胃、肠、心、脾、肾的变化情况。然后横断脊椎，观察有无脊柱红染现象。

（三）理化检验

1. 理化指标

鲜、冻动物性水产品的理化指标如表 8-1 所示：

表 8-1 鲜、冻动物性水产品理化指标

项目	指标
挥发性盐基氮[a]/(mg/100g)	
海水鱼虾	30
海蟹	25
淡水鱼虾	20
冷冻贝类	15
组胺[a]/(mg/100g)	
高组胺鱼类[b]	40
其他海水鱼类	20

[a] 不适用于活体水产品

[b] 高组胺鱼类：指鲐鱼、鲹鱼、竹荚鱼、鲭鱼、鲣鱼、金枪鱼、秋刀鱼、马鲛鱼、青占鱼、沙丁鱼等青皮红肉海水鱼。

2. 理化检验：组胺的测定

海产鱼中的青皮红肉鱼类含有较高的组胺酸，经脱羧酶及细菌作用后，产生组胺，组胺可引起过敏性食物中毒。

（1）原理 以三氯乙酸为提取溶液，振摇提取，经正戊醇萃取净化，组胺与偶氮试剂发生显色反应后，分光光度计检测，外标法定量。

（2）试剂

① 偶氮试剂。

a. 甲液：称取 0.5g 对硝基苯胺，加 5mL 盐酸溶解后，再加水稀释至 200mL，置冰箱中。

b. 乙液：亚硝酸钠溶液（5g/L），临用现配。

甲液 5mL 与乙液 40mL 混合后立即使用。

② 组胺标准溶液：准确称取 0.2767g 于（100±5)℃干燥 2h 的磷酸组胺，溶于水，移入 100mL 容量瓶中，再加水稀释至刻度。此溶液每毫升相当于 1.0mg 组胺。

③ 磷酸组胺标准使用液：吸取 1.0mL 组胺标准溶液置于 50mL 容量瓶中，加水稀释至刻度。此溶液每毫升相当于 20μg 组胺。

（3）分析步骤

① 样品处理　准确称取已经绞碎均匀的试样 10g（精确至 0.01g)，置于 100mL 具塞锥形瓶中，加入 20mL 10％三氯乙酸溶液浸泡 2～3h，振荡 2min 混匀，滤纸过滤，准确吸取 2.0mL 滤液于分液漏斗中，逐滴加入氢氧化钠溶液调节 pH 在 10～12 之间，加入 3mL 正戊醇振摇提取 5min，静置分层，将正戊醇提取液（上层）转移至 10mL 刻度试管中。正戊醇提取三次，合并提取液，并用正戊醇稀释至刻度。吸取 2.0mL 正戊醇提取液于分液漏斗中，加入 3mL 盐酸溶液振摇提取，静置分层，将盐酸提取液（下层）转移至 10mL 刻度试管中。提取三次，合并提取液，并用盐酸溶液稀释至刻度。

② 测定　吸取 2.0mL 盐酸提取液于 10mL 比色管中。另吸取 0mL，0.20mL，0.40mL，0.60mL，0.80mL，1.00mL 组胺标准使用液（相当 0μg，4μg，8μg，12μg，16μg，20μg 组胺)，分别置于 10mL 比色管中，加水至 1mL，再各加 1mL1mol/L 盐酸。样品与标准管各加 3mL 50g/L 碳酸钠溶液、3mL 偶氮试剂，加水至刻度，混匀，放置 10min 后用 1cm 比色杯，以零管调节零点，于 480nm 波长处测吸光度，绘制标准曲线比较，或与标准色列目测比较。

（4）计算

$$X=\frac{m_1V_1\times10\times10}{m_2\times2\times2\times2}\times\frac{100}{1000}$$

式中　X——试样中组胺的含量，mg/100g；

m_1——试样中组胺的吸光度值对应的组胺质量，μg；

V_1——三氯乙酸溶液的体积，mL；

10——第一个是正戊醇提取液的体积，mL；第二个是盐酸提取液的体积，mL；

m_2——取样量，g；

2——第一个是三氯乙酸提取液的体积，mL；第二个是正戊醇提取液的体积，mL；第三个是盐酸提取液的体积，mL；

100——换算系数；

1000——换算系数。

（5）说明

① 样品中的组胺在弱碱性条件下与重氮盐反应成有色化合物，经比色定量，求得样品中组胺含量。

② 在样品处理中加入 250g/L 氢氧化钠溶液后用 pH 试纸测试一下，应必须呈碱性，致使组胺能游离便于提取。同样再加 1mol/L 盐酸也用 pH 试纸测试一下，必须呈酸性，致使组胺能成为盐酸盐而转至盐酸提取液中，以备测定用。

在测定各组胺标准的比色管中，按操作分别加入 1mL 1mol/L 盐酸，但样品的盐酸提取液比色管则可不必再加上述盐酸溶液，过量的盐酸会造成结果偏低。

第六节　调味品的检验

在饮食、烹饪和食品加工中广泛应用的，用于调和滋味和气味并有去腥、除膻、解腻、增香、增鲜等作用的产品为调味品。几乎所有的加工食品都要用调味品，常用的调味品有酱油、醋、食盐和味精等。调味品的质量往往影响加工食品的质量。所以，对调味品进行检验是十分必要的。

一、酱油的检验

酱油一般系指富含蛋白质的豆类和富含淀粉的谷物及其副产品为主要原料，在微生物酶的催化作用下分解制成并经浸滤提取的调味汁液，酱油按生产工艺分为酿造酱油和配制酱油，按使用方法分为烹调酱油和餐桌酱油。

酿造酱油指以大豆和（或）脱脂大豆、小麦和（或）麸皮为原料，经微生物发酵制成的具有特殊色、香、味的液体调味品。

配制酱油指以酿造酱油为主体，与酸水解植物蛋白调味液、食品添加剂等配制而成的液体调味品。

烹调酱油指不直接食用，适用于烹调加工的酱油

餐桌酱油指既可直接食用，又可用于烹调加工的酱油。

酱油是我国人民生活中不可缺少的传统调味品，随着人民生活水平的提高和旅游事业的发展，需要量亦将与日俱增。因此必须要求酱油具有一定的色、香、味，并且营养、卫生、安全。

（一）酱油的安全标准

1. 感官要求

具有产品应有的色泽，具有产品应有的滋味和气味，无异物。不浑浊，无正常视力可见外来异物，无霉花浮膜。

2. 理化指标

氨基酸态氮不小于 0.4g/100mL，其他食品添加剂指标符合 GB 2760 规定。

（二）酱油的检验方法

1. 感官检查

取混合均匀的适量试样置于直径 60～90mm 的白色瓷盘中，在自然光下观察色泽和状态，闻其气味，并用吸管吸取适量试样进行滋味品尝。

2. 理化检验

（1）氨基酸态氮的测定

第一法　酸度计法

① 原理　氨基酸含有羧基和氨基，利用氨基酸的两性作用，加入甲醛固定氨基的碱性，使羧基显示出酸性，用氢氧化钠标准溶液滴定后进行定量，以酸度计测定终点。

② 操作方法　准确吸取酱油 5.0mL，置于 100mL 容量瓶中，加水至刻度，混匀后吸取 20.0mL，置于 200mL 烧杯中，加水 60mL，开动磁力搅拌器，用 0.05mol/L 氢氧化钠标准溶液滴定至酸度计指示 pH8.2，记录用去的氢氧化钠标准溶液的体积（mL，按总酸计算公式，可以算出酱油的总酸含量）。

向上述溶液中，准确加入甲醛溶液 10mL，混匀。继续用 0.05mol/L 氢氧化钠标准溶液滴定至 pH9.2，记录用去氢氧化钠标准溶液的体积（mL），供计算氨基酸态氮含量用。

试剂空白试验：取水 80mL，先用 0.05mol/L 氢氧化钠标准溶液滴定至 pH8.2［记录用去氢氧化钠标准溶液的体积（mL），此为测总酸的试剂空白试验］。再加入 10mL 甲醛溶液，继续用 0.05mol/L 氢氧化钠标准溶液滴定至酸度计指示 pH9.2。第二次所用氢氧化钠标准溶液体积（mL）为测定氨基酸态氮的试剂空白试验。

③ 计算

$$X=\frac{(V_1-V_2)c\times 0.014}{5\times \frac{V_3}{100}}\times 100$$

式中　X——样品中氨基酸态氮的含量，g/100mL；

V_1——测定用的样品稀释液加入甲醛后消耗氢氧化钠标准溶液的体积，mL；

V_2——试剂空白试验加入甲醛后消耗氢氧化钠标准溶液的体积，mL；

V_3——样品稀释液取用量，mL；

c——氢氧化钠标准溶液的浓度，mol/L；

0.014——1mL［c(NaOH)＝1.000mol/L］氢氧化钠标准溶液相当氮的质量，g；

100——单位换算系数。

④ 说明

a. 氨基酸是蛋白质分解后的一种产物，酱油中的游离氨基酸有 18 种，其中谷氨酸和天门冬氨酸占比例最多，这两种氨基酸含量越高，酱油的鲜味越强，因此氨基酸态氮含量高低不仅表示鲜味的程度，也是质量好坏的指标。

b. 36％甲醛试剂，应避光存放，不应含有聚合物（无沉淀）。

c. 酱油中的铵盐影响氨基酸态氮的测定，可使氨基酸态氮测定结果偏高。因此要同时测定铵盐，将氨基氮的结果减去铵盐的结果比较准确。

第二法　比色法

① 原理　在 pH8.4 的乙酸钠-乙酸缓冲液中，氨基酸态氮与乙酰丙酮和甲醛反应生成黄色的 3,5-二乙酰-2,6-二甲基-1,4-二氢化吡啶氨基衍生物，在波长 400nm 处测定吸光度，与标准系列比较定量。

② 试剂

a. 氨氮标准储备液（1.0g/L）：精密称取 105℃干燥 2h 的硫酸铵 0.4720g，加水溶解后移入 100mL 容量瓶中，并稀释至刻度，混匀，此溶液每毫升相当于 1.0mgNH_3-N（10℃以下冰箱内储存稳定 1 年以上）。

b. 氨氮标准使用液（0.1g/L）：用移液管精密称取 10mL 氨氮标准储备液（1.0mg/mL）于 100mL 容量瓶中，加水稀释至刻度，此溶液每毫升含 100μg NH_3-N（10℃以下冰箱内储存稳定 1 个月）。

③ 分析步骤

a. 精密吸取 1.0mL 试样于 50mL 容量瓶中，加水稀释至刻度，混匀。

b. 标准曲线的绘制：精密吸取氨氮标准使用液 0mL，0.05mL，0.1mL，0.2mL，0.4mL，0.6mL，0.8mL，1.0mL（相当于 NH_3-N0μg，5.0μg，10.0μg，20.0μg，40.0μg，60.0μg，80.0μg，100.0μg）分别于 10mL 比色管中。向每个比色管分别加入 4mL 乙酸钠-乙酸缓冲溶液（pH4.8）及 4mL 显色剂，以水稀释至刻度，混匀。置于 100℃水浴中加热 15min，取

出，水浴冷却至室温后，移入 1cm 比色皿内，以零管参比，于波长 400nm 处测量吸光度，绘制标准曲线或计算回归方程。

c. 试样测定：精密吸取 2mL 试样稀释溶液（约相当于氨基酸态氮 100μg）于 10mL 比色管中。按标准曲线绘制自“加入 4mL 乙酸钠-乙酸缓冲溶液（pH4.8）及 4mL 显色剂……”起依法操作。试样吸光度与标准曲线比较定量或代入标准回归方程，计算试样含量。

④ 计算

试样中氨基酸态氮的含量按下式进行计算

$$X=\frac{m}{V\times\frac{V_1}{V_2}\times1000\times1000}\times100$$

式中 X——试样中氨基酸态氮的含量，g/100mL；

m——试样测定液中氮的含量，μg；

V——吸取试样体积，mL；

V_1——测定用试样体积，mL；

V_2——试样前处理中的定容体积，mL；

100，1000——单位换算系数。

（2）食盐（以氯化钠计）的测定

① 原理 使用硝酸银标准溶液滴定酱油中的氯化钠，生成乳白色的氯化银沉淀，在全部氯化银沉淀之后，多滴入的硝酸银标准溶液与铬酸钾指示剂生成铬酸银，使溶液呈砖红色即为终点。根据硝酸银标准溶液的消耗量计算出酱油中氯化钠的含量。

② 分析步骤 准确吸取 2.0mL 测定氨基酸态氮的样品稀释液，放置于 150～200mL 锥形瓶或瓷蒸发皿内，加入 100mL 水和 1mL 铬酸钾溶液（50g/L），混匀，用 0.1mol/L 硝酸银标准溶液滴定至溶液初现砖红色为终点。

空白试验：量取 100mL 水，加入 1mL 50g/L 铬酸钾溶液，混匀，按上述方法操作。

③ 计算

$$X=\frac{(V_1-V_2)c\times0.0585}{V_3\times\frac{V_4}{V_5}}$$

式中 X——样品中食盐（以氯化钠计）的含量，g/100mL；

V_1——测定用样品稀释液消耗硝酸银标准滴定溶液的体积，mL；

V_2——试剂空白消耗硝酸银标准滴定溶液的体积，mL；

V_3——样品的体积，mL；

V_4——测定用样品稀释液的体积，mL；

V_5——样品定容体积，mL。

c——硝酸银标准滴定溶液的实际浓度，mol/L；

0.0585——与 1.00mL 硝酸银标准溶液[$c(AgNO_3)=1.000$mol/L]相当的氯化钠的质量，g。

④ 说明

a. 食盐是酱油质量的重要指标之一，它不仅使酱油具有可口的咸味，而且有杀菌防腐作用，在一定程度上减少发酵过程中杂菌的污染，防止产品腐败变质，食盐与氨基酸协调使酱油呈明显的鲜味。酱油一般含食盐 15～20g/100mL。

b. 本法不能在酸性条件下进行滴定，因为铬酸银在酸性中反应而使浓度大大降低。在等当点时不能生成铬酸银沉淀。也不能在碱性中进行滴定，因银离子容易形成氧化银沉淀。如果样品的 pH 低于 6.3 或大于 10 时，需要用碱或酸调节至中性或弱碱性后，再进行滴定。

c. 加入铬酸钾指示剂过少或过多时，滴定溶液中出现铬酸银沉淀的时间偏迟或偏早，容易产生一定的误差，也影响酱油的无盐固形物的质量[酱油中无盐固形物(%)=总固形物(%)−氯化钠(%)]。

d. 在整个滴定过程中必须剧烈摇动或充分混匀。因为在滴定时生成的氯化银沉淀容易吸附溶液中的氯离子，使氯离子的浓度降低，与之平衡的银离子浓度增加，使未到等当点时过早产生铬酸银的沉淀，故滴定时必须剧烈摇动，使被吸附的氯离子释放出来减少误差。

(3) 总酸的测定

① 原理　酱油中含有多种有机酸，用氢氧化钠标准溶液滴定，以酸度计测定终点，结果以乳酸表示。

② 分析步骤　按测定氨基酸态氮操作方法，到酸度计指示 pH8.2 时，记录消耗 0.05mol/L 氢氧化钠标准溶液的体积（mL）。

空白试验：取 80mL 水同时做试剂空白试验。

③ 计算

$$\text{含量(以乳酸计,g/100mL)}=\frac{(V_1-V_2)c\times 0.09}{V_3\times\frac{V_4}{V_5}}\times 100$$

式中　V_1——测定用样品稀释液消耗氢氧化钠标准溶液体积，mL；

V_2——试剂空白消耗氢氧化钠标准溶液的体积，mL；

V_3——测定时取样品体积，mL；

V_4——样品稀释液取用体积，mL；

V_5——样品定容总体积，mL；

c——氢氧化钠标准溶液摩尔浓度，mol/L；

0.09——与 1mL 氢氧化钠标准溶液[$c(NaOH)=1.000$mol/L]相当的乳酸质量，g。

④ 说明

a. 酱油的总酸中以乳酸含量最高，其次为乙酸、丙酸、丁酸、琥珀酸、柠檬酸等二十多种有机酸。适当的有机酸存在，对增加酱油的风味有一定的效果，但总酸含量不能过高，如酱油酸味明显，使质量降低。

b. 样品稀释溶液的颜色过深时，影响测定结果，应制备脱色酱油测定。取酱油 25mL，置于 100mL 容量瓶中，加水至刻度，混合均匀。取出约 50～60mL，加入活性炭 1～2g 脱色，放水浴上加热至 50～60℃微温过滤，即为脱色酱油。取此滤液 10mL，置于锥形瓶内，加入水 50mL，测定方法同上（计算时换算为原样品体积）。

(4) 铵盐的测定（半微量定氮法）

① 原理　样品在碱性溶液中加热蒸馏，使氨游离蒸出，被硼酸溶液吸收，然后用盐酸标准溶液滴定。由盐酸标准溶液的消耗量计算出铵（胺）盐的含量。

② 分析步骤　吸取 2mL 样品，置于 500mL 蒸馏瓶中，加入约 150mL 水及 1g 氧化镁，连接好蒸馏装置，并使冷凝管下端连接玻璃管伸入接收瓶液面下，在接收瓶内预先加入 10mL 20g/L 硼酸溶液和混合指示剂 2～3 滴。加热蒸馏，由沸腾开始计算约蒸馏 30min 即可，使冷凝管下端连接管尖离开吸收液再继续蒸 5min。以少量水冲洗连接管，用 0.1mol/L 盐酸标准溶液滴定至终点。记录用去 0.1mol/L 盐酸标准溶液的体积（mL）。同时做试验空

白试验。

③ 计算

$$X=\frac{(V_1-V_2)c\times 0.017}{V_3}\times 100$$

式中 X——样品中铵盐的含量（以氨计），g/100mL；

V_1——样品消耗盐酸标准溶液的体积，mL；

V_2——试剂空白消耗盐酸标准溶液体积，mL；

V_3——样品体积，mL；

c——盐酸标准溶液的实际浓度，mol/L；

0.017——与1.00mL盐酸标准溶液[c(HCl)=1.000mol/L]相当的铵盐（以氨计）的质量，g。

④ 说明

a. 酱油中铵盐的主要来源有两种。一种是蛋白质的分解产物，如酱油不清洁，污染细菌多，会使酱油中蛋白质分解，产生游离的无机铵盐和有机铵盐。另一种加入酱色时带入，制造酱色时用铵盐做接触剂。

b. 测定铵盐具有两方面的意义，一方面不允许酱油中有过多的铵盐存在而影响酱油的鲜味；另一方面当用凯氏定氮法测定氨基酸态氮时，需要减去铵盐中的氮量，才能表示氨基酸态氮的准确结果。

二、食醋的检验

食醋系指以粮食为原料，经过发酵酿造成的醋酸溶液。它不仅营养丰富而且具有一定的风味和琥珀一样的色泽。质量好的食用醋，具有芬芳的香味和适宜浓厚的滋味。

（一）食醋的安全标准

1. 感官要求

具有产品应有的色泽，具有产品应有的滋味和气味，尝味不涩，无异味。不浑浊，可有少量沉淀，无正常视力可见外来异物。

2. 理化指标

食醋中总酸（以乙酸计）含量不小于3.5g/100mL，甜醋中总酸（以乙酸计）含量不小于2.5g/100mL。

说明：

(1) 食醋是以粮食、果实、酒类、砂糖或饴糖等为原料，经微生物发酵，酿造而成的一种酸性调味品。我国各地生产的食醋种类很多，按产地命名的有山西老陈醋、四川保宁醋、镇江香醋、上海香醋、福建永春红曲醋等；按原料、工艺、产品外观命名的有大曲醋、小曲醋、红曲醋、麸曲醋、香醋、玫瑰米醋、白醋、熏醋、糟醋、喀左陈醋、糖醋、麦芽醋、苹果醋、葡萄酒醋、保健醋、酒精醋、合成醋、速酿醋、醋精。

食醋的主要成分：醋酸、各种有机酸、糖类、醇类、醛类、酮类、酯类、酚类和多种氨基酸、无机盐类。食醋的质量优或差主要是原料的优或差，以及配比、制造方法等不同而异。优质的食醋其原料、配料比例、发酵条件、工艺流程基本是稳定不变的。

(2) 食醋的鲜味和风味，主要来源于各种原料在发酵过程中蛋白质分解的产物以及曲霉在生长中所产生的代谢物。这些物质主要包括酯类、醇类、醛类、酚类以及双乙酰、3-羟基-2丁酮等。食醋中的天然色素产生的过程，和酱油中天然色素产生的过程有些类似。食醋在容器中接触了铁锈，经长期贮存与醋中的醇、醛、酸作用，生成黄色或红棕色色素。

(二)食醋的检验方法

1. 感官检查

(1) 取 2mL 样品于 25mL 具塞比色管中，加水至刻度，上下颠倒数次，观察色泽。

(2) 取 30mL 样品于 50mL 烧杯中观察，用玻棒搅拌烧杯中试样，品尝滋味，闻其气味。

2. 理化检验

(1) 总酸

① 原理　食醋中主要成分是醋酸，含有其他少量的有机酸，用氢氧化钠标准溶液滴定时，被中和而生成盐类，以酸度计测定 pH8.2 终点。结果以醋酸表示含量。

② 分析步骤　吸取 10mL 样品，置于 100mL 容量瓶中，加水至刻度，混合均匀。取出 20mL 于 200mL 烧杯中，加入 60mL 水，以下按酱油的卫生检验方法中氨基酸态氮的测定自“开动磁力搅拌器”起依法进行操作。同时做试剂空白试验。

③ 计算

$$X=\frac{(V_1-V_2)c\times 0.060}{V\times\frac{10}{100}}\times 100$$

式中　X——样品中总酸的含量（以乙酸计），g/100mL；

V_1——测定用样品稀释液消耗氢氧化钠标准滴定溶液的体积，mL；

V_2——试剂空白消耗氢氧化钠标准滴定溶液的体积，mL；

c——氢氧化钠标准滴定溶液的实际浓度，mol/L；

0.06——与 1.00mL 氢氧化钠标准溶液[c(NaOH)=1.00mol/L]相当的乙酸的质量，g；

V——样品体积，mL。

(2) 游离矿酸

① 原理　游离矿酸（硫酸、硝酸、盐酸等）存在时，氢离子浓度增大，可以改变指示剂的颜色。

② 试剂

a. 甲基紫试纸：称取 0.10g 甲基紫，加水溶解至 100mL。将滤纸浸于此液中，取出晾干，贮存备用。

b. 百里草酚蓝试纸：取 0.10g 百里草酚蓝，溶于 50mL 乙醇中，再加 6mL 氢氧化钠溶液（4g/L），加水至 100mL。将滤纸浸透此液后晾干、储存备用。

③ 分析步骤　用细玻璃棒或毛细管沾少许样品，沾在百里草酚蓝试纸上，观察其变色情况，若试纸变为紫色斑点或紫色环表示有游离矿酸存在。不同浓度的乙酸，冰醋酸在百里草酚蓝试纸上呈现橘黄色环、中心淡黄色或无色。用甲基紫试纸沾少许样品，若试纸变为蓝绿色，表示有游离矿酸存在。

④ 说明

a. 测定游离矿酸的目的是防止把硫酸、盐酸、硝酸等非食用酸，用来生产食用醋，故不得检出。

b. 食用醋色泽深时，取出 25～50mL，加入 1～2g 活性炭脱色后过滤再测定。

c. 此方法的检出限为 5mg/L。

三、味精的检验

味精：以碳水化合物（如淀粉、玉米、糖蜜等糖质）为原料，经微生物（谷氨酸棒杆菌等）发酵、提取、中和、结晶、分离、干燥而制成的具有特殊鲜味的白色结晶或粉末状调味品。

加盐味精：在谷氨酸钠（味精）中，定量添加了精制盐的混合物。

增鲜味精：在谷氨酸钠（味精）中，定量添加了核苷酸二钠等增味剂的混合物。

（一）味精的安全标准

1. 感官要求

检验方法：取适量试样于白色瓷盘中，在自然光线下，观察其色泽和状态。闻其气味，用温开水漱口后品其滋味。

要求：无色至白色，具有特殊的鲜味，无异味，结晶状颗粒或粉末状，无正常视力可见外来异物。

2. 理化指标

味精中谷氨酸钠的含量不小于 99.0%。

（二）味精的检验方法

1. 感官检查

将味精样品撒在一张白纸上，观察其颜色应白色结晶，无夹杂物。尝其味应无异味。

2. 理化检验

谷氨酸钠的测定

第一法　高氯酸非水溶液滴定法

（1）原理　在乙酸存在下，用高氯酸标准溶液滴定样品中的麸氨酸钠（谷氨酸钠），以电位突跃为依据判定滴定终点，或以 α-萘酚苯基甲醇为指示剂，滴定样品溶液至绿色为其终点。

（2）仪器参数及耗材

① 自动电位滴定仪（精度±0.2mV），具备动态滴定模式或等量滴定模式，最小加液体积 0.01mL，滴定管自带防扩散头。

② 非水相 pH 电极，采用 Ag/AgCl 为内参比电极；内参比电解液为 2mol/L 氯化锂乙醇溶液或 0.4mol/L 四乙基溴化铵乙二醇溶液。

③ α-萘酚苯基甲醇（$C_{27}H_{18}O_2$）-乙酸指示液（2g/L）：称取 α-萘酚苯基甲醇（$C_{27}H_{18}O_2$），用乙酸溶解并稀释至 50mL。

（3）分析步骤

① 试样制备　称取研磨成细小颗粒的试样 0.15g（精确至 0.0001g）至 100mL 烧杯中，加甲酸 3mL，超声至完全溶解，再加乙酸 40mL，摇匀。

② 试样测定

电位滴定法

a. 样品测定采用动态滴定模式或等量滴定模式。

b. 试剂空白测定：采用等量滴定模式，最小加液体积为 0.01mL。

测定终点评估方法：将盛有试液的烧杯置于磁力搅拌器上，插入电极和滴定管，使电极隔膜完全浸没到被滴定的溶液中，打开电极上部的密封塞，在合适的速度下搅拌，启动滴定方法，用高氯酸标准滴定溶液进行滴定，以电位值（或 pH）为纵坐标，以滴定时消耗高氯酸标准滴定溶液的体积为横坐标，仪器自动绘制电位值（或 pH）-滴定体积实时变化曲线，反应终点时出现的明显突跃点为其滴定终点，记录该点所对应的消耗高氯酸标准滴定溶液的体积（V_1），同时做空白试验，记录消耗高氯酸标准滴定溶液的体积（V_0）。

化学指示剂法测定：在盛有试液的烧杯中加入 α-萘酚苯基甲醇-乙酸指示液 10 滴，开动磁力搅拌器，用高氯酸标准滴定溶液滴定试样液，当颜色变绿色即为滴定终点，记录消耗标准滴定溶液的体积（V_1），同时做空白试验，记录消耗高氯酸标准滴定溶液的体积（V_0）。

（4）计算

① 高氯酸标准溶液浓度的校正　若滴定试样与标定高氯酸标准溶液时温度之差超过10℃时，则应重新标定高氯酸标准溶液的浓度；若不超过10℃，则按下式加以校正：

$$c_1=\frac{c_0}{1+0.0011(t_1-t_0)}$$

式中　c_1——滴定试样时高氯酸溶液的浓度，mol/L；

c_0——标定时高氯酸溶液的浓度，mol/L；

0.0011——乙酸的膨胀系数；

t_1——滴定试样时高氯酸溶液的温度，℃；

t_0——标定时高氯酸溶液的温度，℃。

② 试样中谷氨酸钠含量计算公式：

$$X_4=\frac{(V_1-V_2)c\times 0.09357}{m}\times 100$$

式中　X_4——样品中谷氨酸钠含量（含1分子结晶水），g/100g；

V_1——试样消耗高氯酸标准滴定溶液的体积，mL；

V_2——空白消耗高氯酸标准滴定溶液的体积，mL；

c——高氯酸标准滴定溶液的浓度，mol/L；

0.09357——1.00mL高氯酸标准溶液[$c(HClO_4)=1.000$mol/L]相当于谷氨酸钠（$C_5H_8NNaO_4\cdot H_2O$）的质量，g；

m——试样质量，g；

100——换算系数。

第二法　旋光度法

（1）原理　谷氨酸钠分子结构中含有一个不对称碳原子，具有光学活性，能使偏振光面旋转一定角度，因此可用旋光仪测定旋光度，根据旋光度换算谷氨酸钠的含量。

（2）仪器　旋光仪（精度±0.010°），备有钠光灯（钠光谱D线589.3nm）。

（3）分析步骤

① 试样准备　称取试样10g（精确至0.0001g），加少量水溶解并转移至100mL容量瓶中，加盐酸20mL，混匀并冷却至20℃，定容并摇匀。

② 试样溶液的测定　于20℃，用标准旋光角校正仪器将①试样液置于旋光管中（不得有气泡），观测其旋光度，同时记录旋光管中试样液的温度。

（4）计算

样品中谷氨酸钠含量按下式计算。

$$X_2=\frac{\frac{\alpha}{Lc}}{25.16+0.047(20-t)}\times 100$$

式中　X_2——样品中谷氨酸钠的含量（含1分子结晶水），g/100g；

α——实测试样液的旋光度，°；

c——1mL试样液中含谷氨酸钠的质量，g/mL；

25.16——谷氨酸钠20℃的比旋光度，°；

t——测定试液的温度，℃；

0.047——温度校正系数；

100——换算系数；

L——旋光管长度，dm。

第三法　酸度计法

（1）原理　利用氨基酸的两性作用，加入甲醛以固定氨基的碱性，使羧基显示出酸性，用氢氧化钠标准溶液滴定后定量，以酸度计测定终点。

（2）试剂　除非另有说明，本方法所用试剂均为分析纯，水为 GB/T 6682 规定的二级水。

氢氧化钠标准滴定液[c(NaOH)=0.10mol/L]：按 GB/T 601 配制与标定或购买经国家认证并授予标准物质证书的氢氧化钠标准溶液。

（3）分析步骤　称取 0.40g 样品（精确至 0.0001g），置于 200mL 烧杯中，加 60mL 水溶解，开动磁力搅拌器，用氢氧化钠标准溶液滴定至酸度计指示 pH8.2，记录用去的氢氧化钠标准溶液的体积（mL），可计算总酸含量。

向上述溶液中，准确加入甲醛溶液 10mL，混匀。继续用氢氧化钠标准溶液滴定至 pH9.6，记录用去氢氧化钠标准溶液的体积（mL）。

取水 60mL，先用氢氧化钠标准溶液滴定至 pH8.2 [记录用去氢氧化钠标准溶液的体积（mL），此为测总酸的试剂空白试验]。再加入 10mL 甲醛溶液，继续用 0.05mol/L 氢氧化钠标准溶液滴定至酸度计指示 pH9.6，做试剂空白试验。

（4）计算

$$X=\frac{(V_1-V_2)c\times 0.187}{m}\times 100$$

式中　X——样品中谷氨酸钠的含量（含 1 分子结晶水），g/100g；

m——样品质量，g；

V_1——测定用样品稀释液加入甲醛后消耗氢氧化钠标准溶液的体积，mL；

V_2——试剂空白试验加入甲醛后消耗氢氧化钠标准溶液的体积，mL；

c——氢氧化钠标准滴定溶液的实际浓度，mol/L；

0.187——与 1.00mL 氢氧化钠标准滴定液[c(NaOH)=1.000mol/L]相当含 1 分子结晶谷氨酸钠的质量，g。

四、食盐的检验

食盐是海盐、湖盐、矿盐、井盐等食用盐的统称。我国以海盐为主。食盐为白色结晶体，主要成分是氯化钠，还有水分、卤汁及其他夹杂物。优级盐，氯化钠含量不少于 93%；一级盐，氯化钠含量不少于 90%；二级盐，氯化钠含量不少于 85%；三级盐，氯化钠含量不少于 80%。食盐在调味品和副食品加工中是不可缺少的辅料，也是人们生活中的必需品。向食品中加入适当的食盐，不仅能够调节味道、增加滋味，同时能防腐和延长制品贮存期。

在人们的生活习惯上，将食盐以产区为名：如产于山东沿海的盐称为鲁盐；产于淮北沿海的称为淮盐；产于浙江沿海的称姚盐；产于河北沿海的称为芦盐；产于青海和新疆的盐称湖盐或池盐；产于四川、山西、陕西、甘肃等地的盐称为井盐。在湖北应城、湖南湘潭以及新疆和青海一带还出产岩盐（矿盐）。食盐中含氯化钠成分越高，说明食盐的质量越好。

食盐主要成分是氯化钠，亦含有水分、氯化钾、氯化镁、硫酸钙、硫酸镁、硫酸钠、硫酸钾、硫酸镁、氧化铝和有机物等。食盐有同质异构体六面体、八面体或斜方十二面体。这些异构体的产生，主要是制盐过程中蒸发的方式不同，结晶的形状出现各异。

岩盐（矿盐）中，湖北产的盐，含硫酸钠较多，口味不佳。

当食盐中含有卤汁较多时，伴有苦味，苦味由卤汁中的氯化镁、氯化钾、硫酸镁、硫酸钠、硫酸钙等混合物引起，使产品质量降低。

平锅盐为井盐，如闻名全国的四川自贡盐。制盐方法，采用平锅加热蒸发加工。

真空制盐为井盐矿，用机械抽真空浓缩干燥法制盐。

（一）感官检查

（1）取样品约5～10g，放在一张白纸上，观察其色泽，应为白色或淡黄色，加有抗结剂亚铁氰化钾的为淡蓝色。不应含有肉眼可见的夹杂物。

（2）取10～20g样品，置于洁净的瓷乳钵中研碎后，立即检查不应有异味。

（3）取约5g样品，溶解于100mL温水中。尝水溶液，应具有纯净的咸味。无其他异味。

（二）理化检验

1. 氯化钠的测定

（1）水分的测定　直接干燥法进行操作，将温度设定为140℃±2℃。干燥前后两次的质量差不超过5mg，即为恒重。

（2）氯离子的测定

① 原理　样品溶解后，用铬酸钾作指示剂，用硝酸银标准滴定溶液滴定，测定氯离子的含量。

② 试剂　除非另有说明，本方法所用试剂均为分析纯，水为GB/T 6682规定的三级水。

铬酸钾指示剂：称取10g铬酸钾溶于100mL水中，搅拌下滴加硝酸银溶液至出现红棕色沉淀，过滤。

③ 分析步骤

a. 试样处理　称取25g（精确至0.001g）粉碎的试样于400mL烧杯中，加约200mL的水，加热，用玻璃棒搅拌至全部溶解。冷却后转移至500mL容量瓶，加水定容，摇匀，必要时过滤。吸取25.00mL试样溶液于250mL容量瓶中，用水定容，混匀。

b. 测定　吸取25.00mL稀释的试样溶液于150mL锥形瓶中，加水至50mL，加入4滴铬酸钾指示剂，边搅拌边用硝酸银标准滴定溶液滴定，直至悬浊液中出现稳定的橘红色为终点。同时做空白试验。

④ 计算　试样中氯离子的含量按下式计算：

$$X_1=\frac{(V_1-V_0)c\times 35.453f}{m\times 1000}\times 100$$

式中　X_1——试样中氯离子含量，%；

V_1——硝酸银标准滴定溶液的用量，mL；

V_0——空白试验硝酸银标准滴定溶液的用量，mL；

c——硝酸银标准滴定溶液的浓度，mol/L；

35.453——氯离子的摩尔质量，g/mol；

f——试样液稀释倍数；

m——试样质量，g；

100，1000——单位换算系数。

（3）硫酸根的测定（EDTA络合滴定法）

① 原理　过量的氯化钡与试样中硫酸根生成难溶的硫酸钡沉淀，剩余的钡离子用乙二胺四乙酸二钠（EDTA）标准溶液滴定，间接法测定硫酸根。

② 试剂　氯化钡溶液（0.02mol/L）：称取2.40g氯化钡，溶于500mL水中，室温放置

24h，过滤后使用。

吸取 5.00mL 氯化钡溶液置于 150mL 锥形瓶中，加入 5mL 乙二胺四乙酸二钠镁溶液、10mL 无水乙醇、5mL 氨-氯化铵缓冲溶液、4 滴铬黑 T 指示剂，用 EDTA 标准滴定溶液滴定至溶液由酒红色变为亮蓝色为止，记录消耗的 EDTA 标准滴定溶液体积 V_1。

③ 分析步骤

a. 试样处理 称取 25g（精确至 0.001g）粉碎的试样于 400mL 烧杯中，加约 200mL 的水，置沸水浴上加热，用玻璃棒搅拌至全部溶解。冷却后转移至 500mL 容量瓶，加水定容，摇匀，必要时过滤。当试样中待测离子含量过高时，可适当稀释后再测定。

b. 测定 吸取一定体积（使溶液中硫酸根含量在 8mg 以下）的试样溶液，置于 150mL 锥形瓶中，加 1 滴盐酸溶液，加入 5.00mL 氯化钡溶液，搅拌片刻，放置 5min，加入 5mL 乙二胺四乙酸二钠镁溶液、10mL 无水乙醇、5mL 氨-氯化铵缓冲溶液、4 滴铬黑 T 指示剂，用 EDTA 标准滴定溶液滴定至溶液由酒红色变为亮蓝色为止，记录消耗的 EDTA 标准滴定溶液体积 V_3。溶液中钙镁总量的滴定：吸取与测定硫酸根体积相同的试样溶液，置于 150mL 锥形瓶中，加水至 25mL，加入 5mL 氨-氯化铵缓冲溶液、4 滴铬黑 T 指示剂，用 EDTA 标准滴定溶液滴定至溶液由酒红色变为亮蓝色为止，记录消耗的 EDTA 标准溶液的体积 V_2。

④ 计算 试样中硫酸根的含量按下式计算：

$$X_2=\frac{(V_1+V_2-V_3)c\times 96.06F}{m\times 1000}\times 100$$

式中 X_2——试样中硫酸根的含量，%；

V_1——滴定氯化钡溶液时 EDTA 标准滴定溶液的用量，mL；

V_2——滴定钙镁总量时 EDTA 标准滴定溶液的用量，mL；

V_3——滴定硫酸根时 EDTA 标准滴定溶液的用量，mL；

c——EDTA 标准滴定溶液的浓度，mol/L；

96.06——硫酸根的摩尔质量，g/mol；

F——试样液稀释倍数；

m——试样的质量，g；

100，1000——单位换算系数。

（4）氯化钠的测定

① 分析步骤 由上述各项检验结果，得出食盐样品所含单项离子的百分含量，然后计算各化合物成分的百分含量。依次计算硫酸钙、硫酸镁、硫酸钠、氯化钙、氯化镁、氯化钾的含量，剩余氯离子计算为氯化钠含量。

② 计算 氯化钠（以干基计）

$$X_3=\frac{X_{(w)}}{1-P}$$

式中 X_3——试样中氯化钠（以干基计）的含量，%；

$X_{(w)}$——试样中氯化钠（湿基）的含量，%；

P——水分含量，%。

2. 铅的测定

（1）原理 试样经处理后，铅离子在一定 pH 条件下与二乙基二硫代氨基甲酸钠（DDTC）形成络合物，经 4-甲基-2-戊酮萃取分离，导入原子吸收光谱仪中，电热原子化后吸收 283.3nm 共振线，在一定浓度范围内，其吸收值与铅含量成正比，与标准系列比较定量。

（2）试剂

① 二乙基二硫代氨基甲酸钠（DDTC）溶液（50g/L）：称取 5g 二乙基二硫代氨基甲酸钠，用水溶解并稀释至 100mL。

② 铅标准使用液：精确吸取铅标准储备（1.0mg/mL）液于 100mL 容量瓶中，用硝酸溶液定容至刻度。如此经多次稀释成每毫升分别含 0.0ng、5.0ng、10.0ng、20.0ng、40.0ng 铅的标准使用液。

（3）仪器　原子吸收光谱仪，附石墨炉及铅空心阴极灯。

（4）分析步骤

① 试样处理　准确称取 10g（精确至 0.01g）试样于 100mL 烧杯中，加少量水溶解，再加少量混合酸，加热煮沸，放冷后全部转移至 50mL 容量瓶中，稀释至刻度，混匀备用。

② 萃取分离　视试样情况，吸取 25.0～50.0mL 制备的样液及试剂空白液，分别置于 125mL 分液漏斗中，补加水至 60mL。加 2mL 柠檬酸铵溶液、溴百里酚蓝溶液 3～5 滴，用氨水溶液调 pH 至溶液由黄变蓝，加硫酸铵溶液 10.0mL、DDTC 溶液 10mL，摇匀。放置 5min 左右，加入 10.0mL 的 MIBK，剧烈振摇提取 1min，静置分层后，弃去水层，将 MIBK 层放入 10mL 带塞刻度管中，备用。分别吸取铅标准使用液 10.0mL 于 125mL 分液漏斗中，与试样相同方法萃取。同时做试剂空白。

③ 仪器参考条件、标准曲线的制作、试样溶液的测定和计算同第三章第三节中石墨炉原子吸收光谱法。

3. 钡的测定

（1）原理　钡离子与硫酸根生成硫酸钡，混浊，利用比浊作限量测定。

（2）试剂

① 钡标准贮备液：称取 2.6680g 氯化钡（$BaCl_2 \cdot 2H_2O$），溶于水，移入 100mL 容量瓶中加水至刻度，混合均匀。每毫升相当于 15.0mg 钡。

② 钡标准使用溶液：吸取 1.0mL 钡标准贮备液，置于 200mL 容量瓶中，加水稀释至刻度。此溶液每毫升相当 0.075mg 钡。

（3）分析步骤　称取 50.0g 样品，加水溶解后稀释至 500mL，过滤，取两支 50mL 比色管，其中一支加入 1mL 钡标准使用液，加水至 50mL，另一支加入 50mL 滤液，混合均匀。于两支管中各加入 2mL 稀硫酸摇匀，放置 2h，样品管不得比标准管混浊。

（4）说明　钡系食盐中有害物质，我国标准规定食盐中钡的含量小于或等于 20mg/kg。含量过高能引起腹泻、呕吐、四肢麻痹等中毒症状。凡是在水中或稀酸中可溶解的钡化合物都具有毒性。最常见的可溶性钡盐如氯化钡、硝酸钡、碳酸钡。硫酸钡不溶于水或稀酸，所以没有毒性。

4. 氯化钾的测定

食盐中氯化钾含量＞2g/100g 时，按重量法操作；食盐中氯化钾含量＜2g/100g 时，按火焰发射光谱法操作。

（1）火焰发射光谱法　按 GB 5009.91 操作。

试样中氯化钾（以干基计）的含量按下式计算：

$$X_4 = \frac{(c-c_0)Vf \times 1.9066}{m(1-P) \times 1000 \times 1000} \times 100$$

式中　X_4——试样中氯化钾（以干基计）的含量，g/100g；

c——测定用试样液中钾的浓度（由标准曲线查出），μg/mL；

c_0——试剂空白液中钾的浓度（由标准曲线查出），μg/mL；

V——试样液定容体积，mL；

f——试样液稀释倍数；

m——试样的质量，g；

P——水分含量,%；

1.9066——换算系数；

100，1000——单位换算系数。

（2）重量法

① 原理 试样用水溶解后，在弱碱性溶液中四苯硼酸钠与钾离子生成四苯硼钾沉淀物，沉淀物经干燥后称量。加入乙二胺四乙酸二钠消除其他阳离子的干扰。

② 试剂 四苯硼酸钠溶液（25g/L）：称取6.25g四苯硼酸钠于400mL烧杯中，加入约200mL水使其溶解。加入5g氢氧化铝，搅拌10min，用慢速滤纸过滤，如滤液呈混浊，应反复过滤至澄清，集全部滤液于250mL容量瓶中，加入1mL氢氧化钠溶液，定容，摇匀，使用前重新过滤。

③ 分析步骤 称取2.5g（精确至0.0001g）试样，置于100mL烧杯中，加水溶解后移入500mL容量瓶中，用水稀释至刻度，摇匀后过滤，并弃去最初滤液。

准确吸取25.0mL滤液（样液中氯化钾含量不得超过48mg）置于100mL烧杯中，加入10mL EDTA溶液、2滴酚酞指示液，在不断搅拌下逐滴加入氢氧化钠溶液，直至试液的颜色变成粉红色，然后再过量1mL，摇匀（此时试液体积约40mL）。

在不断搅拌下，逐滴加入按理论量（16mg氯化钾需3mL四苯硼酸钠溶液）多4mL的四苯硼酸钠溶液，静置0.5h。

用预先经120℃烘至恒重的4号玻璃砂芯漏斗抽滤沉淀，将沉淀用四苯硼酸钠洗液全部洗入砂芯漏斗内，再用该洗液洗涤5次，每次用5mL，最后用水洗涤2次，每次用2mL。将砂芯漏斗连同沉淀置于120℃干燥箱内，干燥1h取出，放入干燥器冷却至室温后称量（精确到0.0001g）。

同时做空白试验。

（砂芯漏斗的处理：将砂芯漏斗中沉淀物洗掉后放入丙酮溶液中浸泡0.5h，取出冲洗干净，放入蒸馏水中煮沸片刻抽滤，烘干。）

④ 计算 试样中氯化钾（以干基计）的含量按下式计算

$$X_5=\frac{0.2081(m_1-m_2)}{m(1-P)}\times 100$$

式中 X_5——试样中氯化钾（以干基计）的含量，g/100g；

m_1——所取试样中四苯硼钾沉淀的质量，g；

m_2——空白试验中四苯硼钾沉淀的质量，g；

m——吸取试样溶液相当于试样的质量，g；

P——水分含量,%；

0.2081——四苯硼钾换算为氯化钾的系数。

5. 亚铁氰化钾的测定（硫酸亚铁法）

（1）原理 亚铁氰化钾在酸性条件下与硫酸亚铁生成蓝色复盐，与标准比较定量。

（2）试剂

① 亚铁氰化钾标准溶液：准确称取0.1993g亚铁氰化钾，溶于少量水中，移入100mL容量瓶中，加水至刻度。此溶液1mL相当1.0mg亚铁氰化钾。

② 亚铁氰化钾标准使用溶液：吸取10mL亚铁氰化钾标准溶液于100mL容量瓶中，加水至刻度。此溶液1mL相当0.1mg亚铁氰化钾。

(3) 分析步骤　称取样品10g，加入少量水溶解后，移入50mL容量瓶中加水至刻度，混合均匀，过滤，弃去最初5～10mL滤液后，取出25mL滤液于比色管中。

吸取0mL，0.1mL，0.2mL，0.3mL，0.4mL，0.5mL亚铁氰化钾标准溶液（相当于亚铁氰化钾0μg，10μg，20μg，30μg，40μg，50μg）于25mL比色管中，加水至刻度。

向样品管、标准管各加入2mL硫酸亚铁溶液（80g/L）及1mL稀硫酸，混匀。放置20min后，用3cm比色杯，以零管调节零点，以670nm处测量吸光度。绘制标准曲线，或与标准色列目测比较。

(4) 计算

$$X=\frac{m_1\times1000}{m\times1000\times\frac{25}{50}\times1000}$$

式中　X——样品中亚铁氰化钾的含量，g/kg；

m_1——被测样液中亚铁氰化钾的质量，μg；

m——样品质量，g。

(5) 说明　亚铁氰化钾是一种抗结剂，加入食盐中可防止结块。该物质中氰根与铁结合较牢，一般属低毒食品添加剂。我国规定最大使用量为0.005g/kg。

6. 碘的测定（氧化还原滴定法）

(1) 原理　试样中的碘离子在酸性条件下用次氯酸钠氧化成碘酸根，草酸除去过剩的次氯酸钠，碘酸根氧化碘化钾而游离出单质碘，以淀粉溶液做指示剂，用硫代硫酸钠标准溶液滴定，计算碘含量。

(2) 试剂

① 次氯酸钠溶液（有效氯约3%）：量取10mL次氯酸钠试剂溶液，加30mL水，摇匀，贮于棕色瓶中。

② $c(Na_2S_2O_3)=0.0020$mol/L硫代硫酸钠标准溶液：用0.1000mol/L硫代硫酸钠标准溶液，准确稀释50倍。临用时配制。

③ 碘化钾溶液（50g/L）：称取25.0g碘化钾，用水溶解并稀释至500mL，贮于棕色瓶中，临用时配制。

(3) 分析步骤　称取10g（精确至0.01g）试样，置于250mL碘量瓶中，加50mL水溶解，加2mL草酸-磷酸混合液、1.0mL次氯酸钠溶液，用水洗净瓶壁，放入玻璃珠4～5粒，在电炉上加热至溶液刚沸腾时立即取下，水浴冷却至30℃以下。加5mL碘化钾溶液，摇匀，立即用硫代硫酸钠标准溶液滴定至浅黄色，加1mL淀粉指示剂，继续滴加至蓝色刚消失即为终点。同时做试剂空白。

(4) 计算

$$X=\frac{Vc\times21.15}{m}\times1000$$

式中　X——样品中碘的含量，mg/kg；

V——滴定时样液消耗硫代硫酸钠的体积，mL；

c——硫代硫酸钠标准溶液实际浓度，mol/L；

m——样品质量，g；

21.15——与1.0mL硫代硫酸钠标准溶液[$c(Na_2S_2O_3)=0.100$mol/L]相当碘的质量，g。

第七节　酒类的检验

一、概述

（一）酒的分类

酒一般根据生产方法不同分为三类：蒸馏酒、配制酒、发酵酒（或称压榨酒）等。蒸馏酒系指以含糖或淀粉的原料，经糖化、发酵后用蒸馏法制成的酒。这类酒的度数较高，其他固形物含量极少，刺激性较强。白酒、白兰地酒等均属于蒸馏酒。

配制酒又名再制酒，系指以发酵酒或蒸馏酒作酒基，经添加可食用的辅料（用白酒或食用酒精与一定比例的糖料、香料、药材等）配制而成的酒。这类酒含有糖分、色素和不同量的固形物，不同种类的酒其酒精含量也有区别。虎骨酒、橘子酒、竹叶青、五加皮等均属配制酒。

发酵酒（或称压榨酒）系指以含糖或淀粉为原料，经过糖化、发酵后不经蒸馏而直接提取或用压榨法而得到的酒。这类酒的酒度较低，而固形物的含量较多，刺激性小。如啤酒、果酒、葡萄酒、加饭酒等。

（二）酒中主要有害物质

甲醇　主要是酿酒原料水解和发酵过程中产生的。甲醇是一种强烈的神经毒，主要侵害视神经和中枢神经系统，导致视力减退和双目失明，呼吸抑制，昏迷，甚至死亡。摄入4～10g可致中毒。而且甲醇在体内具有蓄积作用，不易被排除体外。因此，较小量的甲醇有时也可以引起中毒。我国食品安全国家标准规定粮谷类蒸馏酒≤0.6g/L，其他蒸馏酒≤2.0g/L。

醛类　包括甲醛、乙醛、丁醛和戊醛等。毒性比相应的醇高，其中毒性较大的是甲醛，可使蛋白质变性和酶失活，是已确认的人类致癌物。

杂醇油　又称高级醇，主要包括正丙醇、异丁醇、异戊醇、戊醇等。杂醇油是酿酒原料中蛋白质、氨基酸和糖分解而成，含量过高时，对人体有毒害作用。其毒性和麻醉力与碳链的长短有关，碳链越长毒性越强。

氰化物　用木薯或果核为原料酿酒时，原料中氰甙类可水解生成氢氰酸，氢氰酸易挥发，可随水蒸汽一起进入酒体。氢氰酸毒性极强，属于血液毒性。氰与细胞色素氧化酶或高铁血红蛋白中的Fe(Ⅲ)结合，阻碍氧的传递，导致细胞缺氧。中毒症状表现为心悸、呼吸困难、头晕、头痛、意志丧失、全身痉挛以至呼吸停止。中毒者可在数分钟至2小时内死亡。我国食品安全国家标准规定白酒中氰化物≤8.0mg/L。

重金属元素　酒中的重金属元素主要是铅，是从酿酒、盛酒器具、销售器具中溶蚀而来。蒸馏酒在发酵过程中可产生少量的有机酸，含有机酸的高温酒蒸气能使蒸馏器壁中的铅溶出，总酸含量高的酒往往含铅量也高。其次是锰，酒中不应含有锰。而以高锰酸钾处理甲醛含量高的白酒或混入铁的白酒时，若不经重蒸馏常使酒体残留较高的锰。长期过量摄入仍有可能引起慢性中毒。

真菌毒素　不经蒸馏的酒类，如果原料受到真菌毒素的污染，将保留在酒中。

塑化剂　又叫增塑剂、可塑剂，其成分是邻苯二甲酸酯类化合物，添加到塑料制品中，可增强材料的柔韧性。酒中塑化剂主要来自于塑料制品，如接酒桶、塑料输酒管、酒泵进出乳胶管、成品酒塑料瓶包装、成品酒塑料桶包装等。用塑料瓶等包装的成品酒，随着时间的推移，产品中的塑化剂含量会逐渐增加。

二、酒的检验

（一）感官检查

（1）量取 30mL 样品，倒入 50mL 清洁干燥无色玻璃烧杯中，观察其颜色，应透明、无沉淀或杂质。观察时应衬以白底背景。

（2）嗅、尝其味应有该种酒特有的芳香味和滋味，不应有霉味、酸味、异味。气味和滋味的测定应在常温下进行，并在开瓶倒出后 10min 内完成。

（二）理化检验

1. 乙醇浓度的测定

第一法　密度瓶法

（1）原理　以蒸馏法去除样品中的不挥发性物质，用密度瓶法测出试样（酒精水溶液）20℃时的密度，查表，求得在 20℃时乙醇含量的体积分数，即为酒精度。

（2）仪器　附温度计密度瓶：25mL 或 50mL。

（3）分析步骤

① 试样制备

蒸馏酒、发酵酒和配制酒样品制备（不包括啤酒和起泡葡萄酒）用一洁净、干燥的 100mL 容量瓶，准确量取样品（液温 20℃）100mL 于 500mL 蒸馏瓶中，用 50mL 水分三次冲洗容量瓶，洗液并入 500mL 蒸馏瓶中，加几颗沸石（或玻璃珠），连接蛇形冷凝管，以取样用的原容量瓶作接收器（外加冰浴），开启冷却水（冷却水温度宜低于 15℃），缓慢加热蒸馏，收集馏出液。当接近刻度时，取下容量瓶，盖塞，于 20℃水浴中保温 30min，再补加水至刻度，混匀，备用。

② 试样溶液的测定

a. 将密度瓶洗净并干燥，带温度计和侧孔罩称量。重复干燥和称重，直至恒重（m）。

b. 取下带温度计的瓶塞，将煮沸冷却至 15℃的水注满已恒重的密度瓶中，插上带温度计的瓶塞（瓶中不得有气泡），立即浸入 20.0℃±0.1℃的恒温水浴中，待内容物温度达 20℃并保持 20min 不变后，用滤纸快速吸去溢出侧管的液体，使侧管的液面和侧管管口齐平，立即盖好侧孔罩，取出密度瓶，用滤纸擦干瓶外壁上的水液，立即称量（m_1）。

c. 将水倒出，先用无水乙醇，再用乙醚冲洗密度瓶，吹干（或于烘箱中烘干），用试样馏出液反复冲洗密度瓶 3～5 次，然后装满。按照操作方法 b 重复操作，称量（m_2）。

（4）计算

样品在 20℃的密度（ρ_{20}^{20}）和空气浮力校正值（A）按下式计算：

$$\rho_{20}^{20}=\rho_0\frac{m_2-m+A}{m_1-m+A} \tag{8-1}$$

$$A=\rho_u\times\frac{m_1-m}{997.0} \tag{8-2}$$

式中　ρ_{20}^{20}——20℃时的密度，g/L；

ρ_0——20℃时蒸馏水的密度，998.20g/L；

m_2——20℃时密度瓶和试样的质量，g；

m——密度瓶的质量，g；

A——空气浮力校正值；

m_1——20℃时密度瓶与水的质量，g；

ρ_u——干燥空气在20℃、1013.25hPa时的密度（约1.2g/L）；

997.0——在20℃时蒸馏水与干燥空气密度值之差，g/L。

第二法 酒精计法

（1）原理 以蒸馏法去除样品中不挥发性物质，用酒精计测得酒精体积分数示值，按GB 5009.225附录B进行温度校正，求得在20℃时乙醇含量的体积分数，即为酒精度。

（2）仪器

精密酒精计：分度值为0.1% vol。

（3）分析步骤

① 试样制备：

a.蒸馏酒 同本节乙醇浓度的测定中第一法（3）①。

b.酒精 用一洁净、干燥的100mL容量瓶，准确量取样品100mL，备用。

c.发酵酒（不包括啤酒）及配制酒 用一洁净、干燥的200mL容量瓶，准确量取200mL（具体取样量应按酒精计的要求增减）样品（液温20℃）于500mL或1000mL蒸馏瓶中，以下操作同本节乙醇浓度的测定中第一法（3）①。

② 试样溶液的测定

a.酒精和蒸馏酒 将试样液（a）或（b）注入洁净、干燥的100mL量筒中，静置数分钟，待酒中气泡消失后，放入洁净、擦干的酒精计，再轻轻按一下，不应接触量筒壁，同时插入温度计，平衡约5min，水平观测，读取与弯月面相切处的刻度示值，同时记录温度。

b.发酵酒（不包括啤酒）及配制酒 将试样液（c）注入洁净、干燥的200mL量筒中，静置数分钟，待酒中气泡消失后，放入洁净、擦干的酒精计，再轻轻按一下，不应接触量筒壁，同时插入温度计，平衡约5min，水平观测，读取与弯月面相切处的刻度示值，同时记录温度。

根据测得的酒精计示值和温度，查GB5009.225附录B，换算成20℃时样品的酒精度，以体积分数“%vo l”表示。

2.甲醇的测定

气相色谱法（酒精、蒸馏酒、配制酒及发酵酒中甲醇的测定方法）

（1）原理 蒸馏除去发酵酒及其配制酒中不挥发性物质，加入内标（酒精、蒸馏酒及其配制酒直接加入内标），经气相色谱分离，氢火焰离子化检测器检测，以保留时间定性，外标法定量。

（2）试剂

① 乙醇溶液（40%，体积分数）：量取40mL乙醇，用水定容至100mL，混匀。

② 甲醇标准储备液（5000mg/L）：准确称取0.5g（精确至0.001g）甲醇至100mL容量瓶中，用乙醇溶液定容至刻度，混匀，0～4℃低温冰箱密封保存。

③ 叔戊醇标准溶液（20000mg/L）：准确称取2.0g（精确至0.001g）叔戊醇至100mL容量瓶中，用乙醇溶液定容至100mL，混匀，0～4℃低温冰箱密封保存。

④ 甲醇系列标准工作液：分别吸取0.5mL、1.0mL、2.0mL、4.0mL、5.0mL甲醇标准储备液，于5个25mL容量瓶中，用乙醇溶液定容至刻度，依次配制成甲醇含量为100mg/L、200mg/L、400mg/L、800mg/L、1000mg/L系列标准溶液，现配现用。

（3）仪器 气相色谱仪，氢火焰离子化（FID）检测器。

（4）分析步骤 仪器参考条件如下。

① 色谱柱：聚乙二醇石英毛细管柱，柱长60m，内径0.25mm，膜厚0.25μm，或等效柱；

② 色谱柱温度：初温 40℃，保持 1min，以 4.0℃/min 升到 130℃，以 20℃/min 升到 200℃，保持 5min；

③ 检测器温度：250℃；

④ 进样口温度：250℃；

⑤ 载气流量：1.0mL/min；

⑥ 进样量：1.0μL；

⑦ 分流比：20∶1。

标准曲线的绘制：分别吸取 10mL 甲醇系列标准工作液于 5 个试管中，然后加入 0.10mL 叔戊醇标准溶液，混匀，测定甲醇和内标叔戊醇色谱峰面积，以甲醇系列标准工作液的浓度为横坐标，以甲醇和叔戊醇色谱峰面积的比值为纵坐标，绘制标准曲线。

测定：将制备的试样溶液注入气相色谱仪中，以保留时间定性，同时记录甲醇和叔戊醇色谱峰面积的比值，根据标准曲线得到待测液中甲醇的浓度。

（5）计算

$$X=\rho$$

式中 X——试样中甲醇的含量，mg/L；

ρ——从标准曲线得到的试样溶液中甲醇的浓度，mg/L。

3. 氰化物的测定

氰化物的测定是将各种形态的氰转化成 CN^- 形式进行定量。分析方法有分光光度法、容量法、和色谱法等。这里只介绍分光光度法。

分光光度法（适用于蒸馏酒及其配制酒）

（1）原理　蒸馏酒及其配制酒在碱性条件下加热除去高沸点有机物，然后在 pH＝7.0 条件下，用氯胺 T 将氰化物转变为氯化氰，再与异烟酸-吡唑啉酮作用，生成蓝色染料，与标准系列比较定量。

（2）分析步骤

① 吸取 1.0mL 试样于 50mL 烧杯中，加入 5mL 2g/L 氢氧化钠溶液，放置 10min，然后放于 120℃电加热板上加热至溶液剩余约 1mL，取下放至室温，用 2g/L 氢氧化钠溶液转移至 10mL 具塞比色管中，最后加 2g/L 氢氧化钠至 5mL。

② 若酒样浑浊或有色，取 25.0mL 试样于 250mL 蒸馏瓶中，加入 100mL 水，滴加数滴甲基橙指示剂，将冷凝管下端插入盛有 10mL 2g/L 氢氧化钠溶液比色管的液面下，再加 1～2g 酒石酸，迅速连接蒸馏装置进行水蒸气蒸馏，收集蒸馏液约 50mL，然后用水定容至 50mL，混合均匀。取 2.0mL 馏出液按①操作。

③ 用移液管分别吸取 0mL、0.4mL、0.8mL、1.2mL、1.6mL、2.0mL 氰离子标准中间液于 10mL 具塞比色管中，加 2g/L 氢氧化钠至 5mL。

④ 于试样及标准管中分别加入 2 滴酚酞指示剂，然后加入乙酸溶液调至红色褪去，再用 2g/L 氢氧化钠溶液调至近红色，然后加 2mL 磷酸盐缓冲溶液（如果室温低于 20℃即放入 25～30℃水浴中 10min），再加入 0.2mL 氯胺 T 溶液，摇匀放置 3min，加入 2mL 异烟酸-吡唑啉酮溶液，加水稀释至刻度，加塞振荡混合均匀，在 37℃恒温水浴锅中放置 40min，取出用 1cm 比色杯以空白管调节零点，于波长 638nm 处测吸光度。

（3）计算　按样品操作方法①操作，计算公式如下：

$$X=\frac{m\times 1000}{V\times 1000}$$

式中 X——样品中氰化物的含量（按氢氰酸计），mg/L；

m——测定用样品中氢氰酸的质量，μg；

V——样品体积，mL。

按样品操作方法②操作，计算公式如下：

$$X=\frac{m\times1000}{V\times\frac{2}{50}\times1000}$$

式中　X——样品中氰化物的含量（按氢氰酸计），mg/L；

m——测定用样品馏出液中氢氰酸的质量，μg；

V——样品体积，mL。

（4）说明

① 醇对本法有干扰，可使吸光度严重降低，故应去掉醇后再测定氰化物的含量。酒样的蒸馏液稀释后若呈白色浑浊则影响比色，可将蒸馏液在碱性条件下，置水浴蒸除醇类，溶解残渣后依法测定。也可以加入少量20g/L吐温-80和50g/L EDTA，以抑制碱解时氢氧化钠与酒中醇类反应产生的浑浊和磷酸盐与酒中碱土金属离子反应产生的浑浊。

② 本法显色的pH范围较窄，必须控制在pH6.7～6.9。为此使用高浓度的磷酸盐缓冲液，同时要求准确地中和试液。另外磷酸盐缓冲液的pH应为7.0，如有变化则重新配制。

③ 氯胺T的有效氯含量对本法影响较大，已分解或浑浊的氯胺T溶液不宜使用。氯胺T有效氯含量应大于11%，保存不当易分解，宜临用时现配，必要时用碘量法标定后再用。

④ 显色剂不宜长时间存放，宜临用时现配。

⑤ 温度对显色的灵敏度和稳定性有影响，在35～40℃显色30min吸光度接近最大值并在此后20min内稳定。显色温度高于40℃时，虽能较快显色但不稳定，且退色也快；显色温度低于35℃时，显色慢且不稳定。

4. 甲醛的测定

（1）原理　甲醛在过量乙酸铵的存在下，与乙酰丙酮和铵离子生成黄色的2,6-二甲基-3，5-二乙酰基-1,4-二氢吡啶化合物，在波长415nm处有最大吸收，在一定浓度范围内，其吸光度与甲醛含量成正比，与标准系列比较定量。

（2）仪器　分光光度计。

（3）试剂　甲醛标准溶液的配制和标定：吸取36%～38%甲醛溶液7.0mL，加入1mol/L硫酸0.5mL，用水稀释至250mL。吸取上述标准溶液10.0mL于100mL容量瓶中，加水稀释定容。再吸10.0mL稀释溶液于250mL碘量瓶中，加水90mL、0.11mol/L碘溶液20mL和1mol/L氢氧化钠15mL，摇匀，放置15min。再加入1mol/L硫酸20mL酸化，用0.1000mol/L硫代硫酸钠标准溶液滴定至淡黄色，然后加约5g/L淀粉指示剂1mL，继续滴定至蓝色刚好褪去为终点。同时作空白试验。

甲醛标准溶液浓度计算公式

$$X=(V_1-V_2)c_1\times15$$

式中　X——甲醛标准溶液的浓度，mg/mL；

V_1——空白试验消耗的硫代硫酸钠标准溶液的体积，mL；

V_2——滴定甲醛消耗的硫代硫酸钠标准溶液的体积，mL；

c_1——硫代硫酸钠标准溶液的浓度，mol/L。

（4）分析步骤　吸取已除去二氧化碳的啤酒25mL移入500mL蒸馏瓶中，加200g/L磷酸溶液20mL于蒸馏瓶，接水蒸气蒸馏装置中蒸馏，收集流出液于100mL容量瓶中冷却后加水稀释至刻度。

精密吸取 1μg/L 的甲醛标准溶液 0.00mL、0.50mL、1.00mL、2.00mL、3.00mL、4.00mL、8.00mL 于 25mL 比色管中，加水至 10mL。

吸取样品流出液 10mL 移入 25mL 比色管中。标准系列和样品的比色管中，各加入乙酰丙酮溶液 2mL，摇匀后在沸水浴中加热 10min，取出冷却，于分光光度计波长 415nm 处测定吸光度，绘制标准曲线。从标准曲线查出试样含量。

（5）计算　试样中甲醛含量按下式计算：

$$X=m/V$$

式中　X——试样中甲醛的含量，mg/L；

m——从标准曲线上查出的相当的甲醛质量，μg；

V——测定样液中相当的试样体积，mL。

参考文献

［1］ 高向阳.现代食品分析［M］.北京：化学工业出版社，2012.

［2］ 管克，詹珍洁.锡测定方法研究进展［J］.上海预防医学杂志.2011，23（6）：301-305.

［3］ 郭旭明，韩建国.仪器分析［M］.北京：化学工业出版社，2014.

［4］ 侯玉泽，丁晓雯.食品分析［M］.郑州：郑州大学出版社，2011.

［5］ 侯玉泽，李道敏，董铁有.食品理化检验［M］.北京：中国轻工业出版社，2003.

［6］ 胡秋辉，张国文.食品分析［M］.北京：中国农业出版社，2017.

［7］ 李和生.食品分析［M］.北京：科学出版社，2014.

［8］ 黎源倩，叶蔚云.食品理化检验［M］.2版.北京：人民卫生出版社，2015.

［9］ 林春绵，徐明灿，陶雪文.食品添加剂［M］.北京：化学工业出版社，2006.

［10］ 刘绍.食品分析与检验［M］.武汉：华中科技大学出版社，2011.

［11］ 刘兴友，刁有祥.食品理化检验学［M］.2版.北京：中国农业大学出版社，2008.

［12］ 农业部关于印发2016年动物及动物产品兽药残留监控计划的通知（农医发〔2016〕3号）.2016.

［13］ 农业部关于印发2017年动物及动物产品兽药残留监控计划的通知（农医发〔2017〕1号）.2017.

［14］ 钱建亚，熊强.食品安全概论［M］.南京：东南大学出版社，2006.

［15］ 王金花，张朝晖.食品安全检测培训教材 理化检测［M］.北京：中国标准出版社，2010.

［16］ 王喜波，张英华.食品分析［M］.北京：科学出版社，2015.

［17］ 吴谋成.食品分析与感官评定［M］.北京：中国农业出版社，2002.

［18］ 杨惠芬.食品卫生理化检验标准手册［M］.北京：中国标准出版社，1998.

［19］ 于村，汤鋆，马冰洁，等.人发中痕量锡测定的方法学研究［J］.中国卫生检验杂志，2008，18（9）：1761-1762.

［20］ 张海德，胡建恩.食品分析［M］.长沙：中南大学出版社，2014.

［21］ 中华人民共和国国家标准 食品卫生检验方法 理化部分（一）［S］.北京：中国标准出版社，2003.

［22］ 中华人民共和国国家标准 食品卫生检验方法 理化部分（二）［S］.北京：中国标准出版社，2003.

［23］ 中华人民共和国农业部公告 第176号 禁止在饲料和动物饮水中使用的药物品种目录.2002.

［24］ 中华人民共和国农业部公告 第235号 动物性食品中兽药最高残留限量.2002.

［25］ 中华人民共和国农业部公告 第1519号 禁止在饲料和动物饮水中使用的物质.2010.

［26］ 周才琼，张平平.食品标准与法规［M］.2版.北京：中国农业大学出版社，2017.

［27］ GB 2707—2016.中华人民共和国国家标准 食品安全国家标准 鲜（冻）畜、禽产品［S］.

［28］ GB 2717—2018.中华人民共和国国家标准 食品安全国家标准 酱油［S］.

［29］ GB 2719—2018.中华人民共和国国家标准 食品安全国家标准 食醋［S］.

［30］ GB 2726—2016.中华人民共和国国家标准 食品安全国家标准 熟肉制品［S］.

［31］ GB 2749—2015.中华人民共和国国家标准 食品安全国家标准 蛋与蛋制品［S］.

［32］ GB 2761—2017.中华人民共和国国家标准 食品安全国家标准 食品中真菌毒素限量［S］.

［33］ GB 2762—2017.中华人民共和国国家标准 食品安全国家标准 食品中污染物限量［S］.

［34］ GB 2763—2019.中华人民共和国国家标准 食品安全国家标准 食品中农药最大残留限量［S］.

［35］ GB 5009.2—2016.中华人民共和国国家标准 食品安全国家标准 食品相对密度的测定［S］.

［36］ GB 5009.3—2016.中华人民共和国国家标准 食品安全国家标准 食品中水分的测定［S］.

［37］ GB 5009.4—2016.中华人民共和国国家标准 食品安全国家标准 食品中灰分的测定［S］.

［38］ GB 5009.5—2016.中华人民共和国国家标准 食品安全国家标准 食品中蛋白质的测定［S］.

［39］ GB 5009.6—2016.中华人民共和国国家标准 食品安全国家标准 食品中脂肪的测定［S］.

［40］ GB 5009.7—2016.中华人民共和国国家标准 食品安全国家标准 食品中还原糖的测定［S］.

［41］ GB 5009.8—2016.中华人民共和国国家标准 食品安全国家标准 食品中果糖、葡萄糖、蔗糖、麦芽糖、乳糖的测定［S］.

[42] GB 5009.9—2016.中华人民共和国国家标准 食品安全国家标准 食品中淀粉的测定 [S].
[43] GB 5009.11—2014.中华人民共和国国家标准 食品安全国家标准 食品中总砷及无机砷的测定 [S].
[44] GB 5009.12—2017.中华人民共和国国家标准 食品安全国家标准 食品中铅的测定 [S].
[45] GB 5009.13—2017.中华人民共和国国家标准 食品安全国家标准 食品中铜的测定 [S].
[46] GB 5009.14—2017.中华人民共和国国家标准 食品安全国家标准 食品中锌的测定 [S].
[47] GB 5009.15—2014.中华人民共和国国家标准 食品安全国家标准 食品中镉的测定 [S].
[48] GB 5009.16—2014.中华人民共和国国家标准 食品安全国家标准 食品中锡的测定 [S].
[49] GB 5009.17—2014.中华人民共和国国家标准 食品安全国家标准 食品中总汞及有机汞的测定 [S].
[50] GB 5009.22—2016.中华人民共和国国家标准 食品安全国家标准 食品中黄曲霉毒素B族和G族的测定 [S].
[51] GB 5009.24—2016.中华人民共和国国家标准 食品安全国家标准 食品中黄曲霉毒素M族的测定 [S].
[52] GB 5009.26—2016.中华人民共和国国家标准 食品安全国家标准 食品中*N*-亚硝胺类化合物的测定 [S].
[53] GB 5009.27—2016.中华人民共和国国家标准 食品安全国家标准 食品中苯并(*a*)芘的测定 [S].
[54] GB 5009.28—2016.中华人民共和国国家标准 食品安全国家标准 食品中苯甲酸、山梨酸和糖精钠的测定 [S].
[55] GB 5009.32—2016.中华人民共和国国家标准 食品安全国家标准 食品中9种抗氧化剂的测定 [S].
[56] GB 5009.33—2016.中华人民共和国国家标准 食品安全国家标准 食品中亚硝酸盐与硝酸盐的测定 [S].
[57] GB 5009.34—2016.中华人民共和国国家标准 食品安全国家标准 食品中二氧化硫的测定 [S].
[58] GB 5009.35—2016.中华人民共和国国家标准 食品安全国家标准 食品中合成着色剂的测定 [S].
[59] GB 5009.36—2016.中华人民共和国国家标准 食品安全国家标准 食品中氰化物的测定 [S].
[60] GB 5009.42—2016.中华人民共和国国家标准 食品安全国家标准 食盐指标的测定 [S].
[61] GB 5009.43—2016.中华人民共和国国家标准 食品安全国家标准 味精中麸氨酸钠(谷氨酸钠)的测定 [S].
[62] GB 5009.82—2016.中华人民共和国国家标准 食品安全国家标准 食品中维生素A、D、E的测定 [S].
[63] GB 5009.84—2016.中华人民共和国国家标准 食品安全国家标准 食品中维生素B_1的测定 [S].
[64] GB 5009.85—2016.中华人民共和国国家标准 食品安全国家标准 食品中维生素B_2的测定 [S].
[65] GB 5009.86—2016.中华人民共和国国家标准 食品安全国家标准 食品中抗坏血酸的测定 [S].
[66] GB 5009.88—2014.中华人民共和国国家标准 食品安全国家标准 食品中膳食纤维的测定 [S].
[67] GB 5009.97—2016.中华人民共和国国家标准 食品安全国家标准 食品中环己基氨基磺酸钠的测定 [S].
[68] GB 5009.123—2014.中华人民共和国国家标准 食品安全国家标准 食品中铬的测定 [S].
[69] GB 5009.124—2016.中华人民共和国国家标准 食品安全国家标准 食品中氨基酸的测定 [S].
[70] GB 5009.168—2016.中华人民共和国国家标准 食品安全国家标准 食品中脂肪酸的测定 [S].
[71] GB 5009.181—2016.中华人民共和国国家标准 食品安全国家标准 食品中丙二醛的测定 [S].
[72] GB 5009.190—2014.中华人民共和国国家标准 食品安全国家标准 食品中指示性多氯联苯含量的测定 [S].
[73] GB 5009.205—2013.中华人民共和国国家标准 食品安全国家标准 食品中二噁英及其类似物毒性当量的测定 [S].
[74] GB 5009.208—2016.中华人民共和国国家标准 食品安全国家标准 食品中生物胺的测定 [S].
[75] GB 5009.225—2016.中华人民共和国国家标准 食品安全国家标准 酒中乙醇浓度的测定 [S].
[76] GB 5009.227—2016.中华人民共和国国家标准 食品安全国家标准 食品中过氧化值的测定 [S].
[77] GB 5009.228—2016.中华人民共和国国家标准 食品安全国家标准 食品中挥发性盐基氮的测定 [S].
[78] GB 5009.229—2016.中华人民共和国国家标准 食品安全国家标准 食品中酸价的测定 [S].
[79] GB 5009.230—2016.中华人民共和国国家标准 食品安全国家标准 食品中羰基价的测定 [S].
[80] GB 5009.238—2016.中华人民共和国国家标准 食品安全国家标准 食品中水分活度的测定 [S].
[81] GB 5009.239—2016.中华人民共和国国家标准 食品安全国家标准 食品酸度的测定 [S].
[82] GB 5009.263—2016.中华人民共和国国家标准 食品安全国家标准 食品中阿斯巴甜和阿力甜的测定 [S].

[83] GB 5009. 266—2016. 中华人民共和国国家标准 食品安全国家标准 食品中甲醇的测定 [S].

[84] GB 23200. 85—2016. 中华人民共和国国家标准 食品安全国家标准 乳及乳制品中多种拟除虫菊酯 农药残留量的测定 气相色谱-质谱法 [S].

[85] GB/T 5009. 19—2008. 中华人民共和国国家标准 食品中有机氯农药多组分残留量的测定 [S]. 北京：中国标准出版社，2008.

[86] GB/T 5009. 49—2008. 中华人民共和国国家标准 发酵酒及其配制酒卫生标准的分析方法 [S]. 北京：中国标准出版社，2008.

[87] GB/T 21981—2008. 中华人民共和国国家标准 动物源食品中激素多残留检测方法 液相色谱-质谱/质谱法 [S]. 北京：中国标准出版社，2008.

[88] GB/T 22147—2008. 中华人民共和国国家标准 饲料中沙丁胺醇、莱克多巴胺和盐酸克仑特罗的测定 液相色谱质谱联用法 [S]. 北京：中国标准出版社，2008.

[89] GB/T 22286—2008. 中华人民共和国国家标准 动物源性食品中多种 β-受体激动剂残留量的测定 液相色谱串联质谱法 [S]. 北京：中国标准出版社，2008.